구조방정식 모형분석과 AMOS 22

Structural Equation Modeling with AMOS 22

이학식 · 임지훈

집 현 재

| 서 문 |

본서의 집필 동기

구조방정식모형(structural equation modeling) 분석은 마케팅, 조직행동학, 심리학, 사회학, 교육학 등 행동과학(behavioral sciences) 분야 연구에서 개인이나 조직의 여러 가지 행동관련 변수들 간의 관계를 계량적으로 조사하는 데 사용될 수 있는 강력한 분석방법이다. 변수들 간의 관계를 조사하기 위해 전통적으로 회귀분석이 사용되어 왔으나 회귀분석은 다수 변수들 간의 구조적 관계를 조사하는 데 한계가 있다. 이에 비해 구조방정식 모형분석 방법을 이용하면 다수 변수들 간의 구조적 관계를 동시에 추정할(simultaneous estimation) 수 있다.

구조방정식 모형분석을 위해 개발된 통계 패키지인 LISREL, EQS, AMOS 등은 행동과학 분야 연구에 지대한 공헌을 해오고 있다. 이 중 LISREL은 먼저 개발되어 널리 알려졌지만 복잡한 프로그래밍을 해야 하는 데 비해, AMOS는 그래픽을 기반으로 하여 용이하게 사용할 수 있다는 장점을 갖는다. 그러나 구조방정식 모형분석의 원리를 충분히 이해하지 못한 상태에서 이러한 프로그램을 이용함으로써 연구자가 보다 엄격한 연구를 수행하지 못하거나 심지어 잘못된 분석을 실시하는 경우를 흔히 볼 수 있다. 또한 여러 권의 매뉴얼이 출판되어 있으나 연구자들이 분석을 하는 데 필요한 기법을 충분히 제시하는 매뉴얼은 별로 없는 것 같다. 본 저자들은 그동안 구조방정식 모형분석을 이용하여 연구한 수많은 논문들을 읽고 또한 그러한 연구를 수차례 수행하면서 습득한 지식과 기법을 행동과학 분야의 다른 연구자들과 공유하기 위해 본서를 저술하게 되었다.

본서의 내용

본서는 두 부분, 즉 구조방정식 모형분석의 개념적 설명과 AMOS의 실행방법으로 구성되어 있다. 첫 부분인 1~5장은 구조방정식 모형분석의 내용을 개념적으로 설명하는 부분이다. 1~3장은 기본적인 내용으로, 1장에서는 구조방정식 모형분석을 위한 기본 개념과 개괄적 절차 등을 소개한다. 2장과 3장은 구조방정식 모형분석의 두 가지 절차인 측정모형의 타당성 평가와 구조모형의 분석을 각각 설명한다. 그러므로 독자는 1~3장을 정독하면 구조방정식 모형분석의 내용과 절차에 대한 기초적 이해를 가질 수 있다. 4~5장은 보다 엄격하고 높은 수준의 분석을 원하는 독자들을 위한 것이다. 4장은 고급분석으로 (1) 대안모형과의 비교, (2) 집단 간 비교(조절효과), (3) 매개적 작용, 그리고 (4) 모형의 발견을 그 내용으로 한다. 5장은 일반적으로 자주 사용되지 않으나 엄격한 분석을 위해 필요한 지식을 다루는데, (1) 형성적 지표, (2) 단일항목값, (3) Nonrecursive 모형, (4) 종단적 자료, (5) Higher-order constructs 모형, (6) 추정상의 문제를 포함한다.

다음으로 6~15장은 AMOS 프로그램의 기본적 이해 및 이를 이용한 분석과 관련된 부분이다. 6~8장은 AMOS를 이용하는 데 필요한 기초적 내용과 경로도형의 작성방법에 대해, 그리고 9장은 예제를 이용하여 분석방법과 결과해석에 대해 설명한다. 10~15장은 2~5장의 내용을 AMOS로 실행하는 부분으로, 10장은 2장, 11장은 3장, 12~13장은 4장, 14~15장은 5장의 내용을 AMOS로 실행하는 절차를 설명한다. 6~15장에서 군데군데 1~5장의 관련 부분을 적시하였으므로 독자는 AMOS를 실행하면서 필요에 따라 1~5장의 내용을 참고할 수 있다.

본서의 차별적 특징

본서는 이 분야의 다른 서적들에 비해 다음과 같은 차별적 특징을 갖는다.

첫째, 본서는 구조방정식 모형분석을 이용하여 연구하고 논문을 작성하고자 하는 연구자들을 위해 집필한 것으로 본서의 집필 과정에서 내내 그러한 연구자들을 염두에 두었다. 이에 따라 논문 작성시 간과할 수 있는 내용들을 군데군데 언급하였다.

둘째, 특히 4~5장은 고급분석을 위한 연구자들을 위한 것으로 각각의 내용과 직접 관련된 기존 논문들의 해당 부분을 소개하였다. 독자는 관련 내용을 보다 자세히 알기를 원하면 해당 페이지의 하단 각주에 소개된 논문들을 참고할 수 있다. 또한 여기에 소개된 내용들 중 여러 부분은 다른 서적들에 별로 소개되지 않은 것들이다. 특히 5장의 형성적 지표, 종단적 자료 및 Higher-order constructs 모형 분석에서 예시한 모형들은 여러 문헌들을 토대로 개발한 것으로 모두 identification되는 것을 확인한 것들이다.

셋째, AMOS가 다른 프로그램에 비해 갖는 가장 중요한 특징은 "WYSIWYG (What You See Is What You Get)"이다. 따라서 정확한 분석을 위해서는 정확한 경로도형의 작성이 필수적인데, 본서에 소개된 여러 분석방법들의 경로도형과 데이터는 모두 데이터 CD에 포함되어 있으므로 필요에 따라 데이터 CD의 경로도형을 불러 연습할 수 있다. 그러나 독자가 분석능력을 실제적으로 향상시키기 위해서는 직접 경로도형을 작성하고 분석하여 그 결과를 제시된 분석결과와 비교해보는 것이 권장된다.

넷째, 각 예제와 관련하여 연구가설 혹은 연구모형을 제시하였다. 이에 따라 독자는 각각의 연구가설 혹은 연구모형을 분석하기 위해 어떤 분석방법을 사용해야 하는지에 대해 학습할 수 있다. 각 예제의 분석결과 중 핵심적인 부분은 연구가설 혹은 연구모형에 대응시켜 해설하고 독자가 이 부분을 쉽게 식별할 수 있도록 갈색으로 나타내었다.

다섯째, 본서의 부록에는 구조방정식 모형분석과 AMOS를 이해하는 데 필요한 용어를 수록하였으며, 또한 구조방정식 모형분석을 이용한 저자의 한 논문을 수록하여 독자들이 논문을 작성하는 데 참고할 수 있도록 하였다.

끝으로, 저자들은 본서에 구조방정식 모형분석을 개념적으로 이해하고 AMOS를 실행하는 데 필요한 지식을 독자들이 가급적 쉽게 습득할 수 있도록 전체 내용을 구성하고 또한 정확하고 간결한 문체로써 표현하고자 하였다. 본서의 분량은 그리 많아 보이지 않을 수 있다. 그러나 이는 결코 내용이 적은 데 기인하는 것이 아니라 체계적인 구성과 간결한 문체에 기인하는 것이다.

맺음말

본서를 집필하는 데는 많은 분들로부터 직접 혹은 간접적으로 도움을 받았다. 우선 구조방정식 모형분석 및 AMOS와 관련하여 그간 공헌을 해온 많은 분들에게 감사의 마음을 갖는다. 또한 실제 자신들의 연구에 구조방정식 모형분석을 적용하면서 그 적용방법을 발전시켜온 행동과학 분야의 연구자들에게 사의를 표한다. 그들이 없었다면 이 분야에 대한 저자들의 지식은 없었을 뿐만 아니라 본서의 원고는 시작되지 못했을 것이다. 또한 본서가 출판되어 구조방정식 모형분석과 AMOS 실행에 관한 저자들의 지식을 다른 연구자들과 공유할 수 있도록 해주신 집현재의 위호준 사장님께 감사의 뜻을 전한다. 그리고 탁월한 편집 능력으로 저자들의 원고를 좋은 책으로 만들 수 있게 힘써주신 전충영 상무님과 모던하고 산뜻한 표지 디자인을 해주신 NICE알앤씨 정영미 컨설턴트에게 감사의 말씀을 드린다. 끝으로, 서문을 마치면서 저자들의 이 분야에 대한 지식을 다른 연구자들과 공유함으로써 여러 행동과학의 발전에 본서가 어느 정도 역할을 할 수 있기를 바라는 마음을 가져본다.

2015년 6월
李學湜
林志勳

차례 요약

- 제 1 장 구조방정식 모형분석의 기초적 이해 1
- 제 2 장 측정모형의 타당성 평가 21
- 제 3 장 구조모형의 분석 43
- 제 4 장 고급 분석 51
- 제 5 장 특수 주제 69
- 제 6 장 AMOS의 이해 89
- 제 7 장 분석준비단계(I) – 파일 다루기 105
- 제 8 장 분석준비단계(II) – 연구모형 그리기 119
- 제 9 장 분석준비단계(III) – 분석예제와 결과물 해석 143
- 제10장 측정모형의 타당성 평가 171
- 제11장 구조모형의 분석과 해석 197
- 제12장 대안모형 분석, 매개효과 분석, 그리고 모형의 발견 217
- 제13장 조절효과 분석 – 집단 간 비교 253
- 제14장 형성적 지표와 단일항목값의 분석 267
- 제15장 Nonrecursive 모형, 종단적 모형 및 Higher-order construct 모형의 분석 285

차 례

제 1 장 구조방정식 모형분석의 기초적 이해

1.1 구조방정식 모형분석을 위한 배경지식 ········ 2

1. 연구가설과 연구모형 2
2. 분석의 단위 4

1.2 전통적 다변량 통계분석에 비한 구조방정식 모형분석의 차별적 특징 ····· 5

1. 동시추정 6
2. 측정오류의 반영 6

1.3 전형적 구조방정식모형의 도식적 예와 기본 개념 ········ 7

1. 구정방정식모형의 도식적 예와 구성요소들의 의미 7
2. 기본 개념 9

1.4 구조방정식 모형분석 – 회귀분석 및 요인분석과의 유사점과 차별점 ····· 12

1.5 구조방정식 모형분석의 개괄적 절차, 경로계수의 추정, 적합도 ········ 13

1. 상관행렬을 이용한 경로계수의 추정 14
2. 공분산행렬 → 경로계수의 추정 → 공분산행렬의 역추정 → 적합도와 residuals 15

1.6 구조방정식 모형분석을 위한 표본의 크기 ········ 18

제 2 장 측정모형의 타당성 평가

2.1 Construct의 측정도구 결정 ········ 23

1. 개념적 정의 23
2. 조작화 23
3. 측정도구 결정의 세 가지 방법 24

2.2 개별 construct 측정모형의 타당성 평가 ······ 25
1. 내적일관성 25
2. 확인요인분석 26
3. Identification 26
4. 적합도지수, 요인부하량 27
5. 측정모형의 수정 27

2.3 전체 constructs 대상 측정모형의 타당성 평가 ······ 28
1. 확인요인분석 28
2. Identification 28
3. 적합도지수, 요인부하량 29
4. 측정모형의 수정 29
5. Construct 타당성 29

2.4 측정모형 평가와 관련된 중요 주제의 추가적 설명 ······ 30
1. 자유도 30
2. Identification 30
3. 적합도지수 32
4. 측정모형의 수정 37
5. Construct 타당성 39

제 3 장 구조모형의 분석

3.1 측정모형에 비한 구조모형의 특징 ······ 44

3.2 구조모형 분석결과의 해석 ······ 45
1. Identification 46
2. 적합도지수 47
3. 경로계수 49

제 4 장 고급 분석

4.1 대안모형과의 비교 ······ 52
1. Nested 모형 53
2. 대안모형의 비교방법 53
3. 경로가 제거된 대안모형 55
4. 대안모형 비교의 예 55

4.2 집단 간 비교 – 조절효과 ······ 57
1. 한 개 경로에 대한 집단 간 비교 57
2. 두 개 이상의 경로에 대한 집단 간 비교 58
3. 집단 간 비교의 예 58

4.3 매개적 작용 ············ 60
1. 매개적 작용의 의미 60
2. 완전매개와 부분매개 61
3. 매개작용의 예 62

4.4 모형의 발견 ············ 63
1. 모형 발견의 의미 63
2. 모형 수정을 위한 지표 65
3. 최적 모형을 수용하는 경우 유의사항 65
4. 모형 수정의 예(1) 66
5. 모형 수정의 예(2) 68

제 5 장 특수 주제

5.1 반영적 지표와 형성적 지표 ············ 70
1. 반영적 지표 70
2. 형성적 지표 71
3. 형성적 지표 construct가 포함된 구조방정식모형 72

5.2 단일항목값 ············ 76
1. 다항목을 단일항목으로 변환 76
2. 단일값으로 측정한 경우 77

5.3 Recursive 모형 vs. Nonrecursive 모형 ············ 77
1. Recursive 모형과 Nonrecursive 모형의 의미 77
2. Nonrecursive 모형의 예 79

5.4 종단적 자료 ············ 80

5.5 Higher-order construct 구조방정식모형 ············ 81
1. Higher-order construct의 의미 81
2. Second-order construct 모형의 네 가지 유형 82
3. Second-order constructs 모형의 예 85

5.6 추정상의 문제 ············ 86
1. Heywood case 86
2. 표준화 추정치 87

제 6 장 AMOS의 이해

6.1 AMOS는 무엇인가? ······ 90

6.2 AMOS의 구성 ······ 90

1. AMOS의 창 종류 90

6.3 AMOS Graphics 창의 구성과 메뉴/도구모음 사용 ······ 94

1. AMOS Graphics 창의 구성 94
2. AMOS Graphics 창의 메뉴/도구모음 사용 96

6.4 AMOS Output 창의 구성과 메뉴 사용 ······ 103

제 7 장 분석준비단계(I) – 파일 다루기

7.1 AMOS 시작 ······ 106

7.2 AMOS Graphics 파일 다루기 ······ 106

1. AMOS Graphics 파일 불러오기 106
2. AMOS Graphics 파일 저장 108

7.3 AMOS 데이터 파일 다루기 ······ 110

1. AMOS에서 사용가능한 데이터 파일의 종류 110
2. AMOS에서 데이터 파일 불러오기 111

7.4 AMOS Output 파일 다루기 ······ 113

7.5 AMOS 종료 ······ 116

제 8 장 분석준비단계(II) – 연구모형 그리기

8.1 측정모형 그리기 ······ 120

8.2 경로분석모형 그리기 ······ 125

8.3 구조방정식모형 그리기 ······ 135

제 9 장 분석준비단계(III) – 분석예제와 결과물 해석

9.1 경로분석의 개념과 분석예제 ······ 144

1. 경로분석의 개념 144
2. 경로분석 예제 144
3. 경로분석모형 그리기 146

9.2 분석데이터 입력 ······ 150

1. 자동입력방식 151
2. 행렬입력방식 151

9.3 결과물 옵션 설정 ······ 154

1. Analysis Properties 대화상자 154
2. Analysis Properties 대화상자의 [Output] 탭 155

9.4 결과물 해석 ······ 157

1. Analysis Summary 158
2. Notes for Group 158
3. Variable Summary 159
4. Parameter Summary 160
5. Notes for Model 161
6. Estimates 162
7. Model Fit 165
8. Execution Time 166
9. 경로도형 상에 분석결과 나타내기 167

제 10 장 측정모형의 타당성 평가

10.1 개별 construct 측정모형의 타당성 평가 ······ 172

1. 내적일관성 173
2. 확인요인분석 173
3. Identification 175
4. 적합도지수와 요인부하량 176
5. 준거지표법과 construct 분산 고정법을 이용한 identification 177

10.2 전체 constructs 대상 측정모형의 타당성 평가 ······ 179

1. 확인요인분석 180
2. Identification 183
3. 적합도지수와 수정지수 183
4. 요인부하량 186
5. Construct 타당성(Construct validity) 186

제11장 구조모형의 분석과 해석

11.1 구조모형의 분석절차 ······ 196

1. 경로도형의 작성 196
2. 데이터 파일의 지정 197
3. 분석결과 옵션의 지정 198
4. 분석의 실행 199

11.2 구조모형 분석결과의 해석 ······ 199

1. Identification 199
2. 적합도 206
3. 경로계수 208
4. 직접효과, 간접효과, 그리고 총효과 213
5. Squared Multiple Correlations 216

제12장 대안모형 분석, 매개효과 분석, 그리고 모형의 발견

12.1 대안모형의 제시 ······ 218

12.2 대안모형의 분석 ······ 220

1. 대안모형 1의 분석 220
2. 대안모형 2의 분석 221

12.3 대안모형 분석결과의 해석 ······ 221

1. Identification 221
2. 모형 간 적합도 비교 222

12.4 매개효과 분석 ······ 227

1. 개 요 227
2. 구조방정식 모형분석에 의한 매개효과의 예 230
3. 분석방법 231
4. 분석결과의 해석 231
5. 부트스트래핑을 이용한 매개효과의 유의성 검증 232

12.5 모형의 발견 ······ 237

1. 초기모형의 설정, 분석, 그리고 해석 237
2. 1차 수정모형의 설정, 분석, 그리고 해석 242
3. 2차 수정모형의 설정, 분석, 그리고 해석 245
4. 3차 수정모형의 설정, 분석, 그리고 해석 249

제13장 조절효과 분석 – 집단 간 비교

13.1 조절효과의 예제 ······ 254

13.2 조절효과의 분석 ······ 255

1. 집단분류 255
2. 분석방법 255

13.3 조절효과 분석결과의 해석 ······ 263

1. 조절효과의 방향성 263
2. Free 모형과 제약모형의 χ^2 차이검증 265
3. 조절효과에 대한 결론 266

제14장 형성적 지표와 단일항목값의 분석

14.1 형성적 지표모형의 분석 ······ 268

1. MIMIC 모형 269
2. 형성적 지표 construct에서 한 개의 경로만 나가는 경우 270
3. 형성지표 construct(한 개)와 반영지표 construct(한 개)로 구성된 모형 272
4. 형성지표 constructs(두 개 이상)와 반영지표 constructs(두 개 이상)로 구성된 모형 273

14.2 Heywood case의 처리 ······ 275

14.3 단일항목값의 분석 ······ 277

1. 다항목을 단일항목으로 변환 278
2. 단일값으로 측정한 경우 280
3. 신뢰도를 반영하지 않는 경우 282

제15장 Nonrecursive 모형, 종단적 모형 및 Higher-order construct 모형의 분석

15.1 Nonrecursive 모형의 분석 ······ 286

1. Nonrecursive 모형의 제시 286
2. Nonrecursive 모형의 분석 288
3. Nonrecursive 모형 분석결과의 해석 289

15.2 종단적 모형의 분석 ········· 293

1. 종단적 모형의 예 294
2. 종단적 모형의 분석 294
3. 분석결과의 해석 295
4. Constructs 간 관계의 시점 간 비교 297

15.3 Higher–order construct 모형의 분석 ········· 300

1. Higher-order construct의 측정모형 분석 300
2. Higher-order construct의 구조모형 분석 303

부 록 ········· 309

1. 용어설명 310
2. 구조방정식 모형분석을 이용한 논문의 예 315
3. 통계표 325

국문색인 ········· 329

영문색인 ········· 331

구조방정식 모형분석과 AMOS 22 >> 제 1 장

구조방정식 모형분석의 기초적 이해

- 1.1 구조방정식 모형분석을 위한 배경지식
- 1.2 전통적 다변량 통계분석에 비한 구조방정식 모형분석의 차별적 특징
- 1.3 전형적 구조방정식모형의 도식적 예와 기본 개념
- 1.4 구조방정식 모형분석 – 회귀분석 및 요인분석과의 유사점과 차별점
- 1.5 구조방정식 모형분석의 개괄적 절차, 경로계수의 추정, 적합도
- 1.6 구조방정식 모형분석을 위한 표본의 크기

1.1 구조방정식 모형분석을 위한 배경지식

1. 연구가설과 연구모형

논리경험주의(logical empiricism)에 입각한 사회과학연구의 전형적인 연구방법은 연구주제와 관련된 기존의 연구성과와 이론적 근거(theoretical reasoning)를 토대로 연구가설을 설정하고 그 가설을 검증하기 위해 자료를 수집하고 통계적으로 분석하는 것이다. **연구가설**(research hypothesis)은 연구자가 어떤 현상과 관련하여 자신이 생각하는 것을 나타낸 진술로서, 대표적인 가설의 형태는 두 개 이상의 constructs 간의 인과관계를 나타내는 진술이다.

연구자는 한 연구에서 보통 여러 개의 연구가설을 설정하는데 이러한 연구가설들은 대부분의 경우 서로 무관하지 않고 연계성을 갖는다. **연구모형**(research model)은 이와 같이 서로 연계성을 갖는 가설들을 하나의 모형으로 나타낸 것을 말한다. 또한 연구모형은 여러 개의 constructs와 그러한 constructs 간의 인과관계를 나타내는 화살표들로 구성된다. 여기서 **construct**는 연구자의 연구대상이 되는 개념이면서 추상적이고 직접 관찰될 수 없는 개념을 말한다. 연구가설과 연구모형을 간략한 예를 통해 설명한다. 연구자가 다음과 같은 연구가설을 설정하였다고 하자.

가설 1: 소비자가 호텔서비스품질을 높게 지각할수록 그 호텔에 대해 보다 호의적 태도를 갖는다.
(다른 표현: 지각된 호텔서비스품질은 호텔에 대한 태도에 正(+)의 영향을 미친다.)

가설 2: 호텔에 대한 태도가 호의적일수록 재이용의도는 더 높다.
(다른 표현: 호텔에 대한 태도는 재이용의도에 正(+)의 영향을 미친다.)

가설 3: 호텔서비스품질 지각은 호텔에 대한 태도의 매개에 의해서뿐만 아니라 직접적으로도 재이용의도에 正(+)의 영향을 미친다.

위의 세 개의 연구가설은 [그림 1.1]과 같은 연구모형으로 나타낼 수 있으며, 이 예에서 소비자의 호텔서비스품질 지각, 호텔에 대한 태도, 그리고 재이용의도는 곧 construct의 예가 된다.

그림 1.1 **호텔에 대한 태도의 부분매개에 관한 모형**

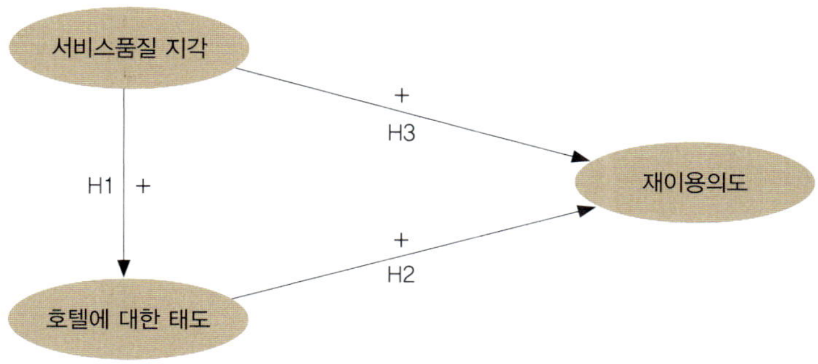

그런데 [그림 1.1]과 같이 연구모형을 그리는 경우, 가설 3을 단순히 "호텔서비스품질 지각은 재이용의도에 正(+)의 영향을 미친다"로 설정해서는 안 된다. [그림 1.1]은 가설 1과 가설 2를 각각 호텔서비스품질 지각 → 호텔에 대한 태도, 그리고 호텔에 대한 태도 → 재이용의도의 인과관계를 나타내고 있다. 이 두 개의 가설을 결합하면 "호텔서비스품질 지각→ 호텔에 대한 태도 → 재이용의도"가 된다. 이를 다시 나타내면 "호텔서비스품질 지각은 호텔에 대한 태도의 매개에 의해 재이용의도에 正(+)의 영향을 미친다"가 되며, 결국 이 두 가설은 "호텔서비스품질 지각은 재이용의도에 正(+)의 영향을 미친다"라는 진술을 이미 내포하는 것이다. 이러한 이유로 가설 3은 "호텔서비스품질 지각은 호텔에 대한 태도의 매개에 의해서뿐만 아니라 직접적으로도 재이용의도에 正(+)의 영향을 미친다"로 설정되며, 이는 "호텔서비스품질 지각은 재이용의도에 正(+)의 영향을 미친다"라는 진술과는 명백히 다른 의미를 갖는다.

한편, 위에서 제시된 가설 3과는 달리, 연구자는 호텔서비스품질 지각이 재이용의도에 미치는 영향이 호텔에 대한 태도에 의해 모두(혹은 거의) 매개되는 것으로 생각할 수도 있다. 만약 연구자의 생각이 그와 같다면 가설 3을 다음과 같이 서술할 수 있으며, 연구모형은 [그림 1.2]와 같이 나타낼 수 있다.

가설 3: 호텔서비스품질 지각이 재이용의도에 미치는 영향은 모두(혹은 거의) 호텔에 대한 태도에 의해 매개된다.

요컨대, 구조방정식 모형을 이용한 연구를 할 때 두 constructs 간에 매개 construct가 존재하는 경우 그 두 constructs 간의 직접적 관계를 설정할 수도 있

그림 1.2 호텔에 대한 태도의 완전매개에 관한 모형

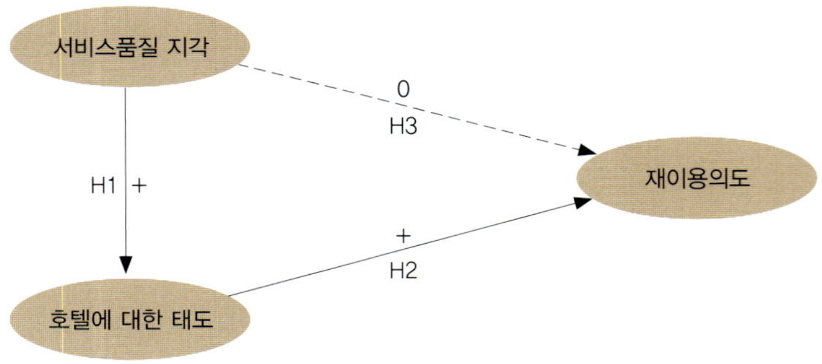

* 여기서 파선은 그 관계가 유의적이지 않음을 의미한다.

고 하지 않을 수도 있는데, 이는 연구자가 현상을 어떻게 보는가에 달려 있다. 본서의 초반에 이를 특별히 강조하는 이유는 위에서 지적한 바와 같은 잘못이 많은 논문들에서 발견되기 때문이다. 이와 관련된 내용은 제4장의 '4.3 매개적 작용'에서 설명한다.

2. 분석의 단위

논리경험주의에 입각하여 행동과학 연구(behavioral science research)를 하는 경우 유의해야 할 점들 중 한 가지는 분석의 단위이다. **분석의 단위**(unit of analysis)는 가설 혹은 연구모형이 제안하는 행동의 주체가 개인인가 혹은 조직인가 하는 것이다. 예를 들어, [그림 1.1]의 연구모형과 가설 1~3의 경우 그 행동의 주체는 개인이다. 이에 비해 연구모형이 한 조직의 행동과 관련되는 경우도 상당히 있다. 예를 들어, "기업의 시장지향성이 높을수록 기업의 성과는 높아진다"라는 가설의 경우 행동의 주체는 기업, 즉 조직이다. 분석의 단위가 개인인 경우 조사대상자의 수가 곧 표본의 크기를 결정짓는다. 그러나 분석의 단위가 조직인 경우 조직의 수가 표본의 크기를 결정짓는다. 예컨대, 위의 가설을 검증하기 위해 100개의 기업들을 대상으로 하면서 각 기업 당 세 명의 응답자들(key informants)을 대상으로 질문하는 상황을 생각해보자. 이 경우 세 명 응답자들로부터 수집한 값들의 평균값이 한 개의 case가 되고 표본의 크기는 100이 된다. 이 경우 300명의 응답자들로부터 수집한 자료를 이용하면서 각각을 case로 처리한다면 이는 명

백한 잘못이다. 만약 이러한 방식으로 자료를 이용하여 분석한다면 그 분석은 그 자체로 틀린 것이다.

특히, 조직을 대상으로 연구하는 경우, 여러 종류의 응답자들이 답할 수 있는데, 이 경우 필요에 따라 각 조직과 관련하여 응답한 다른 종류의 응답자들을 대응시켜야 한다. 예를 들어, Hartline and Ferrell(1996)의 연구에서는 호텔기업 경영층의 서비스품질 관심(commitment)이 사원들의 역할지각을 분명히 하고, 이는 다시 사원들의 자기효능감(self-efficacy)과 만족 등에 영향을 미쳐 결국 고객에 대한 서비스품질을 향상시킬 수 있다는 가설적 모형을 설정하였다.[1] 이 연구에서는 236명의 관리자들, 561명의 사원들, 그리고 1,238명의 고객들로부터 관련 자료를 수집하였는데, 분석의 단위는 사람이 아닌 호텔이므로 각 호텔별로 경영자, 사원들, 고객들로부터 수집한 자료를 대응시켰다. 그리고 호텔별로 최소 3명의 사원들과 3명의 고객들로부터 자료가 수집되지 않은 호텔은 분석에서 제외시켰다. 결국 97개의 호텔이 분석의 대상이 되었다($n=97$).

1.2 전통적 다변량 통계분석에 비한 구조방정식 모형분석의 차별적 특징

다변량 통계분석(multivariate statistical analysis)은 두 가지로 나눌 수 있다. 한 가지는 변수들 간의 의존관계(dependence relationship)를 분석하는 것으로 회귀분석과 판별분석 등이 이에 해당한다. 이러한 분석의 경우에는 독립변수와 종속변수가 있다. 다른 한 가지는 변수들 간의 상호의존관계(interdependence relationship)를 분석하는 것으로 요인분석, 군집분석, 다차원척도법 등이 이에 해당한다. 이러한 분석의 경우에는 독립변수와 종속변수가 없다. 이에 비해 **구조방정식 모형분석**(structural equation modeling)은 두 가지 분석의 성격을 모두 가지며, 특히 요인분석과 회귀분석을 이용하여 발전시킨 분석방법이다. 구조방정식 모형분석은 일련의 방정식들로 표현되는 constructs 간의 상호관계 구조를 조사하는 기법으로, 측정변수들 간의 공분산을 이용하여 분석하므로 공분산구조분석(covariance structure analysis)이라고 하기도 한다.

구조방정식 모형분석은 1960년대 말과 1970년대 초 Jöreskog와 Sörbom이 'latent constructs 간의 관계'와 'constructs와 관련 측정변수들 간의 관계'를 **최우**

1 Michael D. Hartline and O. C. Ferrell, "The Management of Customer-Contact Service Employees: An Empirical Investigation," *Journal of Marketing*, 60, October 1996, pp. 52-70.

도추정법(maximum likelihood estimation)에 의하여 동시추정하는(simultaneous estimation) 방법을 개발함으로써 시작되었다. 이는 관찰된 표본을 얻게 될 가능성을 최대로 하는 모집단의 계수 추정법이다. 구체적으로, 입력 공분산행렬(표본)로부터 경로계수(모수)를 추정하고 그 경로계수로부터 입력 공분산행렬을 역추정하는 과정을 거치는데, 그 역추정된 공분산행렬이 입력 공분산행렬에 가장 가깝도록(maximum likelihood) 경로계수를 추정하는 방법이다. 그 후 LISREL, EQS, AMOS 등 여러 가지 분석 패키지가 개발됨으로써 사회과학연구를 위한 중요한 분석도구가 되었다. 구조방정식 모형분석이 전통적인 다변량 통계분석에 비해 갖는 두 가지의 장점은 변수들 간의 일련의 종속관계(a series of dependence relationships)를 동시에 추정할 수 있으며, 또한 측정오류를 반영할 수 있다는 점이다. 이하에서는 이를 설명한다.

1. 동시추정

먼저 **동시추정**(simultaneous estimation)을 예로써 설명한다. 예를 들어, constructs A, B, C 간의 인과관계가 A→B→C로서 B는 A와 C 간의 관계를 매개한다고 가설로 설정하고 이를 검증하고자 한다. 이 경우 다음과 같은 분석을 하고 결과를 얻게 되면 지지된다고 할 수 있다.

(1) A를 독립변수로, B를 종속변수로 하는 회귀분석에서 A가 유의적으로 나타난다.
(2) B를 독립변수로, C를 종속변수로 하는 회귀분석에서 B가 유의적으로 나타난다.
(3) A를 독립변수로, C를 종속변수로 하는 회귀분석에서 A가 유의적으로 나타난다.
(4) A와 B를 독립변수로, C를 종속변수로 하는 회귀분석에서 A가 비유의적으로 나타나거나 (3)의 경우에 비해 A의 유의성이 크게 약화된다.

이처럼 회귀분석을 수차례 하는 대신 구조방정식 모형분석을 하면 A→B, A→C, B→C 간의 관계를 동시에 추정할 수 있다. 이 경우 A→C 관계에 대한 B의 매개 여부를 검증할 수 있을 뿐만 아니라 각 경우의 관계의 크기(즉, 계수)까지 추정할 수 있다.

2. 측정오류의 반영

구조방정식 모형분석의 또 다른 장점은 **측정오류**(measurement errors)를 반영할 수 있다는 점이다. 측정오류는 체계적 오류와 비체계적 오류로 구분할 수 있다. 체계적 오류(systematic error)는 부적절한 측정도구를 이용함으로써 발생하는 오류이다. 예를 들어, 태도(attitude)를 측정하고자 하면서 부적절한 항목들을 이용하는 것이다. 비체계적 오류(nonsystematic error)는 면접자나 응답자의 실수 혹은 불성실 등에 의해 발생하는 오류이다. 이와 관련된 내용은 다음에 자세히 다룬다.

일반적으로 한 construct를 측정하기 위해 단일항목을 사용하는 것보다 다항목을 사용하면 측정오류를 보다 줄일 수 있는 것으로 받아들여진다. 이는 표본의 크기가 클수록 그 측정값이 모집단의 실제값에 보다 가까울 가능성이 높은 것에 비유될 수 있다. 이 경우 측정오류를 탐지하고 줄이기 위한 한 가지 방법으로 **Cronbach's α**를 이용한다. 전통적인 분석방법을 이용하는 경우 한 construct의 다항목 측정값들에 대한 Cronbach's α를 계산하고 필요에 따라 일부를 제거한 다음 본 분석을 실시한다. 이때 각 construct의 측정값들은 마치 오류를 내포하지 않은 것처럼 간주된다. 예를 들어, 어떤 construct의 측정값에 대한 Cronbach's α가 .8이건 .9이건 본 분석에서 그 차이가 반영되지 않는다. 따라서 분석에서 측정오류를 반영하지 못하게 된다. 이에 비해 구조방정식 모형분석을 이용하면 각 construct를 측정하는 데 수반되는 오류의 크기는 모형의 적합도에 영향을 미친다. 보다 구체적으로 말하면, 오류가 클수록(예를 들어, 다항목으로 측정한 경우 Cronbach's α가 낮을수록) 모형의 적합도는 낮아지는 것이다.

1.3 전형적 구조방정식모형의 도식적 예와 기본 개념

1. 구정방정식모형의 도식적 예와 구성요소들의 의미

구조방정식모형을 그림으로 나타내는 경우 전형적으로 [그림 1.3]과 같은 방식으로 나타낸다. 표기된 문자는 그리스(Greek) 문자인데 원래 LISREL을 이용하는 데 사용되었으나 LISREL을 이용하지 않는 경우에도 자주 사용된다. [그림 1.3]은 여러 개의 타원, 사각형, 화살표와 문자로 구성되어 있다. 시각적 도구들의 의미는 각각 다음과 같다.

타원: latent constructs를 나타낸다. 화살표를 받지 않는 constructs는 외생

그림 1.3 **구조방정식모형의 예**

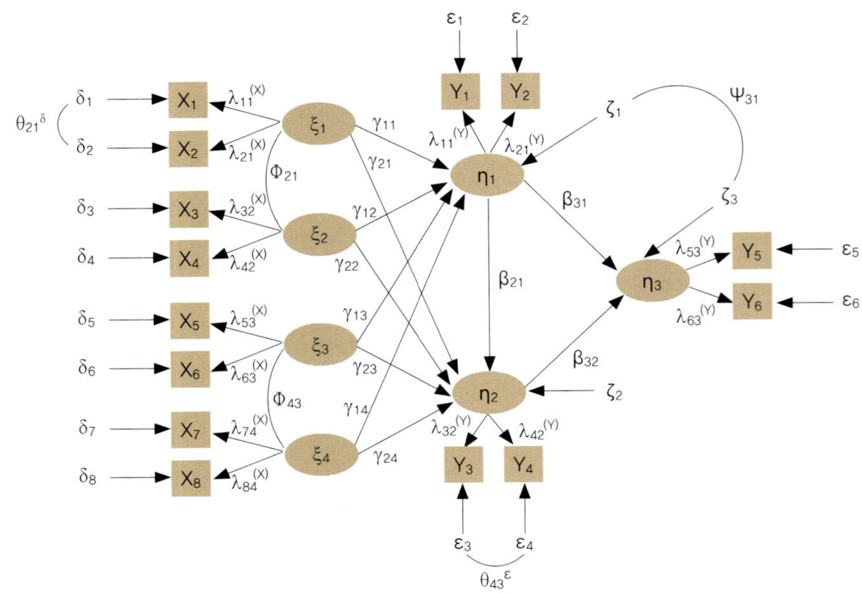

* 이 그림에서 각 계수를 표기하기 위하여 그리스 문자 다음에 두 개의 아래첨자 숫자가 있다. 이 경우 먼저 나오는 숫자는 영향을 받는 construct 혹은 변수를, 그리고 나중에 나오는 숫자는 영향을 주는 construct 혹은 변수를 나타낸다. 예를 들어, λ_{21}은 ξ_1이 X_2에 영향을 주는 것을 나타낸다.

** 외생 constructs(ξ_1, ξ_2, ξ_3, ξ_4) 간에는 모두 양방향 커브화살표를 설정해야 하지만 지면의 제약으로 인하여 모두 표시하지는 않았다.

constructs, 그리고 화살표를 받는 constructs는 내생 constructs이다.

사각형: 해당 construct의 측정변수를 나타내는데, 흔히 indicator라고 한다. 외생 constructs의 indicators는 X로, 내생 constructs의 indicators는 Y로 나타낸다. 구조방정식 모형분석을 하기 위해서는 한 construct를 여러 개의 측정변수(다항목)로써 측정하는 것이 일반적이다.

constructs 간의 직선 화살표: constructs 간의 의존관계(dependence relationship)를 나타낸다. 화살표는 선행(독립) construct에서 결과(종속) construct로 그어진다.

construct와 indicators 간의 직선 화살표: 일반적으로 construct로부터 indicators로 화살표가 그어지는데 이는 indicators가 construct에 의해 결정됨을 의미한다. 화살표가 반대 방향으로 그어질 수도 있는데 이는 제5장에서 설명한다(반영적 지표와 형성적 지표).

양방향 커브화살표: 이는 두 constructs 간에 공분산(혹은 상관)관계가 있음을 의미한다. 외생 constructs 간에 그리고 오차항목(error terms) 간에 설정될 수 있다.

오차항목에서 construct 혹은 indicator로의 화살표: construct(s)에 의해 설명되지 않는 오차를 나타낸다.

또한 [그림 1.3]에는 여러 가지 그리스 문자가 있는데 그 발음과 의미는 〈표 1.1〉에 제시되어 있다.

표 1.1 그리스 문자의 발음과 의미

표기	발음	의미
ξ	ksi	외생 construct
η	eta	내생 construct
γ	gamma	외생 construct로부터 내생 construct로 잇는 경로계수
β	beta	내생 construct로부터 내생 construct로 잇는 경로계수
λ_X	lambda X	외생 construct 측정변수의 요인부하량
λ_Y	lambda Y	내생 construct 측정변수의 요인부하량
Φ	phi	외생 constructs의 공분산(혹은 상관관계)
Ψ	psi	내생 constructs의 오차항 간의 공분산(혹은 상관관계)
δ	delta	측정변수 X의 오차항
ε	epsilon	측정변수 Y의 오차항
θ_δ	theta delta	측정변수 X와 관련된 잔차 분산과 공분산
θ_ε	theta epsilon	측정변수 Y와 관련된 잔차 분산과 공분산
ζ	zeta	내생 construct의 오차항

2. 기본 개념

이하에서는 구조방정식 모형분석을 이해하는 데 필요한 기본 개념들을 [그림 1.3]을 중심으로 설명한다.

(1) Construct와 측정변수

Construct는 앞에서 언급한 바와 같이, 연구자의 연구대상이 되는 개념이면서 추상적인 개념이다. 구조방정식모형에서는 흔히 construct에 잠재적이라는 의미를 갖는 단어인 latent를 붙여 latent construct라고 한다. latent constructs로 구성되는 모형을 분석하고 가설을 검증하기 위해서는 constructs를 계량적으로 측정해야 한다. 이 경우 constructs를 측정하는 변수를 latent에 대응하는 의미인 manifest를 붙여 manifest variable 혹은 indicator라고 하기도 하고 혹은 그대로 **측정변수**(measured variable)라고 하기도 한다. 본서에서는 이 두 가지를 각각 construct(혹은 잠재요인)와 측정변수(혹은 indicator)로 표현하기로 한다. 구조방정식 모형분석을 하기 위해서는 한 construct를 여러 개의 측정변수로써 측정하는 것이 바람직하며 흔히 이를 따른다.

그런데 construct의 다른 영어표현으로 underlying construct, latent factor, latent variable, unobserved variable이 사용되기도 하고 한국어로는 잠재변수, 비관측변수 등이 사용된다. 또한 측정변수에 해당하는 영어표현으로는 measured variable, measure, item, observed variable, manifest variable 등이 있으며 한국어로는 관측변수, 측정도구, 측정항목, 항목 등의 표현이 사용되기도 한다. 본서에서는 이러한 용어들이 경우에 따라 대체적으로 사용될 수 있다.

구조방정식을 구성하는 constructs는 외생 constructs와 내생 constructs로 구분된다. **외생 construct**(exogenous construct)는 모형 내의 다른 construct(s)로부터 영향을 받지 않는 construct이다. 즉 모형의 외부적 요인에 의해 영향을 받는 것이다. [그림 1.3]에서 $\xi_1 \sim \xi_4$는 외생 constructs로서 모형에 나타나 있지 않은 다른 변수들에 의해 영향을 받는다. 외생 construct는 회귀분석의 독립변수에 비유될 수 있다. **내생 construct**(endogenous construct)는 모형 내의 다른 construct(s)로부터 영향을 받는 것으로 [그림 1.3]의 경우 $\eta_1 \sim \eta_3$가 이에 해당한다. 내생 construct는 회귀분석의 종속변수에 비유될 수 있다.

이 모형 상의 η_1과 η_2는 $\xi_1 \sim \xi_4$로부터 영향을 받으면서 또한 η_3에 영향을 미친다. 즉 종속변수와 독립변수의 성격을 모두 갖지만 모형 상의 다른 construct에 영향을 받으므로 명백히 내생 construct가 된다. 구조방정식모형의 주요한 특징 중의 하나는 이처럼 한 construct가 다른 construct로부터 영향을 받으면서 또한 다른 construct에 영향을 주는 것을 동시에 반영할 수 있다는 점이다.

(2) Free, Fix, Constraint[2]

Free와 Fix는 구조방정식 모형분석을 위해 프로그래밍할 때 알아야 할 매우 중요한 개념들이다. **Free**란 두 constructs 간의 관계에 대한 모수가 어떤 값이든지 될 수 있다는 뜻으로, 연구자가 분석을 통해 그 모수를 추정하겠다는 의미를 갖는다. 이에 비해 **Fix**란 두 constructs 간의 관계에 대한 모수를 명시적 혹은 묵시적으로 일정한 값을 지정하는 것을 의미한다. 이 경우 AMOS는 그 경로의 계수

2 Rex B. Kline, *Principles and Practice of Structural Equation Modeling*, 2nd ed., The Guilford Press, 2005.

를 일정한 값(예를 들어 0 혹은 1)으로 두고 다른 모수들을 추정한다. [그림 1.3]의 경우 ξ_1과 η_1 간에 직선 화살표가 그어져 있는데 이는 그 두 constructs 간의 관계를 추정하겠다는 것을 의미하며 Free에 해당한다. 이에 비해 ξ_1과 η_3는 연결되어 있지 않는데, 이는 그 두 constructs 간의 관계를 추정하지 않겠다는 의미로 Fix에 해당한다. 이 경우 연구자는 두 constructs 간의 관계를 0이라고 묵시적으로 전제하는 것이다. 이러한 경우 외에도 연구자가 필요에 따라 어떤 관계에 특정 값을 명시적으로 지정할 수도 있는데 이 또한 Fix에 해당한다. 예를 들어, 판별타당성 검증을 위해 두 constructs 간의 상관관계를 1로 지정할 수 있다. 또한 측정변수와 오차항 간의 계수를 1로 지정하는 것도 Fix에 해당한다.

Constraint는 일견 Fix와 유사하게 보이지만 두 개 이상의 모수 추정과 관련된다는 점에서 차이가 있다. 예를 들어, 동일한 모형에 대해 두 집단별로 각각 분석을 하여 특정 경로를 집단 간에 비교할 때 그 경로가 집단 간에 동일한 것으로 제약(constrain)하는 것을 말한다(cross-group equality constraint).

(3) 직접효과, 간접효과, 총효과

한 construct가 다른 construct에 미치는 효과(영향)의 종류는 세 가지로 분류될 수 있다. **직접효과**(direct effect)는 [그림 1.3]에서 $\xi_1 \rightarrow \eta_2$의 관계처럼 한 construct가 어떤 construct를 거치지 않고 다른 construct에 직접적으로 미치는 영향의 크기이다. 이 경우 ξ_1이 η_2에 미치는 직접효과의 크기는 γ_{21}으로 나타나 있다. 이 그림에서 ξ_1과 η_3 간에는 화살표가 그어져 있지 않으므로 그 두 constructs 간의 직접효과는 0으로 fix한 것으로 볼 수 있다. **간접효과**(indirect effect)는 $\xi_1 \rightarrow \eta_1 \rightarrow \eta_2$의 관계처럼 한 construct가 어떤 construct를 거쳐 다른 construct에 미치는 영향의 크기이다. 이 경우 ξ_1이 η_2에 미치는 간접효과의 크기는 $\gamma_{11} \times \beta_{21}$이다. **총효과**(total effect)는 한 construct가 다른 construct에 미치는 직접효과와 간접효과를 합한 것이다. ξ_1이 η_2에 미치는 총효과의 크기는 $\gamma_{21} + \gamma_{11} \times \beta_{21}$이다.

AMOS에 의한 분석결과는 세 가지 효과의 값을 산출하는데, 회귀분석 결과 회귀계수와 표준화 회귀계수가 산출되듯이 원래의 효과와 표준화 효과를 함께 산출한다(표준화 직접효과, 표준화 간접효과, 표준화 총효과). 효과의 크기는 동일 모형을 두 개 이상의 집단들에 걸쳐 분석한 후 어떤 constructs 간의 관계를 그 집단들에 걸쳐 비교할 때 사용될 수 있다. 표준화 효과의 크기는 한 집단 내에서 계수들 간의 크기를 비교할 때 사용될 수 있다. 예를 들어, [그림 1.3]에서 ξ_1, ξ_2, ξ_3, ξ_4 각각이 η_3에 미치는 총효과 중 ξ_1의 총효과가 가장 크다는 해석을 할 수 있다. 이는 회귀분석 결과, 여러 독립변수들이 종속변수에 영향을 미치는 데 있어서 특정 독립변수의 영향력이 가장 크다는 해석을 하는 것과 유사하다. 이와 관련된 내용은 제3장의 3.2에서 설명된다.

(4) 오 차

오차(error)는 통계학에서 어떤 변수의 분산 중 설명변수(들)에 의해 설명되지 못하는 부분을 가리킨다. 예를 들어, 다중회귀분석에서 오차는 독립변수들이 종속변수를 설명하지 못하는 부분이다. 구조방정식 모형분석에서 오차는 두 가지가 있다. 먼저, **측정변수의 오차**는 한 측정변수의 분산 중 해당 construct에 의해 설명되지 못하는 부분이다. 예를 들어, [그림 1.3]에서 δ_1은 X_1의 분산 중 ξ_1이 설명하지 못하는 부분을 나타낸다. 그림에서 내생 construct 측정변수의 오차와 외생 construct 측정변수의 오차는 각각 과 ε과 δ로 표기되어 있다. 다음으로, **내생 construct의 오차**는 한 construct의 분산 중 다른 construct(s)에 의해 설명되지 못하는 부분이다. 예를 들어, ζ_1은 η_1의 분산 중 ξ_1~ξ_4에 의해 설명되지 못하는 부분이다. 구조방정식 모형분석에서 외생 construct는 모형 내의 다른 construct(s)에 의해 설명되지 않으므로 오차항을 설정하지 않는다. 이는 오차가 없는 것으로 가정한다는 의미이다.

1.4 구조방정식 모형분석 - 회귀분석 및 요인분석과의 유사점과 차별점

구조방정식모형은 구조모형(structural model)과 측정모형(measurement model)으로 구성된다. **구조모형**은 constructs 간의 관계를 나타내는 것으로 [그림 1.3]의 경우 ξ_1, ξ_2, ξ_3, ξ_4, η_1, η_2, η_3의 관계를 나타내는 부분이다. **측정모형**은 각 construct와 해당 indicators 간의 관계를 나타내는 것으로 [그림 1.3]의 경우 예를 들어 ξ_1과 X_1 및 X_2의 관계를 나타내는 부분이다. 구조방정식모형은 회귀분석과 요인분석을 결합하고 발전시킨 모형으로, 구조모형은 회귀분석을 토대로 하고 측정모형은 요인분석을 토대로 한다.

구조모형 내의 constructs 간의 관계는 회귀분석의 독립변수와 종속변수의 관계와 유사하다. 이 경우 화살표가 시작되는 constructs는 독립변수, 그리고 화살표를 받는 construct는 종속변수의 성격을 갖는다. 그러나 일반적인 회귀분석과 다른 점은 한 construct가 다른 construct와의 관계에서는 종속변수로 작용하지만 또 다른 construct와의 관계에서는 독립변수로 작용할 수 있다는 것이다. 이 경우 여러 번의 회귀분석을 실시하는 대신, 구조방정식 모형분석을 이용하면 모든 계수들을 동시에 추정할 수 있다는 점(simultaneous estimation)이 회귀분석에 비한 구조방정식 모형분석의 중요한 차이점이다.

측정모형은 construct와 indicators로 구성되는데 요인분석과 유사한 면이 있다. 일반적으로 요인분석이라고 하면 **탐색적 요인분석**(exploratory factor analysis)을 가리키는데 이는 여러 변수들 간의 상관관계를 분석하여 그 변수들의 바탕을 이루는 공통차원들(요인들)을 추출하는 기법이다. 그러므로 많은 변수들을 정보손실을 최소화하면서 소수의 요인들로 축약하는 것이다. 측정모형을 탐색적 요인분석에 비유하면 indicator는 변수, 그리고 construct는 요인에 비유할 수 있다. 연구자는 연구모형을 구성할 때 constructs를 측정할 측정변수들(indicators)을 결정한다. 구조방정식 모형분석을 위해서는 먼저 측정모형의 타당성 검증을 하는데 이를 위해 확인요인분석을 실시한다. **확인적 요인분석**(confirmatory factor analysis)은 연구자가 사전에 각각의 construct에 대해 결정한 측정변수들이 타당한지를 확인하기 위한 분석방법이다. 이상을 요약하면, 탐색적 요인분석은 여러 변수들로부터 소수의 요인을 추출하는 방법인 데 반해, 확인적 요인분석은 각 construct와 관련하여 사전에 결정된 측정변수들이 제대로 결정되었는지를 조사하는 방법이다.

1.5 구조방정식 모형분석의 개괄적 절차, 경로계수의 추정, 적합도

연구자는 자신의 연구가설들을 [그림 1.3]과 같은 방식으로 하나의 모형으로 나타낼 수 있다. 구조방정식 모형분석을 위해서는 앞에서 서술한 바와 같이 대개의 경우 각 construct를 여러 개의 측정변수들로 측정한다. 구조방정식 모형분석은 크게 두 단계로 나누어지는데, 첫 단계는 예비단계의 성격을 가지며 두 번째 단계가 본 단계에 해당한다.

첫 번째 단계는 확인요인분석에 의해 **측정모형**(measurement model)의 타당성을 검증하는 과정으로 이 과정에서 적절하지 못한 측정변수들은 제거된다. 두 번째 단계는 앞의 단계에서 남은 측정변수들의 공분산행렬을 이용하여 **구조모형**(structural model)을 분석하는 단계이다. 이 단계에서 constructs 간의 관계 및 각 construct와 indicators 간의 관계를 나타내는 계수 값들이 계산된다. 이때 그러한 계수 값들로부터 입력자료인 변수들 간의 공분산행렬이 역으로 추정된다. 그 결과 추정 공분산행렬이 입력 공분산행렬과 유사할수록 모형은 현실을 잘 반영하는 것으로 볼 수 있으며, 이 경우 적합도(fit)가 높다고 표현한다. 이런 측면에서 볼 때 연구모형(혹은 연구가설들)이 현실을 보다 잘 나타낼수록 그리고 각 construct의 측정변수들의 타당성이 높을수록 적합도는 높게 나타나며 또한 연구가설들은 지지될 가능성이 높다.

이하에서는 먼저 상관행렬로부터 변수들 간의 경로계수를 추정하는 방법을 예시한다. 다음으로 입력 공분산행렬로부터 구한 경로계수로부터 공분산행렬을 추정하는 절차를 예시하고, 두 개의 공분산행렬로부터 적합도 평가와 residual을 예시한다.

1. 상관행렬을 이용한 경로계수의 추정

이하에서는 간단한 예로서 세 개의 변수들 간의 관계를 설정하고 이 변수들 간의 상관행렬을 이용하여 각 경로의 계수를 계산하는 방법을 예시한다.

[그림 1.4]에서 A는 X_1과 X_2의 상관관계, B는 Y에 대한 X_1의 영향력의 크기, 그리고 C는 Y에 대한 X_2의 영향력의 크기를 나타낸다. 이를 수식의 형태로 나타내면 다음과 같다.

$$Corr(X_1X_2) = A$$
$$Corr(X_1Y) = B + AC$$
$$Corr(X_2Y) = C + AB$$

상관행렬 상의 값들을 해당 상관관계에 대입하면 다음과 같이 된다.

그림 1.4 **세 변수 간의 경로분석**

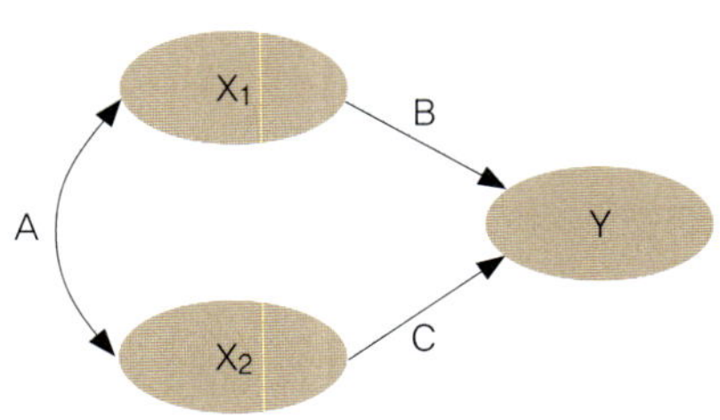

상관행렬

	X_1	X_2	Y
X_1	1.0		
X_2	.50	1.0	
Y	.60	.70	1.0

$$.50 = A$$
$$.60 = B + AC$$
$$.70 = C + AB$$

세 개의 방정식으로부터 각 경로의 값을 계산하면 다음과 같으며, 이 값들은 상관행렬로부터 추정되었으므로 표준화된 경로계수(standardized path coefficients)이다.

$B = .33,\ C = .53.$

2. 공분산행렬 → 경로계수의 추정 → 공분산행렬의 역추정 → 적합도와 residuals

설문지 등을 통해 수집한 원자료를 입력하여 AMOS 프로그램으로 구조방정식 모형분석을 하면 AMOS 프로그램은 원자료로부터 공분산행렬을 산출하여 이를 분석자료로 사용한다. 공분산행렬 대신 상관행렬을 이용할 수도 있는데, 상관행렬은 원자료를 표준화시켜 공분산행렬로 나타낸 것으로 분석결과 경로계수는 표준화된(standardized) 값으로 산출된다. 표준화된 경로계수를 이용하면 경로 간의 크기를 직접 비교할 수 있는 장점이 있다. 그러나 공분산행렬을 이용하는 경우에도 분석결과에서 표준화된 경로계수를 함께 산출하도록 지정하면 동일한 결과를 얻어낼 수 있다. AMOS의 경우 메뉴 바의 [View] → [Analysis properties...] → [Output] 탭에서 Standardized estimates를 지정하면 된다. 공분산행렬을 이용하면 그 밖에도 더 많은 정보를 산출해낼 수 있으며, 특히 다른 표본집단들 간에 비교하는 경우 공분산행렬을 사용해야 한다. 따라서 언제나 공분산행렬을 입력자료로 이용하는 것이 권장되며, AMOS에서는 이것이 기본설정으로 되어 있다.

이하에서는 공분산행렬로부터 모형의 경로계수들을 추정하는 과정과 경로계수로부터 공분산행렬을 역추정하는 과정을 예시한다. 또한 입력 공분산행렬과 추정 공분산행렬을 비교함으로써 적합도와 residual을 설명한다. 다만 일련의 과정을 보다 간략히 설명하기 위해 각 construct는 하나의 측정변수를 갖는 것으로 전제한다. 즉 이 경우 construct와 측정변수는 동일한 것으로 간주한다.

(1) 입력 공분산행렬로부터 경로계수의 추정

다음은 다섯 개 constructs, 가격, 서비스, 분위기, 만족도, 재이용의도 간의 공분산행렬을 나타낸다. 다섯 개의 측정변수이므로 공분산값은 10개(${}_5C_2=10$)이다.

입력 공분산행렬:

	가격	서비스	분위기	만족도	재이용의도
가격					
서비스	.20				
분위기	.20	.15			
만족도	.20	.30	.50		
재이용의도	−.05	.25	.40	.50	

위의 공분산행렬을 이용하여 다섯 개 constructs로 구성된 [그림 1.5]와 같은 모형의 경로계수를 앞에서 설명한 [그림 1.4]의 경로계수를 추정하는 방법과 같은 방법으로 추정할 수 있다.

[그림 1.5]에는 몇 개의 경로를 추가할 여지가 있다. 구체적으로, 가격 → 재이용의도, 서비스 → 재이용의도, 분위기 → 재이용의도의 경로를 추가할 수 있다. 그러나 연구자는 세 개의 외생 constructs는 각각 만족도의 매개에 의해서만 재이용의도에 영향을 미친다고 보기 때문에 그러한 경로들을 설정하지 않은 것이다. 어떤 경로를 설정할 것인지의 여부는 연구자가 기존의 연구성과나 논거를 토대로 어떤 생각(연구가설)을 갖는가에 달려 있다.

그림 1.5 **다섯 개 constructs 간의 경로계수 추정**

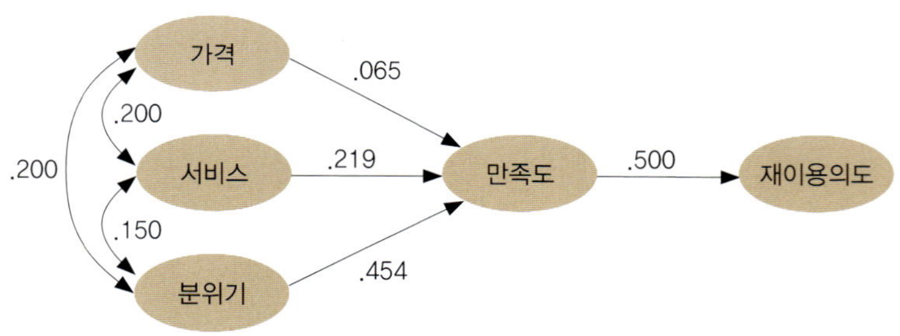

* 이 모형상의 경로계수들은 상관행렬이 아닌 공분산행렬로부터 추정되었으므로 표준화된 경로계수가 아닌 원래의 경로계수임.

회귀분석 결과 각 독립변수의 계수(β)와 실제값(X)으로부터 종속변수값을 추정할 수 있듯이 위의 각 경로계수들로부터 다른 값을 다음과 같이 추정할 수 있다.

만족도(추정값) = .065(가격) + .219(서비스) + .454(분위기)
재이용의도(추정값) = .50(만족도)
재이용의도(추정값) = .50〔.065(가격) + .219(서비스) + .454(분위기)〕

(2) 경로계수로부터 공분산행렬의 역추정

다음으로 경로계수로부터 공분산행렬을 역추정하는 절차를 예시한다. 예를 들어, 서비스와 만족도 간의 공분산값을 경로계수로부터 추정한다.

직접경로: 서비스 → 만족도 = .219
간접경로: 서비스 → 가격→ 만족도 = .200 × .065 = .013
서비스 → 분위기→ 만족도 = .150 × .454 = .068
합계 = .219 + .013 + .068 = .300

다음으로 가격과 재이용의도 간의 공분산값을 추정한다.

.065 × .5 + .2 × .219 × .5 + .2 × .454 × .5 = .10

이러한 방식으로 추정된 공분산행렬은 다음과 같다.

	가격	서비스	분위기	만족도	재이용의도
가격					
서비스	.20				
분위기	.20	.15			
만족도	.20	.30	.50		
재이용의도	.10	.15	.25	.50	

(3) 적합도와 residuals

입력 공분산행렬과 **추정 공분산행렬**을 비교하면 세 가지 값에서 차이가 있음을 알 수 있다(가격-재이용의도, 서비스-재이용의도, 분위기-재이용의도). 이 차이가 작을수록 구조방정식 모형분석 결과는 **적합도**(fit)가 높으며, 이는 모형이 현실을 잘 나타내는 것을 의미한다. 적합도를 나타내는 기본적인 값으로 χ^2가 이용된다. 독립성 검증(교차표 분석)에서 χ^2 값은 관측빈도와 기대빈도에 의해 결정되며 두 가지 빈도의 차이가 작을수록 χ^2 값은 작다. 이와 유사하게 구조방정식모형분석 결과의 적합도는 두 개의 공분산행렬에 의해 결정되며 공분산행렬 간의 차이가 작을수록 χ^2 값은 작으며 적합도는 높은 것이다.

적합도 평가와 관련하여 residual을 이해할 필요가 있다. **residual**은 두 가지 공분산행렬에서 서로 상응하는 공분산 값에서 차이가 나는 경우 그 차이값을 말한다. 위의 예에서 발견되는 residual 값은 다음과 같다: 가격－재이용의도 －.15(＝－.05－.10), 서비스－재이용의도 .10(＝.25－.15), 분위기－재이용의도 .15(＝.40－.25). AMOS를 이용하여 구조방정식모형을 분석하게 되면 상응하는 공분산 값들의 residual 값들은 'Residual Covariances'라는 제목의 행렬로 나타난다([Analysis properties...]의 [Output] 탭에서 Residual moments를 지정하면 됨).

1.6 구조방정식 모형분석을 위한 표본의 크기

모든 추계통계분석에서는 표본의 크기가 클수록 표본추출오류(sampling error)를 줄이고 실제값에 가까운 추정치를 얻을 수 있는 것으로 본다. 그러나 표본의 크기가 클수록 시간, 비용, 노력 등이 많이 소요되므로 최소의 표본으로 신뢰할 수 있는 결과를 얻을 수 있다면 바람직한 일이다. 구조방정식 모형분석을 위한 표본의 크기를 결정하기 위해 고려할 요인들은 다음과 같다.[3]

(1) 자료의 정규분포성

자료가 다변량 정규분포(multivariate normal distribution) 가정에서 많이 벗어날수록 표본의 크기는 커야 한다. 자료가 정규성을 상당히 위배하는 경우 표본추출오류를 최소화하기 위해서는 표본의 크기가 모수의 수에 15배는 되어야 한다.

3 Joseph F. Hair, Jr., William C. Black, Barry J. Babin, Rolph E. Anderson, and Ronald L. Tatham, *Multivariate Data Analysis*, 6th ed., Pearson-Prentice Hall, 2006.

(2) 추정기법

구조방정식 모형분석을 위한 가장 보편적인 추정방식은 **최우도추정법**(maximum likelihood estimation; MLE)이다. MLE에 의한 경우 일반적으로 추천되는 표본의 크기는 150~400이다. 그런데 표본의 크기가 클수록 입력 공분산행렬과 추정 공분산행렬 간의 작은 차이에도 민감하여 적합도(fit)가 낮게 나타나는 경향이 있다. 그러므로 대부분의 경우 표본의 크기가 400보다 큰 것은 바람직하지 않다. 일반적으로 표본 크기 200이 단일기준치로 많이 사용되는 경향이 있다.

(3) 모형의 복잡성

모형이 복잡할수록, 즉 constructs와 측정변수가 많을수록 보다 큰 표본이 필요하다. 특히 두 개 이상의 집단을 비교하는 경우 각 집단별로 표본의 크기를 생각해야 된다.

(4) 결측자료의 정도

결측자료가 있으면 그에 따라 표본의 크기는 감소된다. 결측자료가 많을 것으로 예상될수록 자료수집 계획에서 그만큼 더 큰 표본을 추출할 것을 계획해야 된다.

(5) 측정변수의 communality

구조모형분석에서 **communality**는 한 construct의 측정변수들의 분산 중에서 측정모형에 의해 설명되는 분산의 비율의 평균으로 표준요인부하량(standardized factor loading)의 제곱의 평균이다. 이 값이 작을수록 그 측정변수는 해당 construct의 측정도구로서 타당성이 낮다는 의미이다. Communality는 일반적으로 .5 이상이 바람직한데 이보다 작은 값이 많을수록 보다 큰 표본이 필요하다.

이러한 기준을 토대로 표본크기의 기준에 대해 보다 구체적으로 서술하면 다음과 같다.

- constructs가 다섯 개 이하이고, 각 construct가 세 개 이상의 관측변수를 가지고, 모든 communalities가 .6 이상이면 표본의 크기가 100~150 정도로 추정에 문제가 없다.
- 일부 communalities가 .45~.55이거나 일부 constructs의 측정변수가 세 개 미만이면 표본의 크기는 200 이상이 되어야 한다.

- 일부 communalities가 .45보다 작거나 다수 constructs의 측정변수가 세 개 미만이면 표본의 크기는 300 이상이 되어야 한다.
- constructs의 수가 여섯 개 이상이며 그 중 일부는 세 개 미만의 측정변수를 가지고, 다수의 communalities값이 낮으면 표본의 크기는 500보다 커야 한다.

제 2 장

측정모형의 타당성 평가

- **2.1** Construct의 측정도구 결정
- **2.2** 개별 construct 측정모형의 타당성 평가
- **2.3** 전체 constructs 대상 측정모형의 타당성 평가
- **2.4** 측정모형 평가와 관련된 중요 주제의 추가적 설명

이하에서는 먼저, 구조방정식모형을 구성하는 측정도구들을 결정하는 과정을 설명한다. 다음으로 측정모형의 타당성 평가과정을 설명하는데, 두 가지의 다른 방법이 있다. 한 가지 방법은 먼저 각각의 construct 별로 측정모형의 타당성을 평가하고 이 과정에서 필요에 따라 일부 항목들을 제거한 다음, 전체 constructs로 구성되는 측정모형의 타당성을 다시 평가하는 것이다.[1] 다른 방법은 각 construct 별로 측정모형을 평가하는 과정을 생략하고 전체 constructs로 구성되는 측정모형의 타당성만을 평가하는 것이다. 연구자가 보다 엄격하게 항목들을 선별하고자 하거나 전체 측정변수들의 수가 많은 경우 첫 번째 방법인 두 단계를 거치는 방법을 취할 수 있다. 이에 비해 많은 수의 항목들을 제거하기를 원하지 않거나 전체 측정변수들의 수가 적은 경우 두 번째 방법인 한 단계만을 거치는 방법을 취할 수 있다. 본서에서는 첫 번째 방법에 따라 설명을 한다. 그러나 연구자의 판단에 따라 두 번째 방법을 택할 수도 있다. 측정모형의 타당성 평가절차는 [그림 2.1]과 같다.

그림 2.1 일반적인 측정모형의 타당성 평가절차

Construct의 측정도구 결정
- 개념적 정의
- 조작화
- 측정도구의 결정

↓

개별 construct 측정모형의 타당성 평가
- 내적 일관성
- 확인요인분석
- Identification
- 적합도지수, 요인부하량
- 측정모형의 수정

↓

전체 constructs 대상 측정모형의 타당성 평가
- 확인요인분석
- Identification
- 적합도지수, 요인부하량
- 측정모형의 수정
- construct 타당성

1 Jagdip Singh and Gary K. Rhoads, "Boundary Role Ambiguity in Marketing-Oriented Positions: A Multidimensional, Multifaceted Operationalization," *Journal of Marketing Research*, 28, August 1991, pp. 328-338.

2.1 Construct의 측정도구 결정

1. 개념적 정의

Construct는 가설 혹은 연구모형을 구성하는 핵심요소로서 연구자의 연구대상(research object)이다. 구조방정식 모형분석을 이용하여 constructs 간의 관계를 연구하기 위해서는 추상적인 개념인 constructs를 계량적으로 측정해야 한다. Construct의 측정도구를 결정하기 위해 반드시 선행하는 과업은 그 construct를 개념적으로 명확히 정의하는 것이다. 예를 들어, Zaichkowsky는 소비자의 관여도(involvement)를 측정하기 위한 측정도구(measures)를 개발하기 위하여 관여도를 다음과 같이 개념적으로 정의하였다.[2]

> "평상시의 욕구, 가치, 관심을 토대로 어떤 대상에 대한 개인의 지각된 관련성(A person's perceived relevance of the object based on inherent needs, values, and interests)."

2. 조 작 화

다음 단계는 그 construct를 조작화하는 과정이다. **조작화**(operationalization)는 측정변수, 즉 측정도구를 결정하는 것이다. 모든 척도(scale)는 그 척도가 담고 있는 정보의 양에 따라 다음의 네 가지로 구분된다: 명목척도, 서열척도, 간격척도, 비율척도. 구조방정식 모형분석은 요인분석과 회귀분석을 결합시켜 발전시킨 분석방법이므로 구조방정식 모형분석을 위해서는 이 분석방법들처럼 construct가 간격척도 혹은 비율척도로 측정되어야 한다. 또한 척도의 표현방법에 따라 여러 가지 척도가 있는데, 이들 중 가장 많이 사용되는 척도는 **Likert 척도**와 **의미차별화척도**(semantic differential scale)이다. 여기서 제시된 척도들에 대해 더 알고자 하면 연구방법론 혹은 조사방법론 관련 문헌을 참조하면 된다.

---

2 Judith L. Zaichkowsky, "Measuring the Involvement Construct," *Journal of Consumer Research*, 12, December 1985, pp. 341-352.

3. 측정도구 결정의 세 가지 방법

연구자가 construct의 측정도구를 결정하는 방법으로는 다음의 세 가지가 있다.

(1) 기존 연구에서 사용된 측정도구의 이용

이는 자신이 연구하고자 하는 분야의 문헌에 보고된 기존의 항목들(items)을 이용하는 것이다. 이 경우 가급적 수준이 높은 학술지에 게재된 논문에서 사용된 항목들을 사용하는 것이 바람직하다. 학문분야에 따라 그러한 측정도구들만을 수집하여 서적으로 발간된 '*Handbook of Scale Items*'[3]와 같은 것들이 있는데, 그 경우 그러한 서적을 참고하면 원하는 측정도구들을 용이하게 발견할 수도 있다. 이와 같이 다른 연구자들이 사용한 측정도구들을 이용하는 경우 가급적 타당성(validity)과 신뢰성(reliability)이 검증된 항목들을 사용해야 한다. 그런데 기존의 연구에서 타당성과 신뢰성이 검증되었다는 것과 자신의 연구 상황(research setting)에서 그 항목들로 수집된 자료가 타당성과 신뢰성을 갖는 것의 문제는 별개의 것이다. 그러므로 다른 연구자가 사용한 척도를 사용할 때 자신의 자료가 타당성과 신뢰성을 갖는지를 반드시 검증해야 한다.

(2) 기존 측정도구의 변경

연구자는 기존의 연구에서 사용된 항목들을 이용하면서 필요에 따라 자신의 연구목적에 맞추어 그 항목들의 일부를 변경하여 사용할 수 있다. 이 경우 두 개 이상의 다른 연구에서 사용된 다른 항목들을 결합하여 사용할 수도 있다. 이때도 역시 자신의 자료로써 타당성과 신뢰성을 검증해야 한다. 또한 기존의 다른 연구에서 사용된 항목들을 그대로 혹은 변경하여 사용하는 경우 반드시 그 자료원을 밝혀야 한다.

(3) 측정도구의 개발

연구자는 연구대상이 되는 constructs에 맞는 적절한 항목들을 기존의 문헌에서 찾을 수 없는 경우, 스스로 측정도구들을 개발해야 한다. 이는 학문적 혹은 실무적 연구를 하는 경우, 필요한 자료를 2차 자료(secondary data)로 구할 수 없는 경우 1차 자료(primary data)를 직접 수집하는 것과 유사하다. 측정도구를 개발한

3 Gordon C. Bruner II and Paul J. Hensel, *Marketing Scales Handbook*, American Marketing Association, 1994; Volume II, 1996; Volume III, 2001; Volume IV, 2005; Volume V, 2009.

다는 것은 결코 용이한 일이 아니며 상식으로 접근할 수 있는 과업이 아니다. 전문적인 지식과 정교한 노력이 필요하다. 척도 개발방법에 대한 내용은 본서의 범위를 넘으므로 본서에서는 기술하지 않는다. 이를 알고자 하면 척도 개발방법에 관한 문헌 혹은 실제로 척도 개발과정을 자세히 소개한 논문들을 참고하면 된다.[4] 여기서는 다만 척도 개발과정에서 여러 가지의 타당성과 신뢰성 검증이 필요하다는 점만을 강조한다.

2.2 개별 construct 측정모형의 타당성 평가

다음으로 개별 construct 측정모형의 타당성 평가를 설명한다.

1. 내적일관성

개별 construct 측정모형의 타당성 평가를 하는 경우 첫 번째 절차는 항목들 간의 **내적일관성**(internal consistency)을 조사하는 것이다. 내적일관성을 조사하기 위해서는 흔히 **Cronbach's α**를 계산한다. 이 과정에서 내적일관성을 저해하는 항목들을 제거함으로써 내적일관성이 높은 항목들로 구성할 수 있다. 여기서 두 가지 점을 유의해야 한다. 한 가지는 단지 Cronbach's α값을 향상시키기 위해 항목들을 기계적으로 제거해서는 안 된다는 점이다. 항목의 제거는 정보손실을 의미한다. 따라서 어떤 항목을 제거함으로써 Cronbach's α값이 미약하게 증가하는 경우 판단에 따라 그 항목을 제거하지 않을 수도 있다. 다른 한 가지는 원래 항목들 간에 내적일관성이 기대되는 것인가의 문제이다. 예를 들어, 사회계층(social class)이라는 construct를 소득, 재산, 직업, 교육수준이라는 네 개의 항목들로 측정하는 경우 이 항목들은 내적일관성을 기대할 수 없는 항목들이다. 예컨대 응답자에 따라 교육수준은 높은데 소득은 적을 수도 있는 것이다. 이와 같이 항목들

4 척도개발절차 문헌: Gilbert A. Churchill, Jr., "Measure and Construct Validity," *Journal of Marketing Research,* 6, February 1979, pp. 64-73; Robert DeVellis, *Scale Development: Theories and Applications,* Thousand Oaks, CA: Sage, 1991. 척도개발소개 논문: Gilles Laurent and Jean-Noël Kapferer, "Measuring Consumer Involvement Profiles," *Journal of Marketing Research,* 22, February 1985, pp. 42-53; Marsha L. Richins, "Measuring Emotions in the Consumption Experience," *Journal of Consumer Research,* 24, September 1997, pp. 127-146; Judith L. Zaichkowsky, *op. cit.*; 이학식, 임지훈, "소비관련 감정척도의 개발," *마케팅연구,* 17(3), 2002. 9, pp. 55-92; 임지훈, 김형식, 이학식, "브랜드 명품성 측정도구의 개발," *광고연구,* 73, 2006, pp. 185-216.

간에 내적일관성을 기대할 수 없는 경우 Cronbach's α값의 향상을 위해 기계적으로 항목(들)을 제거하면 정보의 손실만을 초래한다. 이 경우 Cronbach's α 계산 자체가 부적절하다. 이 문제는 '5.1 반영적 지표와 형성적 지표'에서 다시 설명한다.

2. 확인요인분석

내적일관성 조사를 한 다음 단계는 남은 항목들로써 **확인요인분석**(confirmatory factor analysis; 이하 CFA)을 실시하는 것이다. CFA를 하기 위한 단일 construct의 측정모형의 모습은 [그림 2.2]와 같다. AMOS를 이용하여 CFA를 실시하게 되면 한 construct와 연결된 측정항목들 중 한 항목의 요인부하량이 자동적으로 '1'로 정해진다. 이를 기준으로 다른 항목들의 요인부하량이 계산된다.

그림 2.2 단일 construct A의 측정모형

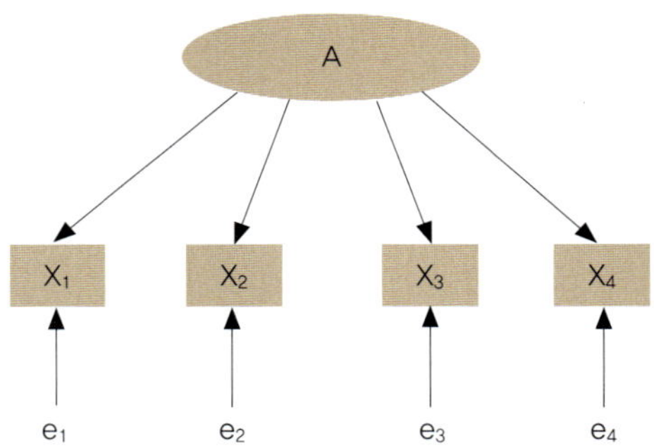

3. Identification

측정모형의 타당성 평가에서 identification이란 분석이 제대로 되어 적합도가 구해지고 각 요인부하량이 산출되는 것이다. Identification이 되기 위해서는 각 construct의 측정항목들이 세 개 이상이어야 한다(항목이 세 개인 경우 d.f.= 0; 네 개 이상인 경우 d.f.>0). 측정항목이 두 개이면 identification이 되지 않는다(unidentified; d.f.=−1).

4. 적합도지수, 요인부하량

측정모형의 CFA 실시 결과 identification이 되면, 각 측정변수(항목)의 요인부하량, 표준화 요인부하량, t, p-value 등과 측정모형의 적합도지수, 그리고 수정지수가 도출된다. 우선 **적합도지수**(fit index)를 어느 정도 충족시켜야 하는데, 이는 만약 적합도가 매우 낮다면 그 construct에 대한 그 항목들의 타당성은 수용될 수 없기 때문이다. 적합도지수에 관해서는 뒤에서 자세히 설명한다. 또한 각 항목의 **요인부하량**(factor loading; λ)이 통계적으로 유의적이어야 하는데($p<.05$), 만약 유의적이지 못하면 그 항목은 제거해야 한다. 이는 그 항목이 그 construct의 측정항목으로 부적합하기 때문이다. 이 경우 각 요인부하량은 통계적으로 유의적일뿐만 아니라, 그 **표준화 요인부하량**이 .5 이상이 되어야 하며 .7 이상이 바람직하다. 만약 .5 미만이면 제거를 적극적으로 고려해야 된다.

5. 측정모형의 수정

AMOS에 의한 분석 결과는 모형의 수정을 위한 지침으로 residual covariances 표와 수정지수표를 도출한다. **residuals**는 입력 공분산행렬과 추정 공분산행렬에서 서로 상응하는 공분산값들에서의 차이를 가리킨다. 그러므로 residuals 값들이 클수록 적합도는 낮아진다. 두 공분산값들 중 어느 값이 큰지에 따라 residual 값은 양수 혹은 음수로 나타난다. 측정모형의 수정을 위한 지침으로는 residuals를 표준화시킨 **표준화 residuals**의 절대값을 이용하는데, 이 값이 4보다 큰 경우 해당 두 항목들 중 한 개를 제거할 것을 고려할 수 있다.

수정지수(modification index)는 어떤 두 항목들을 연결시키는(양방향 커브 화살표 혹은 직선화살표) 경우 χ^2 값이 적어도 얼마나 작아질 것인가를 나타낸다. 여기서 두 항목을 연결시킨다는 것은 그 관계를 free로 함으로써 그 값을 추정하도록 한다는 것을 의미한다. χ^2 값의 크기는 적합도 판단에 중요한 지수이며 그 값이 작을수록 적합도가 높다. 이 경우 수정지수가 3.84보다 크면 그 두 개의 항목들을 연결시킴으로써 적합도를 향상시킬 수 있다. 3.84는 $d.f.=1$, $\alpha=.05$에서 χ^2 값이다. 여기서 수정지수 3.84를 기준값으로 사용하는 이유는 두 항목들을 연결시킴으로써 자유도 1이 감소하지만 χ^2 값이 3.84보다 크게 감소하면 적합도가 더 좋은 것으로 볼 수 있기 때문이다. 수정지수의 기본 기준치는 3.84이지만 가급적 모형변경을 적게 하고자 하면 보수적으로 보다 높은 값, 예를 들어, 10.0을 사용할 수 있다. 수정지수를 이용하는 경우 주의할 점은 CFA 실시결과에 따라 별 생각 없이 모형을 수정하면 측정모형의 타당성을 저해할 수 있다는 점이다. 이에 대한 설명은 뒤에서 추가된다.

2.3 전체 constructs 대상 측정모형의 타당성 평가

1. 확인요인분석

다음 단계는 연구모형에 포함된 모든 constructs로 구성되는 측정모형(overall model)에 대해 위의 단계를 거쳐서 남은 항목들 간의 공분산행렬을 이용하여 CFA를 실시하는 것이다. CFA를 하기 위한 전체 constructs의 측정모형의 모습은 [그림 2.3]과 같다. 이를 위하여 AMOS를 이용하면 각 construct와 측정항목들 간에는 직선 화살표를 설정하고 constructs 간에는 양방향 커브화살표를 설정한다. 또한 AMOS를 사용하여 CFA를 실시하게 되면 앞의 과정과 동일하게 한 construct와 연결된 측정항목들 중 한 항목의 요인부하량이 자동적으로 '1'로 정해진다.

그림 2.3 construct A, B, C, D 대상 측정모형

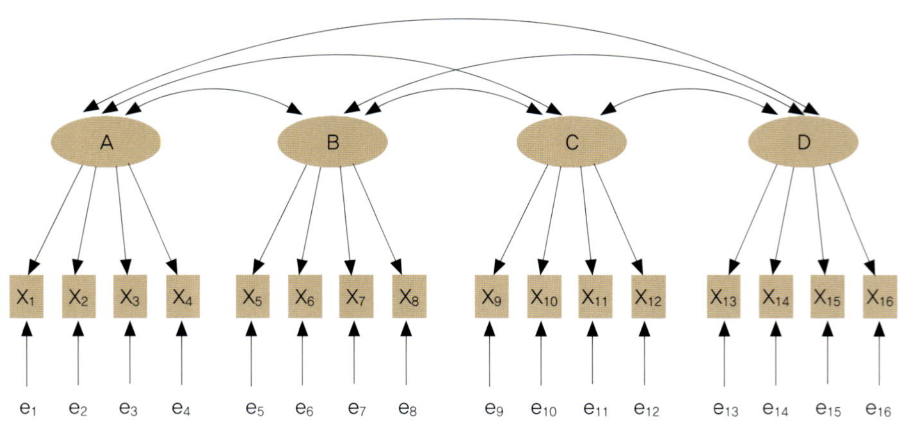

2. Identification

Identification이 되기 위해서는 각 construct의 측정항목들이 세 개 이상

인 것이 바람직하다. 그러나 전체 constructs로 구성되는 측정모형의 경우 일부 constructs의 측정항목들이 두 개밖에 되지 않더라도 다른 constructs가 그 부족함을 상쇄할 정도로 많은 측정항목을 가지면 identification이 될 수 있다. Identification에 대해서는 뒤에서 다시 서술한다.

3. 적합도지수, 요인부하량

측정모형의 CFA 실시 결과 identification이 되면, 각 construct의 측정변수(항목) 요인부하량, 표준화 요인부하량, t, p-value 등과 전체 적합도지수, 그리고 수정지수가 도출된다. 우선 **적합도지수**(fit index)를 어느 정도 충족시켜야 한다. 적합도지수에 관해서는 뒤에서 자세히 설명한다. 또한 각 항목의 **요인부하량**(factor loading; λ)이 통계적으로 유의적이어야 하는데($p<.05$), 만약 유의적이지 못하면 그 항목은 제거해야 한다. 앞에서 서술한 바와 같이 각 요인부하량은 유의적일뿐만 아니라, 그 표준화 요인부하량이 .5 이상이 되어야 하며 .7 이상이 바람직하다.

4. 측정모형의 수정

앞에서 설명한 바와 같이 측정모형의 수정을 위한 지침이 되는 값으로 표준화 residuals와 수정지수가 있다. 표준화 residual의 절대값이 4보다 크면 해당 두 항목들 중 한 개를 제거할 것을 고려할 수 있다. 한편, 수정지수가 3.84보다 크거나 혹은 보수적으로 10.0보다 큰 경우 해당 항목들을 연결함으로써 적합도를 향상시킬 수 있다. 그러나 항목들을 연결하면 판별타당성을 저해할 수 있으므로 수정지수가 제시하는 대로 무조건 연결하면 안 된다. 특히, 특정 항목을 다른 여러 항목들과 연결하도록 제시되는 경우 그 항목들을 모두 연결하는 대신 그 특정 항목을 제거할 수 있다. 측정모형의 수정과 관련하여 뒤에서 보다 자세히 설명한다.

5. Construct 타당성

적합도가 수용할 만한 수준이면 각 construct의 집중타당성, 판별타당성, 그리고 constructs 간의 법칙타당성을 평가한다. 이 과정에서 어떤 타당성을 상당히 저해하는 항목은 제거하게 된다. Construct 타당성은 중요한 주제이며 그 내용 또한 비교적 많으므로 뒤에서 다시 서술한다.

2.4 측정모형 평가와 관련된 중요 주제의 추가적 설명

1. 자 유 도

구조방정식모형에서 사용하는 정보는 측정변수들의 공분산행렬이다. 공분산행렬은 측정변수들의 분산 및 공분산 값들로 구성되는데 이 값들의 수(number)가 주어진 정보의 수이다. 또한 구조방정식 모형분석에 의해 추정하고자 하는 정보(즉 모수; parameter)는 constructs 간의 계수, construct와 항목들 간의 요인부하량 등 여러 가지가 있다. 통계분석에서 **자유도**(degrees of freedom; d.f.)는 모수 추정을 위해 사용할 수 있는 수리적 정보의 양으로서, 구조방정식 모형분석의 경우 주어진 정보의 수에서 추정할 모수의 수를 차감한 것이다. 주어진 정보의 수는 공분산행렬 상의 분산 및 공분산 값들의 수로서 측정변수의 수를 p로 나타낼 때 $\frac{1}{2}[p(p+1)]$이다. 이에 따라 측정변수의 수가 3개이면 정보의 수는 6개, 4개이면 10개, 5개이면 15개가 된다. 자유도는 다음과 같이 계산된다.

$$\text{d.f.} = \frac{1}{2}[p(p+1)] - k$$

p=측정변수의 수; k=추정모수의 수

2. Identification

Identification이란 분석이 제대로 되어 solution이 얻어지는 것이다. 즉 측정모형의 CFA 실시 결과 적합도가 구해지고 각 요인부하량이 산출되는 것이다. Identification이 되기 위해서는 주어진 정보의 수가 모수의 수와 같거나(d.f.=0) 더 커야(d.f.>0) 한다. 아래에서 설명하는 바와 같이 construct 당 항목의 수가 기본적으로 세 개는 되어야 하며 네 개 이상이 바람직하다. Identification 정도는 다음과 같이 세 가지로 나누어진다.[5]

Underidentified. 이는 unidentified라고도 하는데, 주어진 정보의 수가 추정하고자 하는 정보의 수(즉, 모수)보다 적은 경우로서 자유도가 0보다 작으며,

5 Joseph F. Hair, Jr., William C. Black, Barry J. Babin, Rolph E. Anderson, and Ronald L. Tatham, *Multivariate Data Analysis*, 6th ed., Pearson-Prentice Hall, 2006.

그림 2.4 Underidentified CFA 모형

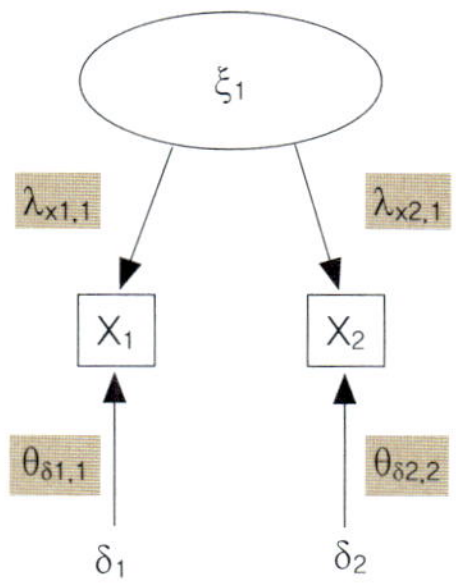

	X_1	X_2
X_1	분산(1)	
X_2	공분산(1, 2)	분산(2)

정보의 수 = 3
추정할 모수의 수 = 4

분석이 되지 않는다. 예를 들어, 항목이 두 개인 construct의 측정모형을 CFA하는 경우를 보자. 이 경우 [그림 2.4]와 같이 공분산행렬은 2×2로 구성되며 정보는 3개인데, 모수는 4개이므로 자유도가 −1이며 underidentified가 된다.

Just-Identified. 이는 주어진 정보의 수가 모수의 수와 같은 경우로 자유도가 0이며, 적합도가 완벽한 것으로 나타난다(perfect fit; $\chi^2=0$, p-value=1). 여기서 적합도가 완벽하다는 것은 측정오류가 없다는 의미가 아니며 단지 계산해내지 못하는 것이다. 예를 들어, 항목이 세 개인 construct의 측정모형을 CFA하는 경우를 보자. 이 경우 [그림 2.5]와 같이 공분산행렬은 3×3으로 구성되며 정보는 6개인데, 모수는 6개이므로 자유도가 0이며 just-identified가 된다. Just-identified의 경우 적합도 계산이 안 되며 또한 자유도는 많은 것이 바람직하므로 다음에 설명하는 Overidentified가 되는 것이 바람직하다.

그림 2.5 Just-Identified CFA 모형

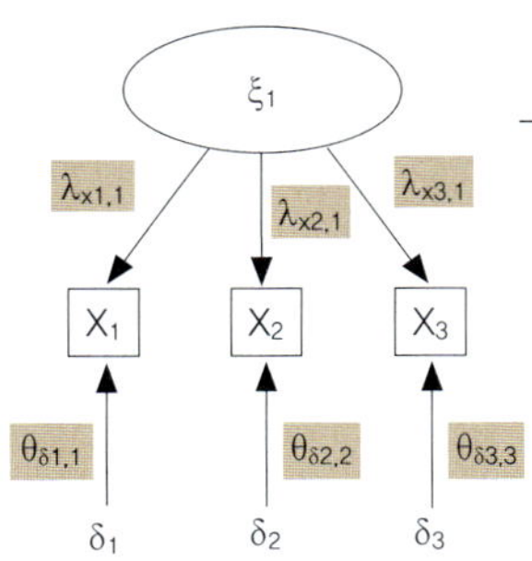

	X_1	X_2	X_3
X_1	분산(1)		
X_2	공분산(1, 2)	분산(2)	
X_3	공분산(1, 3)	공분산(2, 3)	분산(3)

정보의 수 = 6
추정할 모수의 수 = 6

그림 2.6 Overidentified CFA 모형

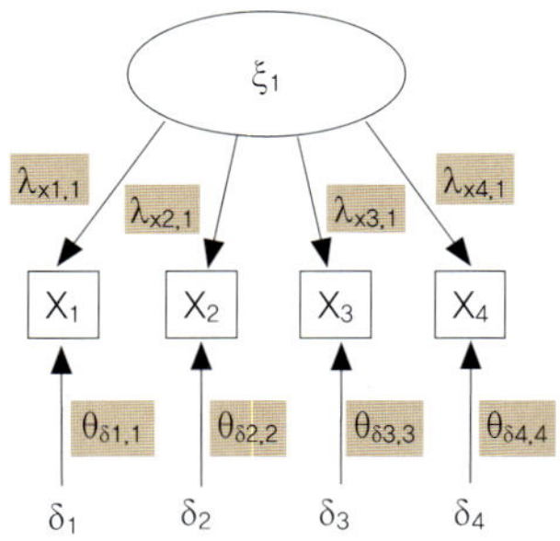

	X_1	X_2	X_3	X_4
X_1	분산(1)			
X_2	공분산(1, 2)	분산(2)		
X_3	공분산(1, 3)	공분산(2, 3)	분산(3)	
X_4	공분산(1, 4)	공분산(2, 4)	공분산(3, 4)	분산(4)

정보의 수 = 10
추정할 모수의 수 = 8

Overidentified. 이는 주어진 정보의 수가 모수의 수보다 많은 경우로 자유도가 0보다 크며, solution이 구해진다. 예를 들어, 항목이 네 개인 construct의 측정모형을 CFA하는 경우를 보자. 이 경우 [그림 2.6]과 같이 공분산행렬은 4×4로 구성되며 정보는 10개인데 모수는 8개이므로 자유도가 2이며 overidentified가 된다.

3. 적합도지수

적합도

AMOS, LISREL 등 구조모형 분석 프로그램은 주어진 원자료로부터 공분산행렬을 구하고 이를 토대로 모형 내의 constructs 간의 관계 및 각 construct와 indicators 간의 관계를 나타내는 계수값들을 추정한다. 이때 그러한 계수값들로부터 입력자료인 변수들 간의 공분산행렬이 역으로 추정된다. **적합도**(fit)는 추정 공분산행렬이 입력 공분산행렬과 얼마나 유사한가를 나타낸다. 여기서 입력 공분산행렬은 현실에 해당하고 추정 공분산행렬은 모형에 해당한다. 결국 두 공분산이 유사할수록 적합도가 높게 나타나고 모형이 현실을 더 잘 나타낸다고 할 수 있다. 적합도는 구조방정식 모형분석의 두 단계, 즉 측정모형의 타당성 평가단계와 구조모형 분석단계에서 각각 평가되며, 다음에 설명하는 여러 가지 적합도지수는 두 가지 평가에 공통적으로 적용된다.

적합도지수

적합도를 평가하는 데 사용되는 **적합도지수**(fit index)에는 여러 가지가 있는

데, 이들을 절대 적합도지수(absolute fit indices), 증분 적합도지수(incremental fit indices), 간결 적합도지수(parsimony fit indices)로 분류할 수 있다. 이 중 절대 적합도지수와 증분 적합도지수는 측정모형의 적합도 평가와 구조모형의 적합도 평가에 적용되지만 간결 적합도지수는 구조모형의 적합도 평가에만 적용된다. 따라서 여기서는 절대 적합도지수와 증분 적합도지수만을 설명하고 간결 적합도지수는 제3장에서 설명한다.

(1) 절대 적합도지수(absolute fit indices)

절대 적합도지수는 연구모형이 입력자료를 얼마나 잘 반영하는가를 나타내는 지수이다. 이 지수는 연구모형을 다른 모형과 비교하지 않으며 그 자체를 평가하므로 절대 적합도지수라고 부른다.

χ^2 통계량(χ^2 statistic). χ^2 통계량은 대표적인 절대 적합도지수로서 다음과 같이 입력 공분산행렬과 추정 공분산행렬의 차이와 표본의 크기에 의해 결정된다.

$$\chi^2 = (N-1)(\text{입력 공분산행렬} - \text{추정 공분산행렬})$$

구조방정식 모형분석 결과는 χ^2 값과 함께 자유도와 p-value를 산출한다. 이때의 p-value는 'H_0: 입력 공분산행렬=추정 공분산행렬'을 검증하는 경우의 유의성이다. 따라서 p-value가 클수록 귀무가설을 기각하지 못하며 결국 적합도가 높다고 결론내릴 수 있는 것이다. χ^2 통계량을 이용하는 경우 χ^2 값이 작을수록 p-value는 커지게 되며, p-value가 .05보다 크면 일반적으로 적합도가 높은 것으로 받아들인다.

한편, 표본의 크기가 커질수록 χ^2 값은 커지게 된다. 또한 측정변수들의 수가 많을수록 공분산행렬 값들 간에 차이가 커질 수 있으며 이에 따라 χ^2 값은 커질 가능성이 높다. χ^2 통계량은 이와 같이 표본의 크기와 측정변수들의 수에 민감하다. 따라서 비록 유의적으로 나타나더라도(p-value<.05) 반드시 적합도가 낮다고 할 수 없으며, 다른 지표들과 함께 적합도를 판단해야 한다. χ^2 통계량은 AMOS 분석결과표에서 CMIN으로 표현된다.

GFI와 AGFI. GFI(Goodness-of-Fit Index)는 Jöreskog and Sorbom이 χ^2 통계량의 대안으로 개발한 것이다. 입력 공분산행렬 내의 분산/공분산이 추정 공

분산행렬에 의해 설명되는 정도를 나타내는 지수로서 0과 1 사이의 값을 갖는데, 일반적으로 .90 이상이면 적합도가 높은 것으로 받아들인다. 이 값은 표본의 크기가 증가하면 커지는 경향이 있다. AGFI(adjusted goodness-of-fit index)는 모형의 복잡성을 고려하여 GFI를 자유도에 의해 조정한 지수로서 역시 표본의 크기가 증가하면 커지는 경향이 있다. GFI보다 값이 낮고 일반적 기준치는 역시 .90이다. 이 두 값은 표본의 크기, 모수의 수 등에 민감하여 과거보다 근래에 들어 덜 사용되는 경향이 있다.[6] AMOS 분석은 이 두 가지 지수를 산출해낸다.

RMSR과 SRMR. RMSR(Root Mean Square Residual)은 입력 분산 · 공분산 값들과 추정 분산 · 공분산 값들 간의 차이(residuals)를 제곱한 값들의 평균의 제곱근 값이다. SRMR(Standardized Root Mean Square Residual)은 RMSR을 표준화시킨 값이며, 모형 간의 비교를 위해서는 RMSR보다 더 유용하다. 이 지수값들이 낮을수록 적합도는 높은데, 대체로 .05 이하이면 바람직하고 .10 이하이면 수용할 만하다. AMOS는 RMSR은 RMR로 표현해 산출하며, SRMR은 산출해내지 않는다.

RMSEA. χ^2 통계량의 한계점은 표본의 크기가 크거나 측정변수들의 수가 많으면 모형의 적합도가 쉽게 낮은 것으로 나타날 수 있다는 점이다. RMSEA(Root Mean Square Error of Approximation)는 χ^2 값을 자유도와 표본의 크기로 조정한 값이다. 0과 1 사이의 값을 가지며 대체로 .08(혹은 .10)보다 작으면 적합도가 좋다고 할 수 있다. AMOS 분석은 RMSEA값과 그 값을 중심으로 90% 신뢰구간을 산출하는데, 특히 신뢰구간의 상한(high) 값이 .08(혹은 .10)보다 낮으면 적합도가 상당히 높다고 할 수 있다. 신뢰구간이 좁을수록 추정이 정밀하므로 적합도를 보다 수용할 수 있다. 즉 동일한 RMSEA 값이라도 신뢰구간이 좁으면 적합도가 보다 우수한 것으로 볼 수 있다. 이 지수는 1980년에 개발되었는데, 근래에 들어 우수한 적합도지수로 자주 사용되고 있다. 이 지수는 과거 .08이 기준으로 사용되었으나 근래에 들어 .06으로 보다 엄격한 기준이 적용되기도 한다.[7]

Normed χ^2. 이는 χ^2 값을 자유도로 나눈 비율인데, 작을수록 적합도가

6 Daire Hooper, Joseph Coughlan, and Michael Mullen, "Structural Equation Modelling: Guidelines for Determining Model Fit," *The Electronic Journal of Business Research Methods*, 6(1), 2008, pp. 53-60. www.ejbrm.com.

7 L. T. Hu and P. M. Bentler, "Cutoff Criteria for Fit Indexes in Covariance Structure Analysis: Conventional Criteria versus New Alternatives," *Structural Equation Modeling*, 6(1), 1999, pp. 1-55.

높으며 3.0 이하(보다 엄격하게는 2.0 이하)이면 수용할 만한 것으로 볼 수 있다. AMOS 분석결과는 이 값을 CMIN/DF로 표현한다.

기타. ECVI(Expected Cross-Validation Index), CVI(actual Cross-Validation Index), Gamma Hat 등이 있다.

(2) 증분 적합도지수(incremental fit indices)

증분 적합도지수는 연구모형이 null 모형에 비해 얼마나 적합도가 높은가를 평가하는 지수이다. 이를 설명하기 위해 먼저 AMOS 분석결과 적합도와 관련하여 도출되는 세 가지의 모형을 설명한다.

Default model: 이는 연구모형을 가리킨다.

Saturated model: 이는 모든 측정변수들 간의 관계를 추정하는 모형이다. 따라서 자유도가 0이며 χ^2 통계량 또한 0이며 p-value는 1이다. 적합도에서는 완벽하지만 뒤에서 설명하는 간결성(parsimony)은 0이라고 할 수 있다. 그 자체로는 실상 의미를 갖지 못하며 다만 연구모형과의 비교를 위해 의미를 갖는다.

Independence model: 일반적으로 **null 모형**으로 표현하며, 모든 측정변수들이 서로 상관관계가 없는 것을 가정하는 모형이다. 자유도는 공분산행렬값의 수에서 측정변수의 수를 차감한 값이다. χ^2 통계량은 매우 높으며 p-value는 0에 가깝다. 가장 간결하지만 적합도는 0이라고 할 수 있다. 그 자체로는 의미를 갖지 못하며 연구모형과의 비교를 위해 의미를 갖는다.

이하에서는 증분 적합도지수를 설명한다.

NFI. NFI(Normed Fit Index)는 연구모형의 χ^2 값과 null 모형의 χ^2 값 간의 차이를 null 모형의 χ^2 값으로 나눈 비율이다. 값이 클수록 연구모형의 적합도가 높다는 의미를 가지며, 대체로 .90 이상이면 적합도를 인정할 수 있다. AMOS 분석결과는 이를 보고한다.

CFI. CFI(Comparative Fit Index)는 NFI에 표본크기를 적용하여 발전시킨 지수로 표본크기에 영향을 적게 받기 때문에 근래 폭넓게 사용되는 지수들 중의 하나이다. 0과 1 사이의 값을 가지며 그 크기가 과거 .90 이상이면 수용할 수 있었지만 근래에 들어 .95 이상의 보다 엄격한 기준이 적용되기도 한다.[8] 1990년에 개발되었으며 AMOS 분석결과는 이를 보고한다.

TLI. TLI(Tucker-Lewis Index)는 CFI처럼 NFI를 발전시킨 지수이다. 0보다 작거나 1보다 큰 값을 가질 수 있으며 .90 이상이면 적합도를 수용할 수 있다. AMOS 분석결과는 이를 보고한다.

기타. RFI(Relative Fit Index), IFI(Incremental Fit Index), RNI(Relative Noncentrality Index) 등이 있다.

(3) 적합도지수와 관련하여 유의할 점

적합도와 관련하여 두 가지 점을 유의할 필요가 있다. 먼저, 여러 가지 적합도지수들 중 어떤 지수를 보고할 것인가 하는 것이다. 연구자들은 연구결과 자신에게 유리한 값만을 선택해서 보고하는 경우가 드물지 않다. 이보다는 가장 기본적인 적합도지수인 χ^2 통계량(자유도, p-value)과 함께 절대 적합도지수와 증분 적합도지수를 각각 적어도 한 개는 보고하는 것이 권장된다. 즉, 분석결과 자체적으로 적합도가 높은 것을 보여줄 뿐만 아니라 기준이 되는 null 모형에 비해 적합도가 높은 것을 보여주는 것이 바람직하다.

이 중 χ^2 통계량은 표본이 클수록 그리고 측정변수들이 많을수록 더 커지며 이에 따라 적합도가 낮아지는 경향이 있다. 대부분의 적합도지수들도 construct당 측정변수들이 많을수록 낮아지는 경향이 있다. 연구자는 적합도만을 향상시키고자 하면 표본의 크기나 측정변수들의 수를 줄이면 된다. 그러나 구조방정식 모형분석은 연구자의 모형(가설, 이론)을 검증하기 위한 것이지 적합도를 높이는 데 목적이 있지 않다. 단순히 적합도를 높이고자 하는 시도는 모형의 specification을 저해할 수 있다. 즉, 모형이 현실을 제대로 표현하지 못하게 되는 것이며, 결국 연구자의 주장 자체가 설득력을 잃게 된다.

시대적 흐름에 따라 논문에서 주로 보고되는 적합도지수는 달라지는 경향이 있다. 이를 확인하기 위해 마케팅 분야의 대표 학술지인 *Journal of Marketing*에 2008년 이후 게재된 논문들 중 구조방정식을 이용한 9개의 논문들을 무작위로 조사하였다. 이들 중 과거에 많이 보고되었던 GFI는 3개의 논문에서 보고되었으며 RMR이 보고된 논문은 없었다. 반면에 CFI는 9개, χ^2와 RMSEA는 8개, 그리고 NFI는 5개 논문에서 보고되었다. 이는 이 분야의 연구자들이 과거에 비해 이런 적합

8 Hu and Bentler, *op. cit.*

도의 우수성을 더 인정하는 데 따른 것으로 보이며, 어떤 적합도지수를 보고할 것인가를 결정할 때 지침으로 사용될 수 있다.

4. 측정모형의 수정

측정모형의 수정은 다음의 세 가지 측면에서 고려할 수 있다: 요인부하량, 표준화 residuals, 수정지수.

(1) 요인부하량

앞에서 서술한 바와 같이 각 항목의 **요인부하량**(factor loading; λ)은 통계적으로 유의적이어야 하며($p<.05$), 만약 유의적이지 못하면 그 항목은 제거해야 한다. 또한 각 **표준화 요인부하량**이 .5 이상이 되어야 하며 .7 이상이 바람직하다. 만약 .5에 미치지 못하면 통계적으로 유의적이더라도 그 항목의 제거를 적극 고려할 수 있다. 또한 경우에 따라 표준화 요인부하량의 절대값이 1.0이 넘게 나타날 수 있는데 이는 자료에 문제가 있을 수 있다는 의미가 된다. 이 경우 그 항목을 제거할 필요가 있다.

(2) 표준화 residuals

구조방정식 모형분석 결과는 입력 공분산행렬과 추정 공분산행렬의 차이값인 residuals를 산출한다. 두 개의 공분산행렬 간에 차이가 클수록 residuals 값은 커지며 적합도가 낮아진다. 그러므로 residuals는 적합도 향상의 지침으로 사용될 수 있다. **표준화 residual**(standardized residual)은 residual 값을 그 표준오차(standard error)로 나눈 값으로 척도에 영향을 받지 않으므로 모형 평가에 사용된다. AMOS를 이용하여 분석하면 이는 standardized residual covariances라는 제목 하에 행렬로 보고된다. 표준화 residual 값이 | 4.0 | 보다 크면 해당 두 항목들 중 한 개를 제거할 것을 고려할 수 있다. 만약 특정항목(예를 들어, A)이 다른 여러 항목들(예를 들어, B와 C)과의 residuals 값이 높게 나타난다면 그 특정항목(A)을 우선적으로 제거할 수 있다. 이에 따라 낮은 적합도를 가져오는 데 크게 작용한 항목이 제거되는 것이다.

(3) 수정지수

구조방정식 모형분석 결과는 또한 수정지수를 산출한다. **수정지수**(modification index)는 현재의 분석 모형에서 추정하도록(free) 요청되지 않은 어떤 두

그림 2.7 수정지수에 따른 관계의 추정

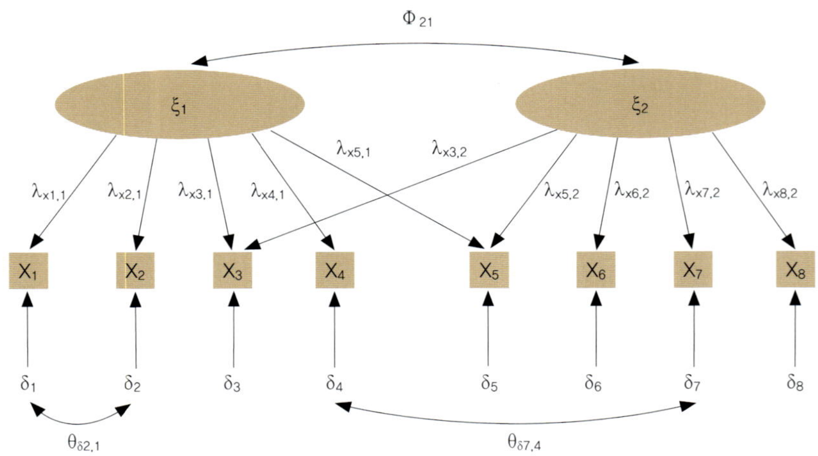

항목들 혹은 두 constructs의 관계를 추정하는 경우 적합도가 얼마나 향상될 것인가를 χ^2 값을 기준으로 나타낸다. 이 경우 수정지수의 기준치로 3.84를 사용할 수 있으며, 보다 보수적으로는 10.0 혹은 더 큰 값을 사용할 수도 있다.

CFA 실시 결과 도출되는 수정지수를 보면 한 측정변수를 원래의 construct 외에 다른 construct에도 연결하면 적합도가 향상될 수 있는 것으로 나타날 수 있다. 이 경우 그에 따라 그 측정변수를 그 다른 construct에 연결시키는 것을 **cross-loading**이라고 한다. Cross-loading의 또 다른 형태로 두 개의 다른 constructs의 측정변수들의 오차항들을 연결하도록 하는 것이다. 그런데 cross-loading을 하면 적합도는 향상되지만 판별타당성을 저해하게 되고, 그 해당 항목들은 개별 측정항목의 주요 요건인 **단일차원성**(unidimensionality)을 결여하게 된다. 결국 적합도를 인위적으로 향상시키기는 하지만 측정모형의 타당성을 저하시킨다. 그러므로 적합도를 높이기 위해 무조건 수정지수가 제시하는 대로 연결해서는 안 된다. 위의 두 가지 외에도 수정지수는 한 construct의 두 측정변수들의 오차항들을 연결하도록 제시될 수 있는데, 이 경우는 연결하더라도 위의 두 가지 경우에 비해 문제가 덜 심각하다고 할 수 있다. [그림 2.7]은 수정지수가 제시하는 세 가지의 경우를 예시한다.

AMOS 결과는 경우에 따라 특정 항목을 다른 여러 항목들과 연결하도록 나타날 수 있는데(예를 들어, 항목 1–항목 3, 항목 1–항목 4, 항목 1–항목 6), 이 경우

cross-loading의 문제를 방지하기 위해 이들을 모두 연결하는 대신 그 특정 항목(항목 1)을 제거할 수 있다.

5. Construct 타당성

Construct 타당성(construct validity)은 construct와 측정변수 간의 일치성(correspondence) 정도에 관한 것이다. 즉, 어떤 측정도구가 측정하고자 하는 construct의 값을 정확히 측정하는 정도(the degree to which a measure assesses the construct it is purported to assess)에 관한 것이다. construct 타당성은 다음의 세 가지 타당성에 의해 평가된다: 집중타당성, 판별타당성, 법칙타당성.[9]

(1) 집중타당성

집중타당성(convergent validity)은 하나의 construct에 대한 두 개의 측정도구가 상관관계를 갖는 정도에 관한 것이다. 이 경우 상관관계값이 클수록 집중타당성이 높다. CFA 실시 결과 도출되는 값들을 이용하여 집중타당성을 평가하는 방법에는 다음의 몇 가지가 있다.

요인부하량. 한 construct를 측정하는 항목들의 요인부하량(factor loading; λ)이 높으면 그 항목들은 한 점으로 집중됨을(converge) 의미한다. 항목들의 요인부하량이 통계적으로 유의적인($p<.05$) 경우, 그 항목들 간에는 집중타당성이 있다고 할 수 있다. 그런데 요인부하량이 비록 낮더라도 통계적으로 유의적인 것으로 나타날 수 있으므로 집중타당성이 있다고 하기 위해서는 각 표준화 요인부하량(standardized factor loading)이 .5 이상이 되어야 하며 .7 이상이 바람직하다.

AVE. AVE는 평균분산추출(average variance extracted)로서 표준화 요인부하량을 제곱한 값들의 평균이다. 여기서 표준화 요인부하량의 제곱은 그 항목의 분산 중 construct에 의해 설명되는 분산의 비율을 의미한다. 그러므로 표준화 요인부하량이 .71이면 그 항목의 분산 중 1/2은 그 construct에 의해 설명되고 나머지 1/2은 오차분산(error variance)이 된다. AVE는 일반적으로 .5 이상이면 집

9 집중타당성, 판별타당성, 법칙타당성에 관한 내용은 다음의 책을 참조할 수 있음: 이학식 · 임지훈, *사회과학 논문작성을 위한 연구방법론*, 집현재, 2014, pp.113-116.

중타당성을 갖는 것으로 받아들이는데,[10] 이는 항목들의 분산 중 1/2은 construct에 의해 설명될 수 있어야 그 항목들을 수용할 만하다는 의미가 된다. AVE를 계산하는 공식은 다음과 같으며 연구자가 직접 계산을 해야 된다(λ=표준화 요인부하량).

$$AVE = \frac{\sum_{i=1}^{n} \lambda_i^2}{n}$$

Construct reliability. Construct reliability는 한 construct의 측정변수들 간의 공유분산(shared variance among observed variables)을 가리킨다. 이는 다른 말로 composite reliability라고도 하는데, CFA 실시 결과 도출되는 요인부하량과 오차분산의 값으로부터 계산할 수 있다. 일반적으로 그 값이 .7 이상이면 집중타당성을 갖는 것으로 받아들인다. 그 공식은 다음과 같으며 연구자가 직접 계산을 해야 된다(λ=표준화 요인부하량; δ=오차분산).

$$CR = \frac{\left(\sum_{i=1}^{n} \lambda_i\right)^2}{\left(\sum_{i=1}^{n} \lambda_i\right)^2 + \left(\sum_{i=1}^{n} \delta_i\right)}$$

(2) 판별타당성

판별타당성(discriminant validity)은 한 construct가 실제로 다른 constructs와 얼마나 다른가에 관한 것이다. 다시 말하면 한 construct가 측정하는 것은 다른 constructs가 측정하는 것과 달라야 한다는 것이다. CFA 실시에 의해 판별타당성을 평가하는 방법에는 두 가지가 있다.

첫째, 판별타당성 평가의 대상이 되는 두 constructs 간의 상관관계를 1로 fix시킨 모형과 원래의 모형(즉, 두 constructs 간의 관계를 free로 한 모형)을 비교하여 원래의 모형이 더 나은 것으로 판명되면 두 constructs 간에는 판별타당성이 있다고 할 수 있다.[11] 여기서 상관관계를 1로 fix시킨다는 의미는 두 constructs가 실상 동일하다는 의미가 되기 때문이다. 그런데 실제로 두 constructs 간에 상관관계가 높더라도(예를 들어, .9) free로 한 모형의 적합도가 나은 것으로 나타날

10 Claes Fornell and David F. Larcker, "Evaluating Structural Equation Models with Unobservable Variable and Measurement Error," *Journal of Marketing Research*, 18, February 1981, pp. 39-50.

11 James C. Anderson and David W. Gerbing "Structural Equation Modeling in Practice: A Review and Recommended Two-Step Approach," *Psychological Bulletin*, 103(3), 1988, pp. 411-423.

수 있기 때문에 다음의 방법이 보다 추천된다.

둘째, 판별타당성 평가의 대상이 되는 두 constructs 각각의 AVE와 그 두 constructs 간의 상관관계의 제곱을 비교하여 두 AVE가 모두 상관관계의 제곱보다 크면 그 두 constructs의 측정도구들 간에는 판별타당성이 있다고 할 수 있다. 이는 이와 같은 결과를 얻게 되는 경우 한 construct는 다른 construct를 설명하는 것보다 자체의 측정변수들을 더 잘 설명한다고 볼 수 있기 때문이다.[12]

(3) 법칙타당성

법칙타당성(nomological validity, lawlike validity)은 한 construct의 측정도구와 다른 construct의 측정도구의 상관관계와 관련된다. 예를 들어, construct A와 construct B 간에 正(+)의 상관관계가 있는 것으로 기존 연구에서 밝혀지거나 논리적으로 수용되는 경우, 각 construct의 측정도구들 간의 상관관계가 正(+)으로 나타난다면 그 측정도구들은 법칙타당성을 갖는다. 구조방정식 모형분석의 경우 constructs 간의 상관행렬에 의해 평가할 수 있다.[13]

12 Fornell and Larcker, *op. cit.*; 판별타당성 평가를 위한 두 가지 방법의 실례로서 다음의 논문을 참조할 수 있다: Richard A. Spreng, Scott B. MacKenzie, and Richard W. Olshavsky, "A Reexamination of the Determinants of Consumer Satisfaction," *Journal of Marketing*, 60, July 1996, pp. 15-32.

13 법칙타당성 평가의 실례로 다음의 논문을 참조할 수 있다: Jagdip Singh and Gary K. Rhoads, *op. cit.*

제 3 장 구조모형의 분석

- **3.1** 측정모형에 비한 구조모형의 특징
- **3.2** 구조모형 분석결과의 해석

3.1 측정모형에 비한 구조모형의 특징

구조방정식 모형분석의 궁극적 목적은 constructs 간의 관계를 추정하고 그 추정치의 통계적 유의성을 검증하는 것이다. 이에 따라 연구가설들이 검증된다. 앞에서 설명한 측정모형의 타당성 평가는 연구모형의 constructs를 측정하는 변수들 중 적절하지 못한 변수들을 제거하는 단계이다. **구조모형**(structural model) 분석 단계에서는 앞의 단계에서 남은 측정변수들의 공분산행렬을 토대로 constructs 간의 관계를 추정하는 과정이다. 이 단계의 초점은 constructs 간의 관계를 추정하는 데 있지만 동시에 constructs와 해당 측정변수들 간의 관계도 추정된다. 이 단계에서도 측정모형을 분석할 때와 마찬가지로 추정된 계수값들로부터 입력 공분산행렬을 역추정하게 된다. 이 경우에도 추정 공분산행렬이 입력 공분산행렬과 유사할수록 모형은 현실을 잘 반영하는 것으로 볼 수 있으며, 적합도(fit)는 높아진다. 이런 측면에서 볼 때 연구모형(혹은 연구가설들)이 현실을 보다 잘 나타낼수록 그리고 각 construct의 측정변수들의 타당성이 높을수록 적합도는 높게 나타나며 또한 연구가설들은 지지될 가능성이 높다.

측정모형의 경우 제2장의 [그림 2.3]에 제시된 바와 같이 모든 constructs 간에는 공분산(혹은 상관)관계가 있는 것으로 설정한다(양방향 커브화살표로 나타

그림 3.1 Constructs A, B, C, D로 구성되는 구조모형

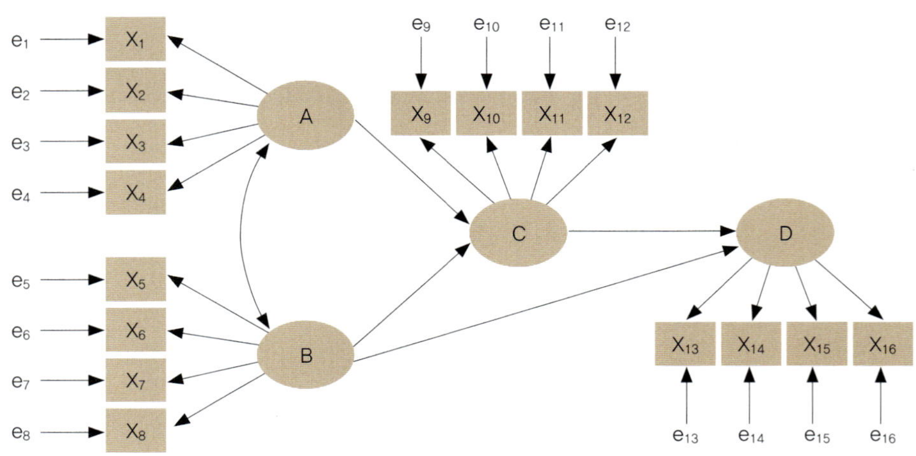

냄). 이에 비해 [그림 3.1]에 예시된 것과 같이 constructs A, B, C, D로 구성되는 구조모형은 연구자가 관계가 있는 것으로 생각하는 constructs 간에만 관계를 설정한다. 이 경우 외생 constructs 간의 관계는 양방향 커브화살표로, 그리고 그 외의 constructs 간의 관계는 직선화살표로 설정한다. 양방향 커브화살표는 그 두 constructs 간에 상관관계가 있다는 것을 나타내고 직선화살표는 인과관계 혹은 영향관계가 있다는 것을 나타낸다. 일반적으로 구조모형 분석의 경우 측정모형 분석의 경우에 비해 추정할 모수의 수가 적다. 예를 들어, [그림 2.3]의 측정모형에 비해 [그림 3.1]의 구조모형의 경우 A와 D 간의 관계는 추정하지 않는 것으로(fix) 되어 있다. 이는 연구자가 A와 D 간의 관계는 '0'으로 간주한다는 것을 암묵적으로 의미한다. 따라서 추정할 모수의 수는 한 개 적다.

3.2 구조모형 분석결과의 해석

구조모형 분석결과를 해석하는 것은 측정모형 분석결과를 해석하는 것과 유사하지만 constructs 간의 관계에 초점을 두어 해석한다는 점에서 큰 차이가 있다. 또한 모형의 수정에 있어, 측정모형에서는 측정항목에 초점을 두지만 구조모

그림 3.2 구조모형 분석결과의 해석 절차

Identification
- Identification이 되지 않는 경우 → 모형설정을 변화시킴
- 자유도

↓

적합도지수
- χ^2 통계량(자유도, p-value)
- 절대 적합도지수
- 증분 적합도지수
- 모형 비교시 → 간결 적합도지수

↓

경로계수
- 경로계수의 방향과 통계적 유의성
- 양측검증과 단측검증
- 표준화 경로계수를 이용한 constructs 간 관계의 크기 비교
- 전체 영향력의 크기 비교

형에서는 constructs 간의 관계에 초점을 둔다. [그림 3.2]는 구조모형 분석결과를 해석하는 절차를 나타낸다.

1. Identification

Identification은 분석이 제대로 되어 적합도가 구해지고 각 경로계수 및 요인부하량이 산출되는 것을 말한다. Identification이 되지 않는 가장 근본적인 이유는 모형 설정을 잘못하거나 혹은 2.4에서 설명한 바와 같이 추정하고자 하는 모수의 수보다 정보의 수가 적은 것이다(d.f.<0; underidentified). 이하에서는 이를 구체적으로 설명한다.

Identification이 되지 않는 경우

(1) 잘못된 모형 설정

AMOS를 이용할 때 모형 설정을 잘못하여(misspecification) identification 문제를 일으킬 수 있는 오류는 주로 다음과 같은 것들이다.

- 내생 constructs에 오차항(error term)을 설정하지 않음.
- 측정변수와 오차항 간의 관계에서 계수를 지정해야 하는데 이를 위배함(AMOS의 기본설정값은 '1').
- 한 construct의 여러 측정변수들 중 한 측정변수의 계수에 대해서는 값을 지정해야 하는데 이를 위배함(AMOS의 기본설정값은 '1').
- constructs 혹은 측정변수의 이름을 부여하지 않음.
- 측정변수명이 자료파일에서 사용한 변수명과 다름.
- 모형 설정과는 무관하지만 분석데이터의 자동입력방식에서 결측값이 존재하는 경우 → 그 해결방법은 제11장에서 설명한다.

(2) 모수의 수보다 정보의 수가 적은 경우

- 이를 해결하기 위한 기본적인 방법은 측정변수의 수를 증가시키는 것이다.
- 추정 모수의 수를 줄인다. 예를 들어, 두 개 이상의 경로값 혹은 요인부하량을 동일하게 제약한다. 혹은 오차 분산을 '0' 혹은 매우 작은 값, 예를 들어, .005를 지정한다(5.6 추정상의 문제 참조).

자유도

제2장에서 자유도가 계산되는 방식을 설명하였는데, 그 방식은 구조모형 분석의 경우에도 동일하게 적용된다. 예를 들어, [그림 3.1]의 경우 자유도는 다음과 같이 계산된다.

자유도 = 정보의 수 − 추정모수의 수 = 136 − 37 = 99

정보의 수 = $\frac{1}{2}$〔(측정변수의 수) × (측정변수의 수 + 1)〕 = $\frac{1}{2}$〔(16 × 17)〕 = 136

추정모수의 수 = constructs 간의 경로 및 공분산 항의 수 + 요인부하량의 수 + 오차분산의 수 = 5 + 16 + 16 = 37

구조모형 분석의 경우 [그림 3.1]처럼 대부분의 경우 constructs 간의 관계를 모두 추정하지는 않는다. 이에 비해 전체 constructs 대상 측정모형을 CFA하는 경우 [그림 2.3]처럼 모든 constructs 간의 관계를 추정한다. 그러므로 구조모형 분석의 경우는 흔히 측정모형 분석의 경우에 비해 자유도가 많으며, χ^2 값은 크다. 그러나 만약 구조모형 분석에서 모든 constructs 간의 관계를 추정한다면 측정모형 분석의 경우와 자유도 및 χ^2 값이 일치한다.

2. 적합도지수

제2장에서 측정모형의 적합도와 관련하여 여러 가지 절대 적합도지수와 증분 적합도지수를 설명하였는데, 이들은 구조모형의 적합도 평가에도 그대로 적용된다. 구조모형의 적합도 평가에도 측정모형의 적합도 평가의 경우와 마찬가지로 χ^2 통계량(자유도, p-value)과 함께 절대 적합도지수와 증분 적합도지수를 각각 적어도 한 개는 보고하는 것이 권장된다. 구조모형의 경우 두 모형을 비교하는 경우 추가적으로 간결 적합도지수를 보고할 필요가 있다. 이하에서는 간결 적합도지수를 설명한다.

간결 적합도지수(parsimony fit indices)

모형을 평가할 때 고려할 두 가지의 요소는 적합도와 간결성이다. 간결 적합도지수는 여러 개의 경쟁모형들(competing models)이 있는 경우 적합도와 간결성을 고려하여 더 나은 모형을 결정하는 데 사용되는 지수이다. 여기서 나은 모형이란 가급적 간결하면서도 적합도가 높은 것을 말한다. 예를 들어, 모형 A가 모형 B보다 조금 더 낮은 GFI를 갖더라도 훨씬 간결하면(예를 들어, 경로의 수가 적음) 절약 적합도지수 측면에서는 더 나은 모형이 되는 것이다. 여기서 각 지수를 계산하는 데는 parsimony ratio(PR; 간결비율)가 필요한데, 이는 연구모형의 자유도를 null 모형의 자유도로 나눈 값이다. 결국 두 경쟁모형이 있을 때 자유도가 더 큰 모형의 PR이 더 크며 간결 적합도지수가 크게 된다. 간결 적합도지수는 절대 적합도지수보다 낮은 값으로 나타난다. 예를 들어, χ^2 값이 비유의적이고 GFI가 .90대에 있더라도 PGFI는 .50대로 나타날 수 있다. Parsimony ratio는 AMOS 분석결과에서 PRATIO로 보고된다.

PGFI. PGFI(Parsimony Goodness-of-Fit Index)는 GFI에 PR을 곱한 값으로 0과 1 사이의 값을 갖는다. 단독적으로는 의미가 없으며, 두 개 이상 경쟁모형들의 PGFI를 비교하여 더 높은 PGFI를 갖는 모형이 더 나은 모형이 된다. AMOS 분석결과는 이를 보고한다.

PNFI. PNFI(Parsimony Normed Fit Index)는 NFI에 PR을 곱한 값으로 0과 1 사이의 값을 갖는다. 단독적으로는 의미가 없으며, 두 개 이상 경쟁모형들의 PNFI를 비교하여 더 높은 PNFI를 갖는 모형이 더 나은 모형이 된다. 간결 적합도지수들 중 가장 널리 사용된다. AMOS 분석결과는 이를 보고한다.

PCFI. PCFI(Parsimony Comparative Fit Index)는 CFI에 PR을 곱한 값으로 0과 1 사이의 값을 갖는다. 단독적으로는 의미가 없으며, 두 개 이상 경쟁모형들의 PCFI를 비교하여 더 높은 PCFI를 갖는 모형이 더 나은 모형이 된다. AMOS 분석결과는 이를 보고한다.

AIC. AIC(Akaike Information Criterion)는 χ^2 통계량과 추정모수의 수에 의해 결정되는 지수이다. 구체적으로 다음과 같다: AIC $=\chi^2$ 값 $+$ (2×추정모수의 수). 이 지수도 역시 두 개 이상의 경쟁모형들을 비교하는 경우, 특히 non-nested 모형들을 비교하는 데 사용될 수 있으며, 더 낮은 AIC를 갖는 모형이 더 나은 모형이 된다. 표본의 크기가 200 이상인 경우 보다 신뢰할 수 있다.[1] AMOS 분석결과는 이를 보고한다.

---

1 A. Diamantopoulos and J. A. Siguaw, *Introducing LISREL*, London: Sage Publications, 2000.

3. 경로계수

측정모형을 평가할 때는 각 항목의 요인부하량의 통계적 유의성과 크기가 중요한 관심의 대상이었다. 그러나 구조모형 분석은 각 constructs 간의 관계에 초점이 있으므로 constructs를 잇는 **경로계수**(path coefficients)의 방향과 통계적 유의성이 매우 중요하다. 이는 그 계수의 방향과 통계적 유의성에 따라 가설의 지지 여부가 결정되기 때문이다. 그런데, constructs 간의 관계가 방향성을 갖는 것으로 가설이 설정된 경우라면(사실 대부분의 가설들은 이러함) 양측검증이 아닌 단측검증을 적용할 수 있다. AMOS에 의한 분석결과는 양측검증을 전제로 한 p-value를 산출한다. 그러므로 단측검증을 적용한다면 p-value는 산출된 p-value의 1/2이다. 예를 들어, 가설이 "A는 B에 正(+)의 방향으로 영향을 미친다"로 설정되었다면 그 계수가 양수이며, 산출된 p-value가 .1보다 작으면 α=.05에서 유의적인 것으로 결론내릴 수 있다. AMOS에 의한 분석결과는 경로계수를 Regression Weights라는 제목의 표로 산출한다.

Constructs 간의 관계의 크기 비교

또한 **표준화 경로계수**(standardized path coefficients)를 이용하면 constructs 간의 관계의 크기를 비교할 수 있다. 예를 들어, [그림 3.1]의 구조모형을 분석한 결과 [그림 3.3]과 같은 결과가 산출되었다고 가정하자. 이 경우 "A가 C에 미치는 영향은 B가 C에 미치는 영향보다 크다"와 같은 해석을 할 수 있다. 그런데 표준화 경로계수를 비교하면 추정치(estimates)를 이용하는 것이므로 보다 엄격하게 분석하고자 하면 추정치 간의 차이가 통계적으로 유의적인지를 점검해야 한다. 이

그림 3.3 Construct A, B, C, D로 구성되는 구조모형 분석결과의 예

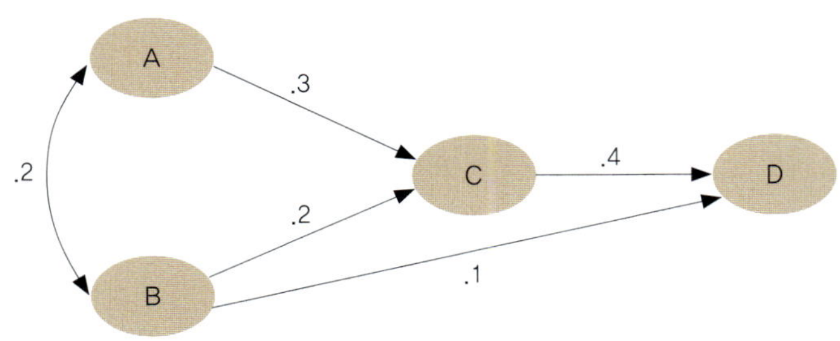

* 각 경로계수는 표준화 값임.

를 위한 방법은 '11.2의 3. 경로계수'에서 실례를 가지고 설명한다. 이와 같이 표준화 경로계수를 이용하여 constructs 간의 관계를 비교하는 것은 한 표본으로 분석한 결과 내에서는 가능하지만 다른 표본들로 분석한 결과에 걸쳐 비교하는 데는 적용할 수 없다. AMOS에 의한 분석결과는 표준화 경로계수를 Standardized Regression Weights라는 제목의 표로 산출한다.

전체 영향력의 크기 비교

AMOS에 의한 분석결과는 또 한 construct가 다른 construct에 미치는 직접적인 영향력, 간접적인 영향력, 그리고 전체 영향력을 각각 직접효과(direct effects), 간접효과(indirect effects), 그리고 총효과(total effects)로서 산출한다. 또한 각각의 표준화 효과를 산출한다. 이와 관련된 내용은 '11.2의 4. 직접효과, 간접효과, 그리고 총효과'에서 예시되는데, 여기서는 총효과를 예시한다. [그림 3.1]의 경우 A→D의 전체 영향력과 B→D의 전체 영향력의 크기를 비교하고자 하면 각 경로의 표준화 총효과를 보면 된다. 여기서 A→D의 표준화 총효과는 .12(=.3×.4), 그리고 B→D의 표준화 총효과는 .18(=.2×.4+.1)이므로 "B가 D에 미치는 전체 영향력은 A가 D에 미치는 전체 영향력보다 크다"라는 해석을 할 수 있다. 이에 더하여 구조모형 분석 결과는 회귀분석의 R^2처럼 각 내생 construct 분산의 몇 %가 다른 constructs에 의해 설명되는가를 산출한다. AMOS 분석결과는 이를 Squared Multiple Correlations라는 제목 하에 산출한다(11.2의 5 참조).

제 4 장

고급 분석

- **4.1** 대안모형과의 비교
- **4.2** 집단 간 비교 – 조절효과
- **4.3** 매개적 작용
- **4.4** 모형의 발견

지금까지 구조방정식 모형분석의 기본적인 내용을 설명하였다. 본 장에서는 고급 분석(advanced analysis)을 위해 필요한 것으로 다음의 네 가지 주제를 다룬다: 모형의 비교, 집단 간 비교, 매개적 작용, 모형의 발견.

4.1 대안모형과의 비교

대부분의 연구에서 연구자는 자신이 설정한 가설들을 [그림 3.3]과 같이 하나의 모형으로 제시한다. 그리고 측정모형에 대해 CFA를 실시하고 구조모형의 적합도와 constructs 간 계수의 방향성과 유의성 등에 의해 가설의 지지 여부를 결정한다. 연구자가 제시한 모형의 적합도가 높고 연구가설들이 지지된다면 그 모형은 현실을 설명하는 좋은 모형이라고 할 수 있다. 그러나 그 모형이 반드시 최상(the best)의 모형은 아닐 수 있다. 그러한 이유로 연구자는 이 단계에서 분석을 마칠 수도 있지만, 보다 엄격한 분석(rigorous analysis)을 하고자 하면 **대안모형**(alternative, competing, rival models)을 추가적으로 제시하고 분석할 수 있다.

그림 4.1 Constructs A, B, C, D로 구성되는 구조모형의 대안모형들

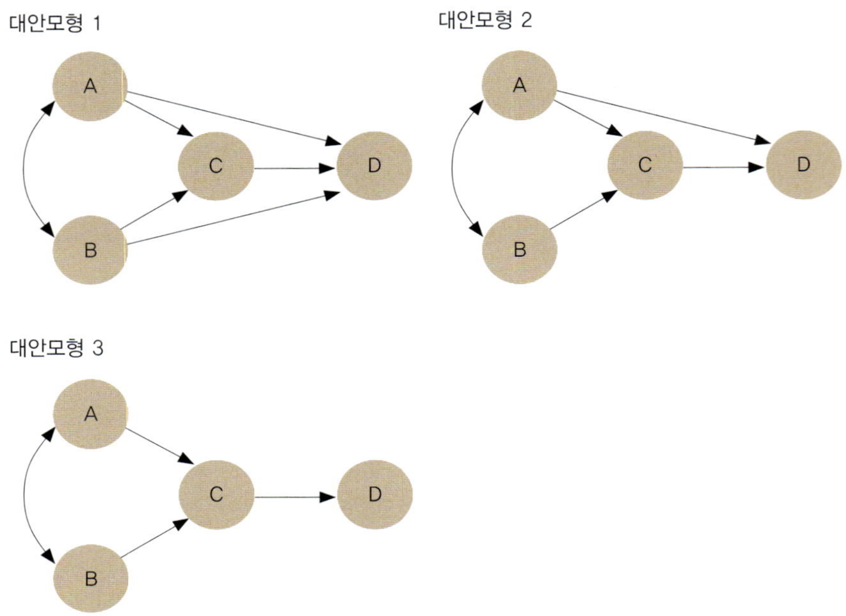

여기서 유의할 점은 대안모형(들)을 설정하는 경우, 반드시 적절한 논리적 근거가 제시될 수 있어야 한다는 점이다. 이는 논리경험주의에 입각한 연구에서 가설은 반드시 논리적 근거를 토대로 설정되어야 한다는 것과 동일하다. 대안모형과의 비교를 통해 연구모형이 어떤 대안모형보다도 나은 것으로 나타나면 그 연구모형은 보다 더 지지될 수 있다. 이하에서는 [그림 3.3]의 연구모형에 대한 대안모형으로서 [그림 4.1]의 세 가지 대안모형들을 예로서 제시하고 이에 대해 설명한다.[1]

1. Nested 모형

여기서 먼저 'nested'의 의미를 이해할 필요가 있다. 예를 들어, 대안모형 1은 [그림 3.1]에 제시된 연구모형에 A→D 간의 관계를 추가한 모형이다. 이 경우 연구모형은 대안모형 1에 **nested**되었다고 하며, 그 두 모형은 nested 관계에 있다고 한다. 두 모형이 nested 관계에 있기 위해서는 두 모형이 동일한 constructs와 동일한 측정변수들로 구성되며 한 모형에서 설정된 모든 경로가 다른 모형에도 설정되어 있으며 추가적인 경로가 설정되어 있어야 한다. 그러므로 연구모형은 대안모형 3과 nested 관계에 있지만 대안모형 2와는 nested 관계에 있지 않다. 대안모형 1과 대안모형 2는 nested 관계에 있다.

2. 대안모형의 비교방법

연구모형과의 비교를 위해 대안모형을 분석할 때 대안모형에 대해 CFA를 다시 할 필요는 없고 구조모형 분석의 차원에서 분석하면 된다. 대안모형의 분석 결과는 다음의 두 가지 측면, 즉 적합도와 경로계수에 초점을 맞추어 해석한다.

(1) 적합도

대안모형의 **적합도**(fit)를 여러 가지 지수로 평가할 수 있는데, 특히 연구모형과 nested 관계에 있으면 두 모형의 χ^2 값을 비교하는 χ^2 차이검증을 실시해야 한다.[2] 예를 들어, 연구모형과 대안모형 1을 비교한다면 대안모형 1은 경로가 한 개

1 다음의 논문들은 이러한 절차에 따라 한 가지 연구모형을 제시하고 논문의 후반부에 대안모형을 설정하고 이들을 비교한 논문들이다: 이학식, 임지훈, "CRM이 고객의 행동의도에 미치는 영향: 고객의 지각된 관계적 편익과 관계몰입의 매개적 역할," *경영학연구*, 32(5), 2003, pp. 1317-1347; 이학식, 최재익, 임지훈, "소비자 구매행동에 대한 브랜드의 태도: 소비자-브랜드 관계에서의 역할," *소비자학연구*, 15(2), 2004, pp. 85-108; .이재록, 이학식, "광고효과 단계에 있어서 평가목표, 관여도, 태도자신감의 조절적 작용," *마케팅연구*, 13(2), 1998. 12, pp. 53-76.

2 James C. Anderson and David W. Gerbing, "Structural Equation Modeling in Practice: A Review

더 설정되어 있으므로 χ^2 값은 반드시 작고 자유도는 1이 적다. χ^2 차이 검증결과 그 차이가 3.84보다 크면 통계적으로 유의적이므로 대안모형 1이 보다 우수한 것으로 해석한다. 이는 유의수준 .05에서 자유도 1일 때의 χ^2 값이 3.84이기 때문이다. 그러나 χ^2 차이가 3.84보다 작으면 연구모형이 더 우수한 것으로 해석한다. 이는 절대 적합도지수로서 χ^2 값은 작을수록 적합도가 높지만 자유도는 큰 것이 간결성의 가치(parsimonious value)에서 보다 바람직하기 때문이다. 추가적으로, 대안모형 1과 대안모형 3을 비교하는 경우를 생각해보자. 이 경우 대안모형 1은 두 개의 경로를 더 추정하므로 자유도는 2가 적다. 여기서 $\chi^2(d.f.=2, \alpha=.05)$는 5.99이므로 대안모형 1의 χ^2 값이 대안모형 3의 χ^2 값보다 5.99 이상 작으면 대안모형 1이 보다 우수하다고 할 수 있다. 그러나 그 차이값이 5.99 미만이면 대안모형 3이 더 우수하다고 할 수 있다. 자유도의 차이가 3개 이상이면 χ^2 통계표를 참고하여 같은 방식으로 판단하면 된다. 비교하는 두 모형이 nested 관계에 있으면 이와 같은 식으로 두 모형을 직접 비교할 수 있다.

한편, 두 모형이 같은 constructs와 같은 측정변수들로 구성되더라도 nested 관계에 있지 않을 수 있다. 예를 들어, 연구모형과 대안모형 2는 nested 관계에 있지 않다. 이 경우 χ^2 차이검증에 의한 직접 비교는 불가능하며, 다만 두 모형과 nested 관계에 있는 대안모형 1과의 비교를 통해 간접적으로 비교할 수 있다. 예를 들어, 연구모형은 대안모형 1보다 우수하고 대안모형 1은 대안모형 2보다 우수한 것으로 나타나면 연구모형이 대안모형 2보다 우수한 것으로 결론지을 수 있다.[3] 두 모형이 nested 관계에 있지 않은 경우, PGFI, PNFI, PCFI, AIC 등 간결 적합도지수를 이용할 수 있다. 이러한 간결 적합도지수는 두 모형이 nested 관계에 있을 때에도 χ^2 차이검증과 함께 사용될 수도 있다.

(2) 경로계수

대안모형 분석 결과를 해석할 때 적합도지수 외에 유의해서 점검할 부분은 **경로계수**(path coefficient)이다. 특히 대안모형이 연구모형보다 우수한 것으로 판명나는 경우 새로 추가된 경로계수는 통계적으로 유의적일 가능성이 크다. 반대로 대안모형이 우수하지 못한 경우 추가된 경로계수는 통계적으로 비유의적일 가능성이 크다. 그러나 이는 직접 점검해야 할 부분이며, 경로가 추가됨으로써 다른

and Recommended Two-Step Approach," *Psychological Bulletin*, 103(3), 1998, pp. 411-423.

3 이와 같은 비교를 한 논문으로 다음의 논문을 참조할 수 있다: Scott B. MacKenzie, Richard J. Lutz, and George E. Belch, "The Role of Attitude Toward the Ad as a Mediator of Advertising Effectiveness: A Test of Chompeting Explanation," *Journal of Marketing Research*, 23, May 1986, pp. 130-143; 이재록, 이학식, 전게서.

경로의 계수값들은 변경될 가능성이 크므로 이 또한 유의하여 점검해야 한다.

3. 경로가 제거된 대안모형

대안모형은 연구모형에 경로가 추가될 수도 있지만 [그림 4.1]의 대안모형 3처럼 경로가 제거된 모형일 수도 있다. 여기서도 역시 적합도와 경로계수를 점검해야 한다. 대안모형 3은 연구모형에 nested되어 있고 경로의 수가 적으므로 χ^2 값은 반드시 크다. 그러므로 χ^2 값의 차이가 3.84보다 작으면 대안모형이 우수하지만 그 차이가 3.84보다 크면 연구모형이 우수하다고 결론내릴 수 있다. 연구모형에서 비유의적인 경로가 있을 때 이를 제거한 대안모형은 더 우수한 것으로 나타날 가능성이 크다. 또한 대안모형을 수용하는 경우 경로의 제거에 따라 다른 경로계수값들이 변경될 가능성이 크므로 이 점 또한 유의해야 한다.

4. 대안모형 비교의 예

지금까지 설명한 것처럼 논문에서 한 가지 연구모형을 제시하고 분석한 다음 필요에 따라 후반부에 대안모형을 설정하고 이들을 비교할 수 있다. 이에 비해 어떤 논문은 처음부터 몇 가지 대안모형들을 제시하고 이들을 비교하여 최상의 모형을 선택하는 과정을 보고한다. 이하에서는 이러한 논문의 예시로서 MacKenzie, Lutz, and Belch(1986) 논문의 해당 부분을 요약한다.[4]

이 연구는 광고효과의 매개변수로서 광고태도의 역할에 관한 것으로 네 가지 대안모형들(alternative models)을 각각 논거에 따라 제시하고 실험을 통해 자료를 수집하고 분석하였다. 이 논문에서 제시된 대안모형들은 [그림 4.2]와 같다.

네 개의 모형을 각각 분석한 결과 적합도는 다음과 같이 나타났다:

IIH : $\chi^2=273$, d.f.$=51$, $p=0$
ATH : $\chi^2=78$, d.f.$=51$, $p=0$
RMH : $\chi^2=78$, d.f.$=50$, $p=0$
DMH : $\chi^2=55$, d.f.$=50$, $p=0$

먼저 자유도가 동일한 IIH와 ATH를 비교하고 다음으로 RMH와 DMH를 비

4 MacKenzie, Lutz, and Belch, *op. cit.*

그림 4.2 **광고태도의 매개적 역할에 대한 네 개의 대안모형들**

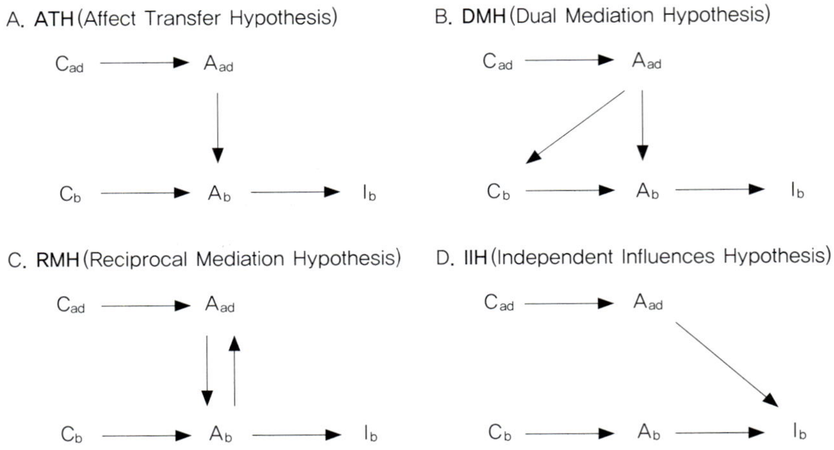

C_{ad} : 광고인지(ad cognitions)
C_b : 브랜드인지(brand cognitions)
A_{ad} : 광고태도(attitude toward the ad; ad attitude)
A_b : 브랜드태도(attitude toward the brand; brand attitude)
I_b : 구매의도(intention to purchase the brand)

교하였다. 모형 비교를 위한 χ^2 차이검증을 실시하기 위해서는 두 모형이 서로 nested 관계에 있어야 한다. 그런데 IIH와 ATH는 서로 nested 관계에 있지 않아 각각의 모형에 한 개의 경로가 추가된 테스트 모형을 설정하였다. 이 테스트 모형은 ATH에 $A_{ad} \rightarrow I_b$의 경로가 추가되고, IIH에 $A_{ad} \rightarrow A_b$의 경로가 추가된 모형이다. χ^2 차이검증을 실시한 결과 테스트 모형은 IIH보다 우수한 것으로 나타난 데 비해($\Delta\chi^2=98$, d.f.$=1$), ATH보다는 못한 것으로 나타났다($\Delta\chi^2=3$, d.f.$=1$). 이 결과는 ATH가 IIH보다 우수한 모형임을 보여준다. 다음으로 RMH와 DMH를 비교하였는데 이 두 모형은 직접 nested 관계에 있지는 않으나 ATH와는 nested 관계에 있다. 각 모형을 ATH와 비교한 결과 ATH는 RMH보다 우수한 것으로 나타난 데 비해($\Delta\chi^2=0$, d.f.$=1$) DMH보다는 못한 것으로 나타났다($\Delta\chi^2=23$, d.f.$=1$). 이 결과는 DMH가 ATH보다 우수한 모형임을 보여준다. 이러한 과정을 통해 이 논문에서는 결국 네 개의 모형 중 DMH가 가장 우수한 모형이라는 결론을 내렸다. 두 모형이 서로 nested 관계에 있는 경우 기본 지표로 $\Delta\chi^2$를 이용할 수 있는데, 이외에도 PGFI, PNFI, PCFI, AIC 등 간결 적합도지수를 함께 이용할 수 있다.

4.2 집단 간 비교 - 조절효과

두 변수 A와 B 간의 인과관계의 크기가 변수 C의 크기 혹은 특성 등에 의해 달라질 때 C는 A와 B 간의 관계를 조절한다고 하고 **조절변수**(moderating variable; moderator)라고 한다. 예를 들어, 소비자행동 연구에서 광고에 대한 소비자의 태도는 브랜드에 대한 태도에 正(+)의 방향으로 영향을 미친다고 받아들인다. 즉 소비자가 광고에 호의적일수록 그 브랜드에 호의적인 경향이 있다는 것이다. 그런데 이러한 경향은 그 제품군에 대한 소비자의 관여도가 높은 경우보다 낮은 경우 더 뚜렷한 것으로 받아들인다. 이 경우 관여도(C)는 광고태도(A)와 브랜드태도(B) 간의 관계를 조절하는 조절변수이다. [그림 4.3]은 광고태도와 브랜드태도 간의 관계에 대한 관여도의 조절적 작용을 도시한다.

그림 4.3 광고태도와 브랜드태도 간의 관계에 대한 관여도의 조절적 작용

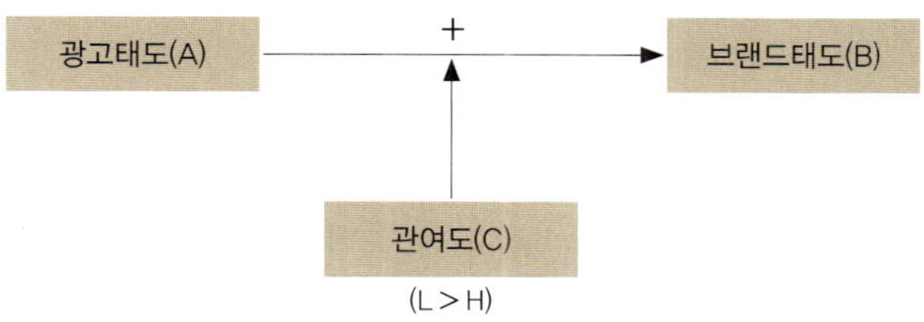

1. 한 개 경로에 대한 집단 간 비교

연구자는 경우에 따라 연구모형 내의 constructs A와 B 간의 관계가 연구모형에 포함되지 않은 construct C에 의해 조절되는 것으로 제안할 수 있다. 이 경우 예를 들어, "A는 B에 正(+)의 방향으로 영향을 미친다. 그런데 그 경향은 C가 작을 때보다 클 때 더 강하다"와 같은 식으로 가설을 설정할 수 있다. 이러한 가설을 검증하기 위한 절차는 다음과 같다.

① 표본값들을 C의 값을 기준으로(예를 들어, 중앙값 혹은 평균값) 두 집단으로 나눈다.

② 각 집단별로 구조모형을 분석한 후 A→B 간의 경로계수를 비교하는데, C의 값이 큰 집단의 경로계수가 작은 집단의 경로계수보다 커야 한다. 이 경우 표준화 경로계수가 아닌 기본 경로계수를 이용해야 한다.
③ 각 집단의 해당 경로를 free로 둔 모형(Free 모형)과 그 경로를 두 집단에 동일하게 제약한 모형(제약모형; constraint model)을 각각 분석한다.
④ 분석 결과 값에 의하여 두 모형 간에 χ^2 차이검증을 실시하는데 그 차이가 통계적으로 유의적이면 Free 모형이 더 좋은 모형이며 가설은 지지된다. 구체적으로, 자유도 차이가 1이므로 χ^2 값의 차이가 3.84보다 크면 가설은 지지된다. 반대로 χ^2 값의 차이가 통계적으로 비유의적이면 제약모형이 더 좋은 것으로 해석하고 가설은 지지되지 않는다.

2. 두 개 이상의 경로에 대한 집단 간 비교

집단 간 비교를 할 때 단일 경로의 계수만을 비교하는 것뿐만 아니라 두 개 이상의 경로를 비교할 수도 있다. 예를 들어, [그림 3.3]에서 "A→C 간의 관계와 B→C 간의 관계는 여자 집단에 비해 남자 집단에서 더 강하다"와 같은 가설을 생각하자. 이 경우 표본 구성원들을 성별을 기준으로 두 집단으로 나누어 'A→C 간의 관계와 B→C 간의 관계'를 free로 둔 모형과 그 두 경로들을 각각 두 집단에 동일하게 제약한 모형(제약모형)을 한번의 χ^2 차이검증에 의해 비교하는 것은 옳지 않다. 그보다는 A→C 간의 관계에 대한 비교와 B→C 간의 관계에 대한 비교를 별도로 해야 한다. 그 이유는 다음과 같다. 별도로 비교하여 만약 A→C 간의 관계는 free 모형이 더 우수하고 B→C 간의 관계는 제약모형이 우수한 것으로 나타났다고 가정하자. 이 경우 두 경로에 대한 free 모형과 제약모형을 한번에 비교한다면 free 모형이 우수하게 나타날 수도 있고 제약모형이 우수하게 나타날 수도 있다. 연구자가 어느 쪽의 결론을 내리든지 연구결과는 현실을 왜곡하여 보고하게 되는 것이다. 따라서 집단 간 경로 비교에서 이처럼 두 개 이상의 경로를 비교할 때는 비교하는 경로마다 free 모형과 제약모형을 비교해야 한다. 추가적으로, 집단 간 비교는 두 개 집단뿐만 아니라 세 개 이상의 집단들에 걸쳐 실시될 수도 있다.

3. 집단 간 비교의 예

이하에서는 집단 간 비교의 예시로서 Sujan, Weitz, and Kumar(1994) 논문의

그림 4.4 Learning orientation, performance orientation, performance 등에 관한 모형

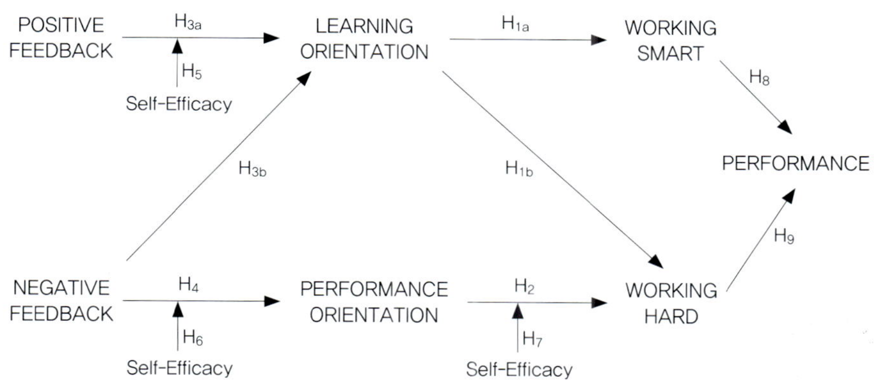

해당 부분을 요약한다.[5] [그림 4.4]는 이 논문에서 제시된 가설들을 보여주는 연구 모형이다.

이 연구는 사원의 learning orientation, performance orientation, performance 등 일곱 개 constructs 간의 구조적 관계와 관련된 연구이다. 이 연구의 내용은 일곱 개 constructs 간의 관계에 대한 **주효과**(main effects)에 대한 부분과 그중 일부 constructs 간의 관계를 self-efficacy가 조절하는지에 대한 **조절효과**(moderating effect)에 대한 부분으로 구성된다. 수집한 자료를 구조모형에 의해 분석한 결과 모형 적합도는 대체로 수용할 만한 수준이었으며, 일곱 개의 주효과에 관한 가설들은 모두 지지되었다. 다음으로 조절효과와 관련하여 설정된 세 개의 가설들(H5, H6, H7)을 검증하기 위해 표본 구성원들을 self-efficacy의 중앙값(median)을 중심으로 두 집단으로 나누어 각 경로별로 별도의 집단 간 비교를 실시하였다(즉 집단 간 비교 3회 실시). 그 결과 performance orientation→working hard의 관계에서 self-efficacy의 조절효과에 관한 가설은 지지되어(H7; $\Delta\chi^2=19.22$, d.f.=1) 그 두 constructs 간의 관계는 high self-efficacy 판매원들의 경우 low self-efficacy 판매원들에 비해 더 높다고 결론 내렸다. 그러나 positive feedback→learning orientation의 관계(H5; $\Delta\chi^2=1.89$, d.f.=1)와 negative feedback→performance orientation의 관계(H6; $\Delta\chi^2=2.63$, d.f.=1)에 관한 가설들은 지지되지 않았다.

추가적으로 이 연구에서는 self-efficacy의 조절효과를 모형 전체에 대해 조사

5 Harish Sujan, Barton A. Weitz, and Nirmalya Kumar, "Learning Orientation, Working Smart, and Effective Selling," *Journal of Marketing*, 58, July 1994, pp. 39-52.

하였다. 이를 위해 가설로 설정된 모든 constructs 간의 관계를 free로 둔 모형과 그 constructs 간의 관계를 동일하게 둔 제약모형을 비교한 결과 Free 모형의 적합도가 더 높은 것으로 나타났다($\Delta\chi^2=29.74$, d.f.=10). 이 결과는 전반적으로 볼 때 두 집단 간에 차이가 없다고 하는 것보다는 차이가 있다고 보는 것이 더 적절함을 보여준다. 그러나 앞에서 설명한 것처럼 각 경로별로 비교하지 않고 이와 같이 전체 경로에 대해 비교하면 조절변수가 구체적으로 어느 경로를 조절하는지 판단할 수 없다.

4.3 매개적 작용[6]

1. 매개적 작용의 의미

두 변수 A와 C 간의 인과관계 혹은 영향관계가 변수 B에 의해 매개될 때 B를 매개변수(mediating variable; mediator)라고 한다. 예를 들어, 소비자행동 연구에서 소비자들은 광고를 접하고 좋은 감정이 유발되면 그 브랜드에 호의적 태도를 가질 수 있다. 그런데 이 분야 연구에서는 좋은 감정 유발이 호의적 광고태도를 가져오고 이에 따라 호의적 브랜드태도가 형성되는 것으로 받아들인다. 이 경우 광고태도(B)는 감정적 반응(A)과 브랜드태도(C) 간의 관계를 매개하는 매개변수가 된다. 구조방정식모형은 여러 constructs 간의 관계를 다양한 구조적 관계로 나타내므로 constructs 중 일부는 반드시 매개작용을 한다고 볼 수 있다. 예를 들어, [그림 3.3]의 경우 C는 A→D 간의 관계와 B→D 간의 관계를 매개한다. [그림 4.5]는 감정적 반응과 브랜드태도 간의 관계에 대한 광고태도의 매개적 작용을 도시한다.

그림 4.5 감정적 반응과 브랜드태도 간의 관계에 대한 광고태도의 매개적 작용

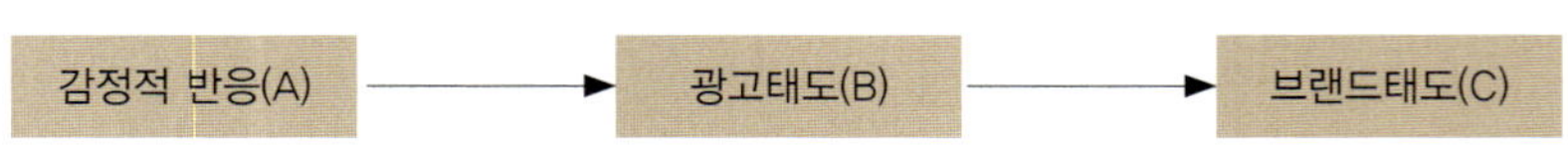

6 매개적 작용에 대해서는 12.4에서 개념적으로 더 자세히 설명한다. 이와 관련된 내용을 이해하고자 하는 독자는 12.4의 내용을 필히 읽어보기를 권장한다. 또한 매개모형분석을 회귀분석으로 실시하는 방법과 관련하여 다음 서적의 해당 부분을 참조할 수 있다: 이학식, *사회과학연구를 위한 회귀분석*, 집현재, 2012.

2. 완전매개와 부분매개

제1장의 [그림 1.1]은 서비스품질 지각, 호텔에 대한 태도, 그리고 재이용의도 간의 관계를 나타낸다. 이 그림은 서비스품질 지각은 재이용의도에 영향을 미치는데, 호텔에 대한 태도의 매개에 의해 영향을 미칠 뿐만 아니라 직접적으로도 영향을 미치는 것으로 제안한다. 이에 비해 [그림 1.2]는 서비스품질 지각이 재이용의도에 미치는 영향은 호텔에 대한 태도에 의해 모두(혹은 거의) 매개되는 것을 나타낸다. 연구자는 구조방정식 모형분석을 위하여 constructs 간의 경로를 설정할 때는 매개작용과 관련하여 매우 신중히 설정해야 한다. 즉 연구자가 서비스품질 지각은 재이용의도에 영향을 미치지만 그 관계를 호텔에 대한 태도가 모두(혹은 거의) 매개한다고 생각한다면 서비스품질 지각과 재이용의도의 직접적 관계를 설정하지 않아야 한다. 여기서 이를 강조하는 이유는 이와 같은 경우 연구자가 신중한 생각 없이 직접적 관계를 설정하는 잘못이 많은 연구들에서 발견되기 때문이다.

이러한 내용을 보다 잘 이해할 수 있도록 부연 설명한다. 세 개의 constructs A, B, C 간에 [그림 4.6]과 같은 관계를 설정한다. 이 그림에서 A는 B의 매개에 의하여 C에 영향을 미치는 것으로 되어 있다. 이 경우 A는 B의 매개에 의해서뿐만 아니라 직접적으로도 영향을 미치는가? 직접적으로 영향을 미친다는 것은 B의 매개적 작용은 **부분매개**(partial mediation)임을 의미한다. 다음과 같은 요건을 갖추면 A→C 간에는 직접적 관계가 있으며 B는 A→C 간의 관계를 부분매개한다고 할 수 있다.

첫째, A→B, B→C로 구성된 모형에 A→C 간의 직접관계를 추가로 설정하는 경우 A→C 간의 관계가 유의적으로 나타난다.

둘째, 이 경우 원래의 모형과 경로를 추가한 모형은 nested 관계에 있으므로

그림 4.6 매개적 작용

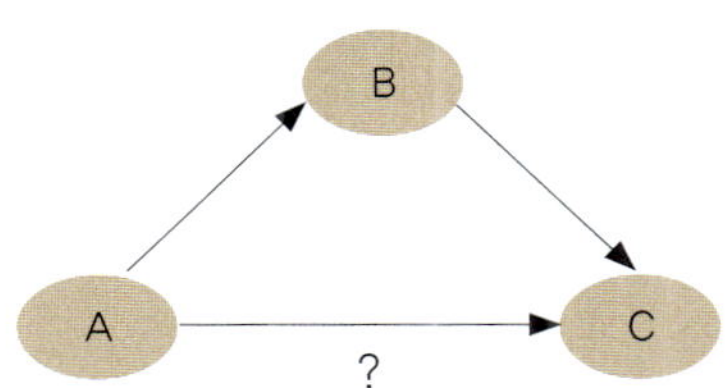

4.1에서 설명한 방법에 의해 모형들을 비교한다. 두 모형의 비교 결과, 경로를 추가한 경쟁모형이 우수한 것으로 나타난다. 이러한 측면에서 본 주제는 4.1에서 설명한 모형 비교와 직접 관련된다.

위의 요건을 충족시키지 못하면 B는 A→C 관계를 **완전매개**(full mediation)한다고 하며, A는 C에 직접적으로 영향을 미친다고 할 수 없다. 여기서 그 결과를 어떻게 표현할 것인지를 유의해야 한다. 단순히 "A는 C에 영향을 미치지 못한다"라고 해석한다면 이는 틀린 해석이다. 그 이유는 실상 A는 B의 매개에 의해 C에 (간접적으로) 영향을 미치기 때문이다. 이 경우 "A와 C 사이에 B가 매개하는 경우 A는 C에 직접적으로 영향(direct effect)을 미치지 못한다"라고 해석해야 한다.

3. 매개작용의 예

이하에서는 매개작용의 예시로서 Spreng, MacKenzie, and Olshavsky(1996) 논문의 해당 부분을 요약한다.[7] [그림 4.7]은 이 논문에서 제시된 가설들을 보여주는 연구모형이다. 이 연구는 여러 선행 constructs가 소비자 만족에 미치는 과정을 조사한 연구로서 여러 가설들을 구조모형의 형태로 나타내고 분석하였다. 이 연구에서는 먼저 '지각된 성과 → 전반적 만족'의 직접 경로가 설정되지 않은 구조모형을 분석하여 H1~H5의 가설들을 검증하였는데, 적합도는 대체로 양호하게 나타났으며 가설들은 모두 지지되었다. 이 논문의 가설 6은 다음과 같다.

그림 4.7 **만족형성 과정의 개념적 모형**

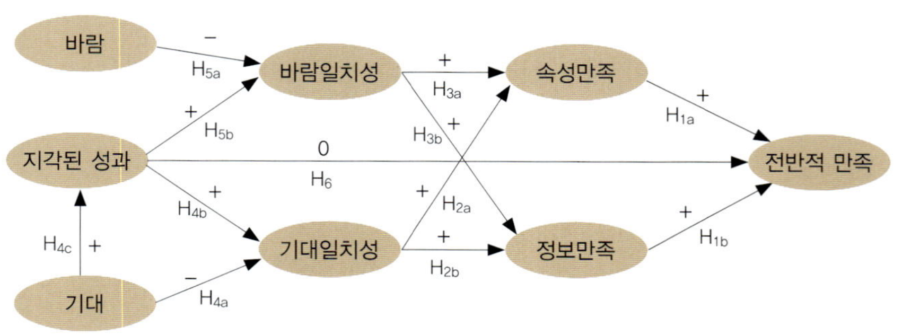

7 Richard A. Spreng, Scott B. MacKenzie, and Richard W. Olshavsky, "A Reexamination of the Determinants of Consumer Satisfaction," *Journal of Marketing*, 60, July 1996, pp. 15-32.

H6: 지각된 성과가 전반적 만족에 미치는 영향은 바람일치성, 기대일치성, 속성만족, 그리고 정보만족에 의해 매개될 것이다.

이 가설은 지각된 성과 → 전반적 만족의 영향은 네 개의 constructs에 의해 완전히 매개되어 직접효과(direct effect)는 없는 것으로 제안한다. H6을 검증하기 위해 원래의 모형에 '지각된 성과 → 전반적 만족'의 경로를 추가한 모형을 분석한 결과 그 경로는 비유의적이었다($t=1.09$). 또한 두 모형은 nested 관계에 있어 χ^2 차이검증을 실시한 결과 그 차이는 비유의적으로 나타났다($\Delta\chi^2=1.12$, $p>.20$). 결국 자유도가 한 개 많은 원래의 모형이 더 우수한 모형으로 판명되었으며 H6은 지지되었다.

4.4 모형의 발견

1. 모형 발견의 의미

다중회귀분석에 있어서 다중회귀식을 추정하는 대표적인 방식은 동시입력방식과 단계입력방식이다. 동시입력방식(enter)은 연구자가 고려하는 모든 독립변수들을 한꺼번에 투입하여 분석하는 방식이다. 이 방식을 이용하면 다른 독립변수들이 통제된 상태에서 특정 독립변수의 영향력을 알 수 있다. 이에 비해 단계입력방식(stepwise)은 연구자가 고려하는 독립변수들 중 종속변수에 대한 설명력이 높은 변수의 순으로 회귀식에 포함된다. 그러므로 종속변수에 대한 설명력이 높은 변수들로만 구성된 회귀식을 발견하고자 할 때 이용될 수 있다.

구조방정식 모형분석의 일반적인 경우는 연구자가 추론을 토대로 constructs 간의 관계를 설정하고 분석하는 것이다. 그러나 경우에 따라 여러 constructs 간의 구조적 관계를 엄격한 논리를 토대로 설정하지 못할 수 있다. 이 경우 연구자는 수집한 자료를 이용하여 최적의 모형을 찾아가는 방식을 따를 수 있다. 이러한 모형 발견 과정은 어느 정도 **탐험적**(exploratory) 성격을 갖는다. 구조방정식 모형분석의 일반적인 방식은 추론을 토대로 연구모형을 설정하고 분석하는 방식이므로 회귀분석의 단계입력방식보다는 동시입력방식에 가깝다. 이에 비해 연구자가 고려하는 constructs의 구조적 관계를 가장 잘 나타내는 모형을 발견하는 방식은 동시입력방식보다는 단계입력방식에 가깝다.

예를 들어, x1과 x2를 독립변수로 고려하는 다중회귀분석을 단계입력방식으로 한다고 하자. 이때 x1이 y를 잘 설명하는 경우 x2가 x1과의 상관관계가 높으면 입력되지 않을 수 있지만 상관관계가 낮으면 입력될 수 있다. 이와 유사하게 constructs A, B, C의 관계를 조사하는 구조방정식모형을 분석한다고 하자. 연구자가 A→B→C로 관계를 설정한 상태에서 A→C 관계를 추가하는 경우, B가 A→C의 관계를 완전히(혹은 거의) 매개하면 A→C의 직접관계가 유의적으로 나타나지 않지만 B의 매개력이 약하면 직접적인 관계가 유의적으로 나타날 수 있다. 이 경우 연구자가 A→C의 관계 설정에 대해 아무런 아이디어를 갖지 못하면 일단 그 관계를 설정하지 않고 최적모형을 발견하는 과정을 거칠 수 있다. 이는 회귀분석의 경우 x1이 회귀식에 포함된 상태에서 x2가 추가적 설명력을 갖는지 여부에 대한 판단을 할 수 없으면 단계입력방식에 의해 분석을 해봄으로써 결정할 수 있는 것과 유사하다.

연구자가 자신의 자료로써 최적의 모형을 찾고자 하는 경우, constructs 간의 관계에 대해 엄격한 추론을 토대로 모형을 구성하지 못하더라도 기존의 연구성과와 어느 정도의 추론을 토대로 나름대로 제안모형을 구성할 수는 있어야 한다. 이는 단계입력방식을 이용하여 종속변수를 설명하는 최적의 모형을 찾는 경우에도 연구자가 아무 변수나 독립변수로 이용하지 않는 것과 유사하다. 이제 연구자가 기존의 연구성과와 어느 정도의 추론을 토대로 초기모형을 설정하고 수집한 자료를 분석하여 결과를 얻었다고 가정하자. 이 경우 그 모형이 현실을 얼마나 잘 설명한다고 볼 수 있는가? 이에 대한 대답을 하기 위해서는 모형을 구성하는 constructs 간의 관계에 대한 이론적 설명이 매우 중요하지만, 이는 일단 논외로 하자. 다음으로 점검할 수 있는 부분은 물론 적합도와 경로계수들의 방향 및 유의성이다. 이 값들이 대체로 수용할 만한 수준이면 그 초기모형은 현실을 어느 정도 설명하는 모형으로 볼 수 있다.

그러나 초기모형의 분석 결과 적합도가 낮고 또한 경로계수들이 예상과 다르면 모형의 수정(modification; 혹은 재설정 respecification)을 고려할 수 있다. 뿐만 아니라 초기모형의 적합도가 높고 경로계수들이 예상대로 나타나더라도 모형의 수정을 고려할 수 있다. 이는 그 모형이 현실을 설명하는 하나의 좋은 모형은 될 수 있겠지만 최적의 모형은 아닐 수 있기 때문이다. 특히, 만약 구조모형의 χ^2 값이 측정모형의 χ^2 값보다 훨씬 크다면, 이는 구조모형의 적합도가 측정모형의 적합도보다 훨씬 낮다는 것을 의미한다. 이 경우 모형 수정의 여지가 상당히 있을 수 있다.

2. 모형 수정을 위한 지표

측정모형 분석의 경우 수정은 일부 측정변수들을 제거하는 것인 데 비해, 구조모형 분석의 경우 수정은 constructs 간에 경로를 추가로 설정하거나(free) 비유의적으로 나타난 경로를 제거하는 것이다. 먼저, 비유의적으로 나타난 경로를 제거하면 적합도가 향상될 가능성이 크다. 다음으로, 어떤 경로를 추가할 것인가를 결정하기 위해서는 **수정지수**(modification indices)를 보면 된다. 수정지수는 어떤 두 constructs를 연결시키면 χ^2 값이 적어도 얼마나 작아질 것인가를 보여준다. 이에 따라 최소한 한 개의 경로를 추가할 수 있다. 이때 수정지수가 적어도 3.84 이상이어야 하는데, 연구자가 처음에 설정한 모형을 가급적 많이 변경하지 않고자 한다면 보다 큰 값, 예를 들어, 10.0 혹은 더 큰 값을 기준치로 사용할 수 있다. 수정지수가 두 개 이상의 경로를 추가할 것을 제시할 때에는 수정지수값이 큰 순서대로 한 개씩 추가하여 분석한다. 이는 한 경로의 추가에 따라 처음에 제시된 다른 경로의 수정지수값이 달라질 수 있기 때문이다. 그런데 경로를 추가하건 혹은 기존의 경로를 제거하건 어느 경우든지 수정 이전에 추정된 경로계수값들 중 일부가 달라짐을 유의해야 한다.

참고로 수정지수가 어떤 두 constructs 간에 경로를 추가할 것을 제시하는 경우 그 두 constructs를 측정하는 변수들 간의 **표준화 residuals** 값도 크다. 예를 들어, [그림 3.1]의 연구모형에서 A와 D 간의 관계는 설정하지 않았다. 그런데 만약 그 두 constructs 간의 관계가 매우 크다면 수정지수는 크게 나타나고, 또한 x1~x4 중 적어도 한 개, 그리고 x13~x16 중 적어도 한 개 간의 표준화 residual의 절대값도 크게 나타날 것이다.

3. 최적 모형을 수용하는 경우 유의사항

위에서 설명한 단계를 거쳐 연구자가 모형의 적합도와 경로계수, 두 가지 면에서 최적의 모형을 발견한 경우 이 모형을 그대로 수용할 수 있는가? 그렇지 않다. 그 모형은 연구자의 자료에 가장 부합하는 모형일 수는 있지만 이론적으로 맞지 않을 수도 있기 때문이다. 그러므로 수정 모형의 수용 여부를 결정할 때 특히 중요한 점은 수정 모형이 이론적으로 타당해야 한다는 것이다. 모형은 어디까지나 현실을 나타내는 도구에 불과하다. 수정한 모형이 아무리 적합도가 높더라도 이론적으로 수용될 수 없으면 이는 결코 좋은 모형이 아니다. 수정모형을 최적의 모형으로 받아들이기 위해서는 이론적으로 타당해야 할 뿐만 아니라 그 모형을 새로운 자료로써 **교차검증**(cross-validation)하는 것이 바람직하다. 교차검증에서도 그 모형의 적합도가 매우 높다면 그 모형은 보다 수용될 수 있을 것이다.

4. 모형 수정의 예(1)

이하에서는 연구자가 제시한 초기모형의 분석결과에 따라 수정모형을 개발하고 분석하여 두 모형을 비교한 예로서 MacKenzie, Podsakoff, and Ahearne(1998) 논문의 해당 부분을 소개한다.[8] 이 연구는 판매원의 역할내 성과(in-role performance) 및 역할외 성과(extra-role performance)와 이의 선행요인 및 결과요인과의 관계를 조사하는 것이다. 연구자들은 기존 연구의 발견점들을 토대로 constructs 간의 가설적 관계를 [그림 4.8]과 같이 설정하였다.

그림 4.8 초기모형

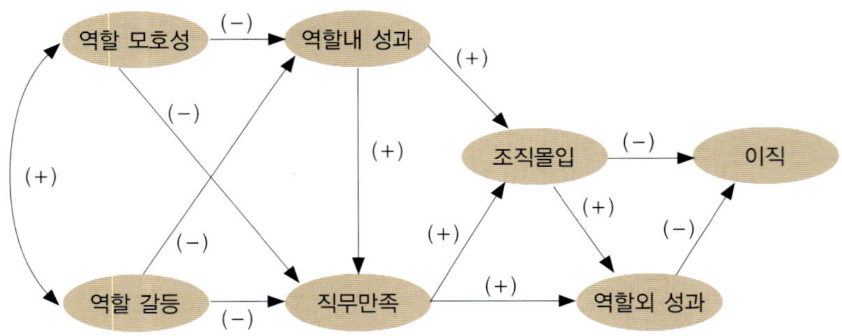

전국규모의 보험회사의 사원 672명으로부터 수집한 자료를 분석한 결과 〈표 4.1〉의 가운데 열에 제시된 바와 같이 나타났다. 비록 한 개의 경로(역할내 성과 → 몰입) 외에는 모두 유의적으로 나타났으나 적합도는 상당히 낮았다. 이에 모형에서 매개 constructs로 설정된 역할내 성과, 만족, 몰입, 역할외 성과의 매개적 작용이 **완전매개**인지 혹은 **부분매개**인지를 조사하기 위해 역할 모호성→몰입, 역할갈등 → 몰입, 역할내 성과 → 이직, 만족 → 이직 간의 관계를 추가한 수정모형을 분석하였다. 수정모형의 분석 결과 〈표 4.1〉의 우측 열에 제시된 바와 같이 추가한 경로들이 모두 유의적이고, 적합도가 초기모형에 비해 훨씬 높게 나타났다.

8 Scott B. MacKenzie, Philip M. Podsakoff, and Michael Ahearne, "Some Possible Antecedents and Consequences of In-Role and Extra-Role Salesperson Performance," *Journal of Marketing,* 62, July 1998, pp. 87-98.

표 4.1 표준화계수, t, 적합도지수

관계	초기모형	수정모형
역할외 성과 → 이직	−.14 (−3.36)	−.10 (−2.33)
몰입 → 이직	−.16 (−4.15)	ns
만족 → 이직		−.31 (−8.51)
역할내 성과 → 이직		−.59 (−13.07)
몰입 → 역할외 성과	.10 (2.27)	.08 (1.84)
만족 → 역할외 성과	.09 (1.96)	.08 (1.84)
만족 → 몰입	.54 (13.72)	.37 (6.47)
역할내 성과 → 몰입	ns	ns
역할 갈등 → 몰입		−.24 (−3.79)
역할 모호성 → 몰입		−.51 (−7.14)
역할내 성과 → 만족	.09 (2.57)	.09 (1.96)
역할 갈등 → 만족	−.23 (−6.59)	−.34 (−5.68)
역할 모호성 → 만족	−.40 (−10.69)	−.58 (−9.31)
역할 갈등 → 역할내 성과	−.10 (−2.63)	−.11 (−2.27)
역할 모호성 → 역할내 성과	−.15 (−3.81)	−.16 (−3.31)
역할 갈등 ↔ 역할 모호성	.25 (6.81)	.33 (6.93)
χ^2 (d.f.)	413.15 (9)	20.85 (7)
p−value	.00	.01
CFI	.58	.99
GFI	.87	.99
AGFI	.59	.97
RMSEA	.26	.05

* 괄호 안의 값은 t 값을 나타내고 ns는 비유의적임을 의미한다.

수정모형의 분석결과 constructs 간의 관계는 [그림 4.9]에 제시되어 있는데 다음과 같이 두 가지 점에서 초기모형과 중요한 차이점이 있는 것으로 나타났다: (1) 초기모형은 역할내 성과와 만족은 몰입의 매개에 의해서만 이직에 영향을 미치는 것으로 설정되었으나(**완전매개**) 수정모형의 결과 그 두 constructs는 이직에 직접적으로도 영향을 미친다(부분매개). (2) 초기모형은 역할 모호성과 몰입 간의 관계, 그리고 역할 갈등과 몰입 간의 관계는 역할내 성과와 만족에 의해 완전히 매개될 것으로 설정하였다. 그러나 수정모형 분석결과 역할 모호성과 몰입, 그리고 역할 갈등과 몰입 간에는 직접적 관계도 존재한다(**부분매개**). 연구자들은 초기모형은 적합도가 낮은 데 비해 수정모형의 적합도가 높게 나타나고 새로이 추가한 경로들이 유의적으로 나타난 데 대해 여러 가지 이론적 의미를 부여하였다.

그림 4.9 **수정모형 분석결과**

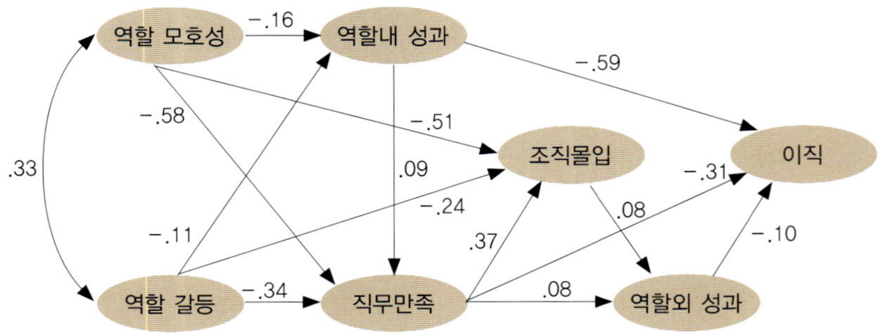

* 화살표가 그어진 경로는 모두 유의적으로 나타난 경로이며, 경로계수값들은 표준화값임.

5. 모형 수정의 예(2)

모형 수정의 다른 예로 Hartline and Ferrell(1996)의 논문을 간략히 소개한다.[9] 이 논문은 경영층의 서비스품질 관심(commitment)이 사원들의 역할 지각을 분명히 하고, 이는 다시 사원들의 자기효능감(self-efficacy)과 만족 등에 영향을 미쳐 결국 고객에 대한 서비스 품질을 향상시킬 수 있다는 가설적 모형을 설정하고 수집한 자료를 구조방정식모형으로 분석한 것이다. 이 논문에서는 자료분석 결과 원래의 기대와는 달리 여러 경로들이 반대로 나타나거나 비유의적으로 나타났다. 이에 보다 **간결한 모형**(parsimonious model)을 개발하기 위해 통계적 유의성이 낮은 경로들을 제거하고 모형을 수정하여 분석하였다. 이 논문의 저자들은 특히, 탐험적 연구의 경우 모형을 조정하는 것(model trimming)은 가능하다고 하였다. 수정모형의 분석 결과 원래의 모형에 비해 다음과 같이 적합도가 높게 나타났다.

제안모형 : $\chi^2_{(12)}=10.68$, p=.557, GFI=.974, AGFI=.904, CFI=1.00,
PNFI=.316, RMSR=.032, Overall R^2=.504.

수정모형 : $\chi^2_{(21)}=13.72$, p=.881, GFI=.968, AGFI=.931, CFI=1.00,
PNFI=.544, RMSR=.045, Overall R^2=.532.

9 Michael D. Hartline and O. C. Ferrell, "The Management of Customer-Contact Service Employees: An Empirical Investigation," *Journal of Marketing*, 60, October 1996, pp. 52-70.

제 5 장

특수 주제

- **5.1** 반영적 지표와 형성적 지표
- **5.2** 단일항목값
- **5.3** Recursive 모형 vs. Nonrecursive 모형
- **5.4** 종단적 자료
- **5.5** Higher-order construct 구조방정식모형
- **5.6** 추정상의 문제

본 장에서는 그리 자주 사용되지는 않으나 경우에 따라 정교한 분석(rigorous analysis)을 위해 필요한 것들로 다음의 주제를 설명한다: (1) 형성적 지표, (2) 단일항목값, (3) Nonrecursive 모형, (4) 종단적 자료, (5) higher-order construct 모형, (6) 추정상의 문제.

5.1 반영적 지표와 형성적 지표

구조방정식 모형분석에서 측정변수는 construct의 값을 나타낸다는 의미에서 **지표**(indicator)라고 부르기도 한다. 지표에는 반영적 지표와 형성적 지표가 있다. 이하에서는 각각의 지표를 설명한 다음 형성적 지표 construct가 포함된 구조방정식모형을 예시한다.

1. 반영적 지표

구조방정식 모형분석에서 전형적인 측정변수는 반영적 지표이다. **반영적 지표**(reflective indicators)는 측정변수가 construct의 실제값을 반영한다는 의미를 갖는다. 측정변수가 반영적 지표인 경우 [그림 5.1]에 예시되어 있듯이 경로는 construct에서 측정변수의 방향으로 그어진다. 이는 construct가 측정변수의 원인(cause)으로 그 측정변수값을 결정짓는다는 의미이며, 각 측정변수는 해당 construct의 함수라는 의미이다. 그러므로 측정변수의 오차항(error term)은 그 측정변수의 분산 중 construct가 설명하지 못하는 부분이다. 이는 회귀분석에서 종속변수의 분산을 독립변수(들)가 모두 설명하지 못하기 때문에 오차항을 설정하는 것과 동일한 의미이다.

구조방정식 모형분석을 위해 각 construct는 흔히 여러 개의 측정변수들로 측정되는데, 그 측정변수들은 모두 해당 construct의 함수이므로 그 값들 간에는 내적일관성이 기대된다. 예를 들어, 소비자의 브랜드 태도(brand attitude)를 측정할 때 '좋다–싫다,' '마음에 든다–마음에 들지 않는다,' '호의적이다–비호의적이다' 등으로 측정할 수 있는데, 이 경우 응답값들 간에는 내적일관성이 기대되며 높은 Cronbach's α가 기대된다. 이러한 이유로 대부분의 구조방정식 모형분석에서 측정모형의 CFA 실시에 앞서 Cronbach's α를 계산하고 내적일관성을 점검한다. 그리고 만약 그 값이 매우 낮으면 내적일관성을 저해하는 항목들을 제거해야 한다.

그림 5.1 **반영적 지표 모형과 형성적 지표 모형**

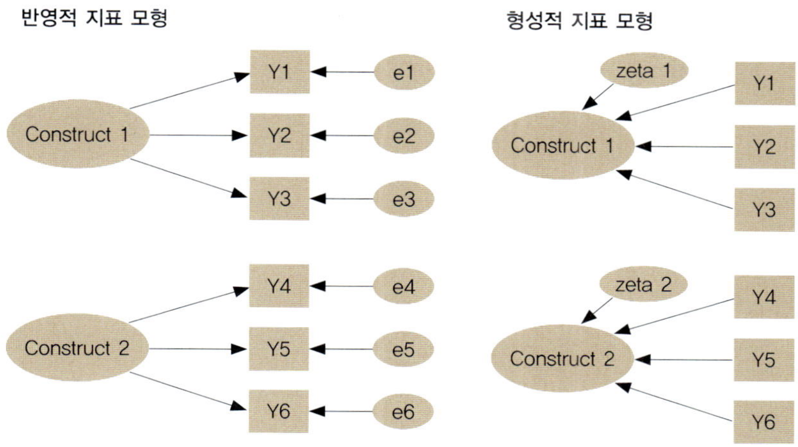

	반영적 지표 모형	형성적 지표 모형
인과관계의 방향:	construct → 측정변수	측정변수 → construct
측정변수:	construct에 의해 결정된다.	외생적으로 결정된다.
내적일관성:	높은 값이 기대된다.	높거나 낮거나 상관없다.
항목의 제거:	construct의 성격에 영향을 주지 않는다.	construct의 성격에 영향을 준다.
오차:	측정변수에 존재하는 것으로 본다.	construct에 존재하는 것으로 본다.

다음으로 CFA를 실시하여 요인부하량, AVE, construct reliability에 의해 집중타당성(convergent validity)을 평가한다. 이때 표준화 요인부하량이 유의적이며 .5 이상이어야 하고 AVE는 .5 이상, 그리고 construct reliability는 .7 이상이 되면 집중타당성이 있는 것으로 받아들여진다.

2. 형성적 지표

형성적 지표(formative indicators)는 측정변수가 construct의 값을 형성(혹은 결정)한다는 의미를 갖는다. 측정변수가 형성적 지표인 경우 경로는 [그림 5.1]에 예시된 것처럼 측정변수에서 construct의 방향으로 그어진다. 이는 측정변수가 construct의 원인(cause)이며, construct는 측정변수의 함수라는 의미가 된다. 이 경우 construct는 잠재요인(latent factor)이라기보다 각각의 변수들에 의해 결정되는 하나의 지표(index)로 볼 수 있다. [그림 5.1]에는 반영적 지표의 경우 오차항(e)이 지표에 설정되지만 형성적 지표의 경우 오차항은 construct에 설정되는 것으로 나타나 있다. 반영적 지표의 경우 오차항은 construct가 각 지표를 설명하지 못하는 부분이다. 이와는 달리 형성적 지표의 경우 오차항(zeta)은 형성적 지표들이 construct를 설명하지 못하는 부분이다.

형성적 지표로 측정되는 대표적인 예로 **사회계층**(social class)을 들 수 있다. 일반적으로 한 개인의 사회계층을 측정하고자 할 때 흔히 직업, 교육수준, 소득, 재산 등을 측정하여 그 값들을 그대로 합산하거나 가중치를 주어 합산을 한다. 이 경우 한 개인의 사회계층이 그의 직업, 교육수준, 소득, 재산을 결정하는 것이 아니라 이 변수들이 사회계층을 결정짓기 때문에 이 변수들은 형성적 지표이다.

형성적 지표로 측정한 값들 간에는 내적일관성이 기대되지 않는다. 예를 들어, 어떤 응답자가 교육수준은 높은데 소득수준이 낮게 응답했더라도 그 응답에 문제가 있다고 할 수는 없다. 그러므로 형성적 지표로 측정한 값들의 Cronbach's α를 계산하고 더욱이 그 값을 높이기 위해 일부 항목을 제거한다면 이는 대단한 잘못이다. 반영적 지표들 중 일부를 제거하더라고 construct의 의미에 영향을 주지 않지만 형성적 지표들 중 일부를 제거하면 정보의 손실과 함께 construct의 의미에 상당한 영향을 주게 된다. 형성적 지표에 의해 측정한 경우 집중타당성 또한 기대할 수 없으므로 AVE나 construct reliability를 계산하는 것도 옳지 않다. 형성적 지표와 관련하여 높은 수준의 이해가 필요하다면 이 분야의 전문 문헌을 참고하면 된다.[1]

3. 형성적 지표 construct가 포함된 구조방정식모형

형성적 지표 construct가 포함된 구조방정식모형이 **identification**되기 위해서는 다음의 요건이 필요하다.

(1) 형성적 지표 construct로부터는 두 개의 경로(화살표)가 나가야 한다(emit).

(2) 만약 한 개의 경로만 나가면 해당 construct의 오차항의 분산을 '0'으로 지정한다.

(3) 반영적 지표와는 달리 형성적 지표에는 오차항을 설정하지 않는다. 그대신 형성적 지표 construct에 오차항을 설정한다.

1 Adamantios Diamantopoulos and Heidi M. Winklhofer, "Index Construction with Formative Indicators: An Alternative to Scale Development," *Journal of Marketing Research,* 38, May 2001, pp. 269-277; Cheryl Burke Jarvis, Scott B. MacKenzie, and Philip M. Podsakoff, "A Critical Review of Construct Indicators and Measurement Model Misspecification in Marketing and Consumer Research," *Journal of Consumer Research,* 30, September 2003, pp. 199-218.

그림 5.2 MIMIC 모형

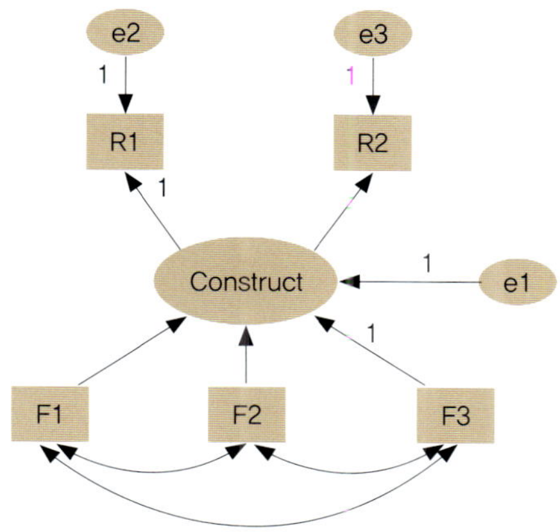

(4) 모든 constructs의 형성적 지표들 간에 공분산을 설정한다.

(5) 반영적 지표 construct와 마찬가지로 형성적 지표 construct의 지표들 중 한 개의 계수에 대해 '1'을 지정한다.

(6) 모든 constructs와 오차항 간의 관계에 계수 '1'을 지정한다.

[그림 5.2]처럼 한 construct가 복수의 형성적 지표와 복수의 반영적 지표를 갖는 모형을 **MIMIC 모형**(multiple indicators and multiple causes model)이라고 한다. 이 모형은 identification이 되었는데 다음과 같이 identification의 요건을 충족시켰다.

모형에서 F1, F2, F3는 형성적 지표이고 R1과 R2는 반영적 지표이다. 가장 중요한 요건으로, construct에서 R1과 R2로 두 개의 경로가 나가는(emit) 것으로 설정되었다. 이 모형은 단일 construct 모형으로 다른 constructs로 경로가 나갈 수 없다. 그러나 두 개의 반영적 지표를 설정하여 중요한 요건을 충족시켰다. 반영적 지표들에는 오차항이 설정되었지만 형성적 지표들에는 오차항이 설정되지 않았다. 그 대신 construct에 오차항 e1이 설정되었는데, 이는 F1, F2, F3가 construct를 설명하지 못하는 부분이다. construct의 형성적 지표 세 개와 반영적 지표 두 개 중 각각 한 개 지표의 계수에 '1'을 지정하고, 또한 반영적 지표와 오차항 간의 관계에 모두 계수 '1'을 지정하였다. 끝으로, 모든 형성적 지표들 간에 공분산이 설정되었다.

[그림 5.3]의 모형은 [그림 5.2]의 모형과 유사하지만 한 개의 경로가 반영적

그림 5.3 형성적 지표 construct에서 한 개의 경로만 나가는 경우

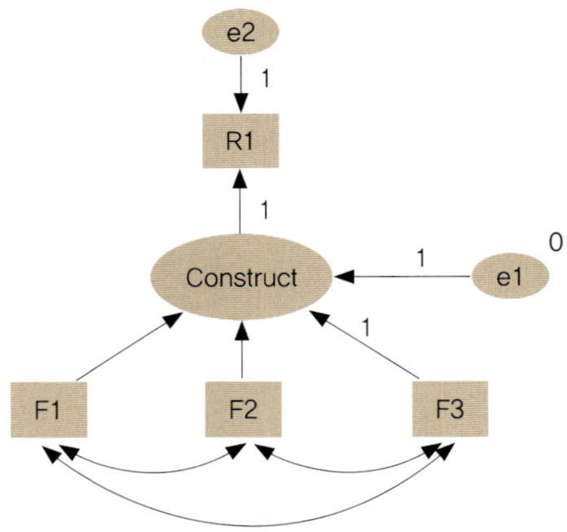

지표로 나가는 것으로 설정되어 있다. 이 경우 오차항 e1의 분산을 '0'으로 지정하여 identification이 되었다.

[그림 5.4]는 [그림 5.3]의 모형에 반영적 지표 construct가 추가된 모형이다. 즉 이 모형은 형성적 지표의 외생 construct와 반영적 지표의 내생 construct로 구성되었다. 이 경우 construct A에서 반영적 지표 AR1과 construct B로 각각 한 개씩, 두 개의 경로가 나가므로 오차항 e2의 분산을 '0'으로 설정하지 않아도 identification이 되었다.

[그림 5.5]의 모형은 앞에서 예시한 모형들과 마찬가지로 본서의 집필을 위해

그림 5.4 형성적 지표 construct와 반영적 지표 construct로 구성된 모형

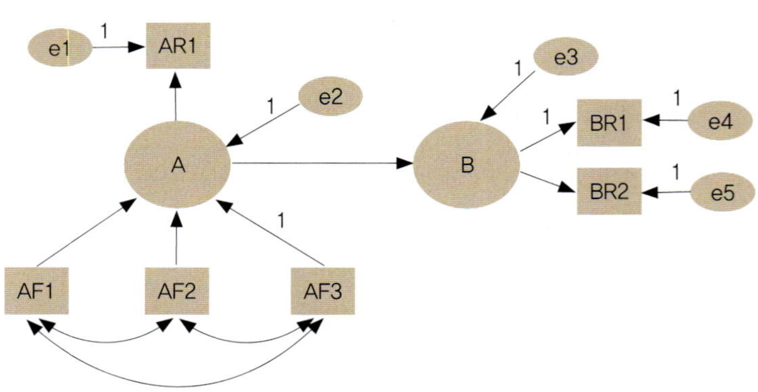

그림 5.5 형성적 지표 constructs와 반영적 지표 constructs로 구성된 모형

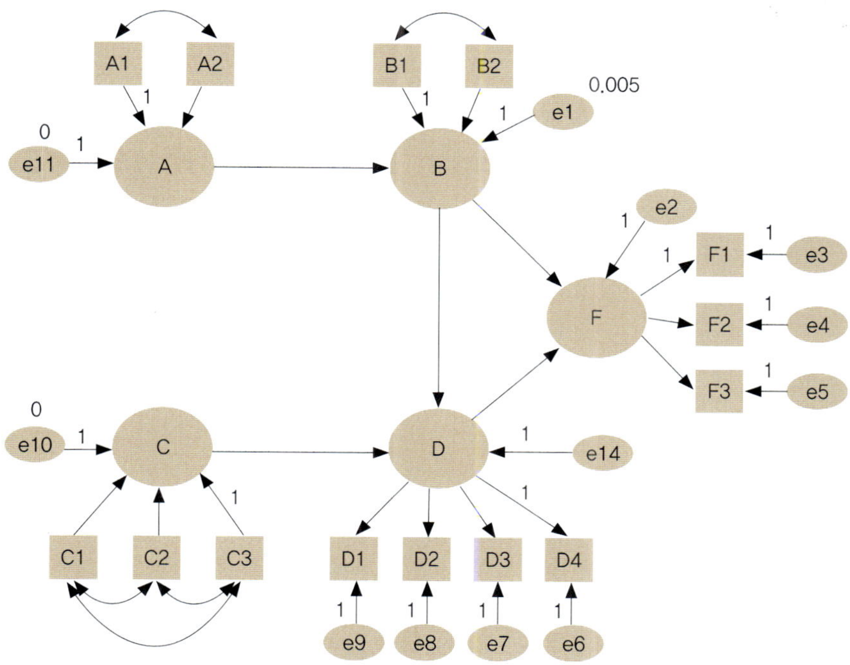

가상적으로 개발한 모형인데, 자료로써 검증한 결과 identification이 되었다. 이 모형은 세 개의 형성적 지표 constructs A, B, C와 두 개의 반영적 지표 constructs D, F로 구성된 모형이다. 형성적 지표의 경우 각 construct 별로 공분산을 설정하였다. 예를 들어, construct C의 경우 C1, C2, C3 간에 공분산이 설정되어 있다. A와 C는 외생 constructs이지만 형성적 지표들로 측정되므로 오차항을 설정하였다. construct B로부터는 두 개의 경로가 나가지만 A와 C로부터는 각각 한 개의 경로만 나간다. 이러한 이유로 e10과 e11의 분산을 '0'으로 지정하였다. e1의 분산은 음수(negative)로 나타나 .005로 지정하였다(Heywood case로 5.6에서 설명함). 끝으로 일반적인 구조방정식모형의 경우에 외생 constructs 간에 공분산을 설정하는 것처럼 이 모형의 경우 형성적 지표들인 A1, A2, B1, B2, C1, C2, C3 간에 모두 공분산을 설정해야 하는데 그 경우 모형이 너무 혼란스럽게 보여 이를 생략하였다. 그러나 실제 분석을 하는 경우 공분산을 설정해야 한다.

5.2 단일항목값

구조방정식 모형분석에서 대개의 경우 각 construct는 **다항목**(multi-item)으로 측정하여 그 값들을 그대로 사용한다. 그러나 다항목으로 측정한 값을 **단일항목**(single item) 값으로 변환하거나 원래 단일항목으로 측정하는 경우도 있다. 이하에서는 단일항목값을 사용하는 경우를 설명한다.

1. 다항목을 단일항목으로 변환

'1.6 구조방정식 모형분석을 위한 표본의 크기'에서 측정변수의 수가 많을수록 추정모수가 많아지며 이 경우 표본의 크기는 보다 커야 한다고 하였다. 그러므로 표본의 크기가 어느 정도 되는 것이 바람직하지만 부득이 표본의 크기가 작을 수 있다. 특히 **분석의 단위**(unit of analysis)가 개인이 아닌 조직인 경우 큰 표본을 확보하는 것이 어려울 수 있다. 이 경우 작은 크기의 표본에 맞추어 측정변수의 수를 줄이기 위한 방법으로 각 construct 별로 다항목으로 측정한 값들을 통합하거나 평균하여 사용할 수 있다.

그런데 '3.2 구조모형 분석결과의 해석'에서 분석결과 identification이 되기 위해서는 construct의 측정변수들 중 한 개의 계수에 값을 지정해야 한다고 하였다(AMOS의 기본 설정값은 '1'). Construct를 다항목으로 측정하고 그 값들을 그대로 사용하는 경우 위와 같이 하면 된다. 그러나 다항목으로 측정한 값들을 단일값으로 변환하여 사용할 때는 측정오류(measurement error)를 반영하기 위해 construct와 그 측정변수 간의 관계에 **신뢰도 값**(reliability)의 제곱근 값을 지정(fix)한다. 또한 해당 오차항의 분산에 '1−신뢰도 값'을 지정한다. 이때 신뢰도 값으로 Cronbach's α 혹은 construct reliability를 사용할 수 있다.[2] 예를 들어, 신뢰도 값이 .8이면 λ에 .8944를 그리고 오차항의 분산에 .2를 지정하면 된다.

지금까지 설명한 바와 같이 표본의 크기에 비해 측정변수의 수가 너무 많은 경우 다항목으로 측정한 값들을 단일항목값으로 변환하여 분석할 수는 있으나 그 과정에서 정보가 상실되므로 부득이한 경우 외에는 단일항목으로 변환시키는 것

2 Michael D. Hartline and O. C. Ferrell, "The Management of Customer-Contact Service Employees: An Empirical Investigation," *Journal of Marketing*, 60, October 1996, pp. 52-70; Scott B. MacKenzie, Philip M. Podsakoff, and Michael Ahearne, *op. cit.*

은 바람직하지 않다.

2. 단일값으로 측정한 경우

연구자가 구조방정식 모형분석을 할 계획을 가지고 construct의 측정변수를 개발할 때 가끔은 다항목을 개발하는 것이 불가능하여 단일항목을 사용하게 된다. 이때에도 측정오류를 반영하고자 하면 앞에서 설명한 방법을 적용할 수 있다. 그러나 이 경우 Cronbach's α 혹은 construct reliability를 계산할 수 없으므로 신뢰도 값은 추정치를 사용할 수밖에 없다. 예를 들어, .8 혹은 .9를 사용할 수 있다. 어떤 크기의 신뢰도 값을 적용하는가에 따라 분석 결과는 물론 달라지지만 약간의 신뢰도 값의 차이는 분석 결과에서 큰 차이를 가져오지 않는다.

단일값을 사용하는 또 다른 경우는 설문조사에 의하지 않고 기존의 특정값을 사용하는 것이다. 구조방정식모형의 구성 요인들은 대부분의 경우 추상적 constructs이므로 흔히 설문지에 의해 그 변수값들을 측정하지만 드물게는 기존의 값을 사용할 수도 있다. 예를 들어, 구조방정식모형이나 혹은 그보다 간단한 경로분석(path analysis)에서 광고비 지출, 매출액 등의 실제값을 사용할 수 있다. 이 경우 이 값들은 엄격하게 측정한다면 실제값을 측정할 수도 있겠지만 현실적으로 측정오류가 개입될 여지는 얼마든지 있다. 예를 들어, 기업의 영업부문이나 회계부문 직원이 실수할 수 있고 연구자가 실수할 수도 있다. 그러므로 엄격한 분석을 위해서는 위의 방법으로 측정오류를 적용하는 것이 바람직하다. 다만 이와 같은 경우 대체로 설문지에 의해 측정한 값들보다 측정오류가 작을 것으로 생각할 수 있다.

5.3 Recursive 모형 vs. Nonrecursive 모형

1. Recursive 모형과 Nonrecursive 모형의 의미

구조방정식모형은 recursive 모형과 nonrecursive 모형으로 나눌 수 있다. **Recursive 모형**은 인과관계(causal relation) 혹은 영향관계가 일방향적(unidirectional)인 것이다. 여기서 일방향이라는 것은 [그림 5.6-A]에 예시된 바와 같이 한 construct에서 시작된 경로가 진행하다가 다시 그 construct로 되돌아오지 않는 것을 말한다. 이에 비해 [그림 5.6-B]의 경우 B와 D는 서로 직접 영향을 주는 관계로 설정되었다. **Nonrecursive 모형**은 이처럼 영향관계가 상호적인(reciprocal) 경로가 포함된 것이다. 실제 세계에서는 두 개의 constructs 간에 서로 영향을 주는 상황이 드물지 않다. 예를 들어, 한 산업 내의 경쟁 기업들을 보면 매출이 많은 기업일수록 광고비를 많이 지출하는 경향이 있다. 이 경우 광고비 지출은 매출에 영향을 미치는 요인이기도 하지만 또한 매출이 광고비 지출에 영향을 미치는 요인이기도 하다.

[그림 5.6-C]의 경우, B→C→D→B의 관계로 설정되었는데 이때 B는 C에 영향을 미치지만 그 영향력은 D를 거쳐 결국 다시 B로 돌아오는 것을 보여준다. 이처럼 한 construct가 영향을 주는 construct로부터 간접적으로 영향을 받는 것도 nonrecursive 모형이다. 예를 들어, 한 여성 직장인이 매력적이면 남성 직원들로부터 협조를 많이 받아 업무성과가 높을 수 있다. 업무성과가 높으면 이는 그 여

그림 5.6 Recursive 모형 vs. Nonrecursive 모형

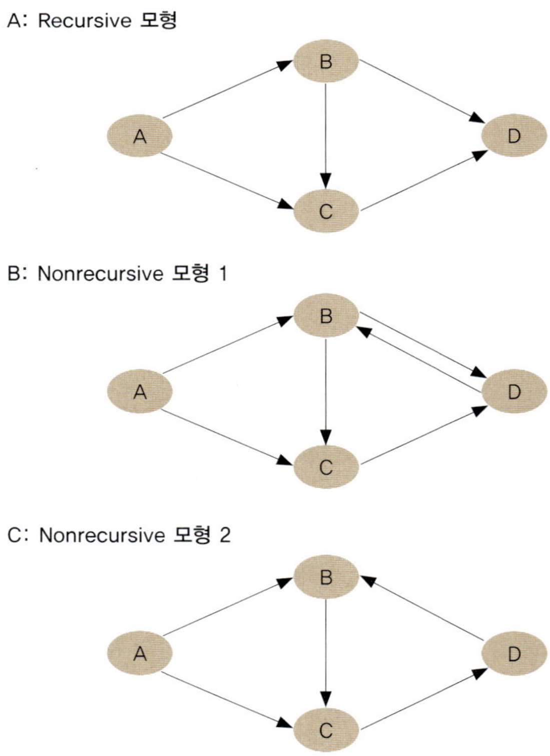

성 직장인을 더욱 매력적으로 보이게 하여 보다 협조를 받을 수 있다. 이 경우 매력도→협조→업무성과→매력도→협조...의 순환이 이루어진다.

[그림 5.6-B]에서 B와 D 간의 관계는 B→D→B→D→B... 식으로 영향 관계가 무한히 이어지는 것으로 설정되었다. 이 경우 두 constructs 간의 선형적 관계는 안정적 관계로 수렴할 수도 있고 그렇지 않을 수도 있다. 그러므로 nonrecursive 모형에서 선형적 관계는 안정적(stable) 관계와 불안정적(unstable) 관계로 나눌 수 있다. AMOS 분석 결과는 **안정지수**(stability index)를 산출하는데 그 값이 −1과 +1 사이이면 안정적이며 그 범위를 벗어나면 불안정적이다.[3]

2. Nonrecursive 모형의 예

Cronin and Taylor(1992)는 서비스품질 지각과 만족 간의 관계에서 어느 방향으로의 영향력이 더 강한지를 조사하기 위해 [그림 5.7]과 같은 모형을 설정하고 서비스 기업의 고객들로부터 수집한 자료를 구조방정식모형으로 분석하였다. 그 결과 모델 1과 모델 2 모두에서 β_{12}는 모두 正(+)의 방향으로 유의적으로, 그리고 β21은 비유의적으로 나타났다. 이에 따라 연구자들은 만족이 서비스품질 지각에 영향을 미친다기보다 서비스품질 지각이 만족에 영향을 미치는 것으로 볼 수 있다고 하였다.[4]

그림 5.7 Nonrecursive 모형의 예

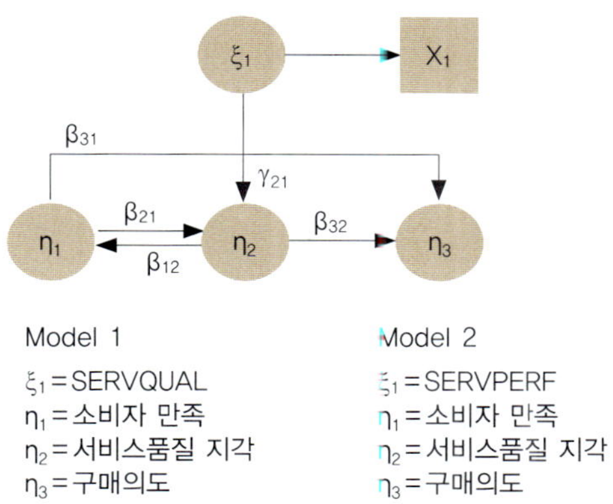

3 James L. Arbuckle, *Amos 6.0 User's Guide,* SPSS Inc., 2005.

4 Joseph J. Cronin, Jr. and Steven A. Taylor, "Measuring Service Quality: A Reexamination and Extension," *Journal of Marketing*, 56, July 1992, pp. 55-68.

5.4 종단적 자료

구조방정식모형은 **종단적 자료**(longitudinal data) 분석에 매우 유용할 수 있다. 즉, 어떤 constructs 간의 관계가 시간의 흐름에 따라 어떻게 변했는지 알고자 하는 경우 서로 다른 시점에서 수집한 자료를 한 모형으로 분석하는 것이다. 예를 들어, [그림 5.8]은 사원만족→서비스품질→고객만족 간의 관계를 두 개의 시점 t1과 t2에 걸쳐 나타낸 모형이다. 이런 방법 대신 두 시점의 자료를 별개의 모형으로 구성하여 분석함으로써 constructs 간의 관계를 비교할 수도 있지만, 이 경우 t2의 한 construct는 t1의 동일한 construct로부터 영향을 받을 수 있음을 나타낼 수 없다. 예를 들어, t2의 서비스품질은 그 시점의 사원만족으로부터 영향을 받을

그림 5.8 동일한 constructs 간의 관계를 종단적 자료에 의한 분석모형

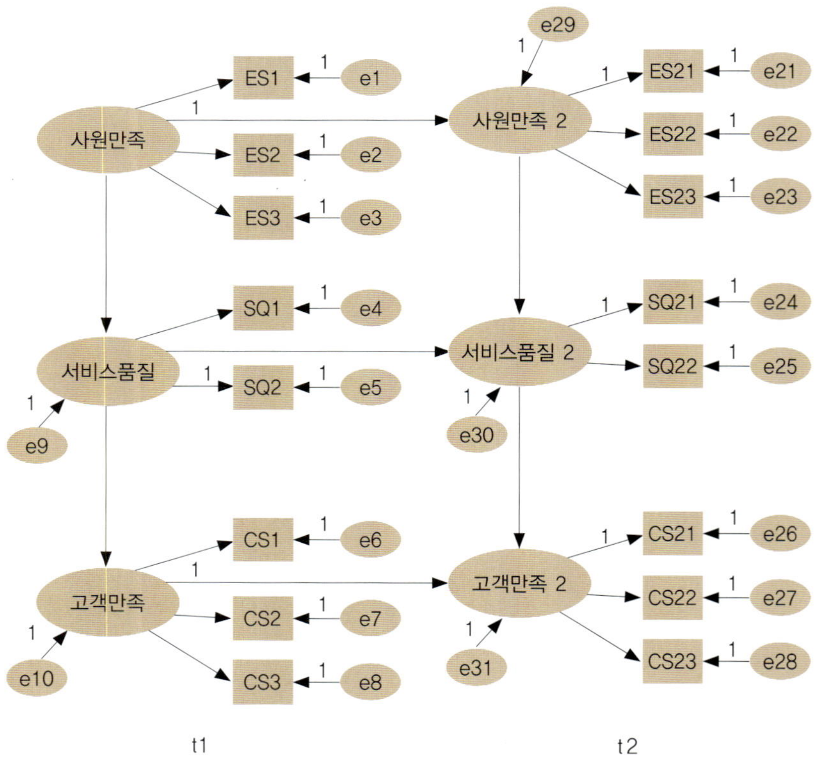

뿐만 아니라 t1의 서비스품질로부터 영향을 받을 수 있음을 반영할 수 없다.

종단적 자료를 사용하여 constructs 간의 관계를 비교하는 경우 유의할 점 한 가지는 두 시점에 걸쳐 동일한 측정변수를 사용한다는 것이다. 예를 들어, ES1과 ES21은 동일한 문항이어야 한다. 이 경우 동일한 문항 간에는 상관관계가 높을 가능성이 있으므로 이를 반영함으로써 보다 엄격한 조사를 할 수 있다. 이를 분석에서 반영하고자 하면 동일한 문항의 오차항 간에(예를 들어, e1과 e21, e2와 e22...) 모두 공분산을 설정하면 된다. 이는 AMOS에 의해 분석을 하는 경우 양방향 커브화살표를 설정하면 되는데 그림에 이를 나타내면 모형이 너무 복잡하게 보이므로 생략하였다.

[그림 5.8]과 같이 constructs 간의 관계를 종단적으로 조사하면 그 관계는 어느 정도 변화하겠지만 과연 그 변화에 의미를 부여할 수 있는가를 판단해야 한다. 이를 위해 각 시점의 constructs 간의 관계를 집단 간 비교처럼 비교할 수 있다(4.2 참조). 이 경우 구체적으로, 사원만족→서비스품질 간의 관계를 동일하게 제약하고(constrain), 또한 서비스품질→고객만족을 동일하게 제약한 **제약모형**(constrained model)과 **원래의 모형**(free model)을 비교하는 것이다(자유도 차이 = 2). 두 모형의 비교 결과 원래 모형의 적합도가 더 좋게 나타나면 constructs 간의 관계는 두 시점 간에 차이가 있다고 할 수 있지만 제약모형이 더 우수하게 나타난다면 차이가 있다고 할 수 없다.

5.5 Higher-order construct 구조방정식모형

1. Higher-order construct의 의미

구조방정식모형은 first-order construct 모형과 higher-order construct 모형으로 나눌 수 있다. **First-order construct 모형**은 지금까지 예시된 모형들처럼 각 construct는 그 construct와 측정변수들로 구성되는 모형이다. 이에 비해 **higher-order construct 모형**은 일부 constructs가 [그림 5.9]에 예시된 바와 같이 subconstructs와 측정변수들로 구성되는 모형이다.

[그림 5.9]의 첫 번째 모형은 사원만족을 급여만족, 직무만족, 분위기 만족으로 측정하는 모형이다(이 측정변수들은 형성적 지표). 이에 비해 두 번째 모형은 사원만족을 상위의 construct로, 급여만족, 직무만족, 분위기 만족을 하위의

그림 5.9 First–order construct와 Higher–order construct

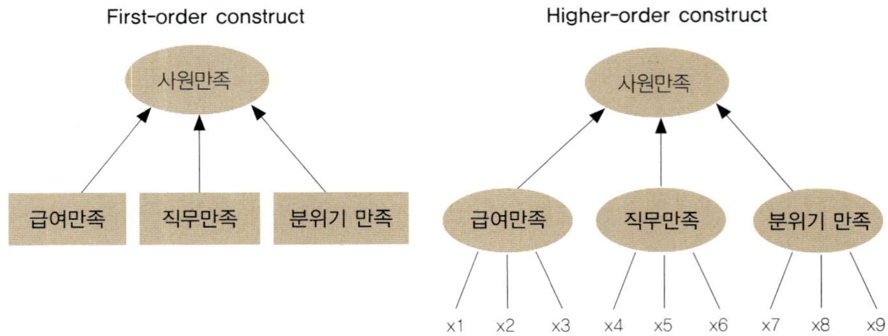

constructs로, 그리고 x1~x9을 하위 constructs의 측정변수로 설정한 모형이다. 연구자는 두 가지 중 어떤 방식으로 사원만족의 측정모형을 구성할 것인가를 결정해야 하는데, 가급적 엄격한 분석을 하고자 하면 higher-order construct로 구성할 수 있다. 이 예의 경우 construct-subconstructs의 두 단계로 구성되었는데 이론적으로는 construct-subconstructs-subsubconstructs처럼 보다 여러 단계로 구성할 수 있다. 그러나 현실적으로 두 단계를 넘는 경우는 매우 드물다고 할 수 있으며, 두 단계로 구성된 higher-order construct 모형을 **second-order construct 모형**이라고 한다.

두 단계의 constructs에서 [그림 5.9]의 사원만족처럼 상위의 construct를 second-order construct라고 하고, 급여만족, 직무만족, 분위기 만족 같은 하위의 construct를 first-order construct라고 한다. 이 중 second-order construct는 상대적으로 더 추상적이고(abstract) 포괄적인(comprehensive) 의미를 갖는다. 다른 예로 점포이미지와 관련하여 점포이미지는 second order construct이고 그 결정 요소인 제품품질, 제품구색, 가격, 분위기, 시설물 등은 first-order constructs가 된다.

2. Second–order construct 모형의 네 가지 유형

'5.1의 반영적 지표와 형성적 지표'에서 construct의 측정변수는 반영적 지표와 형성적 지표로 구분할 수 있다고 하였다. First-order construct는 second-order construct의 지표(indicator)의 성격을 가지므로 이 또한 반영적인 것과 형성적인 것으로 구분할 수 있다. 이에 따라 second-order construct 모형은 [그림 5.10]과

그림 5.10 네 가지의 second-order construct 모형

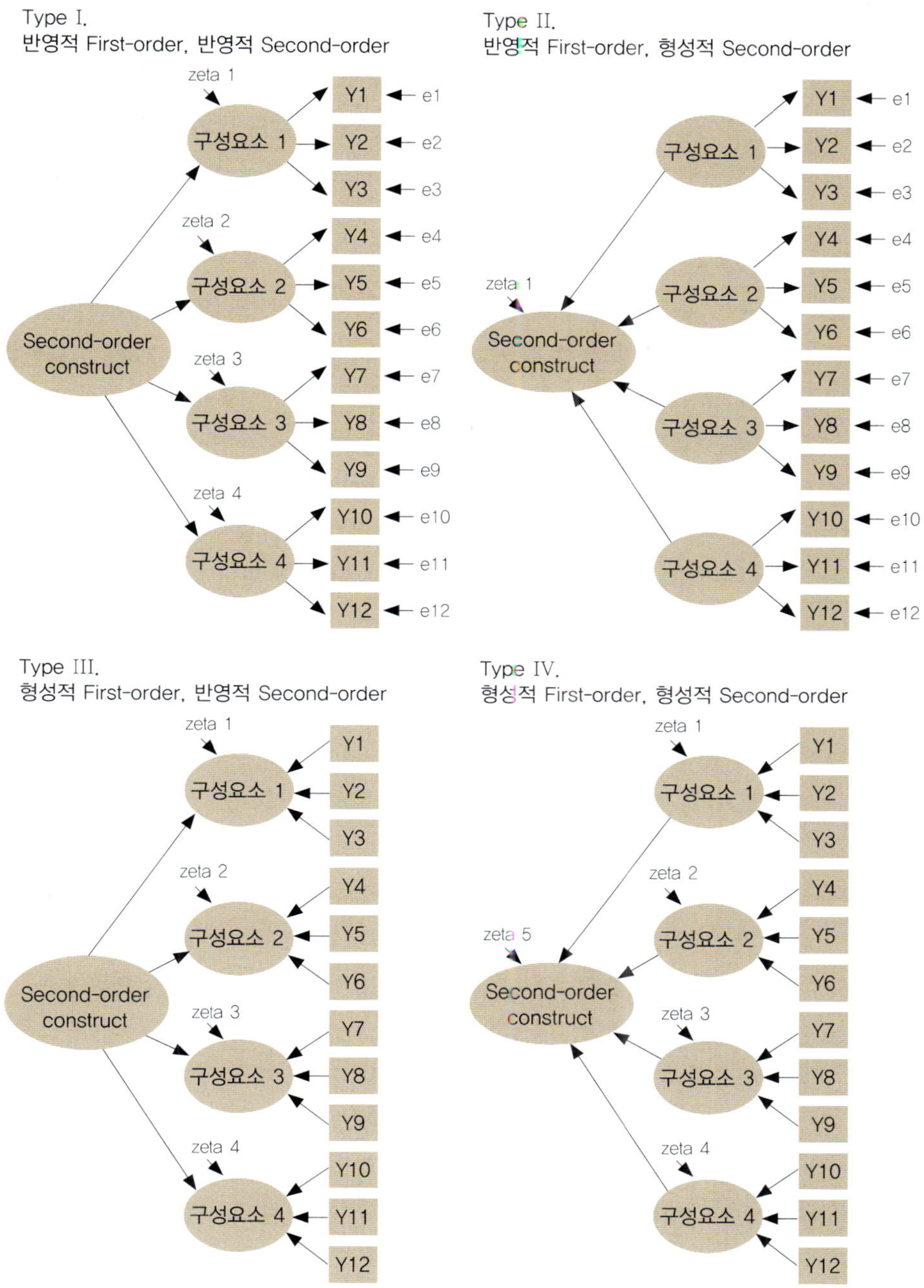

같이 네 가지로 분류할 수 있다.[5]

[그림 5.10]에서 화살표의 방향은 반영 혹은 형성의 의미를 갖는다. 앞에서 예로 든 '사원만족'과 '급여만족, 직무만족, 분위기 만족'의 관계를 생각해보자. 이 경우 사원만족이 급여만족, 직무만족, 분위기 만족을 결정짓는가 혹은 급여만족, 직무만족, 분위기 만족이 사원만족을 결정짓는가? 당연히 후자의 경우가 옳다. 그러므로 여기서 사원만족은 형성적 second-order construct가 된다. 이와 유사하게 '점포이미지'와 '제품품질, 제품구색, 가격, 분위기, 시설물'의 관계에서도 점포이미지는 형성적 second-order construct이다. 이처럼 second-order construct와 first-order construct의 관계는 형성적인 경우가 반영적인 경우보다 많다. 그러나 형성적으로 관계를 설정해야 하는 상황에서 반영적으로 설정한 연구들이 가끔 발견된다.

예를 들어, John(1984)의 연구에서는 'noncontingent influence'와 'legitimate influence(여섯 개 항목), expert influence(네 개), referent influence(네 개)'의 관계를 반영적으로 설정하였다. 그러나 유통경로 참여자들은 후자의 power를 갖기 때문에 전자의 influence를 행사할 수 있다고 봐야 하므로 그 관계를 형성적 관계로 설정해야 한다. 다른 예로 Crosby, Evans, and Cowles(1990)의 연구에서는 'Overall similarity'와 'appearance(다섯 개), lifestyle(네 개), status similarity(세 개)'의 관계를 반영적으로 설정하였으나 이 경우도 역시 후자의 세 가지 similarity가 overall similarity를 결정짓는다고 봐야 하므로 형성적 관계로 설정하는 것이 옳다(Jarvis, MacKenzie, and Podsakoff 2003 참조).[6]

한편, second-order construct와 first-order constructs의 관계를 반영적으로 설정한 연구로서 Reilly(1982)의 연구가 있다. 이 연구에서는 사회계층을 다음의 네 가지 지수로 측정하였다: Warner의 특성지표, Hollingshead's TFI, Duncan's index, Coleman and Neugarten's IUS. 네 가지 지수의 상관관계는 .53~.85로 높게 나타났는데, 이는 기대대로 지수들 간의 내적일관성이 높음을 보여준다. 이 중 Warner의 특성지표는 직업, 소득, 주택 유형, 거주 지역의 값을 가중치를 주어 합산하여 결정되었다(형성적 지표). 그러므로 이는 [그림 5.10-III]의 전형적인 예가 된다.

---

5 Jarvis, MacKenzie, Podsakoff, *op. cit.*

6 George John, "An Empirical Investigation of Some Antecedents of Opportunism in a Marketing Channel," *Journal of Marketing Research,* 21, August 1984, pp. 278-289; Lawrence A. Crosby, Kenneth R. Evans, and Deborah Cowles, "Relationship Quality in Services Selling: An Interpersonal Influence Perspective," *Journal of Marketing,* 54, July 1990, pp. 68-81; Jarvis, MacKenzie, Podsakoff, *op. cit.*

3. Second-order constructs 모형의 예

[그림 5.11]의 모형은 second-order constructs가 포함된 모형으로 본서의 집필을 위해 가상적으로 개발한 모형인데, 자료로써 검증한 결과 identification이 되었다. 이 모형에서 B는 **형성적 second-order construct**이고 E는 **반영적 second-order construct**이다. A는 단일 값으로 측정되었으며, 그 밖의 모든 first-order constructs는 반영적 지표로 측정되었다. A, B1, B2는 모두 외생적 요인이므로 이들 간에는 공분산이 설정되었다. e5의 분산은 음수(negative)로 나타나 .005로 지정하였다(Heywood case로 5.6에서 설명함).

그림 5.11 Second-order constructs 모형의 예

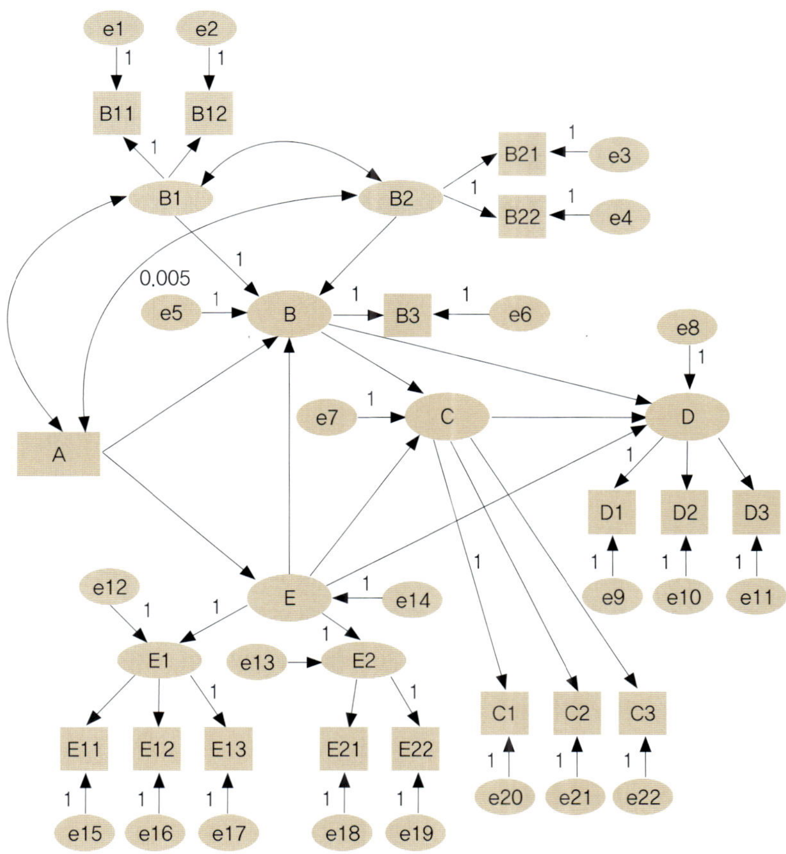

5.6 추정상의 문제

'3.2 구조모형 분석결과와 해석'에서 identification이 되지 않는 여러 가지 경우를 설명하였다. 그런데 구조방정식 모형분석 결과 identification이 되더라도 논리적으로 맞지 않는 추정이 이루어질 수 있다. 연구자는 이를 발견하고 수정해야 한다. 이하에서는 가장 흔히 발생하는 추정상의 두 가지 문제의 원인과 해결책을 설명한다.[7]

1. Heywood case

Heywood case는 오차분산(error variances)이 음수(negative)로 나타나는 것이다. 이는 측정변수의 오류가 0보다 작다는 의미로서 통계적 상식에서 맞지 않는 것이다. Heywood case는 표본의 크기가 작으면서 측정변수의 수가 적은 경우 발생할 수 있다. 특히, 표본의 크기가 100보다 작으면서 각 construct 당 측정변수의 수가 두 개이면 그 발생 가능성이 높다. 그 밖에 표본에 solution을 왜곡시킬 수 있는 outlier가 존재하거나 측정변수들 간의 상관관계값이 극도로 크거나 작은 경우에도 발생할 수 있다. Heywood case가 있으면 구조방정식 분석결과는 부적절한 solution을 산출할 수 있다.

Heywood case 문제를 해결하기 위한 한 가지 방법은 그 오차분산을 매우 작은 값, 예를 들어, .005로 지정하는 것이다. 이는 그 문제를 해결할 수는 있으나 실제의 표본값을 왜곡함으로써 적합도를 저하시킬 수 있다. 다른 방법은 그 문제와 관련된 항목을 제거하는 것이다. 이 경우 항목의 수가 너무 감소되면 또한 문제를 일으키게 된다. 또 다른 방법은 construct의 요인부하량들을 동일하게 제약하는 것이다. 이 또한 실제와 다를수록 적합도를 낮추게 된다. 이처럼 Heywood case 문제를 해결할 수 있는 방법들이 있으나 모두 인위적인 것이므로 표본의 크기와 측정변수의 수를 문제를 유발시키지 않는 수준으로 하는 것이 바람직하다.

---

7 Joseph F. Hair, Jr., William C. Black, Barry J. Babin, Rolph E. Anderson, and Ronald L. Tatham, *Multivariate Data Analysis,* 6th ed., Pearson-Prentice Hall, 2006; Rex B. Kline, *Principles and Practice of Structural Equation Modeling,* 2nd ed., The Guilford Press, 2005.

2. 표준화 추정치

또 다른 추정상의 문제는 constructs 간의 상관관계의 절대값이 1보다 크거나 표준화 경로계수의 절대값이 1보다 큰 것이다. 이 또한 통계적 의미에서 맞지 않는 것이다. 이는 측정변수들 간의 상관관계가 너무 높거나 통계적 가정을 크게 위배하는 경우 발생할 수 있다. 이 문제를 해결하기 위해서는 Heywood case에서 제안한 방법을 사용할 수 있다.

구조방정식 모형분석과 AMOS 22 >> 제 6 장

AMOS의 이해

- **6.1** AMOS는 무엇인가?
- **6.2** AMOS의 구성
- **6.3** AMOS Graphics 창의 구성과 메뉴/도구모음 사용
- **6.4** AMOS Output 창의 구성과 메뉴사용

6.1 AMOS는 무엇인가?

AMOS는 Temple University의 James L. Arbuckle 교수가 개발하여 현재 국내에 version 22까지 출시되어 있다. AMOS는 과거에 별도의 독립적인 프로그램으로 출시되어 version naming이 되었으나 version 16부터는 SPSS와 연동되어 naming되었다. 독립적 제품 naming인 AMOS 7을 마지막으로 SPSS 16의 분석 모듈이 되면서 바로 AMOS 16이 출시된 것이다. AMOS는 Analysis of MOment Structures의 약자로, LISREL(LInear Structural RELations), EQS(EQuationS) 등과 함께 구조방정식모형(SEM: Structural Equation Modeling) 자료분석에 많이 사용되는 통계패키지이다.

구조방정식모형의 분석에 사용되는 통계패키지 중 가장 먼저 개발된 LISREL의 경우 복잡한 프로그래밍과 어려운 그리스 문자(Greek letters)를 사용해야 하는 한계점이 있다. 이에 비해 AMOS는 Microsoft社의 그래픽 사용자 환경(graphic user interface)을 따르고 있어 사용이 매우 편리하며, 사용자들에게 친숙한 Excel, SPSS 등의 스프레드시트(spreadsheet) 프로그램들과 완벽한 호환을 이루는 장점을 갖는다. 또한 LISREL 사용자들이 경험하는 큰 어려움인 프로그래밍의 문제를 그래픽으로 해결할 수 있으며, 그리스 문자를 사용하지 않는다는 장점이 있다. 이러한 높은 사용자 편리성으로 인해 AMOS는 구조방정식모형 통계패키지 시장에서 점차 점유율을 높여가고 있으며, 이러한 추세는 지속될 것으로 예상된다. 본서는 AMOS version 22를 기준으로 작성하였다.

6.2 AMOS의 구성

1. AMOS의 창 종류

AMOS 22는 일곱 개 창(windows)으로 구성되어 있다: ① Amos Graphics 창, ② File Manager 창, ③ Language 창, ④ Program Editor 창, ⑤ Seed Manager 창, ⑥ Text Output 창, ⑦ View Data 창. AMOS의 창 중 Amos Graphics 창과 Text Output 창이 version에 상관없이 가장 많이 활용되는 창이다.

(1) Amos Graphics 창

[그림 6.1]과 같은 AMOS Graphics 창은 AMOS 초기 실행 시 나타나는 기본 화면으로 모형의 설정, 수정 등을 할 수 있는 창이다.

그림 6.1 AMOS Graphics 창

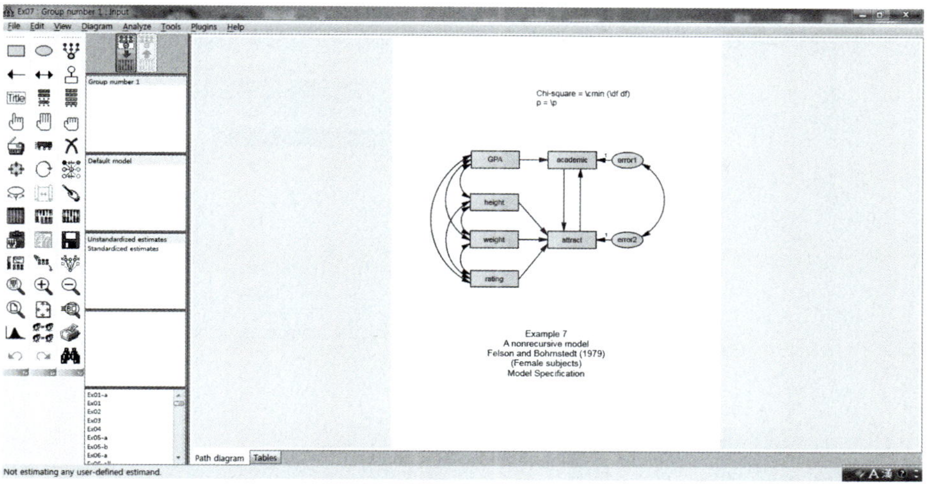

(2) File Manager 창

[그림 6.2]와 같은 File Manager 창은 AMOS 관련 파일들의 이름, 종류, 작성

그림 6.2 AMOS File Manager 창

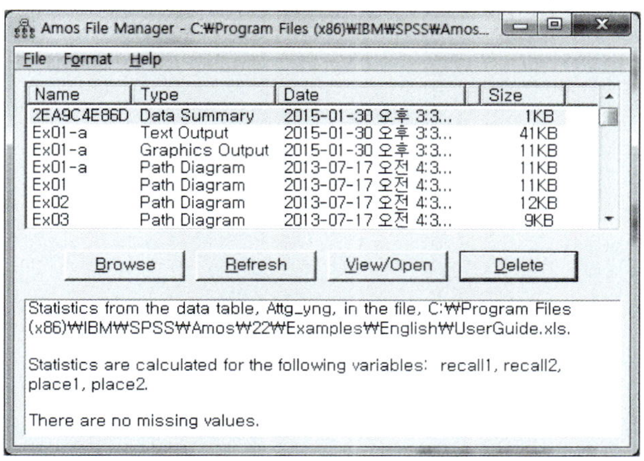

일시 및 크기 등을 확인하고 관리할 수 있는 창이다.

(3) Language 창

[그림 6.3]의 Language 창은 AMOS 프로그램에 사용할 언어를 결정하는 데 사용한다.

그림 6.3 Language 창

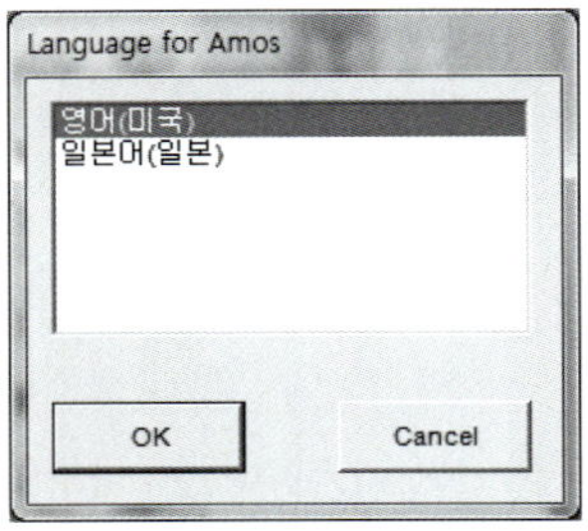

(4) Program Editor 창

[그림 6.4]의 Program Editor 창은 프로그래밍을 통해 모형의 설정, 수정 등을 할 때 사용하는 창이다.

그림 6.4 Program Editor 창

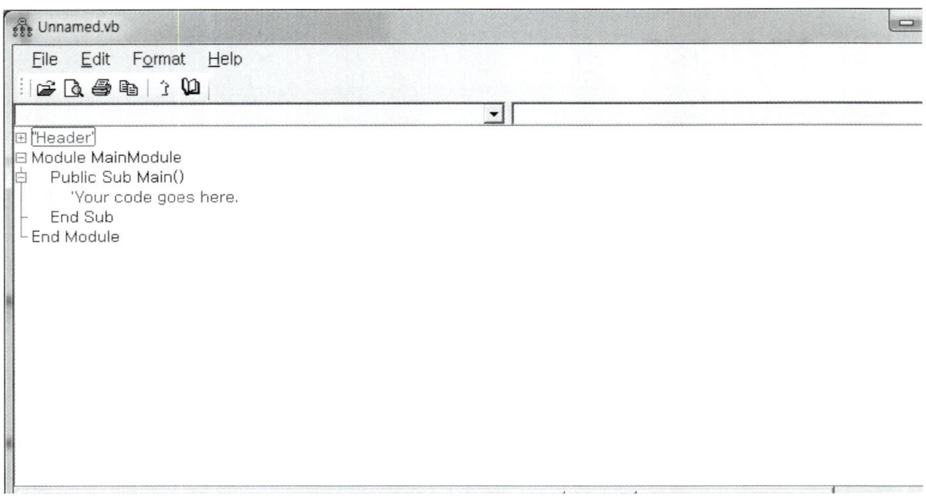

(5) Seed Manager 창

[그림 6.5]의 Seed Manager 창은 부트스트래핑(bootstrapping) 분석에 사용되는 seed의 생성을 관리하는 창이다.

그림 6.5 Seed Manager 창

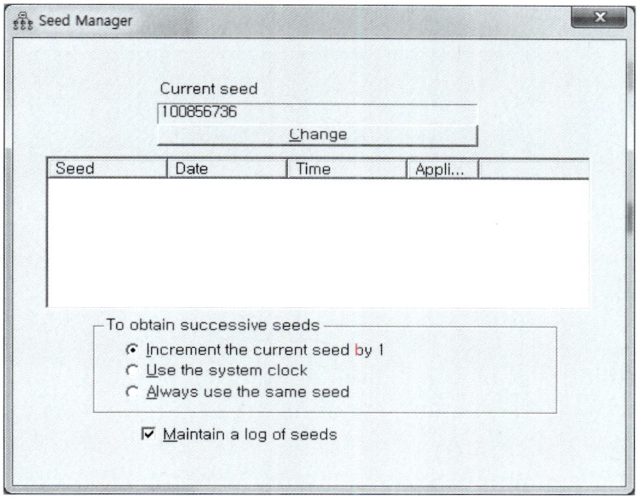

(6) Text Output 창

[그림 6.6]의 Text Output 창은 AMOS Graphics나 Program Editor를 통해 입력한 모형의 분석결과가 제시되는 창으로, AMOS Graphics 창과 함께 가장 많이 사용되는 창이다.

그림 6.6 Text Output 창

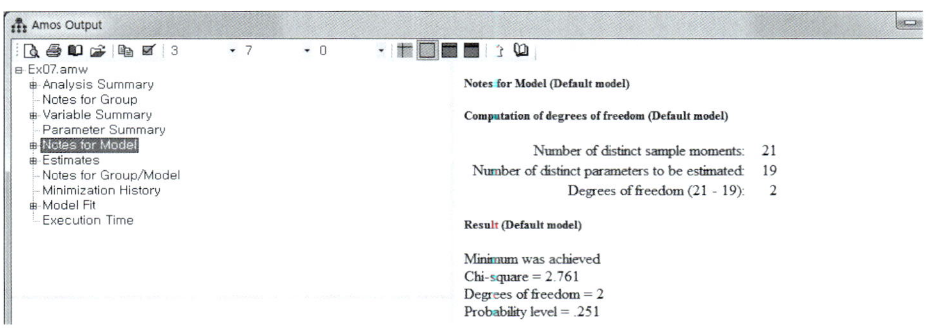

(7) View Data 창

[그림 6.7]의 View Data 창은 AMOS 분석에 사용되는 데이터 파일을 확인할 수 있는 창이다.

그림 6.7 View Data 창

6.3 AMOS Graphics 창의 구성과 메뉴/도구모음 사용

AMOS 분석을 위한 모형의 설정은 **AMOS Graphics 창**에서 이루어진다. 이하에서는 AMOS Graphics 창의 구성과 AMOS Graphics 창에 있는 메뉴와 도구모음의 사용방법에 대해 기술한다.

1. AMOS Graphics 창의 구성

AMOS를 실행하면 가장 먼저 나타나는 AMOS Graphics 창은 [그림 6.8]과 같이 네 부분으로 구성되어 있다: ① 메뉴 바, ② 도구모음, ③ 상태표시, ④ 작업시트.

그림 6.8 AMOS Graphics 창의 구성

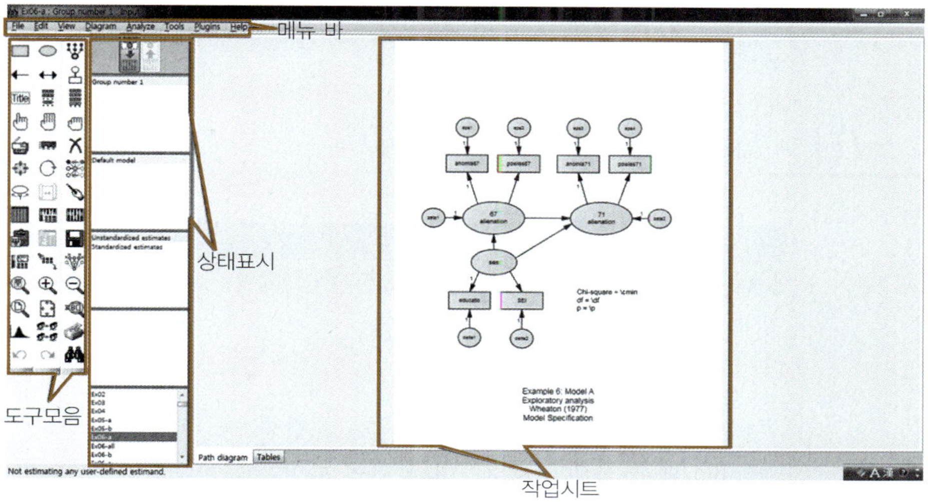

(1) 메뉴 바

AMOS 메뉴 바(menu bar)는 전체 프로그램을 통제하는 부분이다.

(2) 도구모음

AMOS 도구모음(tool bar)은 분석에 필요한 다양한 기능들을 사용하기 편리한 아이콘(icon)으로 모아 둔 부분이다.

(3) 상태표시

AMOS 상태표시는 분석과 관련된 주요 내용을 표시하는 부분으로, 분석결과의 전환버튼, 분석집단표시 줄, 모형표시 줄, 추정치(estimates) 표시 줄, 파일모음 표시 줄 등으로 구성되어 있다.

(4) 작업시트

AMOS 작업시트는 사용자가 분석을 실시하기 위해 모형을 설정 혹은 수정하는 곳이다. 복잡한 프로그래밍 없이 Powerpoint에서 그림을 그리듯이 이곳에 분석하기 원하는 모형을 그림으로 설정하면 된다.

2. AMOS Graphics 창의 메뉴/도구모음 사용

AMOS Graphics 창의 메뉴 바에는 [그림 6.9]와 같은 8개의 **주메뉴**(main menu)가 제시되어 있다.

그림 6.9 AMOS Graphics 창의 메뉴 바와 주메뉴

(1) File 메뉴

AMOS Graphics 파일을 열거나 저장할 때 주로 사용한다. 또한 AMOS Graphics에서 사용되는 다양한 유형의 파일을 불러오거나, 작업 중인 파일을 인쇄할 때 사용한다. File 메뉴에는 [그림 6.10]과 같이 12개의 하위 기능들이 있다.

그림 6.10 File 메뉴의 하위 기능들

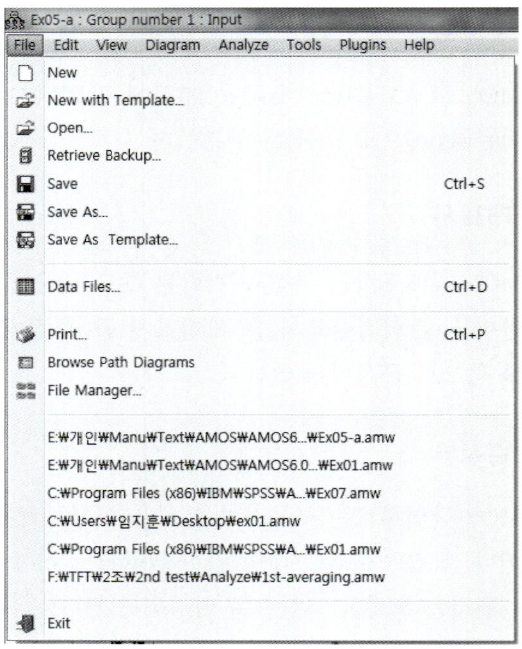

(2) Edit 메뉴

모형을 그리는 과정에서 복사(copy), 이동(move), 선택(select), 제거(erase) 등의 편집기능이 필요할 때 사용한다. Edit 메뉴에는 [그림 6.11]과 같이 20개의 하위 기능들이 있다.

그림 6.11 Edit 메뉴의 하위 기능들

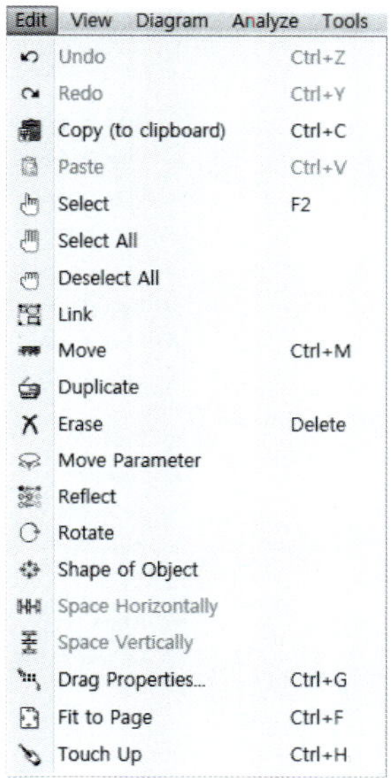

(3) View 메뉴

인터페이스 특성(interface properties), 분석 특성(analysis properties), 대

그림 6.12 View 메뉴의 하위 기능들

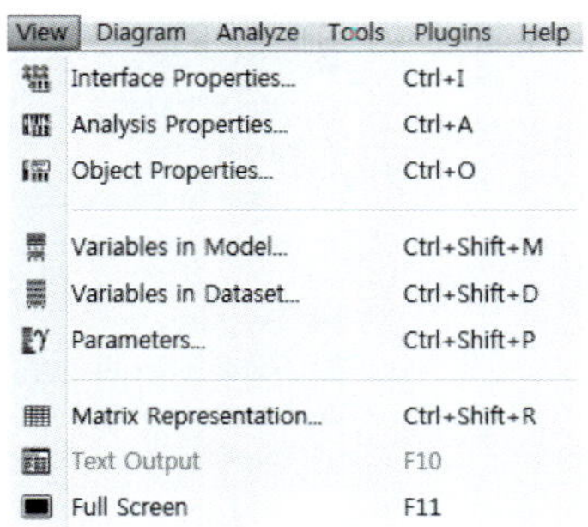

상 특성(object properties) 등을 설정할 때 주로 사용한다. View 메뉴에는 [그림 6.12]와 같이 9개의 하위 기능들이 있다.

(4) Diagram 메뉴

분석할 모형을 작업시트에 그릴 때 사용하는 여러 가지 기능들이 있다. Diagram 메뉴에는 [그림 6.13]과 같이 14개의 하위 기능들이 있다.

그림 6.13 Diagram 메뉴의 하위 기능들

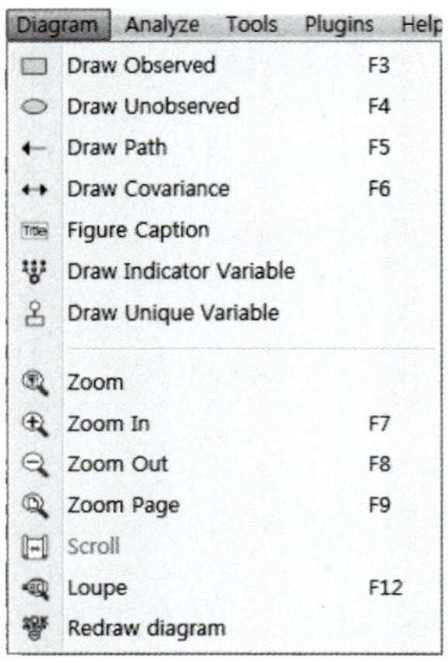

(5) Analyze 메뉴

추정치 계산(calculate estimates), 그룹관리(manage groups), 모형관리

그림 6.14 Analyze 메뉴의 하위 기능들

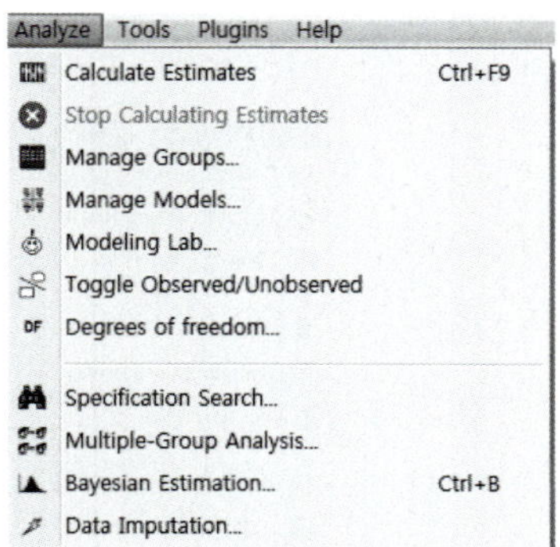

(manage models) 등 분석을 실행할 때 사용하는 기능들이 있다. Analyze 메뉴에는 [그림 6.14]와 같이 11개의 하위 기능들이 있다.

(6) Tools 메뉴

글자체(list font) 설정, seed manager 기능 등이 있다. Tools 메뉴에는 [그림 6.15]와 같이 8개의 하위 기능들이 있다.

그림 6.15 Tools 메뉴의 하위 기능들

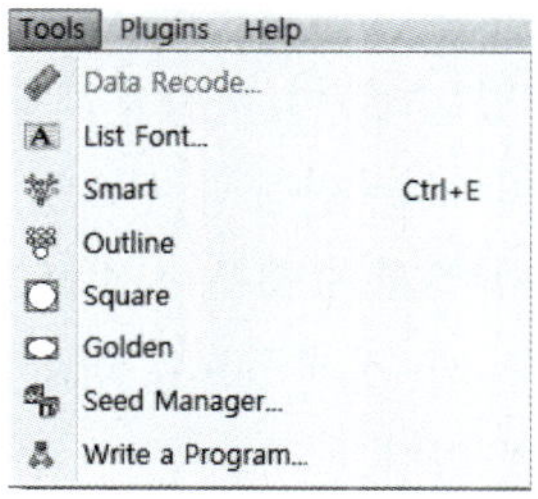

(7) Plugins 메뉴

자동으로 외생변수들(exogenous variables) 간의 공분산을 그리거나, 잠재변수명을 설정하는 등의 자동화 관련 기능들이 있다. Plugins 메뉴에는 [그림 6.16]과 같이 7개의 하위 기능들이 있다.

그림 6.16 Plugins 메뉴의 하위 기능들

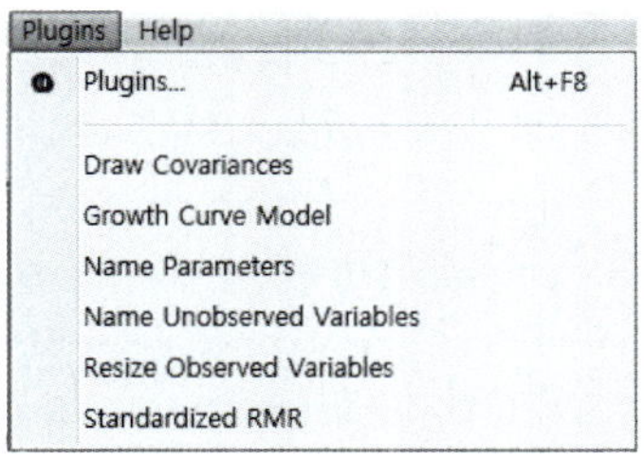

(8) Help 메뉴

목차, 색인, version 정보 등이 제시되어 있다. Help 메뉴에는 [그림 6.17]과 같이 3개의 하위 기능들이 있다.

그림 6.17 Help 메뉴의 하위 기능들

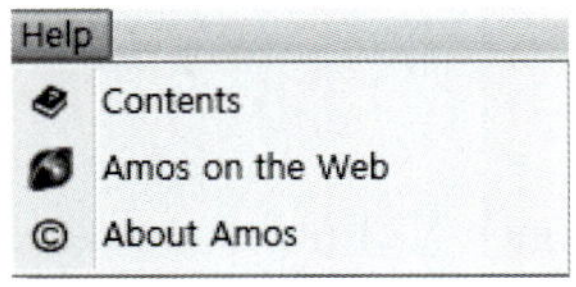

(9) 도구모음

AMOS Graphics 창에는 메뉴 바와 함께 도구모음이 제시되어 있다(그림 6.8 참조). AMOS의 가장 중요한 특징은 "WYSIWYG(What You See Is What You Get)"라고 할 수 있는데, 이는 사용자가 AMOS Graphics 창에서 자신이 모형을 설정하여 화면에서 보는 만큼의 정보를 얻을 수 있다는 것이다. 따라서 AMOS는 사용자가 보다 편리하게 모형을 설정하고 사용할 수 있도록 도구모음을 기본설정으로 제시하고 있는데, 실질적으로 메뉴 바를 사용하지 않아도 될 만큼 충분한 도구모음이 갖추어져 있다.

AMOS를 설치하면 42개의 도구가 기본설정으로 도구모음에 갖추어져 있다. 이하에서는 42개 도구에 대해 간략히 소개한다. 보다 구체적인 도구활용 방법들은 매뉴얼의 전반에 걸쳐 필요한 상황에 따라 소개하도록 한다. 도구사용의 가장 기본적인 원칙은 한 번 클릭하면 그 기능이 선택되고, 다시 한 번 클릭하면 그 기능이 해제되는 것이다. 〈표 6.1〉은 AMOS Graphics 창에 있는 도구모음의 아이콘들과 이에 대한 설명들이다.

표 6.1 AMOS Graphics 창의 도구모음

	아이콘	사용용도
1		관측변수(observed variables)를 그릴 때 사용
2		비관측변수(unobserved variables)를 그릴 때 사용
3		측정변수(indicator variables)를 그릴 때 사용
4		경로(path)를 그릴 때 사용
5		공분산(covariance)을 그릴 때 사용

	아이콘	사용용도
6		오차(unique variables)를 그릴 때 사용
7		모형의 제목을 입력할 때 사용
8		모형 내의 변수들을 확인할 때 사용
9		데이터 셋의 변수들을 확인할 때 사용
10		특정도형을 선택할 때 사용
11		모든 도형을 선택할 때 사용
12		선택한 도형을 해제할 때 사용
13		도형을 복사할 때 사용
14		도형을 이동할 때 사용
15		도형을 삭제할 때 사용
16	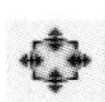	도형의 크기를 변화시킬 때 사용
17		도형을 회전시킬 때 사용
18		비관측변수에 연결된 측정변수를 상하 또는 좌우로 대칭이동할 때 사용하며, 한 번 클릭할 때마다 측정변수들이 180도씩 회전함
19		모수의 위치를 이동시킬 때 사용
20		작업시트의 위치를 이동시킬 때 사용
21		경로나 공분산 표시선의 위치를 변수의 중간으로 조정할 때 사용
22		분석에 사용할 데이터를 확인 할 때 사용
23		분석옵션을 선택할 때 사용
24		분석을 실시할 때 사용

	아이콘	사용용도
25		모형을 clipboard에 복사할 때 사용
26		분석결과를 확인할 때 사용
27		저장할 때 사용
28		대상의 속성을 지정할 때 사용
29		특정대상의 속성을 다른 대상에 복사할 때 사용
30		모형 내 도형을 대칭정렬시킬 때 사용
31		모형 내에서 원하는 부분만을 확대해서 볼 때 사용
32		모형을 전체적으로 확대할 때 사용
33		모형을 전체적으로 축소할 때 사용
34		작업시트 전체가 한 화면에 나타나는 상태로 만들 때 사용
35		모형의 전체적인 사항이 한 페이지에 나타나도록 조정할 때 사용
36		복잡한 결과들을 확대하여 볼 때 사용
37		베이지안 추정(Bayesian Estimation)을 할 때 사용
38		다집단 분석(multi-group analysis)을 할 때 사용
39		출력할 때 사용
40		실행을 취소할 때 사용
41		실행취소한 것을 재실행할 때 사용
42		모형설정의 옵션들을 지정할 때 사용

6.4 AMOS Output 창의 구성과 메뉴 사용

AMOS 프로그램의 분석결과는 AMOS Output 창에 제시된다. 이하에서는 그 구성과 사용법에 대해 기술한다.

AMOS Graphics 창에서 모형을 설정하고, 도구모음의 아이콘을 클릭하거나 메뉴 바의 [Analyze]에서 [Calculate Estimates]를 실행하면 분석이 이루어진다. 분석결과는 AMOS Output 창에 나타나는데, 도구모음의 아이콘을 클릭하거나 메뉴 바의 [View]에서 [Text Output]을 실행하면 AMOS Output 창이 나타난다. AMOS Output 창은 [그림 6-18]과 같이 세 부분으로 구성되어 있다: ① Output 옵션설정 아이콘, ② Output 제목 창, ③ Output 내용 창.

그림 6.18 AMOS Output 창의 구성

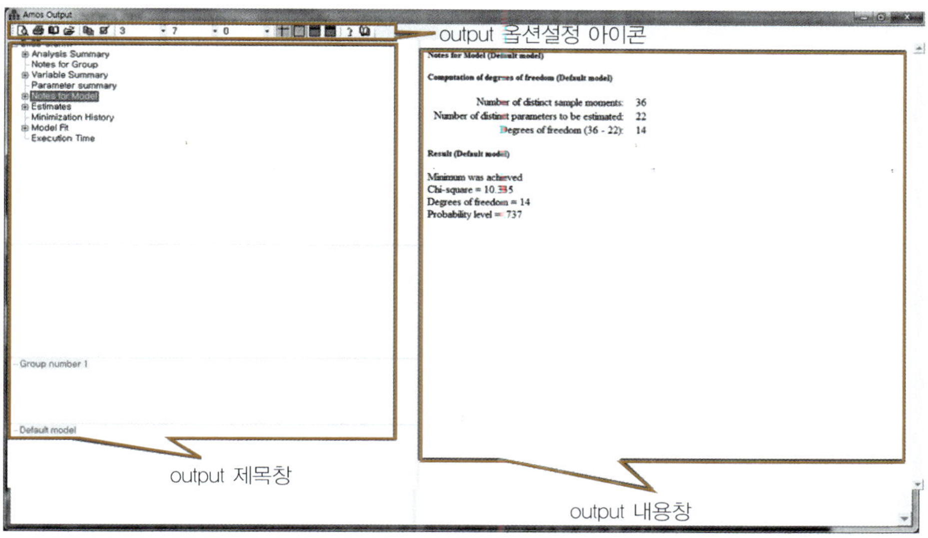

(1) Output 옵션설정 아이콘

인쇄미리보기, 인쇄, 페이지 설정, 소수점 설정 등의 옵션을 설정할 때 사용하는 아이콘들이 제시되어 있다.

(2) Output 제목 창

AMOS Output 창의 좌측에는 분석결과들의 세부 제목들이 제시되어 있다. 세부 제목들을 클릭하면 AMOS Output 창의 우측에는 제목에 해당하는 결과들이 제시된다. 분석 시 옵션들을 설정하면 제목 창에 추가적인 세부 제목들이 나타난다.

(3) Output 내용 창

AMOS Output 창의 우측에는 좌측의 제목에 해당하는 분석결과들이 구체적으로 제시된다.

분석준비단계 (Ⅰ)– 파일 다루기

- **7.1** AMOS 시작
- **7.2** AMOS Graphics 파일 다루기
- **7.3** AMOS 데이터 파일 다루기
- **7.4** AMOS Output 다일 다루기
- **7.5** AMOS 종료

7.1 AMOS 시작

AMOS를 시작하는 방법으로는 시작메뉴에 등록된 'IBM SPSS AMOS 22'에서 'AMOS Graphics'를 클릭하는 것이다. 이러한 방법을 통해 AMOS를 시작하면 [그림 7.1]과 같이 초기화면으로 AMOS Graphics 창이 활성화된다. 이는 MS Office의 Powerpoint 창과 유사한 모습이다.

그림 7.1 AMOS Graphics 초기화면

AMOS Graphics 창에서는 새로운 모형을 그려서 작업을 수행하거나, 혹은 기존의 graphics 파일을 불러와서 작업을 수행할 수 있다.

7.2 AMOS Graphics 파일 다루기

1. AMOS Graphics 파일 불러오기

AMOS에서 이용되는 파일의 종류는 다양하다. 그러나 이 중 AMOS Graphics

Document(*.amw) 파일만이 사용자에 의해 만들어지는 것이며, 나머지 종류의 파일들은 AMOS Graphics Document 파일의 분석 이후에 자동적으로 생성되는 것이다. 분석 이후에 자동적으로 생성되는 파일들은 AMOS Graphics Document 파일과 동일한 파일명을 갖는다. 이하에서는 AMOS Graphics Document 파일의 불러오기를 설명한다.

(1) 메뉴 바를 이용한 파일 불러오기

주메뉴의 [File] 메뉴를 클릭하면 [Open...] 메뉴가 있다. [Open...] 메뉴를 클릭하면 [그림 7.2]와 같이 AMOS Graphics Document 파일 열기 대화상자가 활성화된다.

그림 7.2 AMOS Graphics Document 파일 열기 대화상자

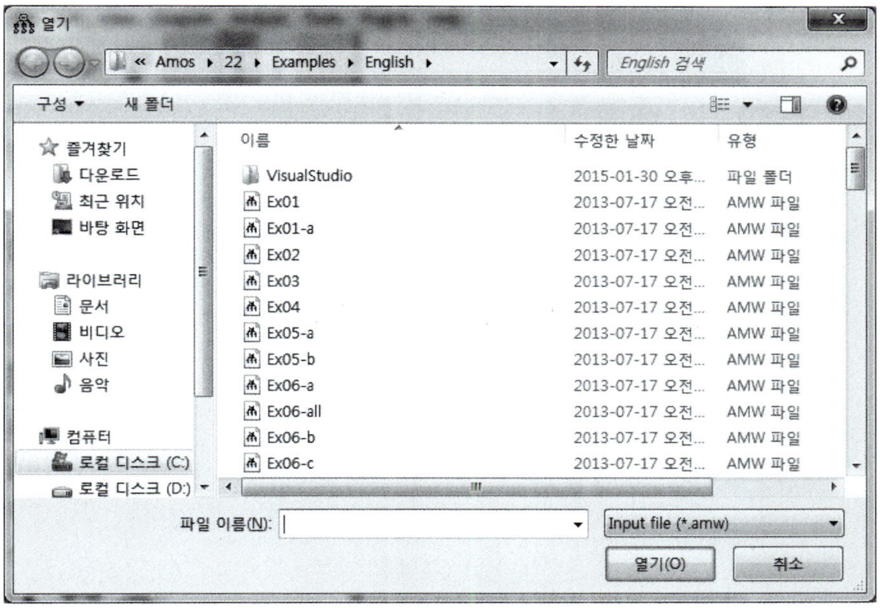

[그림 7.2]의 대화상자에는 *.amw의 확장자를 갖는 파일이 제시되어 있다. *.amw의 확장자를 갖는 AMOS Graphics Document 파일은 청록색 아이콘으로 표시된다는 점에 주의할 필요가 있다. [그림 7.2]의 대화상자에서 원하는 파일을 선택한 후 [열기(O)]를 클릭하거나 선택하고자 하는 파일을 더블 클릭하면 파일을 열 수 있다.

(2) 폴더에서 파일 불러오기

Windows의 '내 컴퓨터'나 'Windows 탐색기'를 이용하여 불러올 파일이 있는 위치의 폴더(folder)를 찾아가서 원하는 파일을 더블 클릭하면 파일을 열 수 있다. 이때 주의할 점은 전술한 것과 같이 AMOS Graphics Document 파일의 경우 아이콘이 청록색이라는 점이다.

2. AMOS Graphics 파일 저장

[그림 7.1]과 같은 AMOS Graphics 초기화면에서 연구모형을 반영하여 그림을 그린 결과 [그림 7.3]과 같은 모형을 설정하였다고 가정하자. 이하에서는 이를 저장하는 방법들에 대해 설명한다.

그림 7.3 모형설정의 예[1]

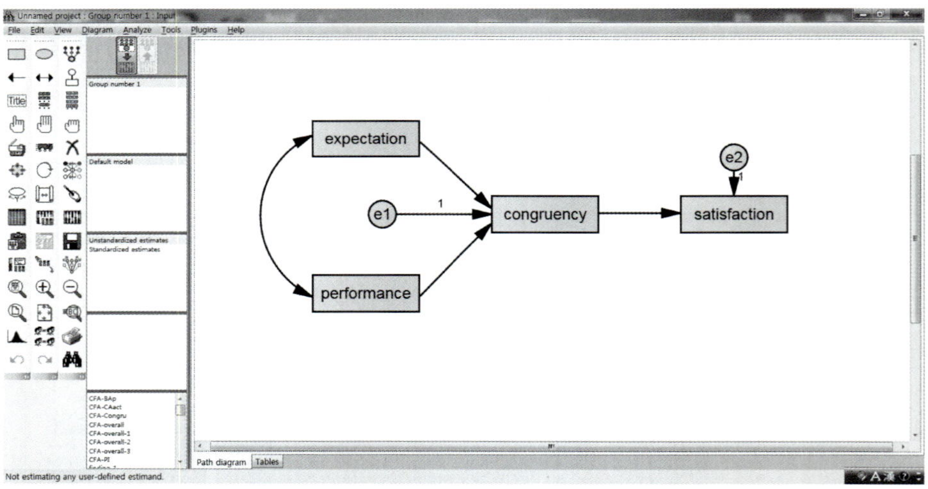

(1) 메뉴 바를 이용한 파일 저장

[그림 7.3]과 같이 모형을 설정한 후, 메뉴 바를 이용한 파일 저장은 다음의 순

1 AMOS Graphics 창은 [그림 7.1]과 같이 작업시트 형태가 세로로 기본설정되어 있다. 기본설정 상황에서 모형을 작성할 경우 크기가 작게 나타나 보기 불편할 수 있다. 작업시트에 모형을 크게 작성할 수 있는 방법은 확대기능을 사용하거나 작업시트의 방향을 가로로 변경하는 방법이 있다. 작업시트에서 마우스 스크롤을 위로 올리면 확대가 되는데 [그림 7.3]은 확대기능을 사용한 후 모형을 작성한 예이다. 작업시트의 방향을 가로로 변경하는 방법은 8.3 구조방정식모형 그리기에서 설명한다.

서를 따른다.

① 주메뉴의 [File] 메뉴를 클릭하면 [Save] 메뉴가 있다.
② [Save] 메뉴를 클릭하면 '다른 이름으로 저장' 대화상자가 활성화된다.
③ '다른 이름으로 저장' 대화상자에서 파일을 저장하기 원하는 폴더를 지정한 후, [그림 7.4]와 같이 'satisfaction'이라는 파일명을 입력하고 [저장(S)]을 클릭한다. 이때 유의할 것은 원칙적으로 AMOS의 경우 한글지원이 되지 않는다는 것이다. 사용자의 컴퓨터 환경에 따라 변수명이나 파일명 등에 한글지원이 될 수도 있지만 모든 경우에 안전한 사용을 위해서는 **영문**으로 작업하는 것이 바람직하다. 따라서 파일명도 영문으로 설정해야 안전하게 사용할 수 있다. AMOS Graphics에서 작성한 파일은 '*.amw'의 확장자를 갖는다.

그림 7.4 **다른 이름으로 저장 대화상자**

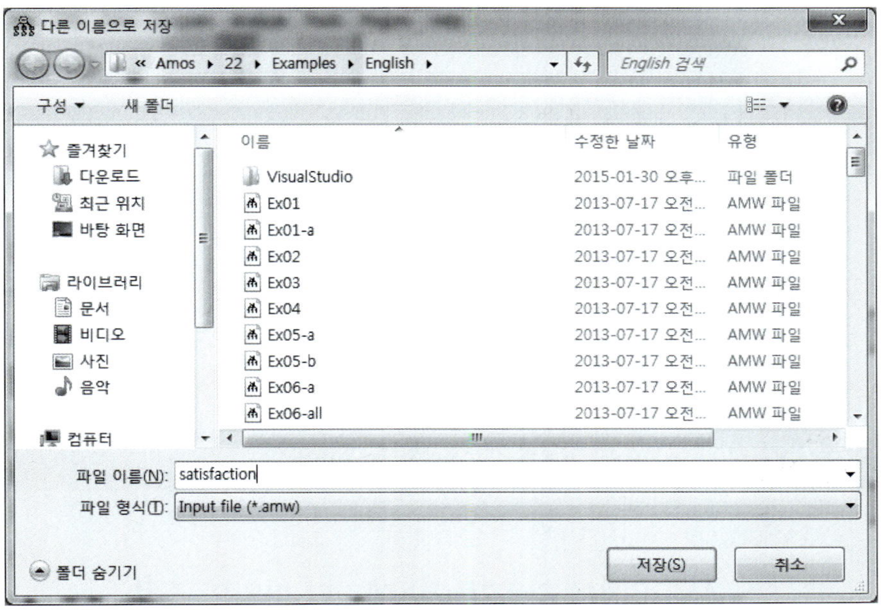

④ AMOS Graphics 창의 좌측상단에 [그림 7.5]와 같이 'satisfaction'이라는 이름의 파일명으로 저장된 것을 확인할 수 있다. [그림 7.3]의 'Unnamed project'와 비교하면 그 차이를 알 수 있다.

그림 7.5 'satisfaction'이라는 파일명으로 저장된 연구모형

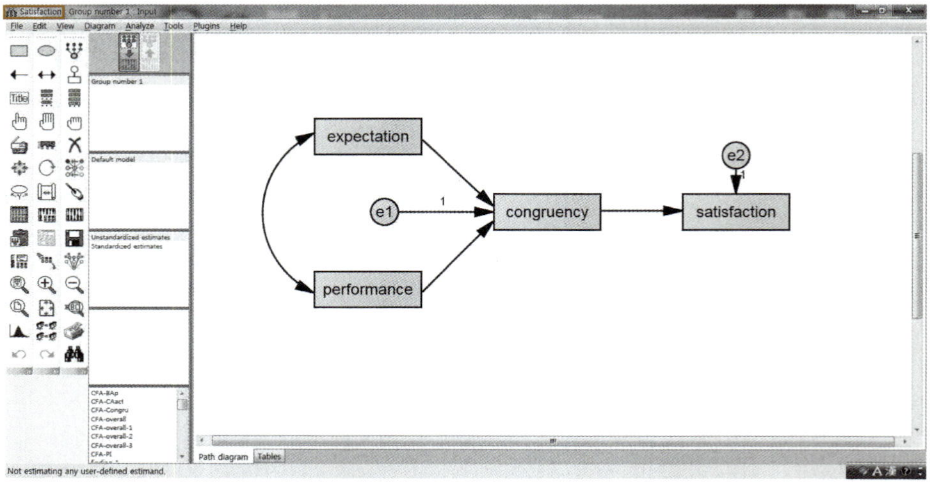

(2) 도구모음 아이콘을 이용한 파일 저장

[그림 7.3]과 같이 모형을 설정한 후, 도구모음 아이콘을 이용한 파일 저장은 다음의 순서를 따른다.

① AMOS Graphics 창의 도구모음 상자에서 아이콘을 클릭한다.
② 아이콘을 클릭하면 '다른 이름으로 저장' 대화상자가 활성화된다.
③ 이후의 절차는 메뉴 바를 이용한 파일 저장과 동일하다.

7.3 AMOS 데이터 파일 다루기

1. AMOS에서 사용가능한 데이터 파일의 종류

AMOS Graphics 창에 모형을 설정하고 분석을 실시하기 위해서는 데이터가 입력되어 있는 별도의 데이터 파일이 필요하다. AMOS는 SPSS와 연계되어 작동하기 때문에 일반적으로는 AMOS 분석을 위한 데이터 파일로 [그림 7.6]과 같은 SPSS의 데이터 파일(*.sav)을 가장 많이 사용한다.

그림 7.6 SPSS 데이터 파일

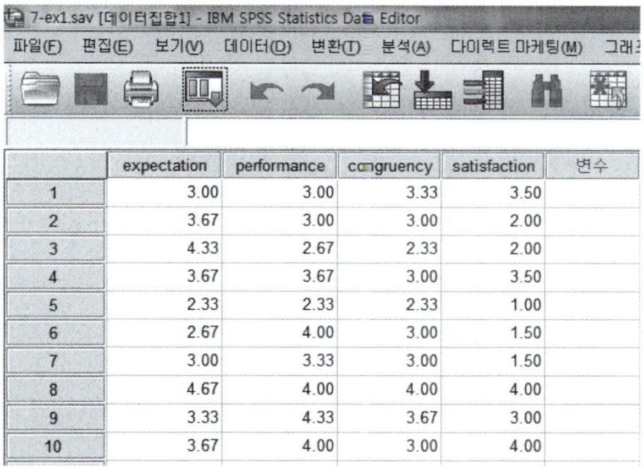

	expectation	performance	congruency	satisfaction	변수
1	3.00	3.00	3.33	3.50	
2	3.67	3.00	3.00	2.00	
3	4.33	2.67	2.33	2.00	
4	3.67	3.67	3.00	3.50	
5	2.33	2.33	2.33	1.00	
6	2.67	4.00	3.00	1.50	
7	3.00	3.33	3.00	1.50	
8	4.67	4.00	4.00	4.00	
9	3.33	4.33	3.67	3.00	
10	3.67	4.00	3.00	4.00	

그러나 SPSS 데이터 파일 이외에도 다음과 같은 종류의 파일들이 AMOS 데이터 파일로 사용될 수 있다.

- Dbase 파일(*.dbf)
- MS Excel 파일(*.xls)
- MS Access 파일(*.mdb)
- Text 파일(*.txt: comma-delimited ASCII)

2. AMOS에서 데이터 파일 불러오기

[그림 7.5]와 같이 AMOS Graphics 창에서 연구모형을 설정한 후 분석을 하기 위해서는 먼저 데이터 파일을 불러와야 한다. 데이터 파일을 불러오기 위해서는 아래의 두 가지 방법을 사용할 수 있다.

(1) 메뉴 바를 이용한 데이터 파일 불러오기

메뉴 바를 이용하여 데이터 파일을 불러오는 방법은 다음과 같다.

① 주메뉴의 [File]을 클릭한 후, [Data Files...]를 클릭한다. 그러면 [그림 7.7]과 같은 'Data Files' 대화상자가 나타난다.

그림 7.7 Data Files 대화상자

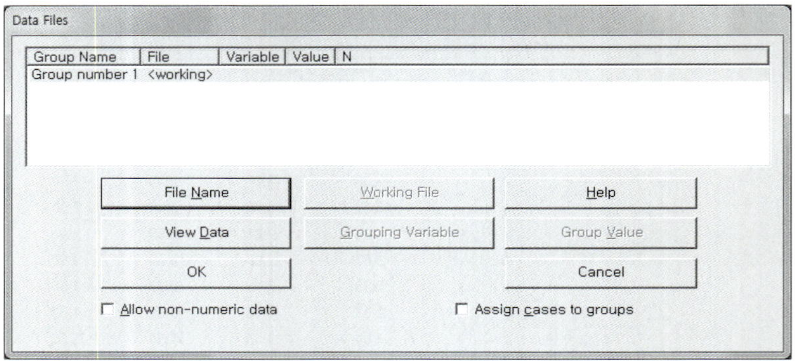

② [그림 7.7]에서 [File Name]을 클릭하면, '열기' 대화상자가 나타난다.

③ '열기' 대화상자에서 [그림 7.8]과 같이 원하는 데이터 파일을 지정한 후, [열기(O)]를 클릭한다. 본 예에서는 본서에 첨부된 CD에 있는 '7-ex1.sav' 파일을 지정한다.

그림 7.8 열기 대화상자에서 데이터 파일의 지정

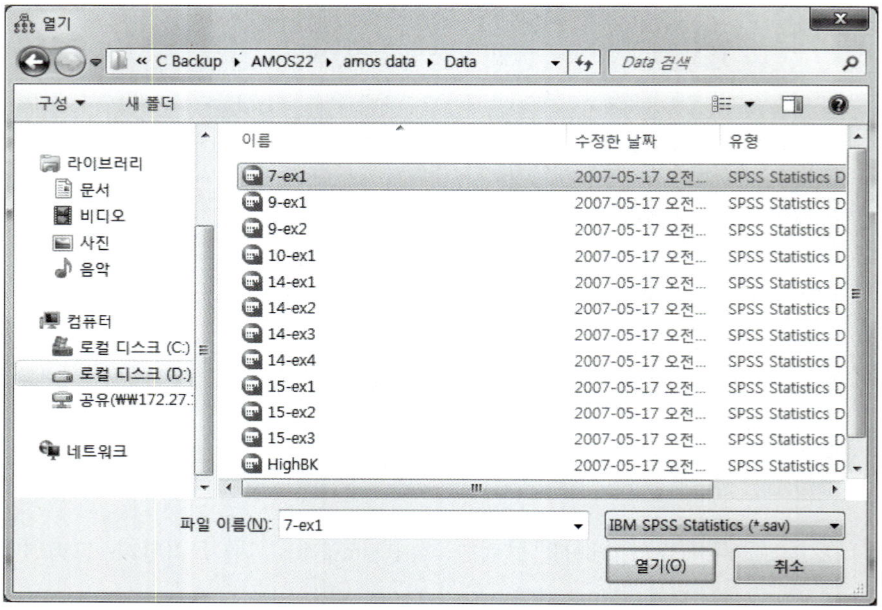

④ 원하는 데이터 파일을 지정하면 [그림 7.9]와 같이 'Data Files' 대화상자에 지정

그림 7.9 Data Files 대화상자에 데이터 파일이 지정되어 나타난 예

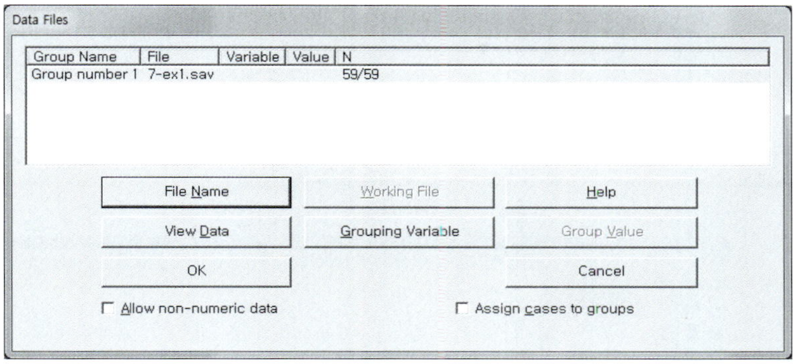

된 파일이 표시되어 나타난다.

⑤ [그림 7.9]에서 [OK]를 클릭한다.

(2) 도구모음 아이콘을 이용한 데이터 파일 불러오기

도구모음 아이콘을 이용하여 데이터 파일을 불러오는 방법은 다음과 같다.

① AMOS Graphics 창의 도구모음 상자에서 아이콘을 클릭한다.

② 아이콘을 클릭하면 'Data Files' 대화상자가 활성화된다.

③ 이후의 절차는 메뉴 바를 이용한 데이터 파일 불러오기 절차와 동일하다.

7.4 AMOS Output 파일 다루기

AMOS Output 파일은 AMOS Graphics에 설정한 모형을 분석하면 AMOS Graphics Document 파일과 동일한 명칭으로 자동 생성된다. 앞에 제시된 예를 통해 AMOS Output 파일이 생성되는 과정을 살펴보면 다음과 같다.

① [그림 7.5]와 같이 'satisfaction'이라는 파일명으로 AMOS Graphics Document 파일을 작성한다.

② [그림 7.7] ~ [그림 7.9]의 절차를 통해 '7-ex1.sav'라는 분석에 사용할 데이터를 설정한다.

③ 도구모음에서 아이콘을 클릭하면 분석이 이루어지고 [그림 7.10]과 같은 화면이 나타난다. [그림 7.10]의 AMOS Graphics 창을 보면 **상태표시줄**에 분석이 이루어졌음을 나타내는 내용이 제시되어 있다(상태표시줄에 굵은 선으로 표시된 부분).

그림 7.10 분석이 이루어졌음을 나타내는 AMOS Graphics 창의 상태표시줄

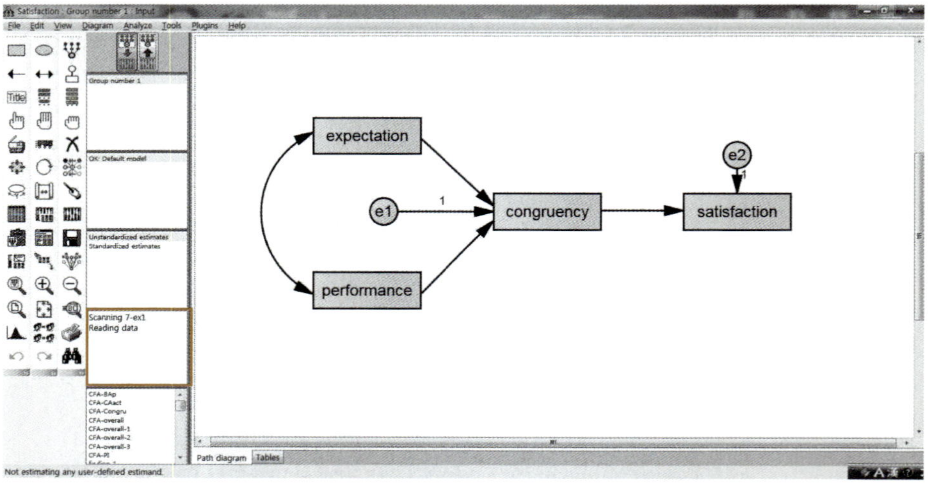

④ [그림 7.10]의 도구모음에서 아이콘을 클릭하면 [그림 7.11]과 같은 AMOS Output 창이 나타난다.

그림 7.11 AMOS Output 창

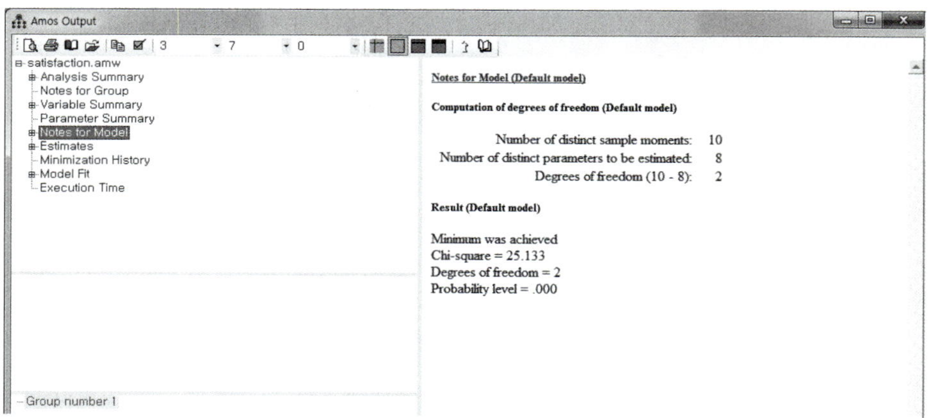

[그림 7.11]의 Output 창에서 좌측의 제목 창을 보면, 가장 위에 'satisfaction.amw'가 적혀 있는데 이는 현재 보고 있는 Output 파일이 'satisfaction.amw'의 분석결과임을 의미하는 것이다. 제목 창의 세부제목들을 클릭하면 해당하는 output 내용이 제시되는데, 위의 예에서 세부제목으로 [Estimates]를 클릭하면 [그림 7.12]와 같은 내용이 제시된다.

그림 7.12 **세부제목과 output 내용**

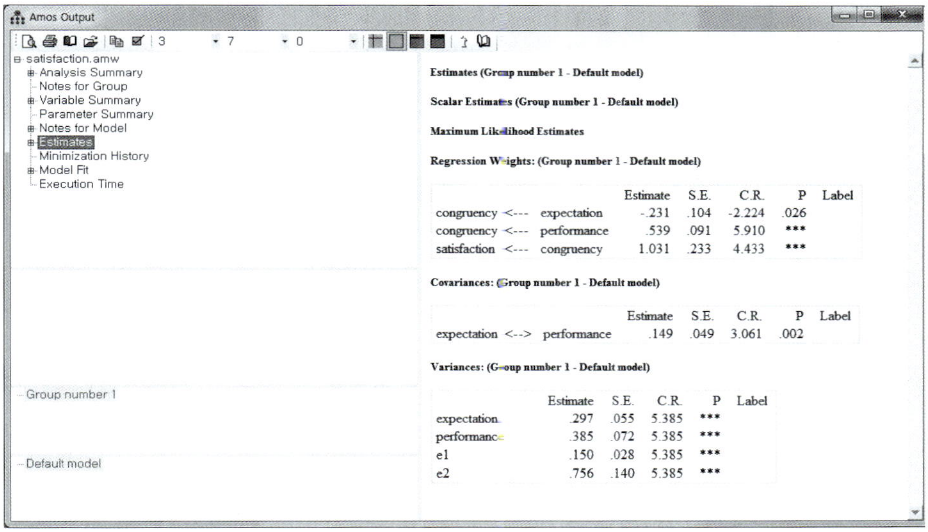

분석이 이루어진 후 '내 컴퓨터'나 'Windows 탐색기'를 이용하여 AMOS Graphics Document가 저장되어 있는 폴더를 찾아가면 동일한 파일명으로 AMOS Output 파일이 자동 생성된 것을 확인할 수 있다. 앞의 예를 보면 [그림 7.13]과 같이 'satisfaction.amw' 파일이 있는 곳에 'satisfaction.AmosOutput' 파일이 자동 생성되었음을 확인할 수 있다.

그림 7.13 AMOS Output 파일이 자동 생성된 모습

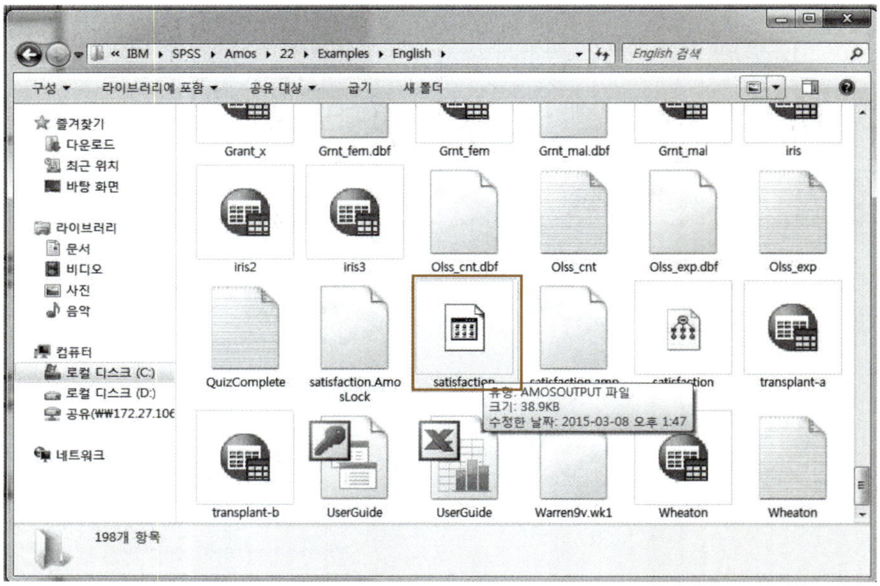

☞ CD에 저장된 AMOS Graphics 파일을 활용하여 분석을 실시할 때에는 하드디스크나 USB메모리로 자료를 복사하여 사용해야 한다. AMOS는 분석 시 다양한 시스템 파일을 만들어내는데 CD는 ROM(Read Only Memory)이기 때문에 새로운 파일을 생성할 수 없다. 따라서 CD자료를 컴퓨터 하드디스크나 USB메모리로 복사 후 사용해야 한다.

7.5 AMOS 종료

AMOS를 종료하는 방법은 **메뉴 바**를 이용하는 방법과 **AMOS Graphics 창**의 닫기 버튼을 이용하는 방법 두 가지가 있다.

(1) 메뉴 바를 이용하는 방법

메뉴 바를 이용하여 AMOS Graphics 창을 종료할 때는 주메뉴의 [File]을 클릭한 후, [Exit]를 클릭하면 된다. 만일 이때 분석한 내용을 저장하지 않았으면 [그림 7.14]와 같은 경고메시지가 나타난다.

그림 7.14 종료 시 저장관련 경고메시지

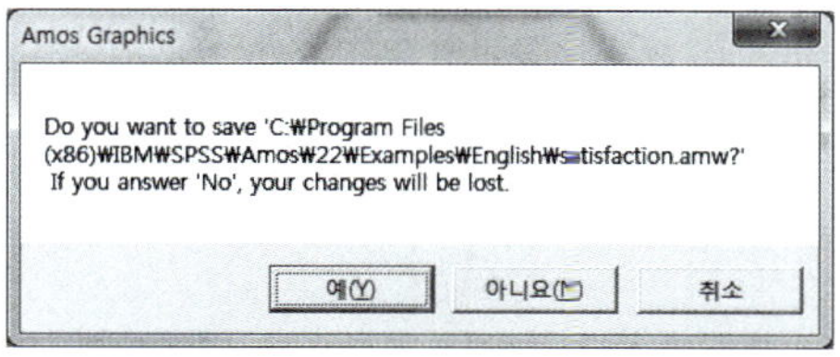

저장이 필요한 경우는 [예(Y)]를 클릭하고, 그렇지 않은 경우는 [아니요(N)]를 클릭한다. [취소]는 종료 자체를 취소하는 것을 의미한다.

(2) AMOS Graphics 창의 닫기 버튼을 이용하는 방법

AMOS Graphics 창의 닫기 버튼 ☒을 클릭하는 경우도 동일한 내용으로 종료절차가 이루어진다.

제 8 장

분석준비단계(II) – 연구모형 그리기

8.1 측정모형 그리기
8.2 경로분석모형 그리기
8.3 구조방정식모형 그리기

AMOS를 이용하여 분석을 실시하는 방법에는 AMOS Graphics를 이용하는 방법과 Program Editor를 이용하는 방법이 있다. AMOS Graphics를 이용하는 방법은 사용자가 분석하고자 하는 모형을 그림으로 작성하여 분석하는 **그래픽 기반**(graphic-based)의 분석방법이다. 그리고 Program Editor를 이용하는 방법은 분석하고자 하는 모형을 프로그래밍하여 분석하는 **프로그래밍 기반**(programing-based)의 분석방법이다. 어떤 방법을 사용하든지 사용자가 정확하게 모형을 그리거나 프로그래밍한다면 분석의 결과는 동일하다.

그런데 연구모형을 그림으로 그려 분석할 수 있다는 점은 사용자 지향적인(user-oriented) AMOS의 특징이라고 할 수 있으며, 특히 MS Office의 Powerpoint와 그 사용방식이 유사하다는 점은 사용자가 AMOS를 더욱 편리하게 사용할 수 있게 해주는 토대가 된다. 반면 프로그래밍 방식을 사용할 경우, LISREL과 같은 프로그래밍 기반의 다른 프로그램들과 큰 차이가 없으며, 프로그래밍 작성방법을 습득하기 위해 상당한 시간과 노력을 소비해야 한다. 따라서 본서에서는 AMOS Graphics를 이용한 분석방법만을 다루며, 이를 위해 여러 가지 모형그리기 방법들을 소개한다.

8.1 측정모형 그리기

측정모형(measurement model)이란 구조방정식모형(structural equation model)의 하위모형(submodel)으로서 각 **construct**와 **측정변수**들(indicators) 간의 관계를 설정하는 모형이다.[1] 예를 들어, '개인들이 사고를 하려 하고 이를 즐기는 성향'으로 정의되는 인지욕구(need for cognition)라는 construct를 7개의 7점(0: 전혀 그렇지 않다~6: 매우 그렇다) Likert 척도로 측정하였다고 하자.[2] 이때 construct를 'nfc'로, 각각의 측정변수를 nfc1, nfc2, …, nfc7이라는 변수명으로 입력하고 측정모형을 AMOS Graphics에서 그리는 방법은 다음과 같다.

① 도구상자에서 ⬭ 아이콘을 클릭한다.
② 작업시트에 [그림 8.1]과 같이 그린다.

1 Joseph F. Hair, Jr., William C. Black, Barry J. Babin, Rolph E. Anderson, and Ronald L. Tatham, *Multivariate Data Analysis*, 6th ed., Pearson-Prentice Hall, 2006, p. 709.

2 이학식, 김영, "태도-행동 관계에 대한 조정변수들의 역할 – 대선투표행동의 체계에서 –," *소비자학연구*, 9(2), 1998, pp. 37-64.

그림 8.1 작업시트에 construct를 그린 모습

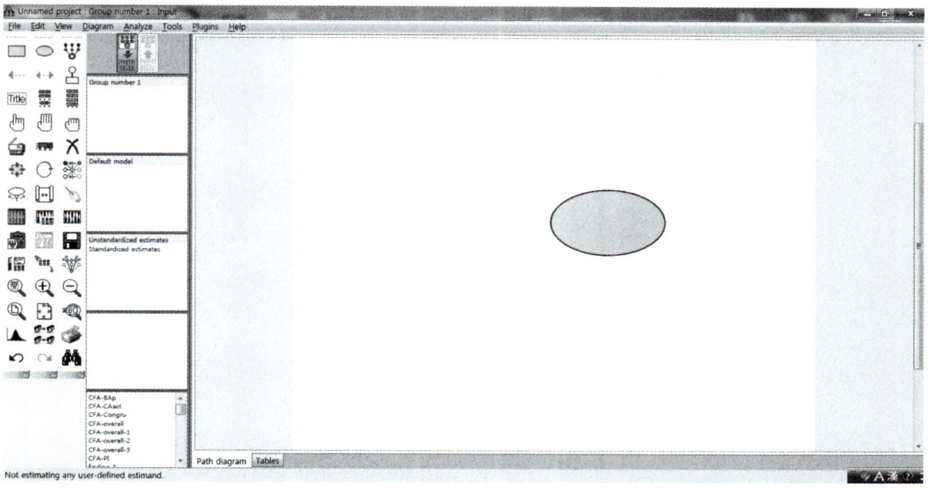

③ 도구도음에서 아이콘을 클릭하고, 작업시트로 마우스를 이동하면 마우스 포인터가 아이콘 모양으로 바뀐 것을 확인할 수 있다.

④ 작업시트에 이미 그려져 있는 construct의 위치에서 마우스 왼쪽 버튼을 측정변수 수만큼 클릭한다. 본 예에서는 인지욕구를 7개의 항목으로 측정하였으므로 7번을 클릭하면 [그림 8.2]와 같이 된다.

그림 8.2 Construct에 7개 측정변수를 그린 모습

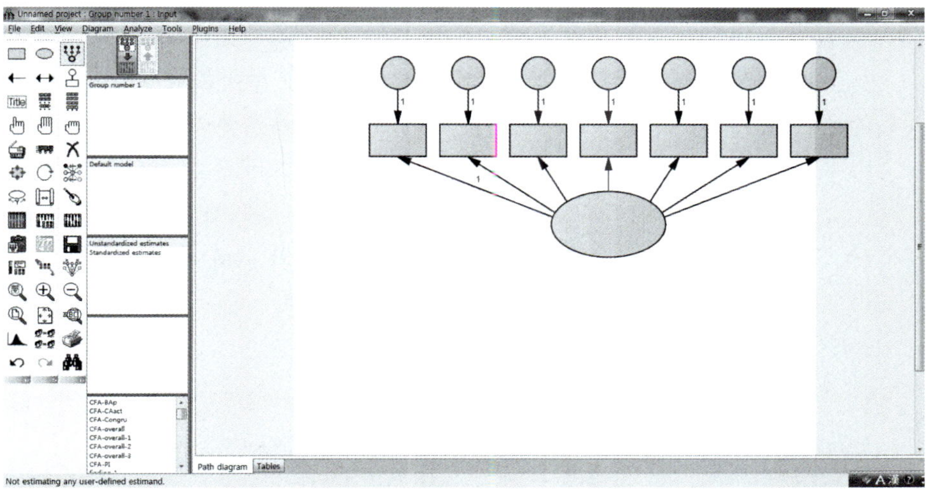

그림 8.3 **측정변수들을 90도 회전시킨 모습**

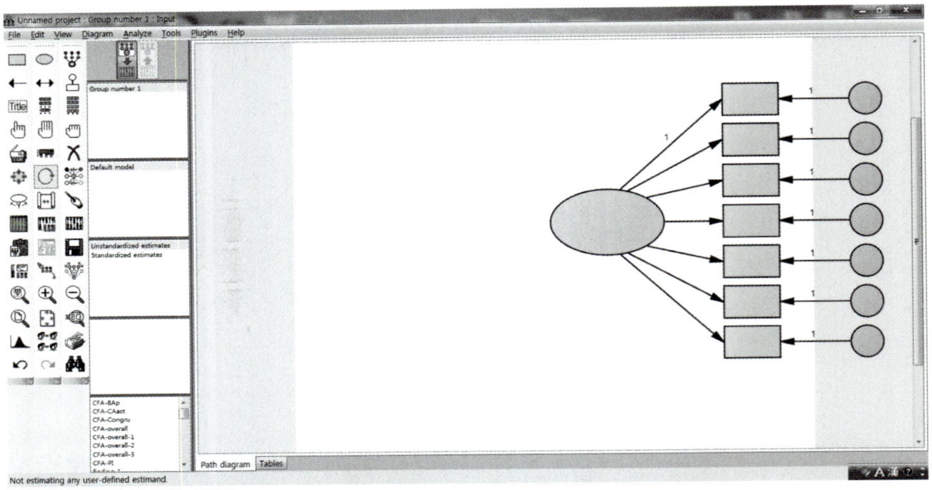

⑤ Construct의 위쪽에 있는 측정변수 위치를 오른쪽으로 이동시키기 위해 아이콘을 클릭한다. 이후 작업시트의 construct 위치에서 마우스 왼쪽을 한 번 클릭하면 측정항목들이 시계방향으로 90도 회전하여 [그림 8.3]과 같이 된다.

⑥ [그림 8.3]을 보면 측정모형이 작업시트의 오른쪽으로 너무 치우쳐 있는 모습을 확인할 수 있다. 이를 작업시트 안으로 이동시키기 위해 도구모음에서 아이콘을 클릭하면 작업시트에 그려진 도형의 색상이 파란색으로 변하며 전체가 선택된 것을 알 수 있다.

⑦ 도구모음에서 아이콘을 클릭하고, [그림 8.4]와 같이 측정모형을 작업시트 내의 적절한 위치로 이동시킨다.

⑧ 도구모음에서 아이콘을 클릭하여 전체 선택을 해제하면 측정모형이 파란색에서 검정색으로 변하여 선택이 해제되었음을 나타낸다.

⑨ 작업시트의 construct 위치에서 마우스 오른쪽을 클릭하면 단축메뉴가 제시되는데 여기서 [Object Properties...]를 클릭하면 [그림 8.5]와 같이 선택된 construct의 'Object Properties' 대화상자가 나타난다.

그림 8.4 측정모형을 작업시트 내로 위치시킨 모습

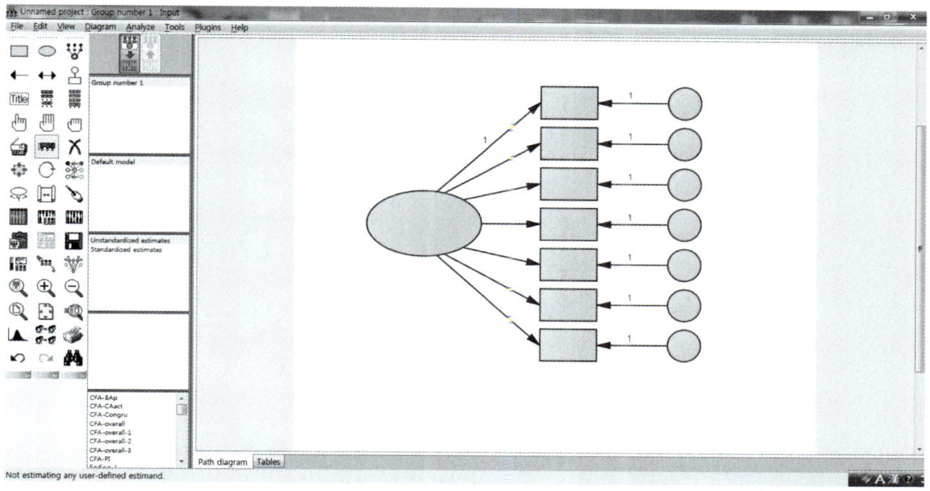

그림 8.5 Construct의 Object Properties 대화상자

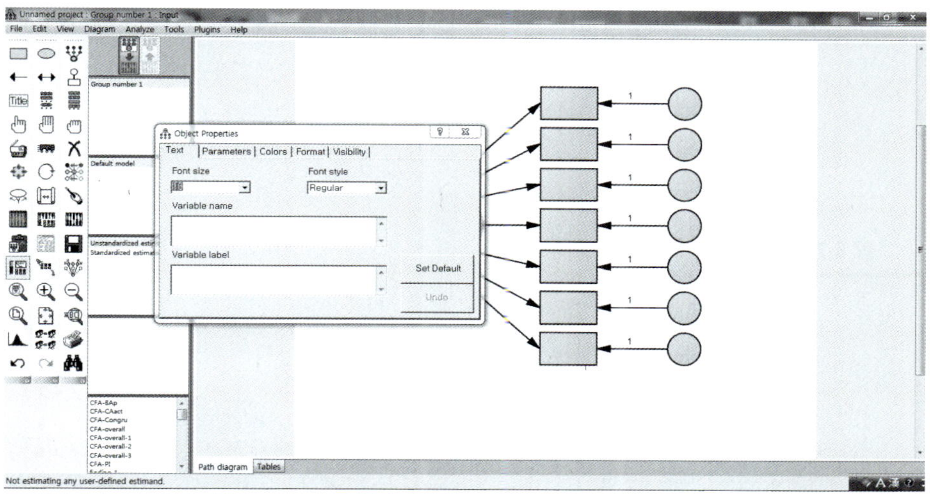

⑩ Object Properties 대화상자 [Text] 탭에서 [Variable name]에 NFC를 입력하고 ☒ 버튼을 클릭하면 [그림 8.6]과 같이 construct에 NFC라는 **변수명**이 입력되어 있다.

그림 8.6 **Construct에 NFC라는 변수명이 입력된 모습**

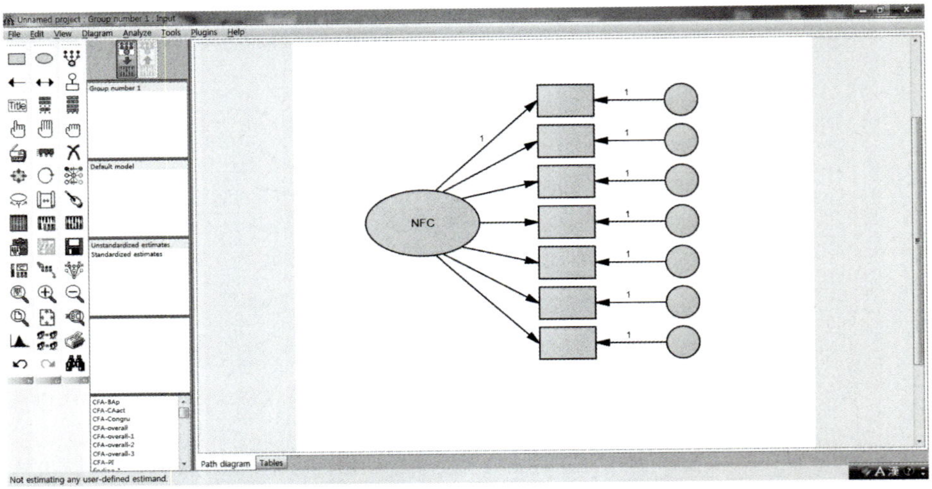

⑪ Construct의 변수명을 입력한 ⑨~⑩과 동일한 방법으로 **측정변수**에 nfc1~nfc7을 입력한다. 또한 측정변수의 **오차항**에도 e1~e7을 입력한다. 연속적으로 변수명을 입력할 때는 한 변수명을 입력한 후 [Object Properties...] 창을 닫지 않고 다른 변수를 마우스로 클릭하면 창이 계속 열려 있는 상태에서 연속적으로 변수명을 입력할 수 있다. 이러한 과정을 거치면 [그림 8.7]과 같이 측정모형 그리기가 완성된다.

그림 8.7 **완성된 측정모형 그리기**

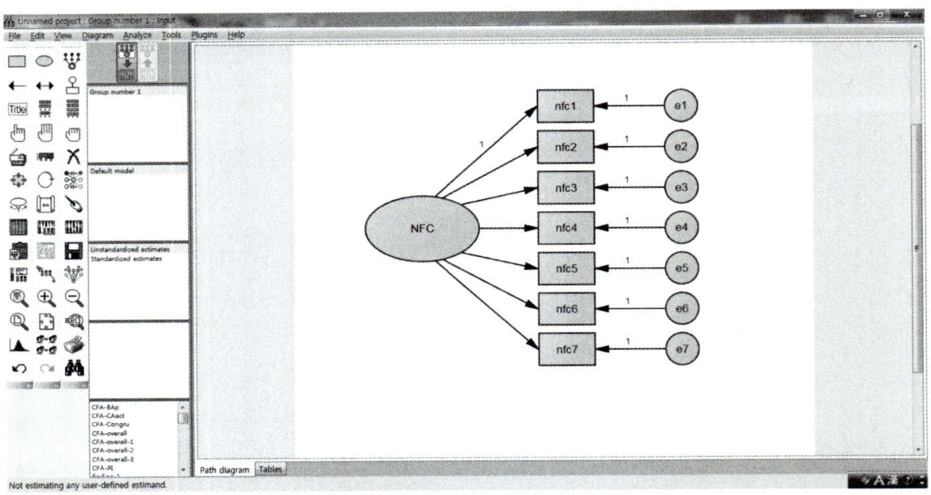

⑫ 완성된 측정모형 그림은 도구모음의 아이콘을 클릭하여 'measure-nfc.amw'로 저장하면 [그림 8.8]과 같이 AMOS Graphics의 제목표시줄에 파일명이 표시되어 나타난다.

그림 8.8 AMOS Graphics의 제목표시줄에 파일명이 나타난 모습

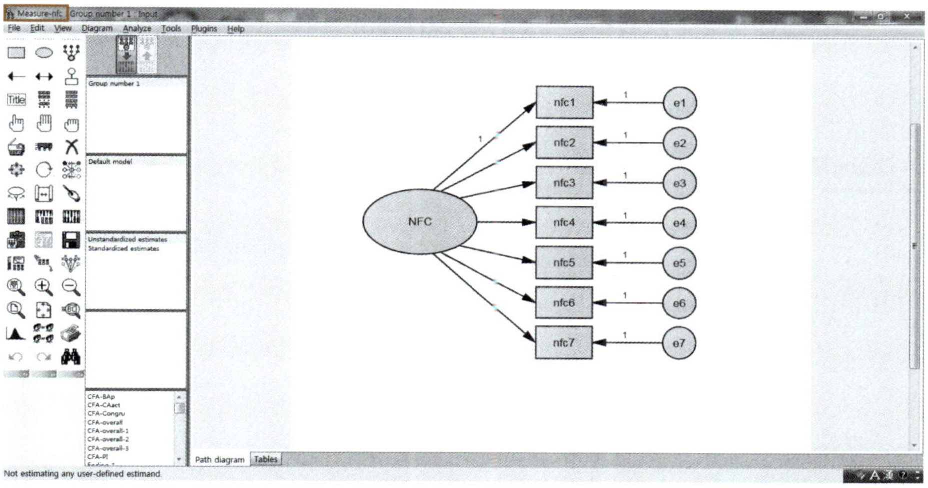

8.2 경로분석모형 그리기

경로분석(path analysis)이란 경로도형(path diagram) 내의 변수 간 관계를 추정하는 데 있어서 단순이변량 상관관계(bivariate correlations)를 이용하는 분석방법을 의미한다. 여기서 경로도형이란 연구모형 내 변수들 간의 관계를 시각적 표현으로 나타낸 것을 의미한다.[3] 경로분석은 constructs 간의 관계를 추정하거나 단일변수로 측정된 측정변수와 측정변수 간의 관계를 추정하는 데 사용될 수 있다. 본 예에서는 단일변수로 측정된 측정변수들 간의 관계를 분석하기 위한 경로분석모형을 그리는 경우를 제시한다.

예를 들어, 브랜드 개성에 대한 태도, 지각된 대표성, 그리고 지각된 품질이 브랜드 카리스마에 영향을 미치고, 브랜드 카리스마는 브랜드 로열티에 영향을

---

3 Hair et al., *op. cit.* p. 710.

미치는 경우를 가정하자.[4] 이때 모든 변수들은 단일항목으로 측정이 이루어졌다고 가정한다. 브랜드 개성에 대한 태도는 Abp라는 변수명으로, 지각된 대표성은 prototype이라는 변수명으로, 지각된 품질은 quality라는 변수명으로, 브랜드 카리스마는 charisma라는 변수명으로, 브랜드 로열티는 loyalty라는 변수명으로 입력하고 경로분석모형을 AMOS Graphics에서 그리는 방법은 다음과 같다.

① 도구모음에서 아이콘을 클릭한다.
② 작업시트에 [그림 8.9]와 같이 그린다.

그림 8.9 **작업시트에 측정변수를 그린 모습**

③ 도구모음에서 아이콘을 클릭하고, 작업시트로 이동하면 마우스 포인터가 복사상태임을 나타내는 모양으로 변경된 것을 확인할 수 있다.
④ 작업시트에 이미 그려져 있는 측정변수의 위치에 마우스를 갖다 대면 측정변수의 색깔이 빨간색으로 변한다. 이때 마우스를 클릭한 후 drag하여 적당한 위치에 drop하면 [그림 8.10]과 같이 된다. Drag & drop을 할 때 Ctrl key를 누르고 하면 다른 그리기 프로그램에서와 같이 수직 혹은 수평으로만 이동한다.

4 이학식, 임지훈, “브랜드 카리스마, 형성요인, 그리고 효과: 상징적/기능적 관여도의 조정적 역할,” *마케팅연구*, 19(3), 2004, pp. 137-177.

그림 8.10　　측정변수를 복사한 모습

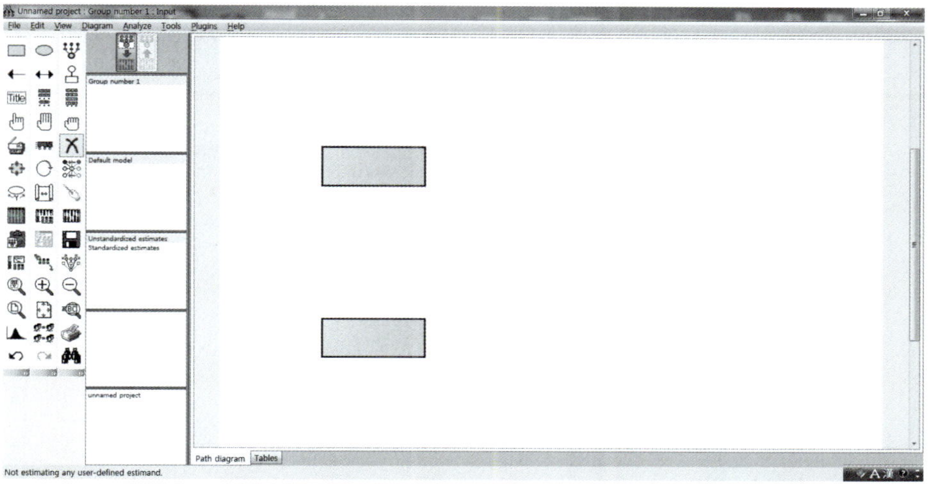

⑤ ④와 같이 동일한 방법으로 복사하여 [그림 8.11]과 같이 **외생변수**(exogenous variables)를 모두 그린다.

그림 8.11　　외생변수를 모두 그린 모습

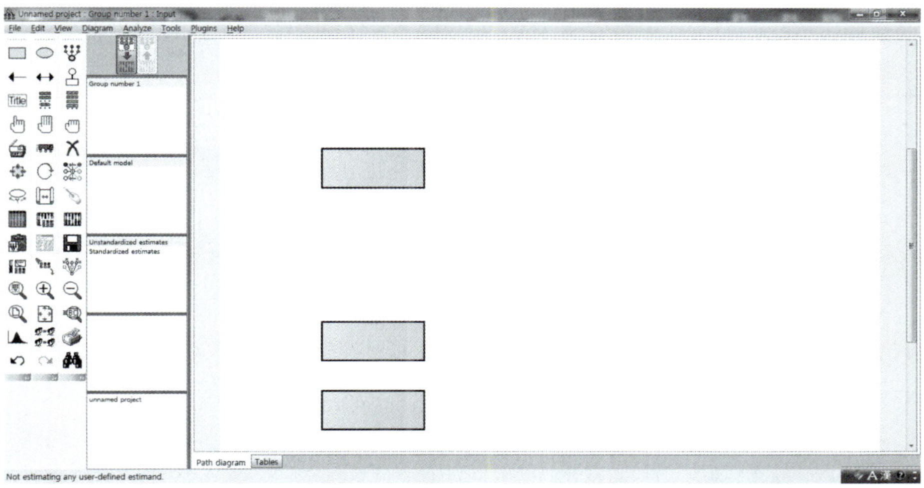

⑥ 그런데 [그림 8.11]에서는 외생변수들의 간격이 일정하지 않아 보기에 좋지 않다. 외생변수들 간의 간격을 일정하게 조절하기 위해 먼저 아이콘을 클릭하

여 전체 변수들을 선택한다. 이후 메뉴 바의 [Edit] → [Space Vertically]를 클릭하면 [그림 8.12]와 같이 외생변수 간의 수직간격이 일정하게 조정됨을 알 수 있다.

그림 8.12 외생변수 간의 수직간격이 일정하게 조정된 모습

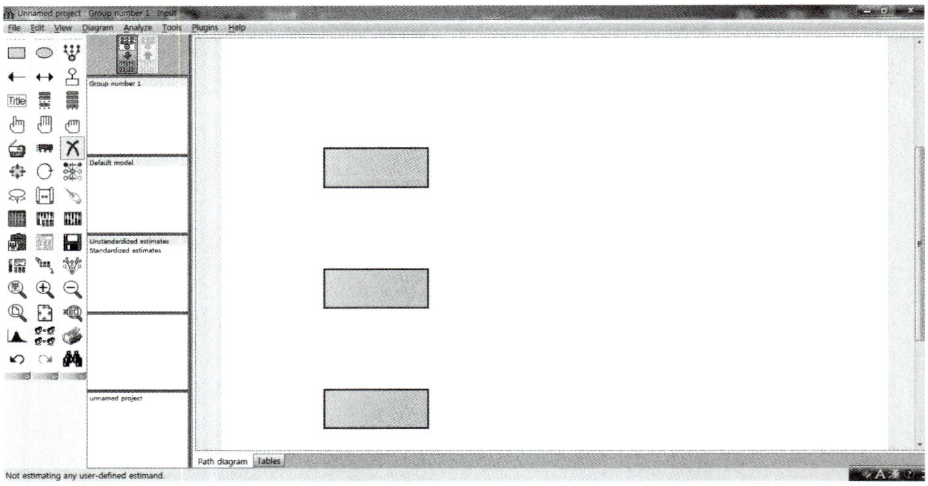

⑦ [그림 8.12]에 있는 외생변수들 중 두 번째 변수를 복사하여 [그림 8.13]과 같이 **내생변수**들(endogenous variables)을 그린다.

그림 8.13 내생변수까지 그린 모습

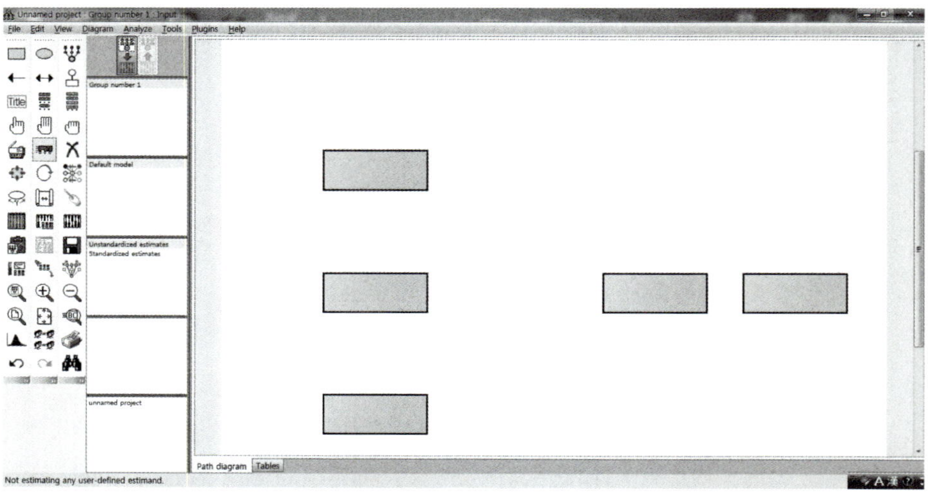

⑧ 그런데 [그림 8.13]의 두 번째 외생변수와 내생변수들 간의 간격이 일정하지 않아 보기에 좋지 않다. 변수 간의 간격을 일정하게 조정하기 위해 도구모음의 아이콘을 클릭한 다음 두 번째 외생변수와 내생변수들을 선택한다. 이에 따라 선택한 변수들이 파란색으로 변경된다. 메뉴 바의 [Edit] → [Space Horizontally]를 클릭하면 [그림 8.14]와 같이 외생변수 간의 수평간격이 일정하게 조정되어 있음을 확인할 수 있다.

그림 8.14 두 번째 외생변수와 내생변수들의 수평간격이 조정된 모습

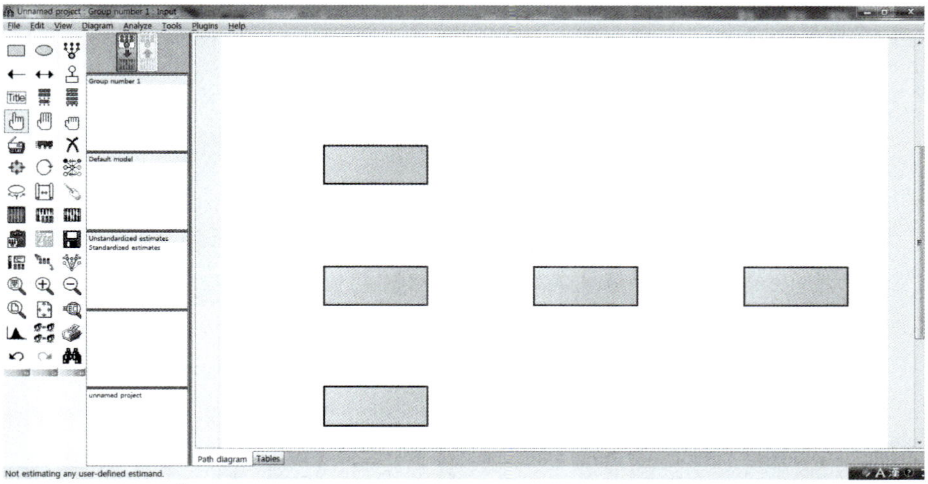

⑨ 아이콘을 클릭하여 선택을 해제한다.

⑩ 경로분석에서 외생변수들 간에는 **공분산**(covariance)을 설정한다. 이를 위해 도구모음에서 ↔ 아이콘을 클릭하면 마우스 포인터가 ↔ 아이콘의 모습으로 변화한다. 이후 두 번째 외생변수에 마우스 포인터를 위치시키면 빨간색으로 색상이 변경되는데 이때 마우스 왼쪽버튼을 클릭한 후 첫 번째 외생변수까지 drag하면 [그림 8.15]와 같이 첫 번째와 두 번째 외생변수 간에 공분산이 설정된다.

그림 8.15 첫 번째와 두 번째 외생변수 간에 공분산이 설정된 모습

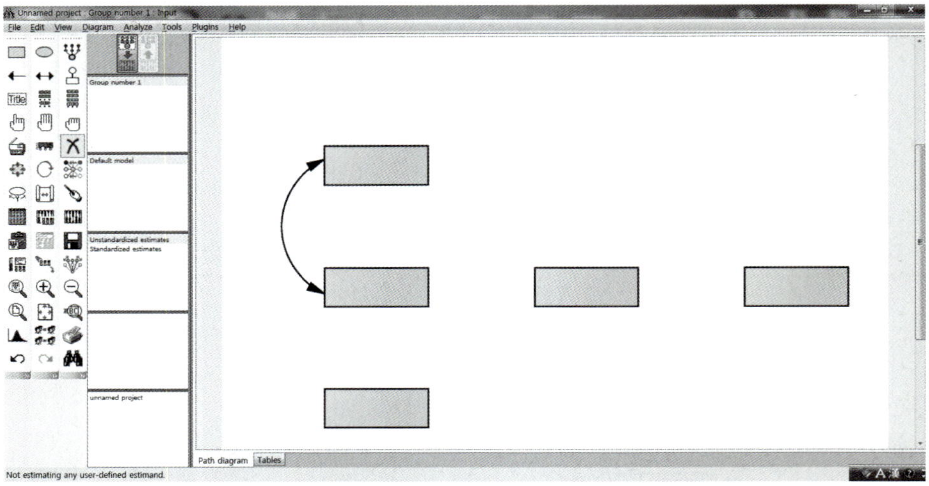

⑪ ⑩과 동일한 방법으로 두 번째와 세 번째 외생변수 사이, 첫 번째와 세 번째 외생변수 사이에도 **공분산**을 설정하면 [그림 8.16]과 같이 된다. [그림 8.16]을 보면 외생변수의 왼쪽에 공분산이 설정되어 있다. ↔ 아이콘으로 공분산을 설정할 경우 시계방향에 따라 이를 사용하면 된다. 만약 [그림 8.16]과 달리 외생변수의 오른쪽에 공분산을 설정하고자 할 때는 ↔ 아이콘을 클릭한 후 첫 번째

그림 8.16 모든 외생변수 사이에 공분산이 설정된 모습

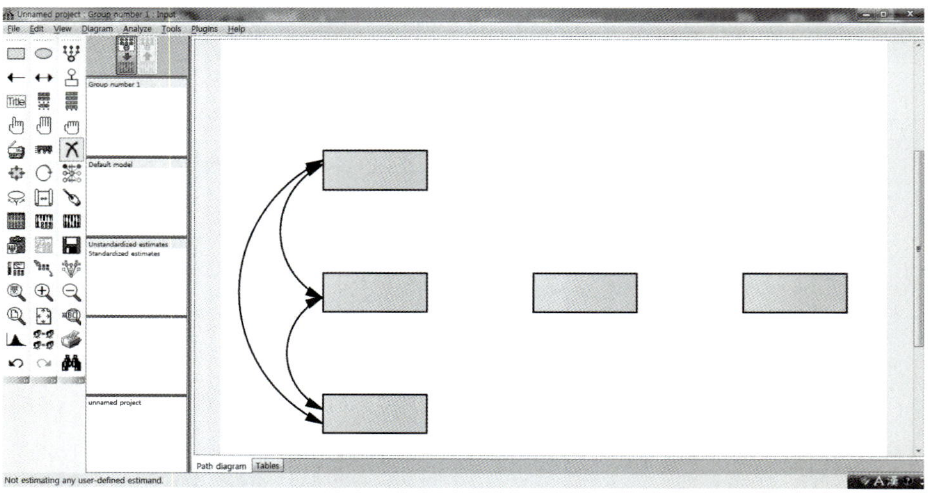

변수에서 두 번째 변수로, 두 번째 변수에서 세 번째 변수로, 첫 번째 변수에서 세 번째 변수로 공분산을 설정하면 된다. 본 예에서는 외생변수의 왼쪽에 공분산을 설정하였기 때문에 ↔ 아이콘을 클릭한 후 두 번째 변수에서 첫 번째 변수로, 세 번째 변수에서 두 번째 변수로, 세 번째 변수에서 첫 번째 변수로 공분산을 설정한 것이다.

⑫ 경로분석 시 내생변수에는 **오차항**을 설정해야 한다. 이를 위해 도구모음에서 아이콘을 클릭하면 마우스 포인터의 모양이 오차항 설정상태임을 나타내는 것으로 변화한다. 이후 마우스 포인터를 내생변수에 위치시키고 마우스 왼쪽버튼을 클릭하면 [그림 8.17]과 같이 오차항이 설정된다.

그림 8.17 **내생변수에 오차항을 설정한 모습**

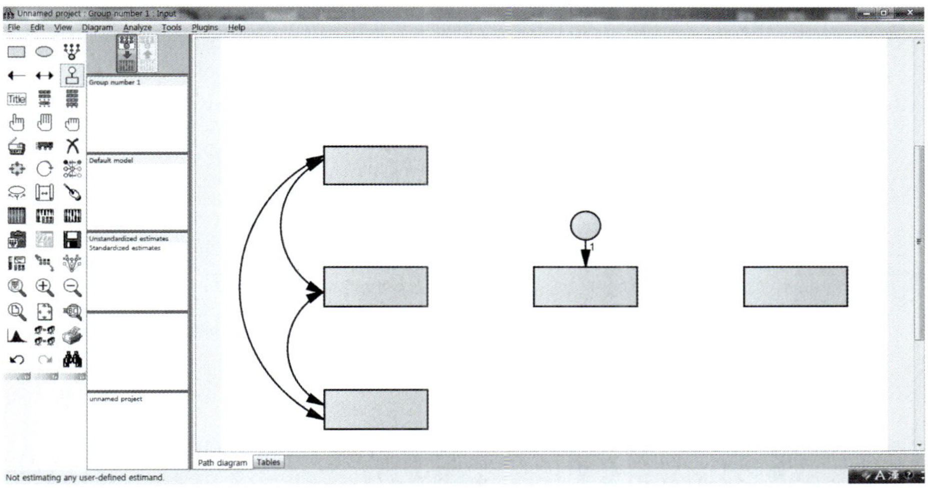

⑬ [그림 8.17]과 같이 내생변수의 위쪽에 위치한 오차항의 위치가 마음에 들지 않아 이를 변경시키고자 할 때는 도구모음의 을 클릭한 후 내생변수의 위치에서 연속적으로 클릭한다. 한번 클릭할 때마다 시계방향으로 45도씩 회전한다. 오차항의 위치를 내생변수의 아래쪽으로 위치시키기 위해 네 번을 연속 클릭하면 [그림 8.18]과 같이 된다.

그림 8.18 **오차항의 위치를 변화시킨 모습**

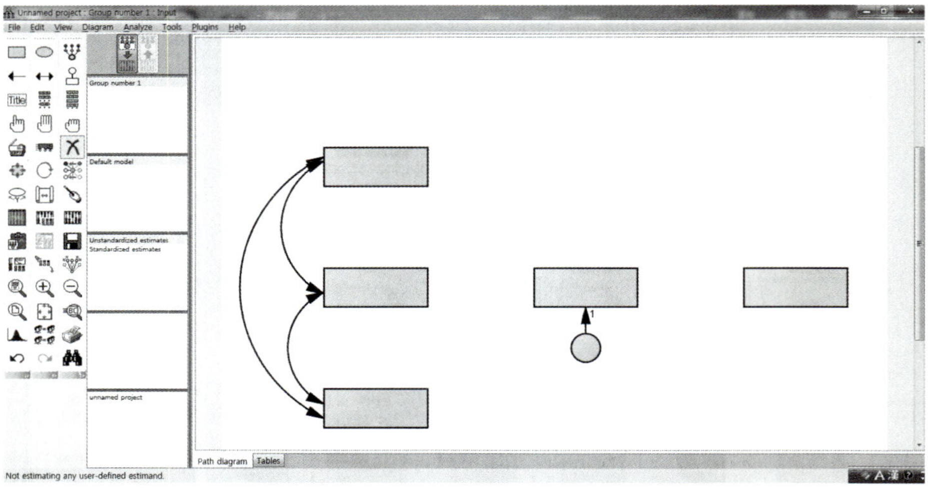

⑭ ⑫와 동일한 방법으로 두 번째 내생변수에도 오차항을 설정하면 [그림 8.19]와 같이 된다.

그림 8.19 **모든 내생변수에 오차항이 설정된 모습**

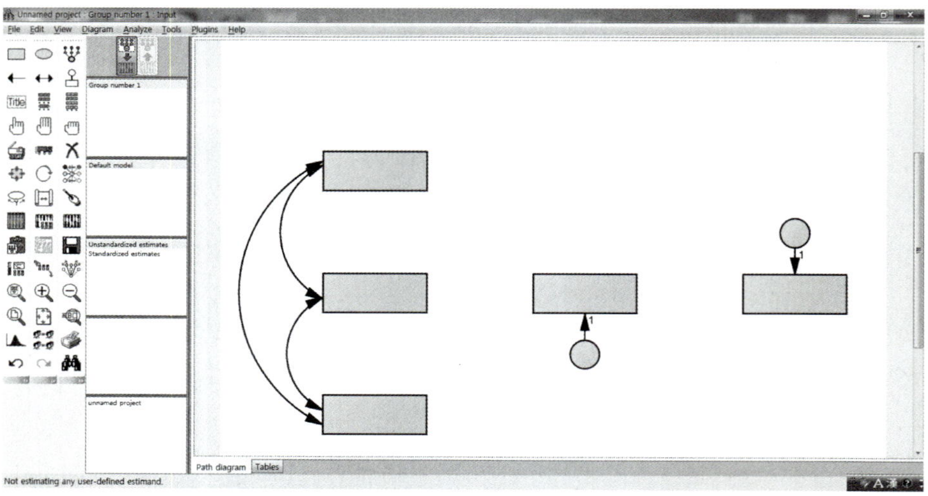

⑮ 변수들 간의 **인과관계**를 설정하기 위해 ← 아이콘을 클릭한다. [그림 8.19]에 변수들 간의 인과관계를 설정하면 [그림 8.20]과 같이 된다.

그림 8.20　변수들 간의 인과관계를 설정한 모습

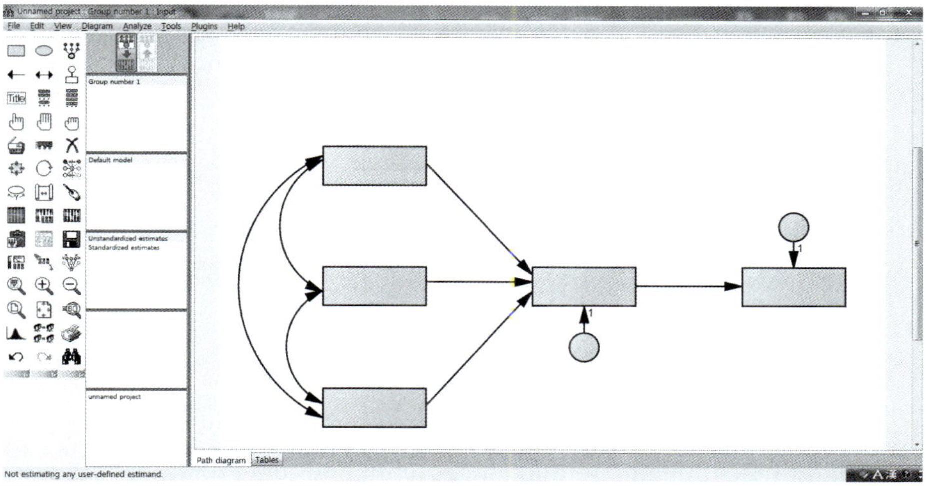

⑯ 작업시트의 변수위치에서 마우스 오른쪽을 클릭하면 단축메뉴가 제시되는데 여기서 [Object Properties...]를 클릭하면 [그림 8.21]과 같이 선택변수의 'Object Properties' 대화상자가 나타난다.

그림 8.21　변수의 Object Properties 대화상자

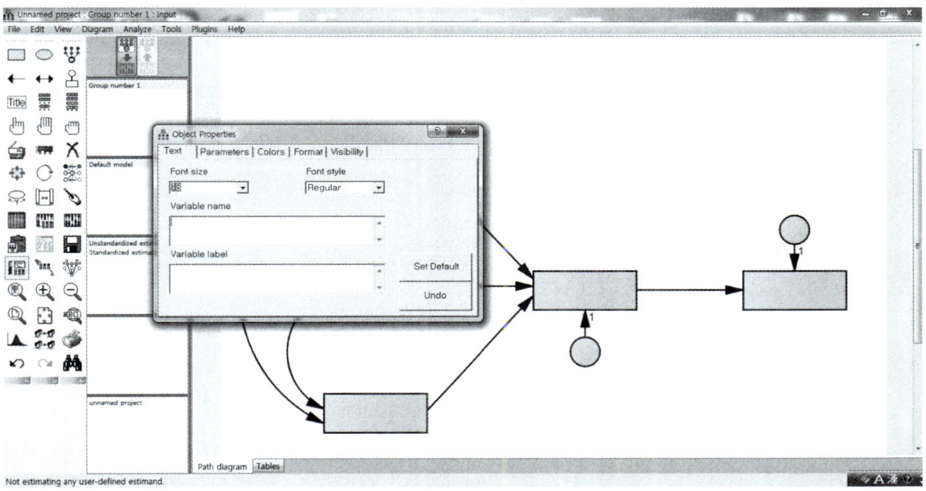

그림 8.22 **경로분석모형 그리기가 완료된 모습**

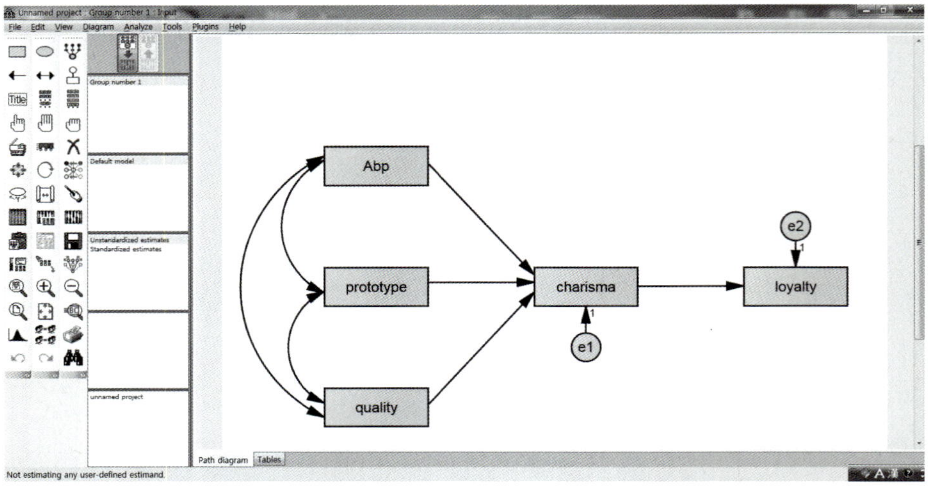

⑰ Object Properties 대화상자 [Text] 탭에서 [Variable name]에 Abp를 입력하고, 연속적으로 다른 변수들에도 변수명인 prototype, quality, charisma, loyalty를 입력한다. 또한 오차항에도 e1과 e2를 입력한다. 이후 버튼을 클릭하면 [그림 8.22]와 같이 변수들에 변수명이 입력되어 있다. [그림 8.22]는 경로분석모형 그리기가 완료된 모습이다.

그림 8.23 **AMOS Graphics의 제목표시줄에 파일명이 나타난 모습**

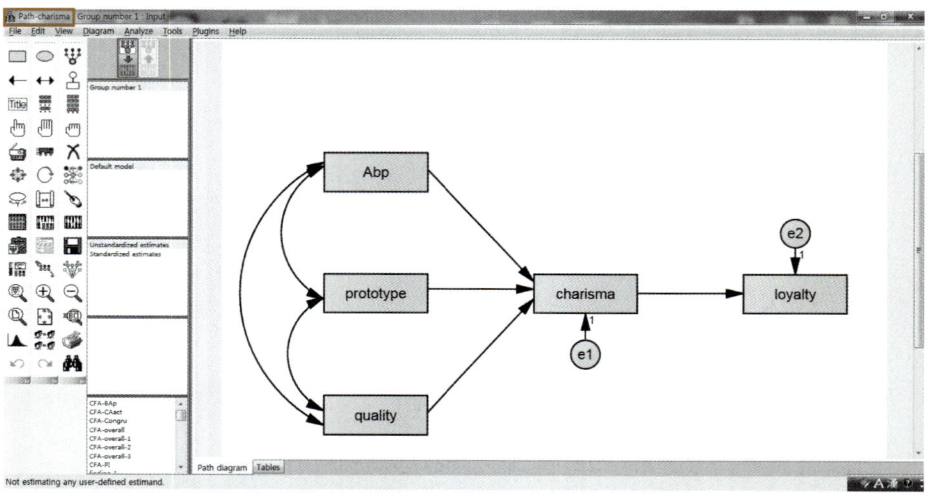

⑱ 완성된 경로분석모형 그림은 도구모음의 💾 아이콘을 클릭하여 'path-charisma.amw'로 저장하면 [그림 8.23]과 같이 AMOS Graphics의 제목표시줄에 파일명이 표시되어 나타난다.

8.3 구조방정식모형 그리기

구조방정식모형(Structural Equation Model)이란 요인분석과 다중회귀분석을 결합한 다변량 통계기법으로, **constructs** 간의 관계뿐만 아니라 construct와 **측정변수** 간의 관계를 동시에 추정하는 기법이다. 예를 들어, 자아일치성, 브랜드 구매에 대한 소비자의 태도, 소비자 구매행동에 대한 브랜드의 태도, 구매의도라는 constructs로 구성된 연구모형이 [그림 8.24]와 같다고 하자.[5]

그림 8.24 Constructs로 구성된 연구모형

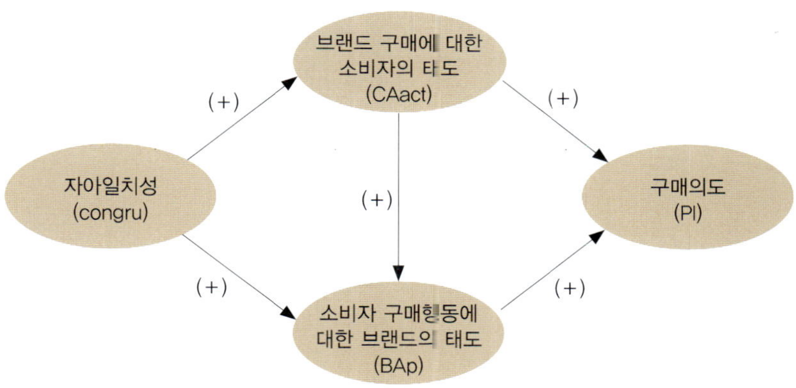

각 construct의 변수명은 자아일치성을 congru로, 브랜드 구매에 대한 소비자의 태도를 CAact로, 소비자 구매행동에 대한 브랜드의 태도를 BAp로, 구매의도를 PI로 설정하였다. 여기서 construct는 각각 세 개(congru), 네 개(CAact), 네 개(BAp), 세 개(PI)의 측정변수들로 측정하였을 때 이를 분석하기 위해 AMOS

5 이학식, 최재익, 임지훈, "소비자 구매행동에 대한 브랜드의 태도: 소비자-브랜드 관계에서의 역할," *소비자학연구*, 15(2), 2004, pp. 85-108.

Graphics에 그리는 방법은 다음과 같다.

① [그림 8.24]와 같이 연구모형이 가로형태인 경우에는 작업시트를 가로방향으로 바꿔주는 것이 바람직하다. 이를 위해 메뉴 바의 [View]→[Interface Properties...]를 클릭한다. 그러면 Interface Properties 대화상자가 나타난다. Interface Properties의 [Page Layout] 탭에서 [그림 8.25]와 같이 [Paper Size]를 기본설정인 Portrait - Letter에서 Landscape - A4로 변경한다.

그림 8.25 Interface Properties 대화상자

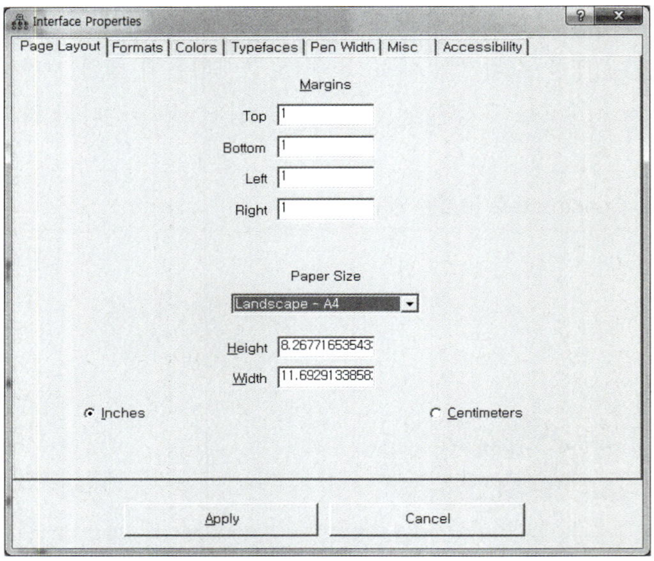

② [Apply]를 클릭하고, Interface Properties 대화상자에서 를 클릭하면 [그림 8.26]과 같이 작업시트의 모양이 가로형태로 변경된 것을 확인할 수 있다.

그림 8.26 작업시트가 가로형태로 변경된 모습

③ 도구모음에서 ⬭ 아이콘을 이용하여, [그림 8.27]과 같이 construct를 작업시트에 그린다.

그림 8.27 작업시트에 construct를 그린 모습

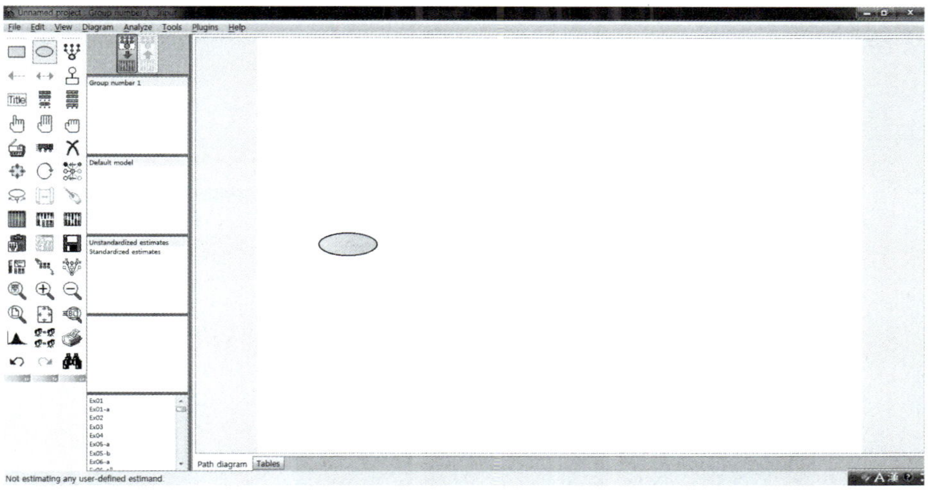

④ 도구모음의 아이콘을 이용하여 [그림 8.28]과 같이 세 개의 **측정변수**를 그린다.

그림 8.28 Construct에 측정변수를 그린 모습

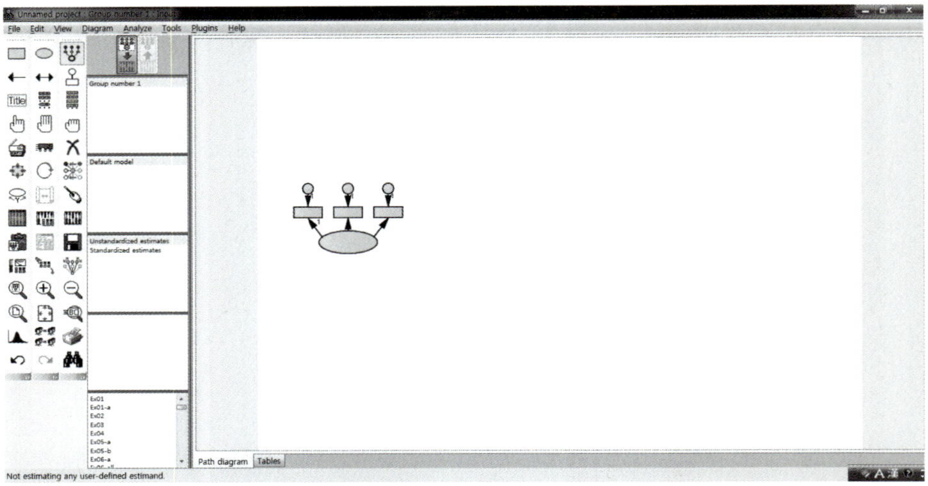

⑤ [그림 8.28]에서 측정변수의 위치를 construct 왼쪽으로 보내기 위해 도구모음의 아이콘을 클릭한다. 그러면 마우스 포인터가 'rotate'라는 글자로 변화하는데, 이때 마우스 포인터를 construct에 위치시키면 색깔이 빨간색으로 변경된다. 이 상태에서 마우스 왼쪽버튼을 한번 클릭할 때마다 측정변수들의 위치가 시계방향으로 90도씩 회전한다. 측정변수를 construct 왼쪽으로 보내기 위해서는 마우스 왼쪽버튼을 세 번 클릭하면 [그림 8.29]와 같이 된다.

그림 8.29 측정변수 위치를 construct 왼쪽으로 이동시킨 모습

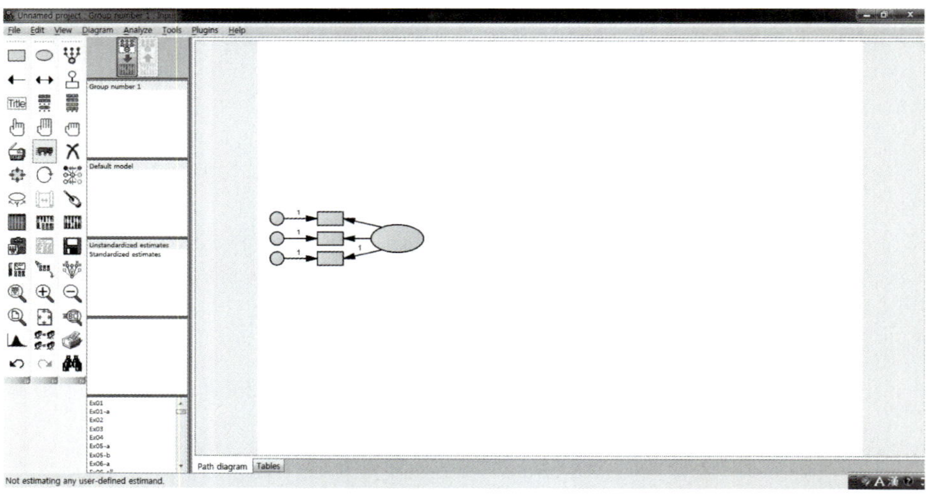

그림 8.30 Constructs와 측정변수들을 모두 그린 모습

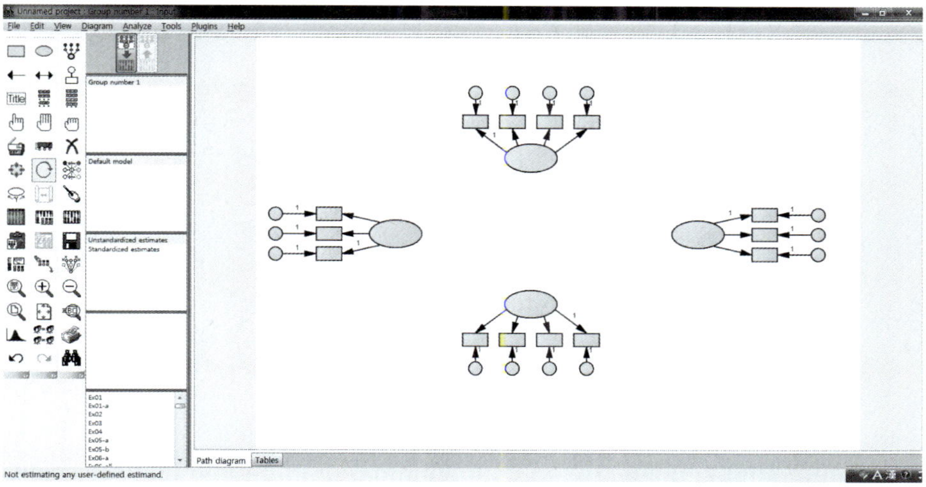

⑥ 동일한 방법으로 다른 constructs와 측정변수들을 그리면 [그림 8.30]과 같이 된다.

⑦ 도구모음의 ← 아이콘을 이용하여 [그림 8.24]의 연구모형과 같이 **인과관계**를 설정한다. constructs 간 인과관계가 설정된 모습은 [그림 8.31]과 같다.

그림 8.31 Constructs 간 인과관계가 설정된 모습

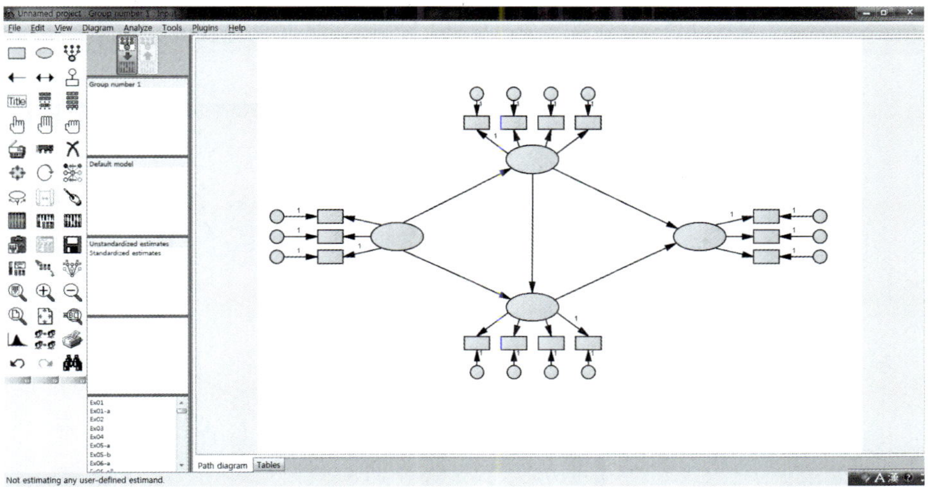

⑧ [그림 8.31]에서 내생 constructs에는 **오차항**을 설정해야 한다. 이를 위해 도구

그림 8.32 Construct에 오차항을 설정한 모습

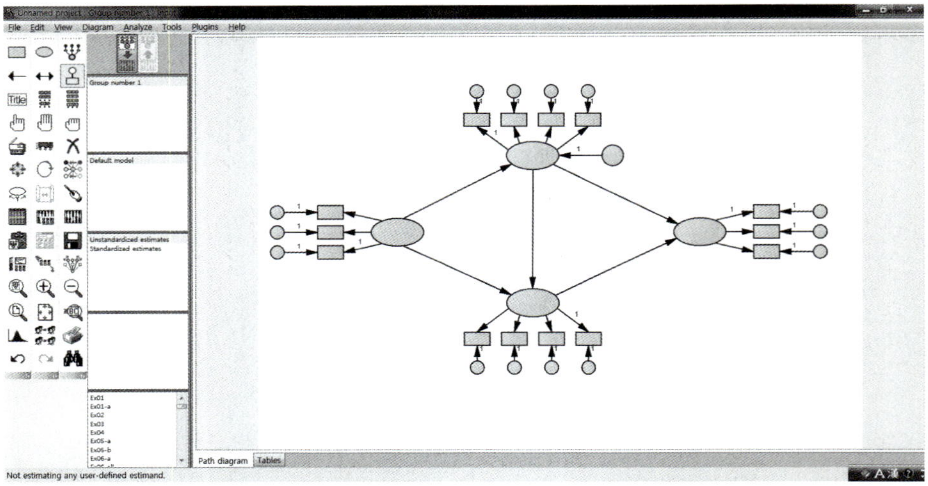

모음의 아이콘을 클릭하면, 마우스 포인터가 오차항 설정상태임을 나타내는 모양으로 변하게 된다. 이때 첫 번째 내생 construct에 위치시키고 마우스 왼쪽을 클릭하면 construct에 오차항이 설정된다. 오차항의 적절한 위치를 위해 마우스 왼쪽을 두 번 클릭하면 오차항이 시계방향으로 90도 회전하여 [그림 8.32]와 같이 된다.

그림 8.33 모든 내생 constructs에 오차항이 설정된 모습

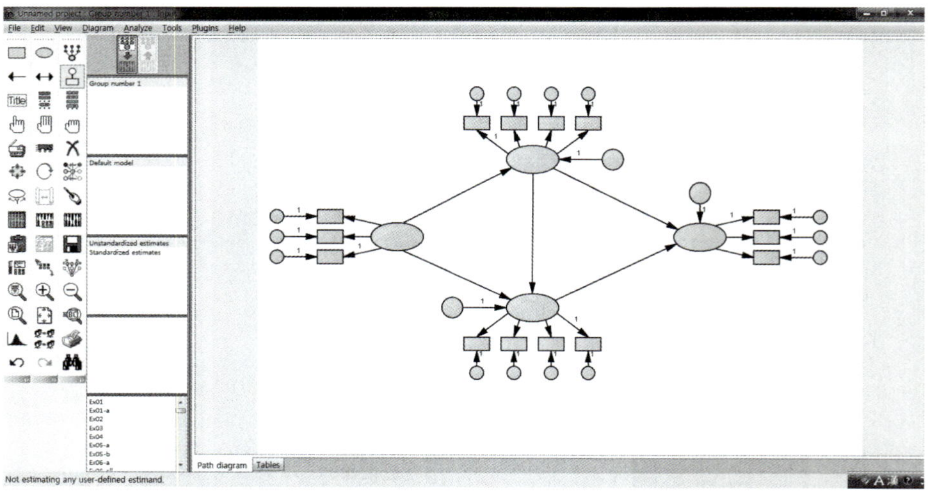

⑨ ⑧과 같은 방법으로 모든 내생 construcst에 오차항을 설정한 모습은 [그림 8.33]과 같다. 참고로 오차항은 **외생 construct**에는 설정하지 않으나 **내생 constructs**에는 모두 설정해야 한다.

⑩ [그림 8.33]의 외생 construct 위치에서 마우스 오른쪽을 클릭하면 단축메뉴가 제시되는데 여기서 [Object Properties...]를 클릭하면 [그림 8.34]와 같이 선택된 변수의 'Object Properties' 대화상자가 나타난다.

그림 8.34 외생 construct의 Object Properties 대화상자

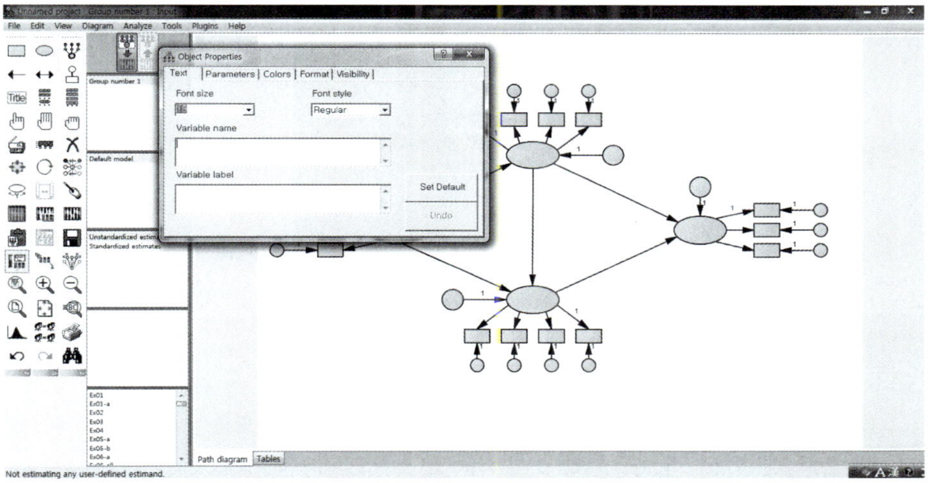

⑪ Object Properties 대화상자 [Text] 탭에서 [Variable name]에 congru를 입력하고, 연속적으로 다른 constructs, 측정변수들, 오차항들에 변수명을 입력한다. 이후 버튼을 클릭하면 [그림 8.35]와 같이 변수들에 변수명이 입력되어 있다. [그림 8.35]는 구조방정식모형 그리기가 완료된 모습이다.

그림 8.35 구조방정식모형 그리기가 완료된 모습

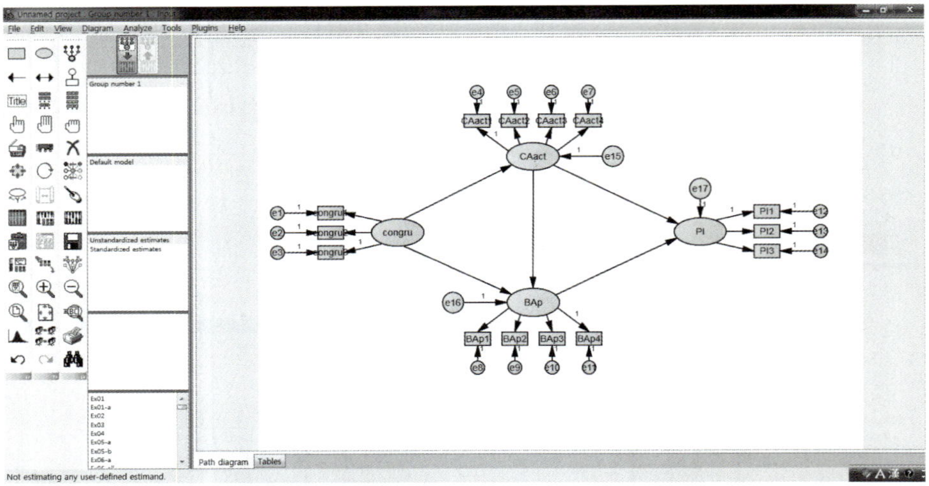

⑫ 완성된 구조방정식모형 그림은 도구모음의 [저장 아이콘] 아이콘을 클릭하여 'SEM-c-b-relation.amw'로 저장하면 [그림 8.36]과 같이 AMOS Graphics의 제목표시줄에 파일명이 표시되어 나타난다.

그림 8.36 AMOS Graphics의 제목표시줄에 파일명이 나타난 모습

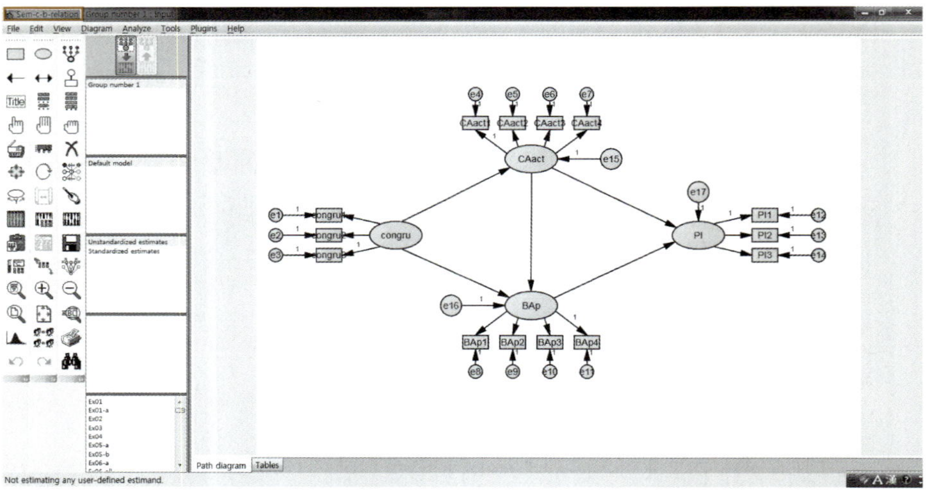

제 9 장

분석준비단계(Ⅲ) – 분석예제와 결과물 해석

- **9.1** 경로분석의 개념과 분석예제
- **9.2** 분석데이터 입력
- **9.3** 결과물 옵션 설정
- **9.4** 결과물 해석

본 장에서는 먼저 경로분석의 개념에 대해 설명하고, 다섯 개의 측정변수들로 구성된 간단한 경로분석 예제를 통해 경로분석모형 그리기, 데이터 입력, 결과물 옵션 설정, 결과물 해석 등을 설명한다.

9.1 경로분석의 개념과 분석예제

1. 경로분석의 개념

경로분석(path analysis)이란 제8장에서 설명한 것과 같이 경로도형(path diagram) 내 변수들 간의 관계를 동시에 추정할 수 있는 분석방법을 의미한다. 경로분석은 1920년대 초에 미국의 유전학자인 Sewall Wright에 의해 개발되었다.[1] 경로분석은 자연과학자에 의해 개발되었지만 이후 사회과학, 특히 행동과학 분야에 폭넓게 사용되고 있다.

2. 경로분석 예제

A자동차 제조회사의 마케터는 소비자들이 자동차 브랜드에 대한 호의적인 태도와 로열티를 형성하도록 유발하는 주요 요인이 무엇인가를 파악하기 위해 자사고객 중 일부를 대상으로 심층면접(depth interview)을 실시하였다. 심층면접의 결과 자동차의 가격(price), 품질(quality) 및 디자인(design)이 소비자의 태도(attitude)와 로열티(loyalty)의 주요 결정요인임이 확인되었다. A자동차 회사의 마케터는 이러한 심층면접결과를 토대로 변수들 간의 인과관계를 실증조사하려고 한다. A자동차 회사의 마케터는 변수들 간의 관계와 관련하여 다음과 같은 가설을 설정하였다.

H1: 가격은 브랜드 태도에 負(−)의 영향을 미칠 것이다.
H2: 품질은 브랜드 태도에 正(+)의 영향을 미칠 것이다.
H3: 디자인은 브랜드 태도에 正(+)의 영향을 미칠 것이다.
H4: 브랜드 태도는 브랜드 로열티에 正(+)의 영향을 미칠 것이다.

---

1 John C. Loehlin, *Latent Variable Models*, 2nd ed., 1992, Lawrence Erlbaum Associates, p. 9.

이러한 가설들을 연구모형으로 나타내면 [그림 9.1]과 같다.

그림 9.1 A자동차 회사 마케터의 연구모형

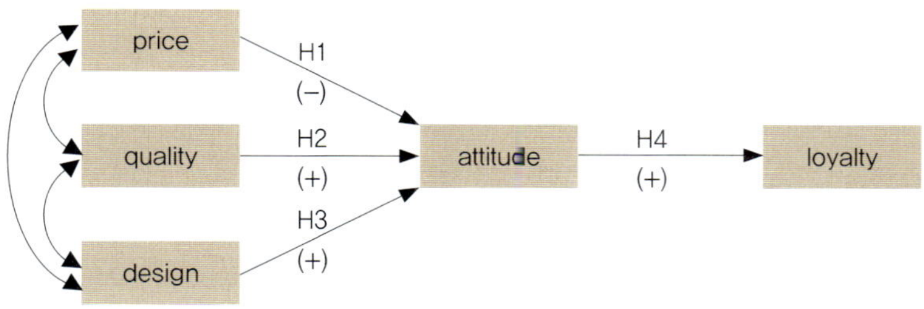

실증조사를 위해 각각의 변수들은 다음과 같이 측정하였다.

- 가격: "○○○ 자동차는 가격이 높다"
  – 전혀 그렇지 않다(1) ~ 매우 그렇다(5)
- 품질: "○○○ 자동차는 품질이 높다"
  – 전혀 그렇지 않다(1) ~ 매우 그렇다(5)
- 디자인: "○○○ 자동차는 디자인이 우수하다"
  – 전혀 그렇지 않다(1) ~ 매우 그렇다(5)
- 브랜드 태도: "나는 ○○○ 자동차가 좋다"
  – 전혀 그렇지 않다(1) ~ 매우 그렇다(5)
- 브랜드 로열티: "나는 ○○○ 자동차를 다시 구매하고 싶다"
  – 전혀 그렇지 않다(1) ~ 매우 그렇다(5)

A자동차 회사가 8명의 자사 자동차 고객들을 대상으로 설문조사한 결과는

표 9.1 설문조사 결과

응답자	price	quality	design	attitude	loyalty
1	4	2	2	2	2
2	4	3	3	3	3
3	3	2	4	3	3
4	3	3	2	4	4
5	2	3	5	4	4
6	2	4	3	4	5
7	1	3	2	4	4
8	1	5	4	5	5

〈표 9.1〉과 같다.

〈표 9.1〉의 설문조사 결과를 SPSS에 입력한 모습은 [그림 9.2]와 같다. 입력한 데이터는 '9-ex1.sav'라는 파일명으로 저장하고 이후의 분석에 사용한다.

그림 9.2 설문조사 결과를 SPSS에 입력한 모습

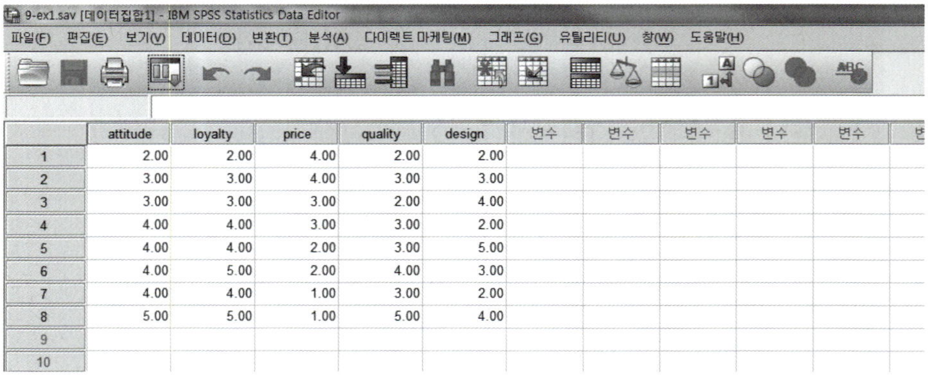

	attitude	loyalty	price	quality	design	변수	변수	변수	변수	변수
1	2.00	2.00	4.00	2.00	2.00					
2	3.00	3.00	4.00	3.00	3.00					
3	3.00	3.00	3.00	2.00	4.00					
4	4.00	4.00	3.00	3.00	2.00					
5	4.00	4.00	2.00	3.00	5.00					
6	4.00	5.00	2.00	4.00	3.00					
7	4.00	4.00	1.00	3.00	2.00					
8	5.00	5.00	1.00	5.00	4.00					
9										
10										

3. 경로분석모형 그리기

경로분석모형 예제를 분석하기 위해서는 제8장에서 소개한 절차를 통해

그림 9.3 경로도형의 작성

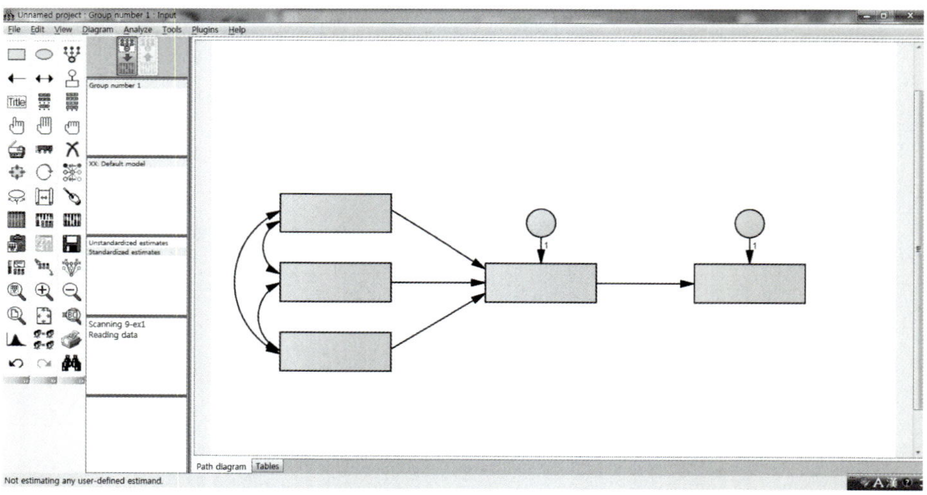

AMOS Graphics에 경로도형을 작성한다. 우선 도구모음의 아이콘을 활용하여 [그림 9.3]의 단계까지 작성한다.

[그림 9.3]의 단계에서 경로도형을 완성하기 위해서는 **변수명**을 지정하면 된다. 기존에 변수명을 지정하는 방법으로 설명한 것은 [Object Properties...] 대화상자를 이용하는 것이었다. 그런데 도구모음의 ▤ 아이콘을 사용하여 변수명을 지정하는 방법도 있는데, 그 방법은 다음과 같다.

① 메뉴 바의 [File] → [Data Files...]를 클릭하면 [그림 9.4]와 같은 'Data Files' 대화상자가 나타난다.

그림 9.4 Data Files 대화상자

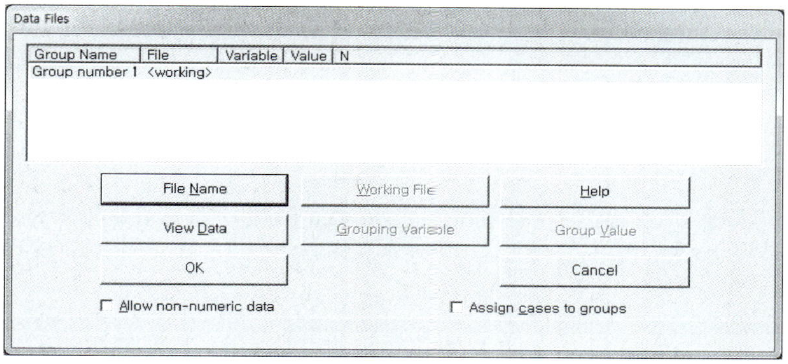

② 여기서 [File Name]을 클릭하면, [그림 9.5]와 같은 '열기' 대화상자가 나타난다. [그림 9.5]에서 '9-ex1.sav'파일을 지정한다.

그림 9.5　　열기 대화상자

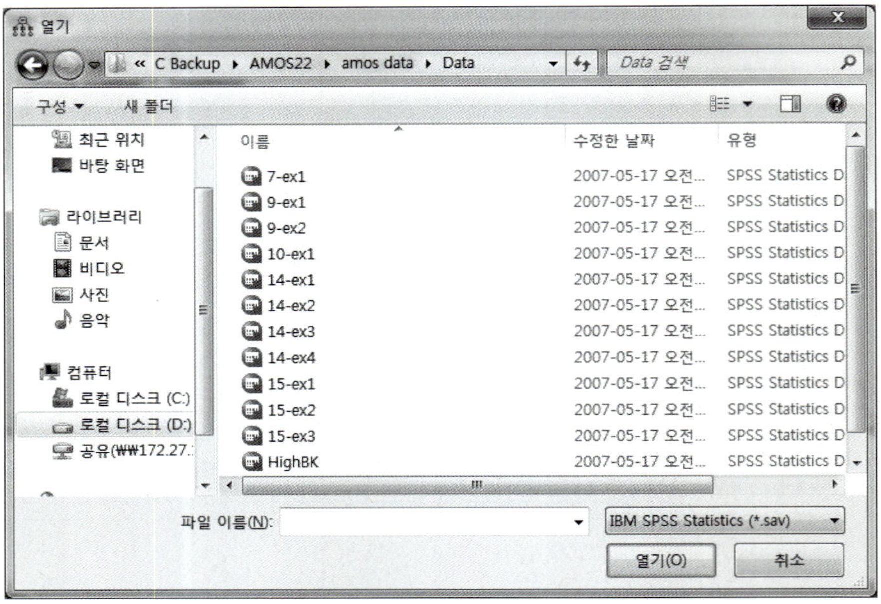

③ 이에 따라 [그림 9.6]과 같이 'Data Files' 대화상자에 '9-ex1.sav'파일이 지정된 것을 확인할 수 있다.

그림 9.6　　파일이 지정된 모습

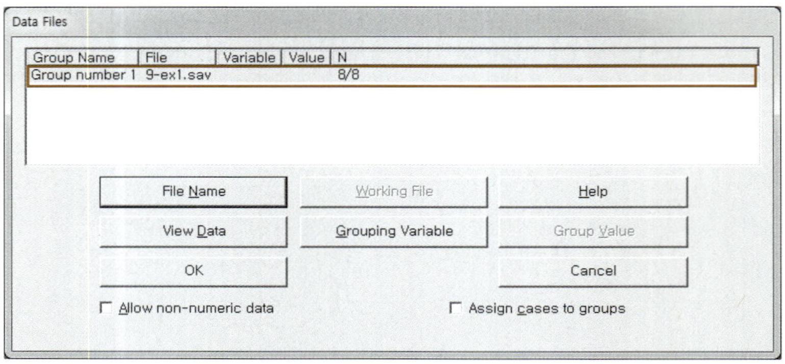

④ [그림 9.6]에서 [OK]를 클릭한다.

⑤ 이후 AMOS Graphics 도구모음에서 아이콘을 클릭하면 [그림 9.7]과 같이 데이터 파일 내의 모든 변수들이 나타난다.

그림 9.7 데이터 파일 내의 변수들

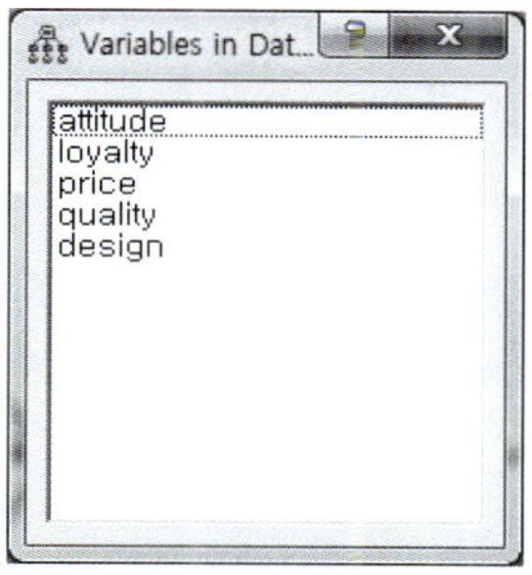

⑥ 이 변수들 중 price를 마우스로 클릭한 후 drag하여 첫 번째 외생변수에 위치시키면 [그림 9.8]과 같이 변수명이 입력된다.

그림 9.8 Price 변수명이 입력된 모습

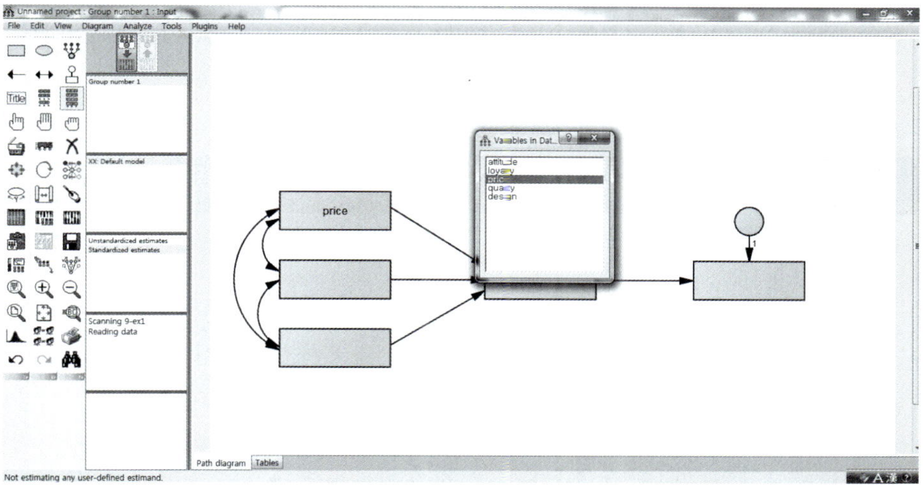

⑦ 동일한 방법으로 다른 변수들의 변수명을 입력하면 된다. 그런데 내생변수의 **오차항**은 측정변수가 아니기 때문에 변수경이 나타나지 않으므로 별도로 변수명을 입력해야 한다. 모든 변수명을 입력하면 [그림 9.9]와 같이 된다.

그림 9.9 **모든 변수명이 입력된 모습**

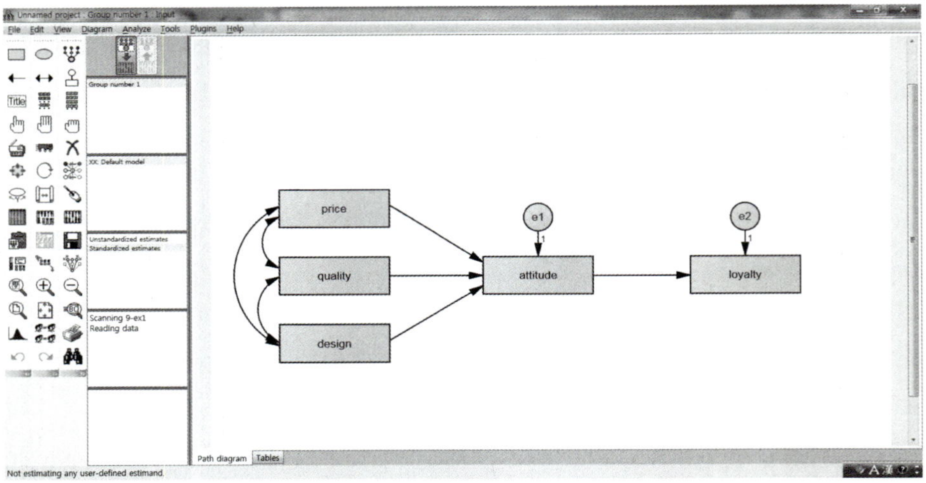

⑧ [그림 9.9]의 경로도형을 아이콘을 사용하여 'loyalty.amw'라는 파일명으로 저장한다. 이는 본서에 첨부된 CD 내 Analysis folder 내에 있다.

9.2 분석데이터 입력

경로도형을 작성하고 AMOS 분석을 실시하기 위해서는 분석에 사용될 데이터를 지정해야 한다. 분석에 사용될 데이터는 **공분산행렬**(covariance matrix)이나 **상관행렬**(correlation matrix)이다. AMOS에서는 공분산행렬의 사용이 기본 설정으로 되어 있다. 그러나 사용자가 직접 공분산행렬을 작성하여 입력데이터(input data)로 사용하는 것이 아니라 [그림 9.2]에 제시된 것과 같이 일반적인 데이터 코딩방식에 따라 작성한 데이터를 분석데이터로 지정하면 프로그램이 자체적으로 공분산행렬을 구하고 이를 분석에 사용한다. 물론 사용자가 직접 분석에 사용할 자료로 공분산행렬이나 상관행렬을 작성하여 분석데이터로 사용하는 것도 가능하다. 이하에서는 프로그램이 자체적으로 행렬을 구하여 분석에 사용하는 자동입력방식과 사용자가 직접 행렬을 입력하는 행렬입력방식에 대해 설명한다.

1. 자동입력방식

자동입력방식은 사용자가 일반적인 데이터 코딩방식에 따라 작성한 데이터를 AMOS 분석을 위한 자료로 사용하는 방식이다. 이 방식의 경우 사용자가 별도로 공분산 혹은 상관행렬을 입력할 필요가 없기 때문에 사용이 편리하며, AMOS에서는 이 방식이 기본 설정으로 되어 있다. 자동입력방식을 이용한 데이터 파일의 입력은 아이콘을 사용하여 변수명을 지정하는 방법에서 설명한 것과 동일하다.

2. 행렬입력방식

행렬입력방식은 사용자가 직접 AMOS 분석에 사용할 공분산(혹은 상관관계) 자료를 계산하여 분석자료로 지정하는 방식이다. 이 방식은 사용자가 직접 행렬을 구해야 하는 불편함이 있지만 결측값(missing value)이 있을 때 이 문제를 해결하는 방법으로 많이 사용된다. 행렬입력방식을 사용하기 위해서는 먼저 SPSS의 syntax를 이용하여 데이터 파일을 작성해야 한다. 행렬입력방식의 데이터 파일 작성은 다음과 같은 절차로 이루어진다.

① 먼저 SPSS를 이용하여 '9-ex1.sav' 파일의 기초통계분석과 상관분석(혹은 공분산분석)을 실시한다. '9-ex1.sav' 파일의 기초통계분석과 상관분석 결과는 〈표 9.2〉와 같다.

표 9.2 '9–ex1.sav' 파일의 기초통계분석과 상관분석 결과

기술통계량

	N	최소값	최대값	평균	표준편차
attitude	8	2.00	5.00	3.6250	.91613
loyalty	8	2.00	5.00	3.7500	1.03510
price	8	1.00	4.00	2.5000	1.19523
quality	8	2.00	5.00	3.1250	.99103
design	8	2.00	5.00	3.1250	1.12599
유효 N(목록별)	8				

상관관계

		attitude	loyalty	price	quality	design
attitude	Pearson 상관	1	.942**	-.848**	.846**	.329
	유의확률 (양측)		.000	.008	.008	.426
	N	8	8	8	8	8
loyalty	Pearson 상관	.942**	1	-.808*	.870**	.276
	유의확률 (양측)	.000		.015	.005	.509
	N	8	8	8	8	8
price	Pearson 상관	-.848**	-.808*	1	-.663	-.265
	유의확률 (양측)	.008	.015		.073	.525
	N	8	8	8	8	8
quality	Pearson 상관	.846**	.870**	-.663	1	.240
	유의확률 (양측)	.008	.005	.073		.567
	N	8	8	8	8	8
design	Pearson 상관	.329	.276	-.265	.240	1
	유의확률 (양측)	.426	.509	.525	.567	
	N	8	8	8	8	8

**. 상관관계가 0.01 수준에서 유의합니다(양측).
*. 상관관계가 0.05 수준에서 유의합니다(양측).

② 기초통계분석 결과를 토대로 SPSS의 syntax 창에 [그림 9.10]과 같이 명령문을 작성한다. 명령문 작성시 첫 번째 행과 마지막 행의 끝에 마침표를 찍어야 한다는 것에 유념해야 한다.

그림 9.10 **데이터 파일 작성 명령문**

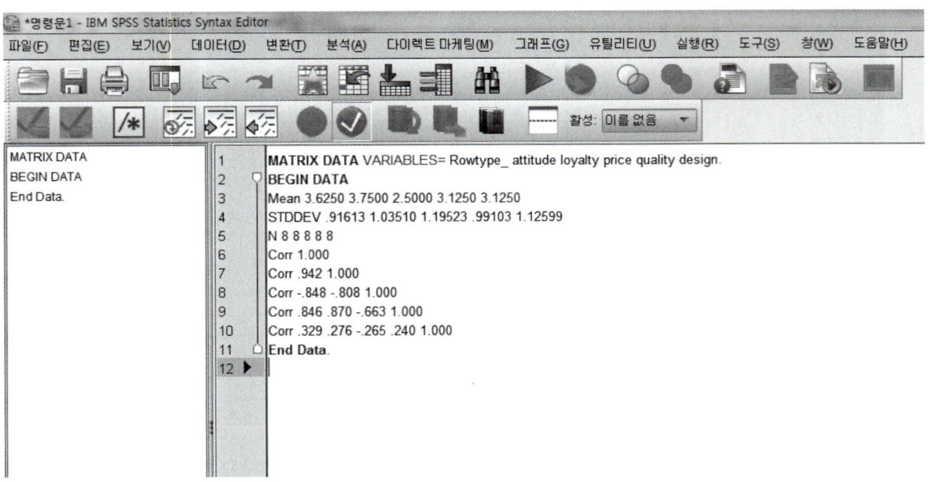


```
MATRIX DATA VARIABLES= Rowtype_ attitude loyalty price quality design.
BEGIN DATA
Mean 3.6250 3.7500 2.5000 3.1250 3.1250
STDDEV .91613 1.03510 1.19523 .99103 1.12599
N 8 8 8 8 8
Corr 1.000
Corr .942 1.000
Corr -.848 -.808 1.000
Corr .846 .870 -.663 1.000
Corr .329 .276 -.265 .240 1.000
End Data.
```

☞ 'Matrix Data Variables=Rowtype_'까지 작성한 이후 한 칸을 띄우고 데이터 파일에 들어갈 변수명을 입력한다. 각각의 변수명 사이에는 한 칸씩 띄어 입력한다. 만약 변수명이 연속적이라면 'ㅇ to ㅇ' 방식으로 입력하는데, 예를 들어, x1~x5까지의 변수라면 'x1 to x5'로 입력하면 된다. 본 예에서는 연속적인 변수명이 아니므로 각각의 변수명을 지정하였다. 마지막 변수명을 입력한 후에는 반드시 마침표를 찍는다.

☞ 'Begin Data'를 입력한 후, 줄을 바꿔서 각 변수의 평균, 표준편차 및 응답자 수(n)를 입력한다. 이 값들은 반드시 입력해야 하며, 각 변수별로 한 칸씩 띄어 입력한다.

☞ 'Corr'을 입력한 후 각 변수 간 상관계수를 입력한다. 만약 공분산 분석자료를 입력한다면 'Cov'를 입력하면 된다.

☞ 상관계수의 입력을 끝내고 'End Data'를 입력한다. 이때 'End Data'를 입력한 후에는 반드시 마침표를 찍는다.

③ 명령문 작성을 끝낸 후에는 [그림 9.11]과 같이 명령문을 블럭으로 설정한다.

그림 9.11 명령문의 블럭설정

④ 명령문의 블럭설정 후 [▶]를 클릭하면, [그림 9.12]와 같은 데이터 파일이 생성된다.

그림 9.12 명령문 작성을 통해 생성된 데이터 파일

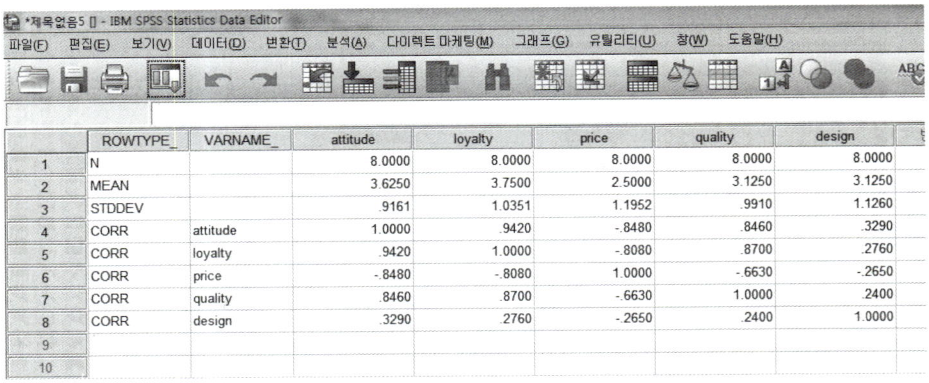

	ROWTYPE_	VARNAME_	attitude	loyalty	price	quality	design
1	N		8.0000	8.0000	8.0000	8.0000	8.0000
2	MEAN		3.6250	3.7500	2.5000	3.1250	3.1250
3	STDDEV		.9161	1.0351	1.1952	.9910	1.1260
4	CORR	attitude	1.0000	.9420	-.8480	.8460	.3290
5	CORR	loyalty	.9420	1.0000	-.8080	.8700	.2760
6	CORR	price	-.8480	-.8080	1.0000	-.6630	-.2650
7	CORR	quality	.8460	.8700	-.6630	1.0000	.2400
8	CORR	design	.3290	.2760	-.2650	.2400	1.0000
9							
10							

⑤ 이 데이터 파일을 '9-ex2.sav' 파일로 저장한다.

행렬입력방식으로 생성된 데이터 파일도 자동입력방식과 동일하게 AMOS 분석에 사용될 수 있다.

9.3 결과물 옵션 설정

[그림 9.9]와 같이 예제분석을 위한 경로도형의 작성을 끝내면 분석에 사용할 데이터 파일을 자동입력방식 혹은 행렬입력방식으로 입력하고 도구모음의 아이콘을 클릭하면 분석이 실시된다. 그런데 분석결과에 어떤 내용이 제시되도록 할 것인가를 결정하기 위해서는 [Analysis Properties...]의 [Output] 탭을 이용한다. 이하에서는 [Output] 탭을 사용하는 방법을 설명한다.

1. Analysis Properties 대화상자

Analysis Properties 대화상자를 열기 위해서는 도구모음의 아이콘을 클릭하거나 메뉴 바의 [View] → [Analysis Properties...]를 클릭하면 된다. Analysis Properties 대화상자는 [그림 9.13]과 같다.

그림 9.13 Analysis Properties 대화상자

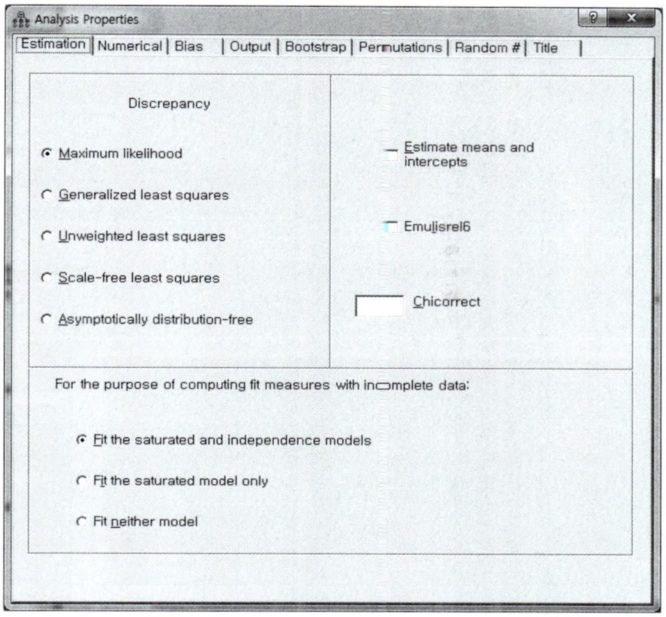

이 대화상자에는 8개의 탭이 있다. 이 중 결과물에 제시되는 내용의 결정은 [Output] 탭에서 이루어진다.

2. Analysis Properties 대화상자의 [Output] 탭

[Output] 탭에서는 [그림 9.14]와 같이 16개의 옵션을 결정할 수 있다. 이 중 Minimization history만이 기본설정으로 되어 있다.

[Output] 탭에서 결정할 수 있는 옵션의 내용들은 다음과 같다.

- Minimization history: 불일치함수(discrepancy function)의 최소화 과정을 요약하여 제시한다.
- Standardized estimates: 표준화된 추정치 값을 제시한다.
- Squared multiple correlations: 특정 내생변수의 분산이 선행변수들에 의해 설명되는 정도를 의미하며, 이는 회귀분석의 R^2에 해당한다.
- Sample moments: 표본의 공분산행렬을 제시한다.

그림 9.14 Output 탭

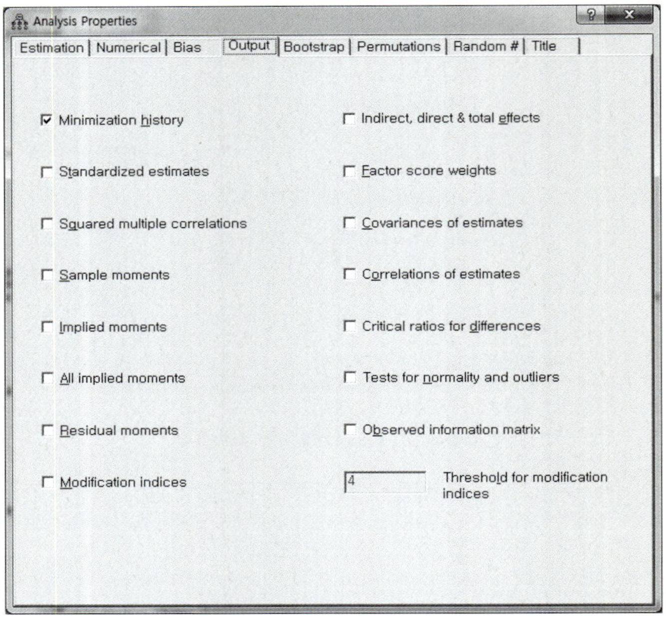

- Implied moments: 관측변수의 추정공분산행렬(implied covariance matrix)을 제시한다.
- All implied moments: 모든 변수의 추정공분산행렬을 제시한다.
- Residual moments: 표본공분산행렬과 추정공분산행렬의 차이를 제시한다.
- Modification indices: 모형의 적합도를 개선시킬 수 있는 수정지수를 제시한다.
- Indirect, direct & total effects: 간접효과, 직접효과 그리고 총효과를 제시한다.
- Factor score weights: 연구모형 내 측정변수를 독립변수로, construct를 종속변수로 했을 때의 회귀계수값을 제시한다.
- Covariances of estimates: 추정치의 공분산행렬을 제시한다.
- Correlations of estimates: 추정치의 상관행렬을 제시한다.
- Critical ratio for differences: 모수추정치(parameter estimates) 각 쌍의 검증통계량을 제시한다. 모수추정치 각 쌍의 검증통계량은 두 모수가 동일하다는 가설의 검증결과를 제시한다.
- Tests for normality and outliers: 정규분포성과 이상치를 제시한다.
- Observed information matrix: 관측정보행렬을 제시한다.
- □ Threshold for modification indices: 기준이 되는 수정지수값을 결정한다.

그림 9.15 출력결과 옵션의 설정

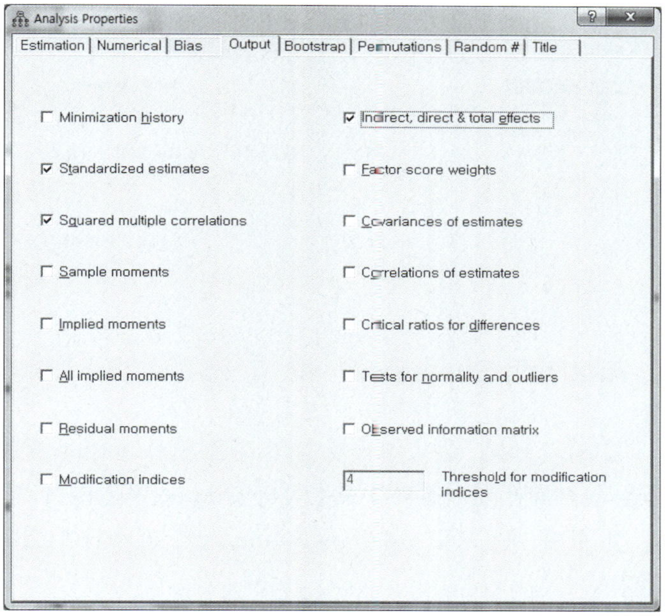

본 예제는 [Output] 탭에서 [그림 9.15]와 같이 Standardized estimates, Squared multiple correlations, 그리고 Indirect, direct & total effects를 출력결과로 설정한다.

9.4 결과물 해석

AMOS Graphics에서 경로도형을 작성하고, 분석할 데이터를 지정한 후, 출력결과 옵션을 설정하면 분석을 위한 모든 준비가 끝난다. 본 예에서는 AMOS Graphics 파일로 'loyalty.amw'를, 분석할 데이터 파일로 '9-ex1.sav'를 지정한다(메뉴 바의 File→Data Files→File Name→첨부 CD 내의 '9-ex1.sav' 선택→OK). 이후 분석실행을 위해서는 도구모음의 아이콘을 클릭하거나, 메뉴 바의 [Analyze]→[Calculate Estimates]를 클릭한다. 다음으로 도구모음의 아이콘을 클릭하거나, 메뉴 바의 [View]→[Text Output]을 클릭한다. 이에 따라 [그림 9.16]과 같은 결과물 창이 나타난다. 이하에서는 결과물을 해석하는 방법을 설명한다.

그림 9.16 결과물 창

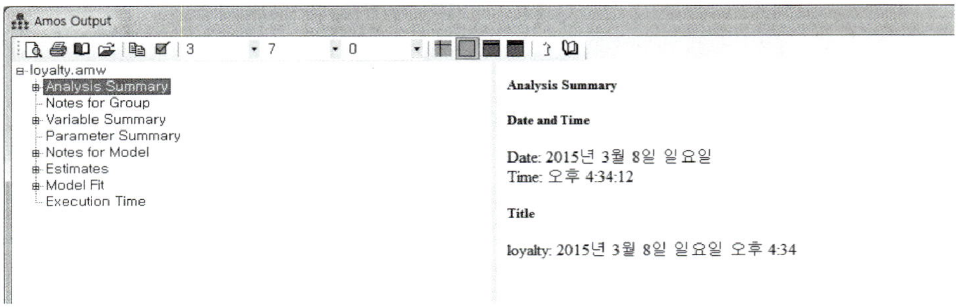

1. Analysis Summary

[그림 9.16]과 같이 결과물 창의 왼쪽에는 Output 제목 창이 있다. 각각의 제목을 클릭하면 **분석결과**가 오른쪽의 Output 내용 창에 제시된다. 분석결과를 보면 첫 번째 내용으로 Analysis Summary가 제시되어 있는데, 그 내용은 다음과 같다.

- Date: 분석을 실시한 날짜로, 본 예제는 2015년 3월 8일 일요일에 분석되었다는 사실이 제시된다.
- Time: 분석을 실시한 시간으로, 오후 4시 34분 12초에 분석되었다는 사실이 제시된다.
- Title: 분석을 실시한 파일명과 분석일 및 시간이 제시된다. 본 예제는 'loyalty'라는 파일이 분석되었음을 의미한다.

2. Notes for Group

Notes for Group에서는 [그림 9.17]과 같이 분석된 집단의 특성이 제시된다. 그 내용은 다음과 같다.

- Group number: 분석에 사용된 집단의 분류를 위해 사용된다. 본 예제에서는 하나의 집단만이 분석에 사용되었으므로 'Group number 1'만이 제시된다.
- The model is recursive: 분석에 사용된 모형의 인과관계방향이 제시된다. 본 예제에서는 인과관계의 방향이 일방향(recursive)이라는 것을 의미한다.

그림 9.17 Notes for Group

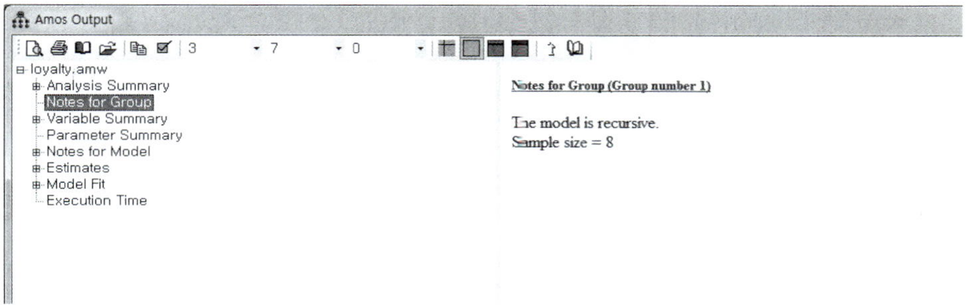

• Sample size: 분석에 사용된 표본의 크기를 의미한다. 본 예제에서는 표본구성원이 8(명)임을 의미한다.

3. Variable Summary

Variable Summary에서는 [그림 9.18]과 같이 분석에 사용된 변수들의 명칭과 수가 제시된다. 그 내용은 다음과 같다.

그림 9.18 Variable Summary

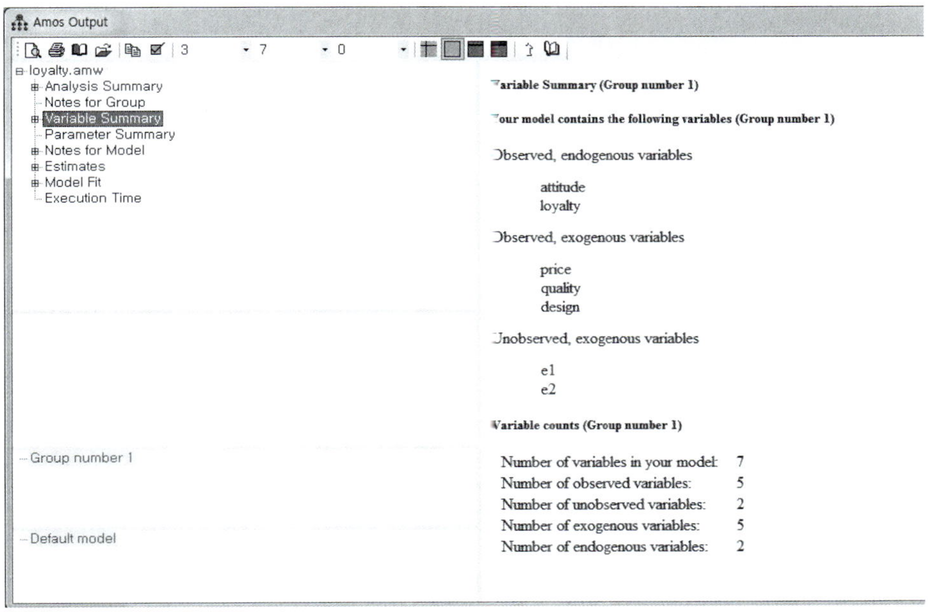

- Observed, endogenous variables: 관측된 내생변수의 명칭이 제시되는데, 본 예제의 경우 'attitude'와 'loyalty'이다.
- Observed, exogenous variables: 관측된 외생변수의 명칭이 제시되는데, 본 예제에서는 'price,' 'quality,' 'design'이다.
- Unobserved, exogenous variables: 관측되지 않은 외생변수의 명칭이 제시된다. 구조방정식모형에서는 일반적으로 관측되지 않은 외생변수가 외생 construct를 의미한다. 그러나 오차항의 경우도 측정되지 않고 외생변수의 성격을 갖기 때문에 AMOS 프로그램 상에서는 이를 관측되지 않은 외생변수로 본다. 본 예제에서는 관측되지 않은 외생변수가 오차항인 'e1'과 'e2'이다.

- Number of variables in your model: 분석모형의 변수 수로서 본 예제에서는 7개의 변수가 있다.
- Number of observed variables: 관측변수의 수로서 5개이다.
- Number of unobserved variables: 관측되지 않은 변수의 수로서 2개이다.
- Number of exogenous variables: 외생변수의 수로서 5개이다.
- Number of endogenous variables: 내생변수의 수로서 2개이다.

4. Parameter Summary

Parameter Summary에는 [그림 9.19]와 같이 모수에 대한 내용이 제시되어 있다. 그 내용은 다음과 같다.

그림 9.19 Parameter Summary

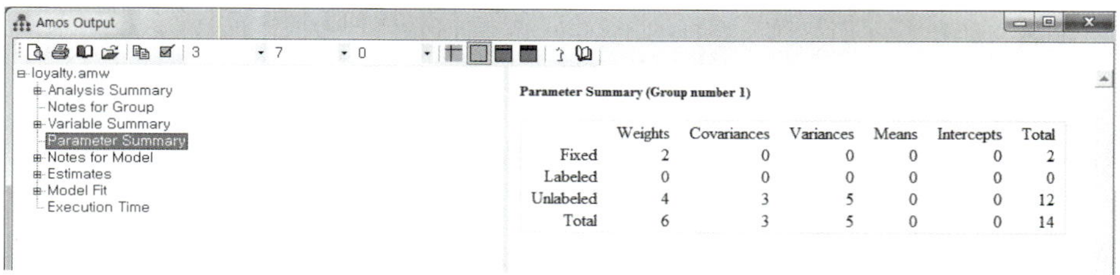

	Weights	Covariances	Variances	Means	Intercepts	Total
Fixed	2	0	0	0	0	2
Labeled	0	0	0	0	0	0
Unlabeled	4	3	5	0	0	12
Total	6	3	5	0	0	14

- Weights: 변수 간 영향력의 크기를 의미한다. 본 예제에서는 영향력의 크기가 고정된 것이 2개(e1→attitude, e2→loyalty), 그리고 명칭이 부여되지 않은 경로가 4개(price→attitude, quality→attitude, design→attitude, attitude→loyalty)이다.

- Covariances: 변수 간 공분산으로 명칭이 부여되지 않은 공분산이 3개(price ↔ quality, quality ↔ design, price ↔ design)이다.
- Variances: 변수의 분산으로 명칭이 부여되지 않은 5개(price, quality, design, e1, e2) 변수의 분산이 있다.
- Means: 변수의 평균으로 [Analysis Properties...]의 [Estimation] 탭에서 'Estimates means and intercepts'를 설정하면 제시된다.
- Intercepts: 절편 값으로 [Analysis Properties...]의 [Estimation] 탭에서 'Estimates means and intercepts'를 설정하면 제시된다.

5. Notes for Model

Notes for Model에는 [그림 9.20]과 같이 연구모형(default model)의 개괄적인 내용이 제시되어 있다.

그림 9.20 Notes for Model

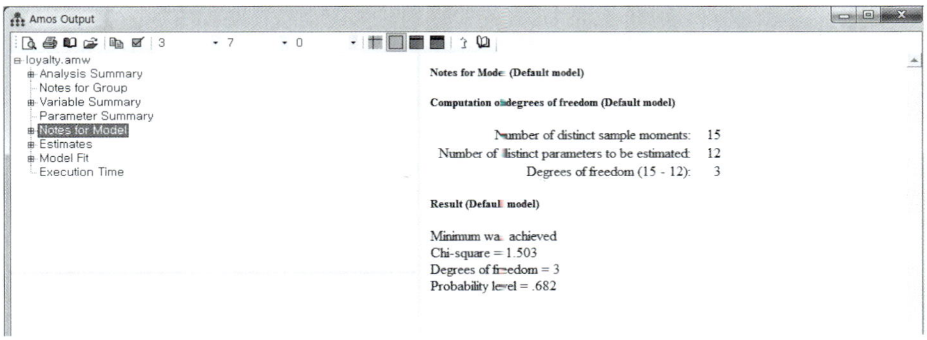

- Computation of degrees of freedom(Default model): 연구모형의 자유도 계산 결과가 제시된다. 정보의 수는 변수의 수가 5개이므로 $\frac{5\times6}{2}=15$, 추정모수의 수는 [그림 9.21]에 나타난 것과 같이 $4+3+5=12$개, 그리고 자유도는 $15-12=3$으로 나타났다.
- Result(Default model): 연구모형의 χ^2 적합도지수, 자유도(d.f.), p-value가 제시된다. 본 예제에서는 $\chi^2=1.503$, d.f.$=3$, $p=.682$로 나타났다.

6. Estimates

Estimates에는 [그림 9.21]과 같이 AMOS 분석을 통해 계산되는 추정값들이 제시되는데, Estimates는 Model fit과 함께 가장 중요한 출력결과물이다. 특히 연구가설들은 Estimates에 제시되는 내용들에 의해 지지 여부가 결정된다. 그 내용은 다음과 같다.

그림 9.21 Estimates

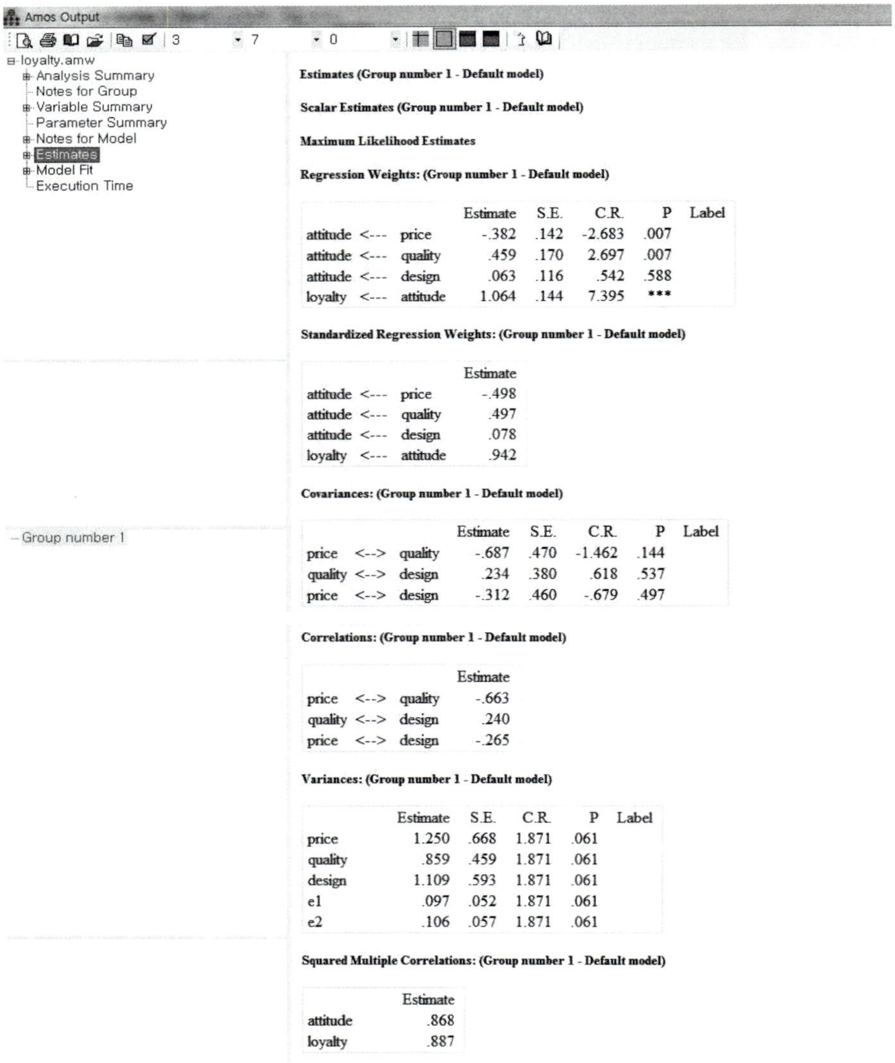

Estimates (Group number 1 - Default model)

Scalar Estimates (Group number 1 - Default model)

Maximum Likelihood Estimates

Regression Weights: (Group number 1 - Default model)

			Estimate	S.E.	C.R.	P	Label
attitude	<---	price	-.382	.142	-2.683	.007	
attitude	<---	quality	.459	.170	2.697	.007	
attitude	<---	design	.063	.116	.542	.588	
loyalty	<---	attitude	1.064	.144	7.395	***	

Standardized Regression Weights: (Group number 1 - Default model)

			Estimate
attitude	<---	price	-.498
attitude	<---	quality	.497
attitude	<---	design	.078
loyalty	<---	attitude	.942

Covariances: (Group number 1 - Default model)

			Estimate	S.E.	C.R.	P	Label
price	<-->	quality	-.687	.470	-1.462	.144	
quality	<-->	design	.234	.380	.618	.537	
price	<-->	design	-.312	.460	-.679	.497	

Correlations: (Group number 1 - Default model)

			Estimate
price	<-->	quality	-.663
quality	<-->	design	.240
price	<-->	design	-.265

Variances: (Group number 1 - Default model)

	Estimate	S.E.	C.R.	P	Label
price	1.250	.668	1.871	.061	
quality	.859	.459	1.871	.061	
design	1.109	.593	1.871	.061	
e1	.097	.052	1.871	.061	
e2	.106	.057	1.871	.061	

Squared Multiple Correlations: (Group number 1 - Default model)

	Estimate
attitude	.868
loyalty	.887

Matrices (Group number 1 - Default model)

Total Effects (Group number 1 - Default model)

	design	quality	price	attitude
attitude	.063	.459	-.382	.000
loyalty	.067	.489	-.406	1.064

Standardized Total Effects (Group number 1 - Default model)

	design	quality	price	attitude
attitude	.078	.497	-.498	.000
loyalty	.073	.468	-.469	.942

Direct Effects (Group number 1 - Default model)

	design	quality	price	attitude
attitude	.063	.459	-.382	.000
loyalty	.000	.000	.000	1.064

Standardized Direct Effects (Group number 1 - Default model)

	design	quality	price	attitude
attitude	.078	.497	-.498	.000
loyalty	.000	.000	.000	.942

Indirect Effects (Group number 1 - Default model)

	design	quality	price	attitude
attitude	.000	.000	.000	.000
loyalty	.067	.489	-.406	.000

Standardized Indirect Effects (Group number 1 - Default model)

	design	quality	price	attitude
attitude	.000	.000	.000	.000
loyalty	.073	.468	-.469	.000

- Maximum Likelihood Estimates: 모수의 추정이 최대우도법을 통해 이루어졌음을 의미한다.
- Regression Weights: 변수 간 영향력의 크기를 의미한다. 여기에 제시되는 값들은 비표준화된 계수이다. 계수와 함께 표준오차(standard error; S.E.), C.R.(critical ratio; t값), p값이 제시된다. 이때 p값은 양측검증(two-tail)을 기준으로 한 값이다. 또한 p값에서 *** 표시는 p값이 .001 이하임을 의미한다.
- Standardized Regression Weights: 표준화된 계수이다.
- Covariances: 변수 간 공분산계수로서 표준오차, t값, p값이 함께 제시된다.
- Correlations: 변수 간 상관계수이다.
- Variances: 변수의 분산값으로 표준오차, t값, p값이 함께 제시된다.
- Squared Multiple Correlations: 특정 내생변수의 분산이 선행변수들에 의해 설명되는 비율이다. 본 예에서 attitude는 선행변수들(price, quality, design)에 의해 분산의 86.8%가 설명된다. 또한 loyalty는 선행변수들(price, quality, design, attitude)에 의해 분산의 88.7%가 설명되는 것으로 나타났다.

- Total Effects: 한 변수가 다른 변수에 미치는 표준화되지 않은 총효과를 의미한다. 여기서 총효과는 직접효과와 간접효과의 합을 의미한다. 표를 해석하는 방법은 열(column) 방향에서 행(row) 방향으로 읽는데, 예를 들어, design이 attitude에 미치는 총효과는 .063이다.
- Standardized Total Effects: 한 변수가 다른 변수에 미치는 표준화된 총효과를 의미한다.
- Direct Effects: 한 변수가 다른 변수에 미치는 표준화되지 않은 직접효과를 의미한다.
- Standardized Direct Effects: 한 변수가 다른 변수에 미치는 표준화된 직접효과를 의미한다.
- Indirect Effects: 한 변수가 다른 변수에 미치는 표준화되지 않은 간접효과를 의미한다.
- Standardized Indirect Effects: 한 변수가 다른 변수에 미치는 표준화된 간접효과를 의미한다.

Estimates에 제시되는 내용을 토대로, 본 예제 연구가설의 지지 여부는 다음과 같다.

① H1: 가격이 브랜드 태도에 負(−)의 영향을 미칠 것이라는 H1은 지지되었다. 이는 Regression Weights의 경로계수가 −.382로 가설과 같은 負(−)의 방향이며, p값이 .007로 유의적으로 나타났기 때문이다.

② H2: 품질이 브랜드 태도에 正(+)의 영향을 미칠 것이라는 H2는 지지되었다. 이는 경로계수가 .459로 가설과 같은 正(+)의 방향이며, p값이 .007로 유의적으로 나타났기 때문이다.

③ H3: 디자인이 브랜드 태도에 正(+)의 영향을 미칠 것이라는 H3은 지지되지 않았다. 이는 경로계수가 .063으로 가설과 같은 正(+)의 방향이지만, p값이 .588로 비유의적으로 나타났기 때문이다.

④ H4: 브랜드 태도가 로열티에 正(+)의 영향을 미칠 것이라는 H4는 지지되었다. 이는 경로계수가 1.064로 가설과 같은 正(+)의 방향이며, p값이 .001보다 작아 유의적으로 나타났기 때문이다.

7. Model Fit

[그림 9.22]와 같이 **Model Fit**에는 다양한 모형의 적합도가 제시된다. Model Fit은 Estimates와 함께 가장 많이 사용되는 중요한 출력결과이다. Model Fit에 제시되는 내용은 다음과 같다.

- Default model: 연구모형을 의미한다.
- Saturated model: 모든 측정변수들 간의 관계를 추정하는 모형을 의미한다.
- Independence model: 모든 측정변수들이 서로 상관관계가 없는 것을 가정하는 모형을 의미한다. 일반적으로 null 모형이라는 표현을 많이 사용한다.

그림 9.22 Model Fit

Amos Output

loyalty.amw
- Analysis Summary
- Notes for Group
- Variable Summary
- Parameter Summary
- Notes for Model
- Estimates
- Model Fit
- Execution Time

Group number 1

Default model

Model Fit Summary

CMIN

Model	NPAR	CMIN	DF	P	CMIN/DF
Default model	12	1.503	3	.682	.501
Saturated model	15	.000	0		
Independence model	5	35.533	10	.000	3.553

RMR, GFI

Model	RMR	GFI	AGFI	PGFI
Default model	.020	.928	.641	.186
Saturated model	.000	1.000		
Independence model	.509	.358	.037	.239

Baseline Comparisons

Model	NFI Delta1	RFI rho1	IFI Delta2	TLI rho2	CFI
Default model	.958	.859	1.046	1.195	1.000
Saturated model	1.000		1.000		1.000
Independence model	.000	.000	.000	.000	.000

Parsimony-Adjusted Measures

Model	PRATIO	PNFI	PCFI
Default model	.300	.287	.300
Saturated model	.000	.000	.000
Independence model	1.000	.000	.000

NCP

Model	NCP	LO 90	HI 90
Default model	.000	.000	4.962
Saturated model	.000	.000	.000
Independence model	25.533	11.008	47.636

FMIN

Model	FMIN	F0	LO 90	HI 90
Default model	.215	.000	.000	.709
Saturated model	.000	.000	.000	.000
Independence model	5.076	3.648	1.573	6.805

RMSEA

Model	RMSEA	LO 90	HI 90	PCLOSE
Default model	.000	.000	.486	.688
Independence model	.604	.397	.825	.000

AIC

Model	AIC	BCC	BIC	CAIC
Default model	25.503	169.503	26.456	38.456
Saturated model	30.000	210.000	31.192	46.192
Independence model	45.533	105.533	45.930	50.930

ECVI

Model	ECVI	LO 90	HI 90	MECVI
Default model	3.643	3.857	4.566	24.215
Saturated model	4.286	4.286	4.286	30.000
Independence model	6.505	4.430	9.662	15.076

HOELTER

Model	HOELTER .05	HOELTER .01
Default model	37	53
Independence model	4	5

Model Fit에 제시되는 내용을 고려할 때, 본 예제 연구모형의 적합도는 대체로 우수한 것으로 나타났다. 주요 적합도지수는 다음과 같다.

① χ^2, 자유도, p값: 가장 기본적 적합도인 χ^2의 p값이 .682로 나타나 적합도가 매우 높은 것으로 나타났다.
② RMR, GFI, AGFI: RMR=.020, GFI=.928로 나타나 추천기준치를 충족시키고 있다. 다만 자유도를 고려한 AGFI는 추천기준치를 충족시키지 못하고 있다.
③ NFI, CFI: NFI=.958, CFI=1.000으로 나타나 추천기준치를 충족시키고 있다.
④ RMSEA: RMSEA=.000으로 나타나 추천기준치를 충족시키고 있다.

8. Execution Time

[그림 9.23]의 Execution Time에는 분석의 각 작업에 소요된 시간이 제시된다. Execution Time에 제시되는 내용은 다음과 같다.

그림 9.23 Execution Time

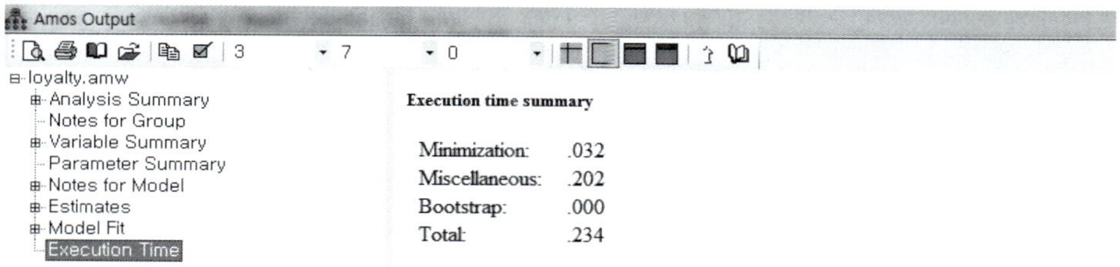

- Minimization: 불일치함수의 최소화 계산과정에 소요된 시간으로, 실제 분석에 소요된 시간을 의미한다.
- Miscellaneous: 기타 다른 작업에 소요된 시간을 의미한다.
- Bootstrap: 부트스트랩 과정에 소요된 시간을 의미한다.
- Total: 분석에 소요된 전체 시간을 의미한다.

9. 경로도형 상에 분석결과 나타내기

Output 창에 제시되어 있는 경로계수, 공분산계수, 변수의 분산값 등을 AMOS Graphics의 경로도형 상에 제시할 수도 있다. 분석을 실시하면 AMOS Graphics의 상태표시란에 [그림 9.24]와 같이 'Scanning 9-ex1,' 'Reading data'라

그림 9.24 AMOS 분석이 이루어진 상태의 AMOS Graphics 창

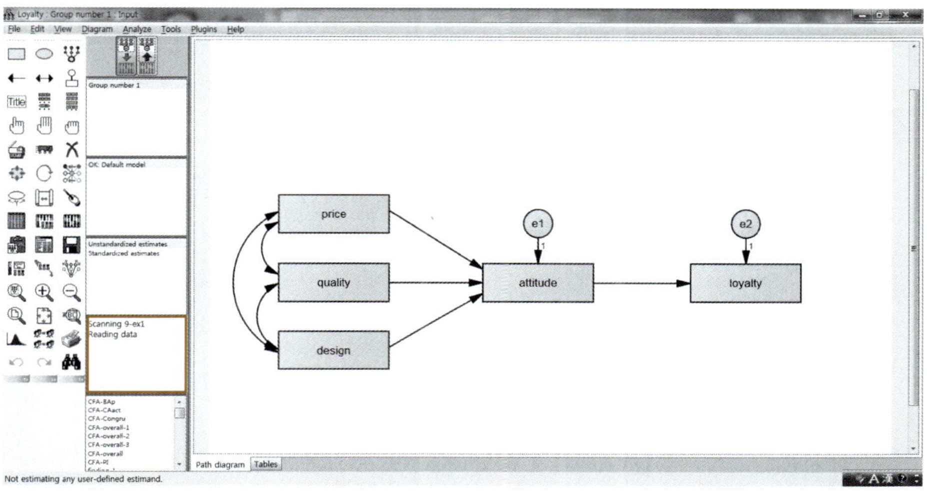

는 내용이 제시된다. 이전 versions에서는 반복계산수, χ^2 값, 자유도 등이 제시되었으나 version 22에서는 제시되는 메시지가 'Reading data'로 변경되었다. 이러한 메시지가 나타나는 것은 AMOS 분석이 성공적으로 이루어졌음을 의미하는 것이다.

분석이 성공적으로 이루어진 상태에서 분석결과를 AMOS Graphics 창에 나타내기 위해서는 [그림 9.25]와 같은 아이콘을 클릭하면 된다. 이에 따라 [그림 9.26]과 같이 AMOS Graphics 경로도형 상에 분석결과가 표시된다.

그림 9.25 분석결과 표시 아이콘

그림 9.26 AMOS Graphics 경로도형 상에 분석결과가 표시된 모습

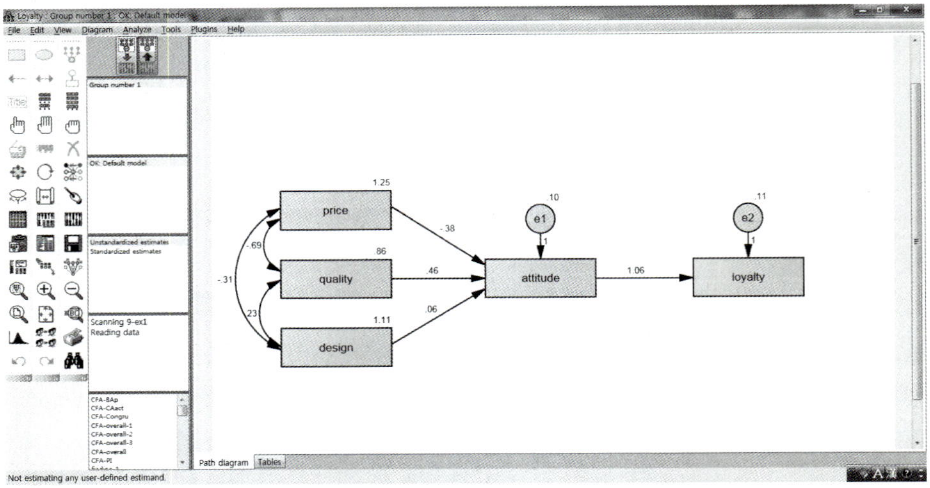

경로도형 상에 표시된 분석결과들은 표준화되지 않은 값들이다. 표준화된 값들을 나타내고 싶으면 상태표시란의 'Standardized estimates'를 클릭하면 된다. 표준화된 값들이 경로도형 상에 표시된 모습은 [그림 9.27]과 같다.

그림 9.27 **표준화된 값들이 제시된 모습**

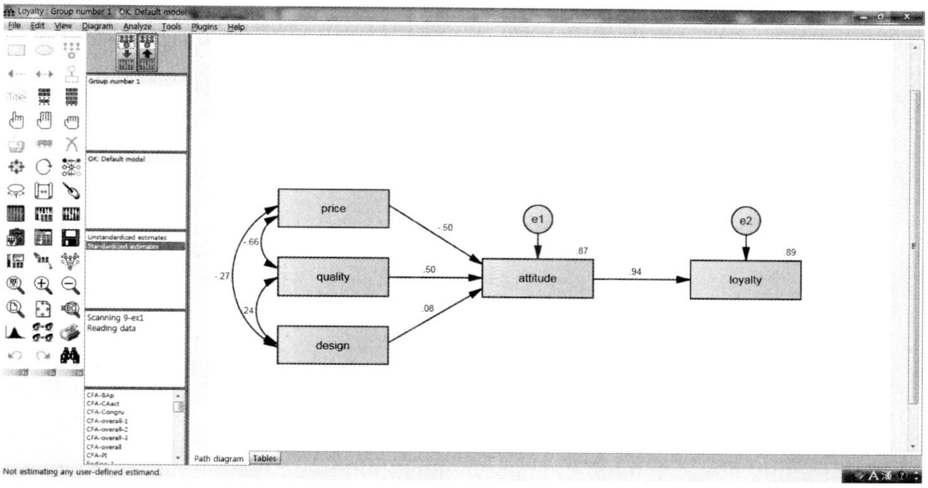

제 10 장

측정모형의 타당성 평가

- **10.1** 개별 construct 측정모형의 타당성 평가
- **10.2** 전체 constructs 대상 측정모형의 타당성 평가

본 장에서는 **측정모형의 타당성 평가** 과정에 대해 설명한다. 측정모형의 타당성 평가 과정에는 두 가지 방법이 있다. 한 가지 방법은 먼저 각각의 construct 별로 측정모형의 타당성을 평가하고 이 과정에 따라 일부 항목들을 제거한 다음, **전체 constructs**로 구성되는 측정모형의 타당성을 다시 평가하는 것이다. 다른 방법은 각 construct 평가과정을 생략하고 전체 constructs로 구성되는 측정모형의 타당성만을 평가하는 것이다. 본 장에서는 예제를 제시하고 첫 번째 방법에 따라 측정모형의 타당성을 평가한다.

10.1 개별 construct 측정모형의 타당성 평가

개별 construct의 측정모형의 타당성 평가를 예시하기 위해 [그림 8.24]와 같이 자아일치성(이하, 일치성; congru), 브랜드 구매에 대한 소비자의 태도(이하, 소비자 태도; CAact), 소비자 구매행동에 대한 브랜드의 태도(이하, 브랜드 태도;

표 10.1 Construct의 측정변수

construct	측정변수 수	측정변수
일치성 (congru)	3개	"ㅇㅇㅇ브랜드는 내가 생각하는 나의 이미지와 일치한다" "ㅇㅇㅇ브랜드는 내가 어떤 사람인가를 나타낸다" "ㅇㅇㅇ브랜드는 거울에 비친 나의 이미지라고 할 수 있다" 0: 전혀 그렇지 않다 ~ 6: 매우 그렇다
소비자 태도 (CAact)	4개	"나는 ㅇㅇㅇ브랜드를 구매하는 것에 대하여 다음과 같이 생각한다" −3: 나쁘다 ~ +3: 좋다 −3: 어리석다 ~ +3: 현명하다 −3: 즐겁지 않다 ~ +3: 즐겁다 −3: 바람직하지 않다 ~ +3: 바람직하다
브랜드 태도 (BAp)	4개	"ㅇㅇㅇ브랜드는 내(소비자)가 ㅇㅇㅇ브랜드를 구매하는 것에 대해 다음과 같이 생각할 것이다" −3: 나쁘다 ~ +3: 좋다 −3: 어리석다 ~ +3: 현명하다 −3: 즐겁지 않다 ~ +3: 즐겁다 −3: 바람직하지 않다 ~ +3: 바람직하다
구매의도 (PI)	3개	"나는 다음에 △△△제품을 구매한다면, ㅇㅇㅇ브랜드를 _____" 0: 절대로 구매하지 않겠다 ~ 6: 반드시 구매하겠다 0: 구매할 가능성이 매우 낮다 ~ 6: 구매할 가능성이 매우 높다 "나는 다음에 △△△제품을 구매한다면, ㅇㅇㅇ브랜드의 가격이 다른 브랜드보다 조금 비싸더라도 구매할 것이다" 0: 전혀 그렇지 않다 ~ 6: 매우 그렇다

BAp), 그리고 구매의도(PI)라는 constructs로 구성된 연구모형을 전제로 한다. 먼저 개별 construct 별 측정모형의 타당성을 평가한다. [그림 8.24]의 연구모형에서 각 construct는 〈표 10.1〉과 같은 변수들을 사용하여 측정하였다.

〈표 10.1〉의 측정변수를 이용하여 응답자들에게 설문조사를 실시하였으며 그 결과는 '10-ex1.sav'에 저장되어 있다.

1. 내적일관성

〈표 10.1〉에서 각 construct를 측정하기 위해 사용된 측정변수들은 모두 반영적(reflective) 성격을 갖는 것들로서 **내적열관성**(internal consistency)이 기대된다. 이에 따라 내적일관성을 확인하기 위해서는 **Cronbach's α** 계수를 이용하는데, AMOS에서는 이에 대한 분석을 실시할 수 없고 SPSS, SAS 등의 다른 통계프로그램을 이용하여 분석을 실시한다. 본 예제의 경우 SPSS 22를 이용하여 내적일관성을 계산하였으며 그 결과는 〈표 10.2〉와 같다.

표 10.2 각 construct 측정변수들의 Cronbach's α 값

construct	초기 측정변수의 수	최종 측정변수의 수	Cronbach's α
Congru	3	3	.892
CAact	4	4	.918
BAp	4	4	.815
PI	3	3	.930

Cronbach's α 계수는 0~1의 값을 가지며, 높을수록 바람직하나 반드시 몇 점 이상이어야 한다는 기준은 없다. 흔히 .8 이상이면 바람직하고 .7 이상이면 수용할 만한 것으로 여겨진다. 아무리 작아도 .6 이상이어야 하며 .6보다 작으면 내적일관성을 결여한 것으로 받아들여진다.[1] 〈표 10.2〉에 제시된 것과 같이 본 예제에서 각 construct를 측정하기 위해 사용한 측정변수들의 Cronbach's α 계수는 모두 .8 이상으로 높은 내적일관성을 갖는 것으로 볼 수 있다.

2. 확인요인분석

내적일관성을 조사한 다음에는 각 construct 별로 **확인요인분석**(confirmatory

1 이학식, 임지훈, *사회과학논문작성을 위한 연구방법론*, 집현재, 2014, p. 202.

factor analysis; CFA)을 실시한다. 확인요인분석을 실시하기 위해서는 먼저 AMOS Graphics에 경로도형을 작성한다. 본 예제에서 CAact의 construct 별 확인요인분석을 실시하는 과정은 다음과 같다.

① 제8장에서 설명한 방법을 이용하여 [그림 10.1]과 같은 경로도형을 작성하고, 이를 'CFA-CAact.amw'로 저장한다.

☞ **본서의 모든 분석자료는 부록 CD에 포함되어 있다. 이를 활용하여 분석을 실시할 때에는 하드디스크나 USB메모리로 자료를 복사하여 사용해야만 한다. AMOS는 분석시 다양한 시스템 파일을 만들어내는데 CD는 ROM(Read Only Memory)이기 때문에 새로운 파일을 생성할 수 없다. 따라서 부록자료를 컴퓨터 하드디스크나 USB메모리로 복사 후 사용해야 한다.**

그림 10.1 Construct별 확인요인분석의 경로도형

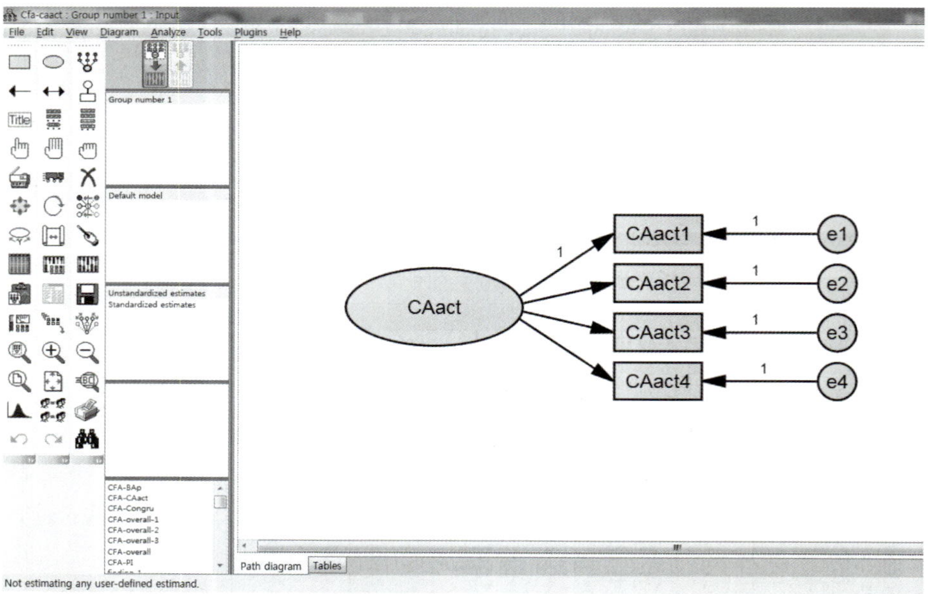

② 분석할 데이터 파일로 '10-ex1.sav'를 지정한다(파일 지정 방법은 9.1 참조).

③ 아이콘을 클릭하여 분석을 실시한다(분석 실시 및 결과물 보는 방법은 9.4 참조).

본 예제의 다른 constructs(congru, BAp, PI)도 동일한 절차에 따라 확인요인분석을 실시할 수 있다.

3. Identification

확인요인분석의 실시 후 가장 먼저 점검할 것은 모형의 **identification**이다. 모형의 identification이 이루어졌을 때는 AMOS Graphics의 상태표시란에 [그림 10.2]와 같이 'Scanning [데이터파일명],' 'Reading data'라는 메시지가 제시된다. 또한 AMOS Output 창에 다양한 적합도가 산출되고 각 요인부하량이 산출된다. 지면을 절약하기 위해 output은 여기서 제시하지 않는다.

그림 10.2 측정모형의 identification

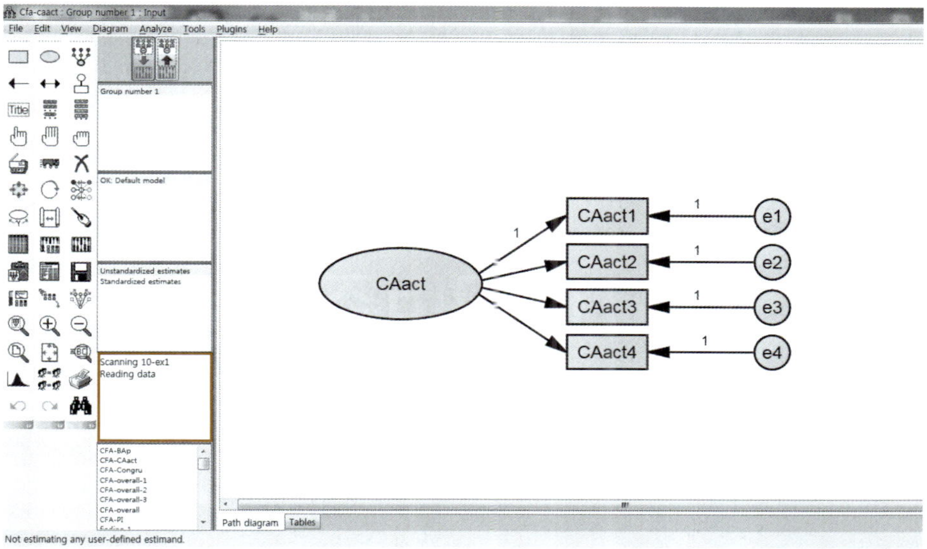

측정모형의 identification이 이루어지기 위해서는 각 construct의 측정변수들이 세 개 이상이어야 한다. 측정변수가 세 개인 경우는 모형의 적합도는 계산되지 않지만 요인부하량은 계산이 되며(just-identified), 네 개 이상인 경우는 모형의 적합도와 요인부하량이 모두 계산이 된다(identified). 따라서 본 예제에서 네 개의 측정변수를 사용한 CAact와 BAp는 적합도와 요인부하량이 모두 계산되지만, 세 개의 측정변수를 사용한 congru와 PI는 적합도가 계산되지 않고 요인부하량만 계산된다.

4. 적합도지수와 요인부하량

AMOS Output 창에서 construct CAact의 확인요인분석 결과를 보면 여러 가지 적합도지수들이 제시된다. CAact의 **적합도지수** 중 χ^2를 보면 $\chi^2=19.566$(d.f.=2, p=.000)으로 나타났다. 이는 χ^2의 p값이 .05보다 커야 바람직하다는 기준치를 충족시키지는 못한다. 그러나 적합도지수 중 χ^2는 표본의 크기가 클 경우 기준치를 충족시키기 어렵다는 점을 고려할 때 큰 문제가 되지 않는다. 다른 적합도지수인 CFI는 .971로 기준치를 충족시키지만 RMSEA는 .206으로 기준치를 충족시키지 못하였다. 그러나 개별 construct의 확인요인분석 이후 전체 constructs 대상 확인요인분석을 실시해야 하기 때문에 이 단계에서는 정보손실(information loss)을 최소화하는 측면에서 측정항목을 유지한다. 예제의 다른 constructs 중 BAp의 경우는 $\chi^2=.558$(d.f.=2, p=.757), CFI=1.000, RMSEA=.000으로 기준치를 충족시켰다.

적합도지수를 확인한 다음에는 요인부하량을 점검한다. 요인부하량은 통계적으로 유의적이어야 하는데($p<.05$), 만약 유의적이지 못하면 그 항목은 제거해야 한다. **요인부하량은 AMOS Output의 Regression Weights를 의미한다.** 본 예제의 construct별 측정변수의 요인부하량(즉, Regression Weights)은 〈표 10.3〉에 제시된 바와 같은데, 모두 유의적으로 나타났다.

표 10.3 Construct별 측정변수의 요인부하량

construct	측정변수	요인부하량	t값	p값
congru	congru1	1.000	–	
	congru2	1.114	14.079	.001
	congru3	1.087	14.240	.001
CAact	CAact1	1.000	–	
	CAact2	.952	15.855	.001
	CAact3	.975	15.894	.001
	CAact4	.978	15.821	.001
BAp	BAp1	1.000	–	
	BAp2	1.024	19.935	.001
	BAp3	1.007	19.535	.001
	BAp4	1.195	8.662	.001
PI	PI1	1.000	–	
	PI2	1.062	21.113	.001
	PI3	1.076	18.342	.001

5. 준거지표법과 construct 분산 고정법을 이용한 identification

모형의 identification을 위해서는 construct와 측정변수 간의 관계가 분석 이전에 사전적으로(priorly) 결정되어야 한다. 이는 construct가 추상적인 개념으로 명확하게 계량화된 척도를 갖지 않기 때문에 인위적으로 construct와 측정변수 간의 관계를 규정하는 것이다. Construct와 측정변수 간의 관계를 규정하는 방법은 준거지표법과 construct 분산 고정법이 있다.

(1) 준거지표법

아이콘을 이용하여 [그림 10.1]과 같은 경로도형을 작성할 경우, AMOS는 자동으로 construct와 한 개의 측정변수 간의 관계를 '1'로 지정한다. 즉, construct → 측정변수 간의 Regression Weight를 '1'로 고정한다. 이렇게 construct와의 관계가 '1'로 고정된 측정변수를 **준거지표**(reference indicator)라 한다. 준거지표는 construct와 측정변수들 간 관계의 크기를 비교하기 위해 사용되는데, 해당 construct를 측정하기 위해 사용한 어떤 측정변수도 준거지표가 될 수 있다. AMOS는 편의상 첫 번째 측정변수를 준거지표로 사용한다. 어떤 측정변수를 준거지표로 사용하더라도 표준화된 요인부하량(standardized regression weight)이나 적합도는 동일하게 나타난다.

(2) Construct 분산 고정법

Construct 분산 고정법은 construct의 분산을 '1'로 고정시키는 방법이다. Construct 분산 고정법을 이용할 경우 측정변수 중 하나를 준거지표로 사용할 필요가 없으며, 모든 요인부하량을 자유롭게 추정할 수 있다. 이 경우 construct 분산값을 '1'로 고정하였기 때문에 준거지표법과 동일한 자유도를 갖는다. Construct 분산 고정법을 이용하여 분석하는 절차는 다음과 같다.

① 〈표 10.1〉의 CAact를 확인요인분석하기 위해 [그림 10.3]과 같이 경로도형을 작성하고 'CFA-CAact-fix.amw'로 저장한다. [그림 10.3]은 [그림 10.1]에서 CAact1을 준거지표로 설정하지 않은 모형이다.

그림 10.3 준거지표를 설정하지 않은 모형

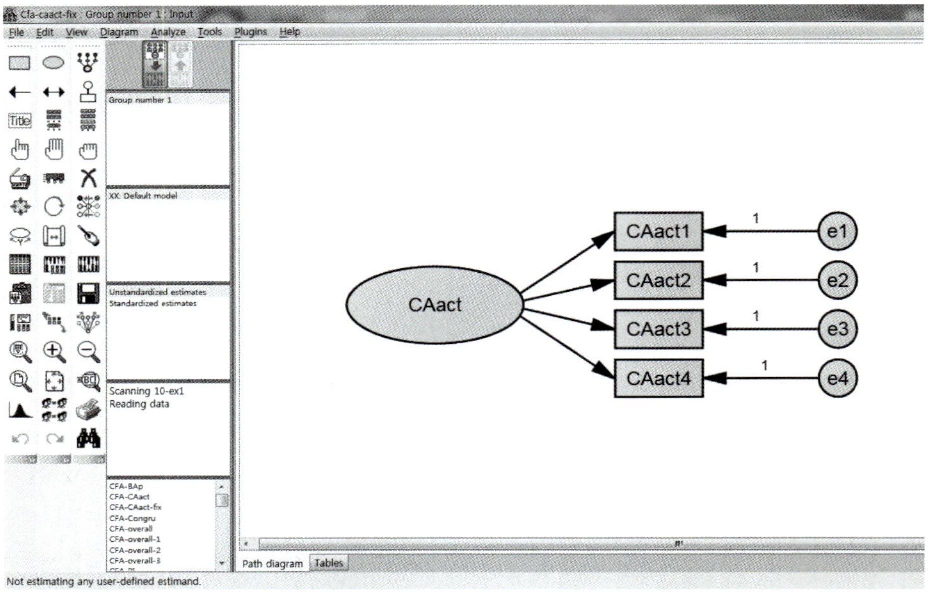

② CAact construct를 더블클릭하면 Object Properties 대화상자가 활성화된다. 여기서 [그림 10.4]와 같이 Variance에 '1'을 입력한다. 그러면 [그림 10.5]와 같은 분석모형이 나타난다.

그림 10.4 CAact construct 분산값을 '1'로 지정한 모습

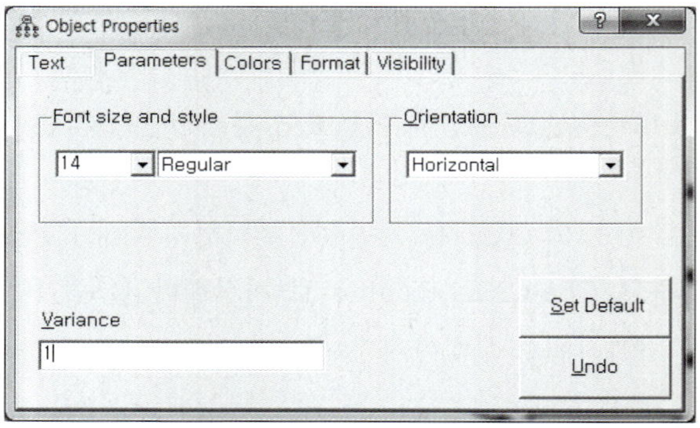

그림 10.5 CAact construct 분산값이 '1'로 지정된 분석모형

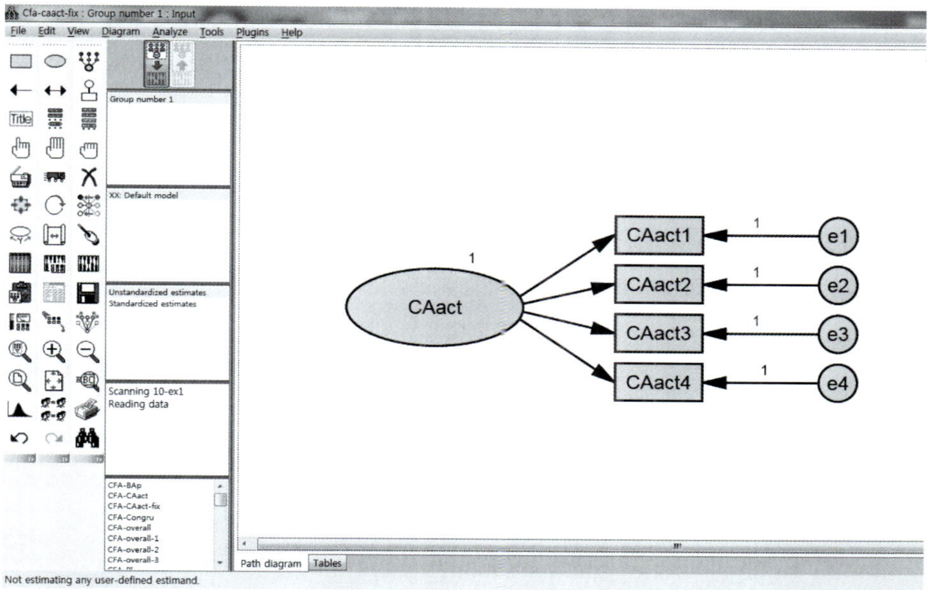

③ 분석할 데이터 파일로 '10-ex1.sav'를 지정하여 분석을 실시한다.

Construct 분산 고정법을 이용할 경우 준거지표법을 이용한 경우와 동일한 모형적합도, 표준화된 요인부하량, 측정항목 오차분산값이 산출된다. 그러나 요인부하량과 construct 분산값은 다르게 산출된다. AMOS에서는 준거지표법이 기본설정(default)으로 되어있기 때문에 이후의 분석에서는 준거지표법을 이용한다.

10.2 전체 constructs 대상 측정모형의 타당성 평가

Construct별 측정모형의 타당성 검증 다음으로 남아 있는 항목들을 이용하여 **전체 constructs** 대상 측정모형의 타당성을 평가한다. 즉, 연구모형에 포함된 전체 constructs와 그 측정변수들을 대상으로 동시에 확인요인분석(CFA)을 실시하고 타당성을 평가한다. 본 예제에서는 construct별 확인요인분석 과정에서 제거되는 항목이 없었으므로 이 과정에서 모든 측정변수들이 사용되었다.

1. 확인요인분석

전체 constructs의 측정변수들을 대상으로 **확인요인분석**을 실시하기 위해 AMOS Graphics에 경로도형을 작성한다. 본 예제에서 전체 constructs를 대상으로 확인요인분석을 실시하는 과정은 다음과 같다.

① [그림 10.6]과 같은 경로도형을 작성한다.

그림 10.6 전체 constructs와 측정변수들로 구성된 경로도형

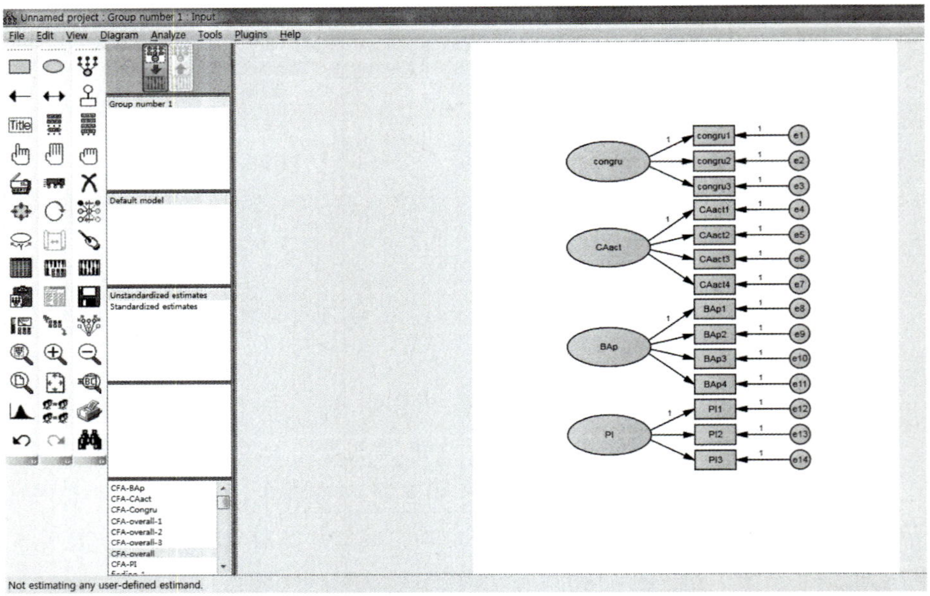

② 구조방정식모형 분석에서는 외생변수 간에 **공분산**(혹은 상관관계)을 설정해야 한다. [그림 10.6]과 같은 전체 constructs의 확인요인분석에서는 모든 constructs가 외생변수로 설정되어 있다. 따라서 constructs 간에 공분산을 설정해야 한다. [그림 10.6]과 같이 네 개의 constructs가 존재하는 경우는 총 6개의 공분산을 설정해야 한다. 6개의 공분산을 한 번에 그리는 방법은 (아이콘) 아이콘을 이용하여 네 개의 constructs를 지정한 다음, 메뉴 바의 [Plugins] → [Draw Covariances]를 클릭한다. 이에 따라 [그림 10.7]과 같이 자동으로 constructs 간의 공분산이 설정된다.

그림 10.7 자동으로 constructs 간 공분산이 설정된 모습

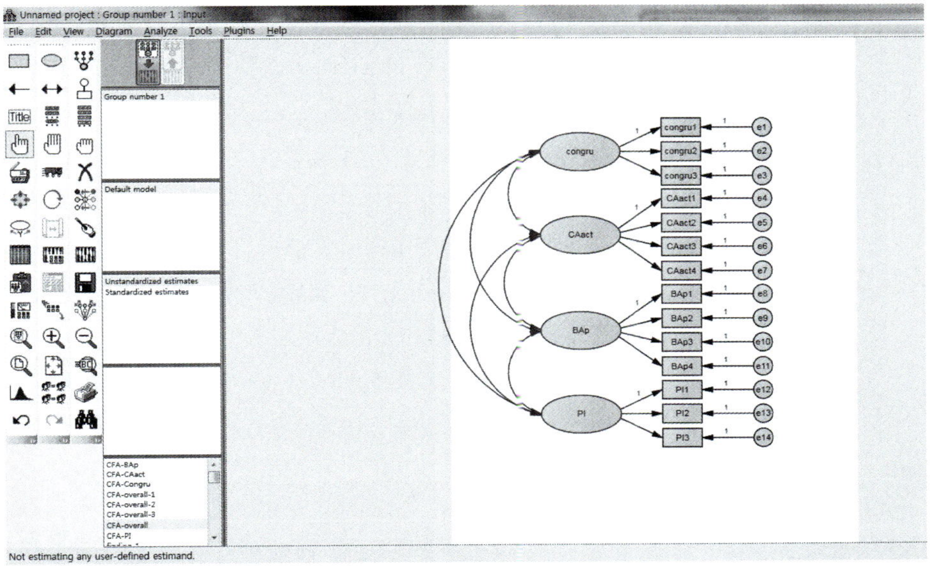

③ [그림 10.7]에서는 constructs 간 공분산이 설정된 부분이 작업시트 밖으로 나와 보기에 좋지 않다. 전체 경로도형을 **작업시트 내**에 위치시키기 위해서는 [아이콘] 아

그림 10.8 전체 경로도형이 작업시트 내에 위치한 모습

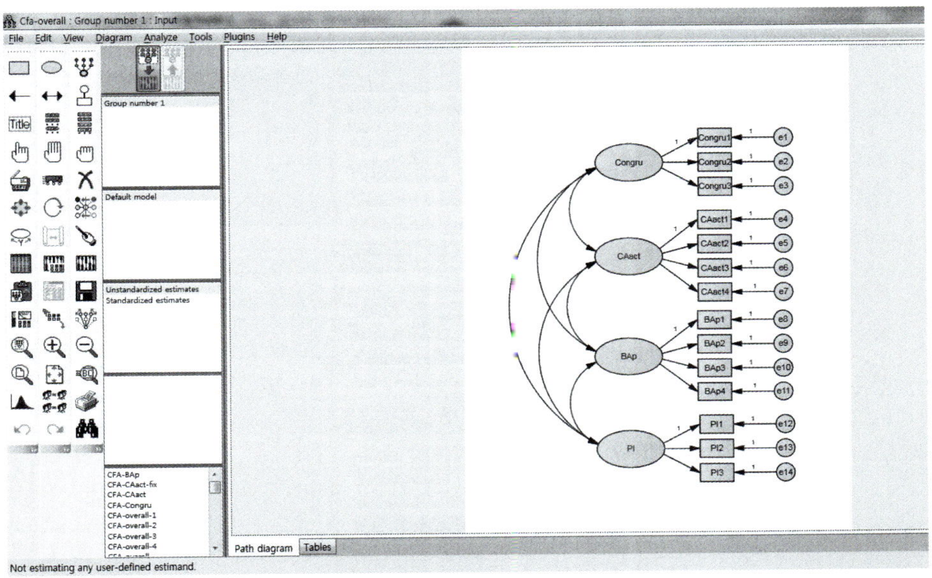

이콘을 클릭한다. 그 결과는 [그림 10.8]과 같다. 이와 같이 전체 constructs 대상 확인요인분석의 경로도형이 작성되면 'CFA-overall.amw'로 저장한다.

④ 분석할 데이터 파일로 '10-ex1.sav'를 지정한다.

⑤ 메뉴 바의 [View] → [Analysis Properties...]를 클릭하여 [Output] 탭에서 [그림 10.9]와 같이 기본설정된 Standardized estimates, Modification indices를 설정하고, Modification indices가 제시되는 값을 4로 한다. Modification indices가 제시되는 기본설정값은 4인데 연구자의 주관적인 판단에 따라 다른 값을 지정할 수 있다.[2] 기존의 모형에 변화를 크게 하더라도 모형의 적합도를 높이고자 할 경우에는 Modification indices의 값을 작게 설정하고, 기존 모형을 되도록 유지하고자 할 경우에는 Modification indices의 값을 크게 설정하면 된다. 예를 들어, 연구자가 모형의 적합도를 높이고자 할 경우에는 Modification indices의 값을 4로 설정하고, 기존 모형을 되도록 유지하고자 할 경우에는 10으로 설정

그림 10.9 Output 탭의 설정

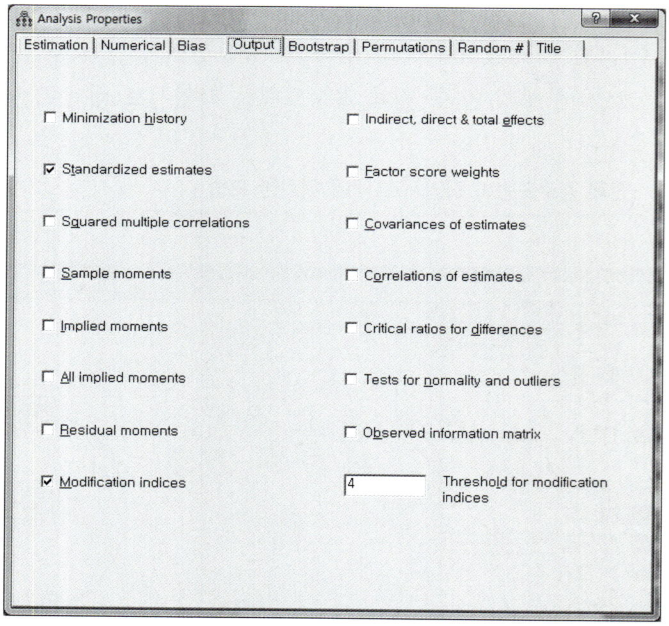

2 $\alpha=.05$, 자유도 1일 때의 χ^2는 3.84인데 이에 따라 Modification Indices의 기본설정값으로 그 근사값인 4를 이용한다. 이는 $\alpha=.05$에서 자유도 1의 변화에 따른 χ^2 검증통계량의 최소변화치에 해당하는 것으로 모형의 적합도를 개선하기 위해 설정할 수 있는 의미 있는 Modification Indices의 최소값에 해당한다.

한다.

⑥ 아이콘을 클릭하여 분석을 실시한다.

2. Identification

전체 constructs와 측정변수들을 대상으로 확인요인분석을 실시한 결과, AMOS Graphics의 상태표시란에 'Scanning [데이터파일명]'과 'Reading data' 메시지가 제시되면 모형의 **identification**이 된 것이다. 따라서 모형의 적합도와 요인부하량이 계산되어 나타난다.

3. 적합도지수와 수정지수

전체 constructs 대상 확인요인분석 결과, [그림 10.8]의 경로도형은 χ^2= 168.047(d.f.=71, p=.000), CFI=.962, NFI=.937, RMSEA=.081(.065~.097)의 **적합도**를 갖는 것으로 나타났다. [그림 10.8]의 경로도형은 CFI와 NFI가 모두 .90 이상으로 나타나 추천기준치를 충족시키고 있지만, χ^2와 RMSEA는 추천기준치를 충족시키지 못하는 것으로 나타났다. 따라서 모형의 적합도를 개선시키기 위해 [그림 10.10]과 같은 **수정지수**(modification indices)를 참조한다.

[그림 10.10]에서 **Covariances**는 변수와 변수 간의 공분산을 설정하는 경우를 의미한다. 앞에서 수정지수 기준치로 4를 설정하였으므로 [그림 10.10]에 제시된 수정지수는 4 이상의 값만 제시되어 있다. 이때 **M.I.**는 **Modification Indices**의 약자인데, M.I.에 제시되는 값은 두 변수 간에 공분산을 설정하였을 경우 변화될 수 있는 χ^2의 최소값을 의미한다. 예를 들어, e14와 e10 간에 공분산을 설정하였을 경우 χ^2 값은 최소한 9.238만큼 감소한다는 것을 의미한다. 이는 보수적인 값이기 때문에 실제로는 더 크게 감소할 수도 있다. 두 변수 간에 공분산을 설정하였을 경우 자유도는 1만큼 감소한다. 그러나 χ^2 값이 3.84보다 크게 감소한다면 줄어드는 자유도를 고려하더라도 모형의 적합도를 향상시킬 수 있는 것이다. **Par Change**는 **Parameter Change**의 약자인데, 두 변수 간에 공분산을 설정하였을 경우의 공분산 값의 추정치를 의미한다. 예를 들어, e14와 e10 간에 공분산을 설정하였을 경우 그 값은 대략 .125라는 것이다.

Regression Weights는 변수와 변수 간에 인과관계를 설정하는 경우를 의미한다. 예를 들어, CAact3가 BAp3에 영향을 미치는 것으로 인과관계를 설정하였을 경우, χ^2 값은 최소한 6.259만큼 감소하며, 그 경로계수는 대략 .094임을 알 수 있다.

그림 10.10 **수정지수**

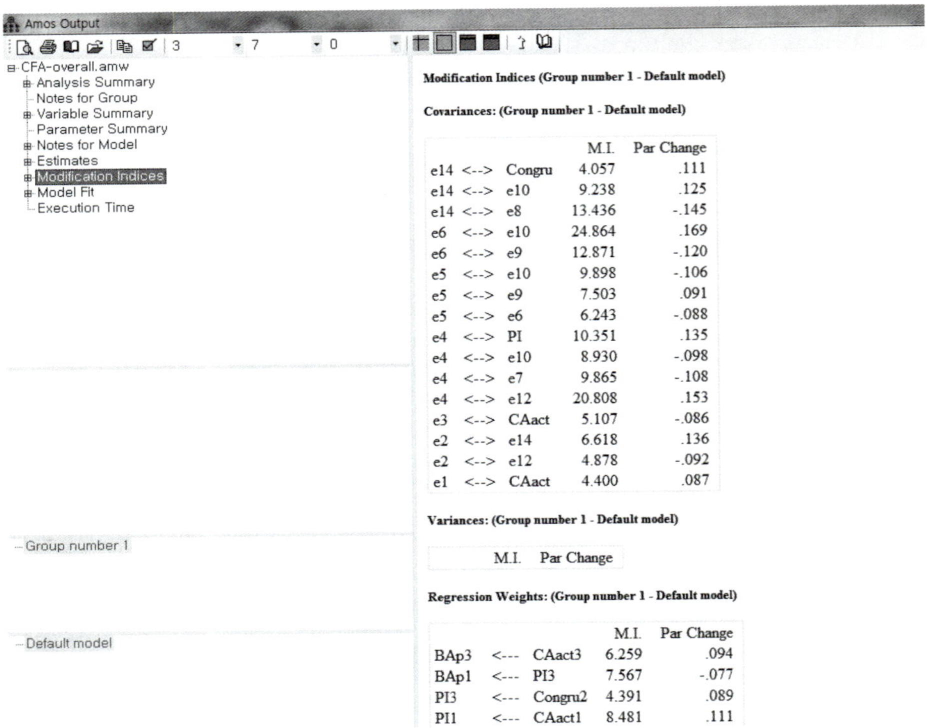

Modification Indices (Group number 1 - Default model)

Covariances: (Group number 1 - Default model)

			M.I.	Par Change
e14	<-->	Congru	4.057	.111
e14	<-->	e10	9.238	.125
e14	<-->	e8	13.436	-.145
e6	<-->	e10	24.864	.169
e6	<-->	e9	12.871	-.120
e5	<-->	e10	9.898	-.106
e5	<-->	e9	7.503	.091
e5	<-->	e6	6.243	-.088
e4	<-->	PI	10.351	.135
e4	<-->	e10	8.930	-.098
e4	<-->	e7	9.865	-.108
e4	<-->	e12	20.808	.153
e3	<-->	CAact	5.107	-.086
e2	<-->	e14	6.618	.136
e2	<-->	e12	4.878	-.092
e1	<-->	CAact	4.400	.087

Variances: (Group number 1 - Default model)

M.I.	Par Change

Regression Weights: (Group number 1 - Default model)

			M.I.	Par Change
BAp3	<---	CAact3	6.259	.094
BAp1	<---	PI3	7.567	-.077
PI3	<---	Congru2	4.391	.089
PI1	<---	CAact1	8.481	.111

이하에서는 수정지수를 이용하여 모형의 적합도를 저해시키는 측정변수를 발견하고, 이를 제거함으로써 적합도를 개선하는 방법을 보다 구체적으로 설명한다.

[그림 10.10]의 Covariances에서 가장 높은 수정지수를 보이는 것은 e6과 e10의 공분산 관계이다. 그런데 e6은 e10과의 관계에서 24.864, e9와의 관계에서 12.871, 그리고 e5와의 관계에서 6.243의 수정지수를 갖는다. 이는 e6(실질적으로는 CAact3)라는 변수가 다른 construct에 cross-loading 되어 측정모형의 타당성을 (판별타당성 측면에서) 저해함을 의미한다. 여기서 **cross-loading**이란 어떤 측정변수가 두 개 이상의 constructs에 적재되는 것을 의미한다. 따라서 [그림 10.11]과 같이 CAact3라는 측정변수를 제거하고, 이를 'CFA-overall-1.amw'라는 파일명으로 저장한 후 분석을 실시한다.

그림 10.11 CAact3 측정변수를 제거한 경로도형

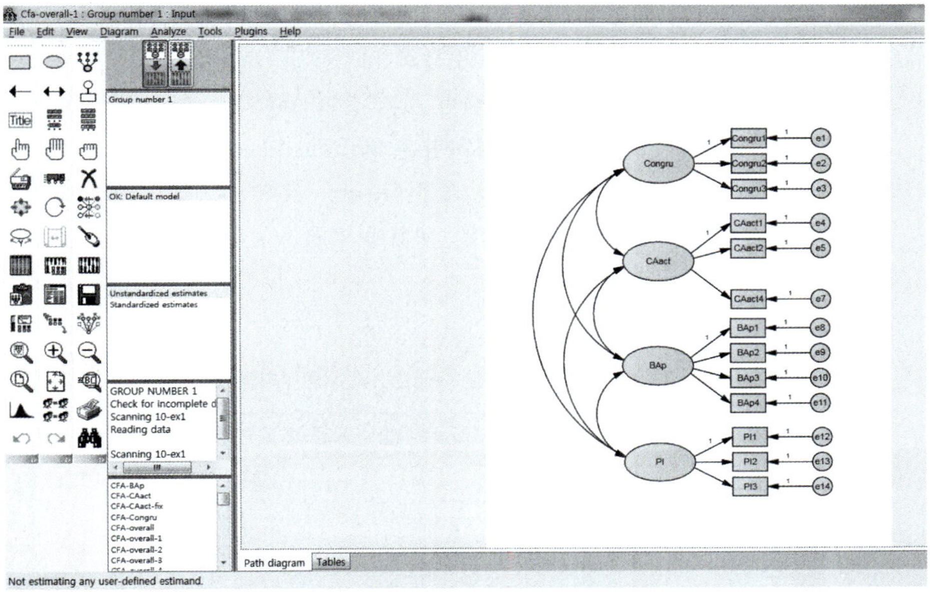

분석결과 [그림 10.11]의 모형은 χ^2 값이 122.153, 자유도가 59로 나타났다. 즉, [그림 10.8]의 모형적합도(χ^2=168.047, d.f.=71)와 비교할 때 χ^2 값은 45.894가 감소하였으며, 자유도는 12가 감소하였다. 이 경우 χ^2 값은 크게 줄어들었으나 측정변수를 삭제하였기 때문에 정보손실(information loss)의 문제가 발생한다. 더욱이 두 모형은 nested 관계가 아니기 때문에 χ^2 값의 직접적인 비교를 통한 모형적합도 개선을 평가할 수 없다. 그러나 다른 적합도지수인 CFI, NFI, 그리고 RMSEA가 개선되었고(CFI: .962 → .972; NFI: .937 → .949; RMSEA: .081 → .072(.054~.090)), 타당성을 저해하는 측정변수를 제거하였다는 점에서 수정지수를 이용한 척도정제는 바람직한 방법으로 생각할 수 있다. 현재모형의 적합도를 보다 개선시키기 위해서는 이러한 과정을 반복하여 시행하면 된다. 어느 수준까지 모형의 적합도를 개선시킬 것인가는 연구자의 판단에 의해 결정한다.

본 예제에서는 추가적으로 측정변수 PI3를 제거하고 이를 'CFA-overall-2.amw'로 저장한다. 남아 있는 측정변수들을 이용하여 전체 constructs 대상 확인요인분석을 실시한 결과, χ^2=80.846(d.f.=48, p=.002), CFI=.984, NFI=.961, RMSEA=.057(.035~.079)의 적합도를 갖는 것으로 나타났다.

4. 요인부하량

지금까지 본 바와 같이 CAact3, PI3 두 개의 측정변수를 제거한 모형의 분석 결과 적합도는 수용가능한 것으로 나타났다. 따라서 다음 단계로 **요인부하량**을 고려한다. **요인부하량은 전술한 것과 같이 AMOS Output의 Regression Weights를 의미하며, 표준화 요인부하량은 Standardized Regression Weights를 의미한다.** 남아 있는 측정변수들의 요인부하량은 모두 통계적으로 유의적이어서 제거할 항목들은 나타나지 않았다. 본 예제의 전체 constructs 대상 측정변수의 요인부하량은 〈표 10.4〉와 같다.

표 10.4 전체 constructs 대상 측정변수의 요인부하량

construct	측정변수	요인부하량	표준화 요인부하량	t값	p값
congru	congru1	1.000	.833	–	–
	congru2	1.073	.853	14.446	.001
	congru3	1.070	.887	15.108	.001
CAact	CAact1	1.000	.878	–	–
	CAact2	.956	.866	16.431	.001
	CAact4	.946	.833	15.379	.001
BAp	BAp1	1.000	.906	–	–
	BAp2	1.039	.909	20.351	.001
	BAp3	1.015	.894	19.606	.001
	BAp4	1.215	.552	8.768	
PI	PI1	1.000	.952	–	–
	PI2	.953	.894	19.363	.001

5. Construct 타당성(Construct validity)

Construct 타당성은 construct와 측정변수 간의 일치성 정도에 관한 것으로 집중타당성, 판별타당성, 법칙타당성의 세 가지에 의해 평가된다. 이하에서는 AMOS 분석자료를 토대로 construct 타당성을 평가하는 방법들에 대해 설명한다.

(1) 집중타당성

집중타당성(convergent validity)은 하나의 construct에 대한 두 개 이상의 측

정도구가 상관관계를 갖는 정도에 관한 것으로, 집중타당성을 평가하는 방법으로는 **표준화 요인부하량**의 크기, **평균분산추출값**, construct **신뢰성** 등이 있다.

① 요인부하량의 크기

Construct를 측정하는 변수들의 **요인부하량**(factor loading)이 높고, 통계적으로 유의적이면($p<.05$), 그 측정변수들 간에는 집중타당성이 있다고 할 수 있다. 또한 각 측정변수들의 **표준화 요인부하량**(standardized factor loading)은 .5 이상이어야 하고 .7 이상이 바람직하다. 본 예제의 AMOS 분석결과, 〈표 10.4〉와 같이 각 측정변수들의 표준화 요인부하량이 모드 .5 이상으로 나타났으며 통계적으로 유의적이었다. 따라서 본 예제에 사용된 측정변수들 간에는 집중타당성이 있다고 할 수 있다.

② 평균분산추출값의 크기

평균분산추출값(average variance extracted; AVE)은 표준화 요인부하량을 제곱한 값들의 평균을 의미하는 것으로, 그 크기가 .5 이상이면 집중타당성을 갖는 것으로 받아들여진다. AVE는 AMOS Output에 제시되지 않으며 연구자가 직접 계산을 해야 하는데, 이를 계산하는 공식은 다음과 같다.

$$AVE = \frac{\sum_{i=1}^{n} \lambda_i^2}{n}$$

여기서, i = 측정변수

n = 측정변수의 수

λ_i = i번째 측정변수의 표준화 요인부하량

본 예제의 분석자료인 〈표 10.4〉를 토대로 각 construct별 AVE를 계산하는 방법은 다음과 같다.

$$AVE_{\text{congru}} = \frac{(.833)^2+(.853)^2+(.887)^2}{3} = .73$$

$$AVE_{\text{CAact}} = \frac{(.878)^2+(.866)^2+(.833)^2}{3} = .73$$

$$AVE_{\text{BAp}} = \frac{(.906)^2+(.909)^2+(.894)^2+(.552)^2}{3} = .68$$

$$AVE_{\text{PI}} = \frac{(.952)^2 + (.894)^2}{3} = .85$$

위의 계산결과와 같이 모든 constructs의 AVE 값이 .5 이상으로 나타나 본 예제에 사용된 측정변수들 간에는 집중타당성이 있다고 할 수 있다.

③ Construct 신뢰도값의 크기

Construct 신뢰도(construct reliability)값은 표준화 요인부하량과 오차분산의 값으로 계산할 수 있는데, 그 값이 .7 이상이면 집중타당성을 갖는 것으로 받아들여진다. Construct 신뢰도값은 AMOS Output에 제시되지 않으며 연구자가 직접 계산을 해야 하는데, 이를 계산하는 공식은 다음과 같다.

$$CR = \frac{\left(\sum_{i=1}^{n} \lambda_i\right)^2}{\left(\sum_{i=1}^{n} \lambda_i\right)^2 + \left(\sum_{i=1}^{n} \delta_i\right)}$$

여기서, i = 측정변수
n = 측정변수의 수
λ_i = i번째 측정변수의 표준화 요인부하량
δ_i = i번째 측정변수의 오차분산

본 예제의 분석자료에서 오차분산은 [그림 10.12]와 같이 AMOS Output에서 Estimates의 Variances를 확인하면 된다. 본 예제의 분석자료인 〈표 10.4〉와 [그림 10.12]를 토대로 각 construct 별 construct 신뢰도값을 계산하는 방법은 다음과 같다.

$$CR_{\text{congru}} = \frac{(.833+.853+.887)^2}{(.833+.853+.887)^2+(.579+.566+.406)} = .81$$

$$CR_{\text{CAact}} = \frac{(.878+.866+.833)^2}{(.878+.866+.833)^2+(.368+.376+.488)} = .84$$

$$CR_{\text{BAp}} = \frac{(.906+.909+.894+.552)^2}{(.906+.909+.894+.552)^2+(.299+.310+.353+4.614)} = .65$$

$$CR_{\text{PI}} = \frac{(.952+.894)^2}{(.952+.894)^2+(.199+.436)} = .84$$

그림 10.12　AMOS Output에서 오차분산의 위치

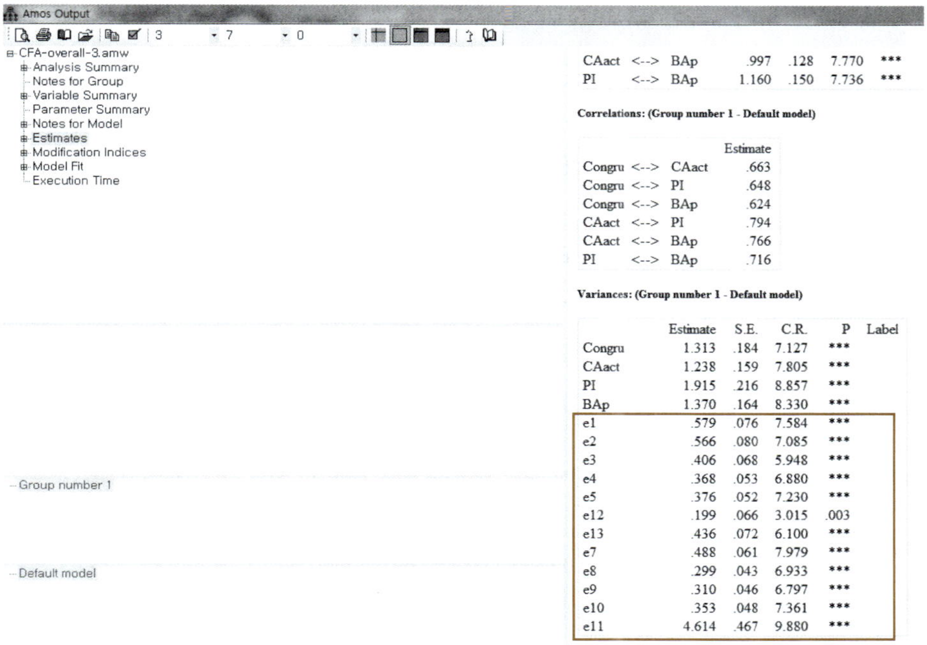

CAact	<-->	BAp	.997	.128	7.770	***
PI	<-->	BAp	1.160	.150	7.736	***

Correlations: (Group number 1 - Default model)

			Estimate
Congru	<-->	CAact	.663
Congru	<-->	PI	.648
Congru	<-->	BAp	.624
CAact	<-->	PI	.794
CAact	<-->	BAp	.766
PI	<-->	BAp	.716

Variances: (Group number 1 - Default model)

	Estimate	S.E.	C.R.	P	Label
Congru	1.313	.184	7.127	***	
CAact	1.238	.159	7.805	***	
PI	1.915	.216	8.857	***	
BAp	1.370	.164	8.330	***	
e1	.579	.076	7.584	***	
e2	.566	.080	7.085	***	
e3	.406	.068	5.948	***	
e4	.368	.053	6.880	***	
e5	.376	.052	7.230	***	
e12	.199	.066	3.015	.003	
e13	.436	.072	6.100	***	
e7	.488	.061	7.979	***	
e8	.299	.043	6.933	***	
e9	.310	.046	6.797	***	
e10	.353	.048	7.361	***	
e11	4.614	.467	9.880	***	

위의 계산결과와 같이 congru, CAact, PI constructs의 construct 신뢰도값은 .8 이상이나 BAp의 경우 .65로 나타나 기준(>.7)을 충족시키지 못하는 것으로 나타났다. BAp가 construct 신뢰도를 충족시키지 못하는 이유는 BAp 4번 항목의 표준화 요인적재량이 다른 항목들에 비해 낮고 오차분산이 크기 때문이다. 따라서 집중타당성을 저하시키는 BAp 4번 항목을 추가적으로 제거하고 'CFA-overall-3.amw'로 저장한다. 남아 있는 측정변수들을 이용하여 전체 constructs 대상 확인요인분석을 실시한 결과, χ^2=74.170(d.f.=38, p=.000), CFI=.981, NFI=.963, RMSEA=.068(.044~.091)의 적합도를 갖는 것으로 나타났다. 이 값들을 기준으로 볼 때 "CFA-overall-3 모형은 CFA-overall-2 모형보다 적합도가 조금 낮다"고 할 수 있다.

측정변수들의 요인부하량은 〈표 10.5〉과 같이 모두 .8 이상으로 나타났으며 통계적으로 유의적이어서 제거할 항목들은 나타나지 않았다.

표 10.5 남아있는 측정변수의 요인부하량

construct	측정변수	요인부하량	표준화 요인부하량	t값	p값
congru	congru1	1.000	.833	–	–
	congru2	1.072	.853	14.445	.001
	congru3	1.070	.887	14.112	.001
CAact	CAact1	1.000	.879	–	–
	CAact2	.956	.866	16.449	.001
	CAact4	.944	.832	15.366	.001
BAp	BAp1	1.000	.908	–	–
	BAp2	1.038	.910	20.342	.001
	BAp3	1.012	.893	19.544	.001
PI	PI1	1.000	.952	–	–
	PI2	.953	.894	19.363	.001

〈표 10.5〉를 토대로 각 construct별 AVE를 계산한 결과, 모든 constructs의 AVE 값이 .7 이상으로 나타나 측정변수들 간에는 집중타당성이 있다고 할 수 있다.

$$AVE_{\text{congru}} = \frac{(.833)^2+(.853)^2+(.887)^2}{3} = .73$$

$$AVE_{\text{CAact}} = \frac{(.879)^2+(.866)^2+(.832)^2}{3} = .73$$

$$AVE_{\text{BAp}} = \frac{(.908)^2+(.910)^2+(.893)^2}{3} = .81$$

$$AVE_{\text{PI}} = \frac{(.952)^2+(.894)^2}{2} = .85$$

각 construct별 construct 신뢰도값을 계산한 결과, 모든 constructs의 construct 신뢰도값이 .8 이상으로 나타나 측정변수들 간에는 집중타당성이 있다고 할 수 있다.

$$CR_{\text{congru}} = \frac{(.833+.853+.887)^2}{(.833+.853+.887)^2+(.579+.566+.406)} = .81$$

$$CR_{\text{CAact}} = \frac{(.879+.866+.832)^2}{(.879+.866+.832)^2+(.366+.376+.491)} = .84$$

$$CR_{\text{BAp}} = \frac{(.908+.910+.893)^2}{(.908+.910+.893)^2+(.294+.308+.357)} = .88$$

$$CR_{\text{PI}} = \frac{(.952+.894)^2}{(.952+.894)^2+(.198+.437)} = .84$$

(2) 판별타당성

판별타당성(discriminant validity)은 한 construct가 실제로 다른 construct와 얼마나 다른가에 관한 것으로, 판별타당성을 평가하는 방법에는 다음의 두 가지가 많이 사용된다.

① Constructs 간의 상관관계를 1로 fix시킨 모형과의 비교

판별타당성을 평가하는 첫 번째 방법은 평가의 대상이 되는 **두 constructs 간의 상관관계**를 1로 fix시킨 모형과 원래의 모형(즉, 두 constructs 간 상관관계를 free로 한 모형)을 비교하는 방법이다. 이때 원래의 모형이 fix시킨 모형보다 더 우수한 것으로 나타나면 두 constructs 간에는 판별타당성이 있는 것이다. 그런데 실제로 두 constructs 간에 상관관계가 높더라도(예를 들어, .9) free로 한 모형의 적합도가 나은 것으로 나타날 수 있기 때문에 이 방법보다는 다음의 방법이 보다 추천된다.

② 두 constructs 각각의 AVE와 그 두 constructs 간의 상관관계제곱을 비교

이는 판별타당성 평가의 대상이 되는 두 constructs 각각의 AVE와 그 두 constructs 간의 **상관관계제곱**을 비교하여 두 AVE가 모두 상관관계제곱보다 큰가를 확인하는 방법이다. 이때 각각의 AVE가 모두 상관관계제곱보다 크면 판별타당성이 있다고 할 수 있다. 이 방법을 구체적으로 설명하면 다음과 같다.

먼저 'CFA-overall-3.amw'의 Output 파일을 연다. 그러면 [그림 10.13]과 같이 constructs 간 상관관계가 제시되어 있다.

그림 10.13 Constructs 간 상관관계

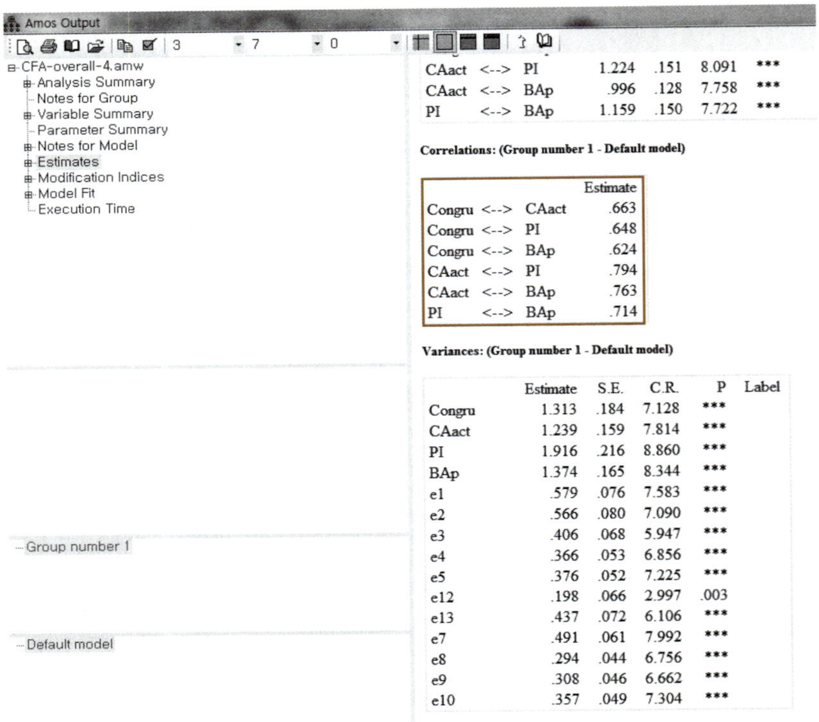

CAact	<-->	PI	1.224	.151	8.091	***
CAact	<-->	BAp	.996	.128	7.758	***
PI	<-->	BAp	1.159	.150	7.722	***

Correlations: (Group number 1 - Default model)

			Estimate
Congru	<-->	CAact	.663
Congru	<-->	PI	.648
Congru	<-->	BAp	.624
CAact	<-->	PI	.794
CAact	<-->	BAp	.763
PI	<-->	BAp	.714

Variances: (Group number 1 - Default model)

	Estimate	S.E.	C.R.	P	Label
Congru	1.313	.184	7.128	***	
CAact	1.239	.159	7.814	***	
PI	1.916	.216	8.860	***	
BAp	1.374	.165	8.344	***	
e1	.579	.076	7.583	***	
e2	.566	.080	7.090	***	
e3	.406	.068	5.947	***	
e4	.366	.053	6.856	***	
e5	.376	.052	7.225	***	
e12	.198	.066	2.997	.003	
e13	.437	.072	6.106	***	
e7	.491	.061	7.992	***	
e8	.294	.044	6.756	***	
e9	.308	.046	6.662	***	
e10	.357	.049	7.304	***	

각 construct의 AVE 값과 상관관계제곱을 비교하면 〈표 10.6〉과 같다.

표 10.6 각 construct의 AVE 값과 상관관계제곱

construct	AVE	r	r^2	판별타당성 여부
congru ↔ CAact	congru = .73 CAact = .73	.663	.44	○
congru ↔ PI	congru = .73 PI = .85	.648	.42	○
congru ↔ BAp	congru = .73 BAp = .81	.624	.39	○
CAact ↔ PI	CAact = .73 PI = .85	.794	.63	○
CAact ↔ BAp	CAact = .73 BAp = .81	.763	.58	○
PI ↔ BAp	PI = .85 BAp = .81	.714	.51	○

〈표 10.6〉의 결과에서와 같이 본 예제에 포함된 모든 constructs 간 **상관관계 제곱**의 크기는 .39~.63으로 나타났다. 이는 본 예제에 포함된 constructs 중 가장 작은 AVE 값을 갖는 congru와 CAact의 .73보다 작은 것이다. 따라서 본 예제에 포함된 모든 constructs는 판별타당성을 갖는 것으로 볼 수 있다.

(3) 법칙타당성

법칙타당성(nomological validity)은 한 construct의 측정도구와 다른 construct의 측정도구의 상관관계와 관련된 것이다. 예를 들어, construct A와 construct B 간에 正(+)의 상관관계가 있는 것으로 기존 연구에서 밝혀지거나 논리적으로 수용되는 경우, 각 construct의 측정도구들 간의 상관관계가 正(+)으로 나타난다면 그 측정도구들은 법칙타당성을 갖는다. 본 예제에서 법칙타당성을 평가하기 위해서는 [그림 8.24]의 가설방향과 〈표 10.6〉의 상관계수 방향을 확인하면 된다. [그림 8.24]의 가설방향은 모두 正(+)의 방향으로 설정되어 있는데 〈표 10.6〉에서도 constructs 간 상관계수의 방향이 모두 正(+)의 방향으로 나타났다. 따라서 본 예제의 constructs 간에는 법칙타당성이 있는 것으로 볼 수 있다.

제 11 장

구조모형의 분석과 해석

- **11.1** 구조모형의 분석절차
- **11.2** 구조모형 분석결과의 해석

제10장에서 다룬 측정모형 분석의 다음 단계는 **구조모형 분석**이다. 본 장에서 설명하는 구조모형 분석은 측정모형의 타당성 평가과정을 거쳐서 남은 측정변수들의 공분산행렬을 토대로 constructs 간의 관계를 추정하는 단계이다. 연구자가 궁극적으로 확인하고자 하는 것은 가설로 제시된 constructs 간의 관계라는 점을 고려할 때, 본 장은 구조방정식 모형분석에서 가장 핵심적인 부분이라고 할 수 있다. 본 장에서는 제10장에서 제시된 예제의 구조모형 분석을 실시하는 절차와 그 해석방법에 대해 설명한다.

11.1 구조모형의 분석절차

1. 경로도형의 작성

제10장의 측정모형 분석은 [그림 8.24]의 모형을 대상으로 하였다. [그림 8.24]의 연구모형은 congru, CAact, BAp, PI의 네 개 constructs로 구성되어 있는데, [그림 11.1]은 각 가설의 내용을 보여준다.

그림 11.1 연구모형

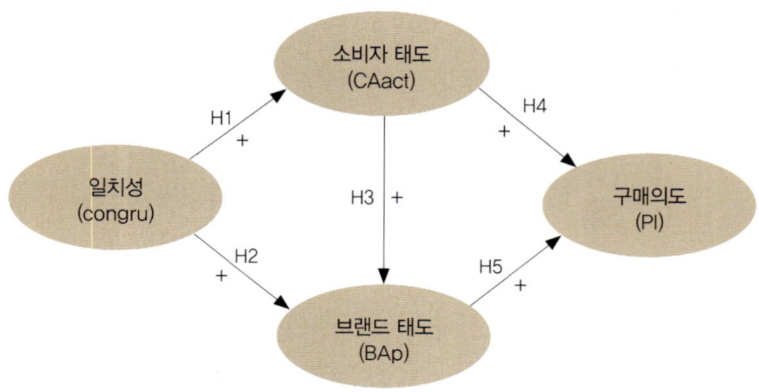

연구모형에 제시된 constructs 간 인과관계와 방향성을 가설로 나타내면 다음과 같다.

H1: 일치성은 소비자 태도에 正(+)의 영향을 미칠 것이다.
H2: 일치성은 소비자 태도의 매개에 의해서뿐만 아니라 직접적으로도 브랜드 태도에 正(+)의 영향을 미칠 것이다.
H3: 소비자 태도는 브랜드 태도에 正(+)의 영향을 미칠 것이다.
H4: 소비자 태도는 브랜드 태도의 매개에 의해서뿐만 아니라 직접적으로도 구매의도에 正(+)의 영향을 미칠 것이다.
H5: 브랜드 태도는 구매의도에 正(+)의 영향을 미칠 것이다.

이하에서는 위의 가설을 검증하기 위한 **구조모형 분석과정**을 설명한다. 제10장의 측정변수 타당성 평가과정에서 타당성을 저해시키는 것으로 나타난 CAact3, BAp4, 그리고 PI3 항목은 제거되었다. 남아 있는 항목들을 이용하여 구조모형의 분석을 실시하기 위해서는 [그림 11.2]와 같은 경로도형을 작성한다. 이러한 경로도형을 'SEM-over.amw'라는 파일명으로 저장한다.

그림 11.2 구조모형의 분석을 위한 경로도형

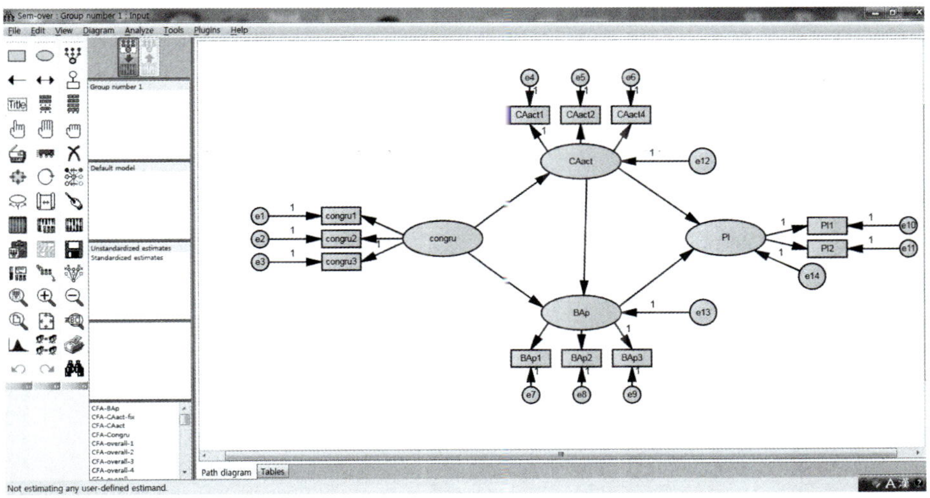

2. 데이터 파일의 지정

[그림 11.2]와 같이 경로도형을 작성한 후에는 분석에 사용할 데이터 파일을 지정해야 한다. 본 예제에서는 자동입력방식으로 데이터 파일을 지정하는데, 분석에는 '10-ex1.sav' 파일을 사용한다. 데이터 파일을 지정하는 절차는 다음과 같다.

① 메뉴 바의 [File]에서 [Data Files...]를 클릭한다.
② 'Data Files' 대화상자에서 [File Name]을 클릭한다.
③ '열기' 대화상자에서 '10-ex1.sav' 파일을 클릭한다.
④ 'Data Files' 대화상자에서 [OK]를 클릭한다.

3. 분석결과 옵션의 지정

분석을 실시하기에 앞서 분석결과 옵션을 지정해야 하는데, 다음의 절차로 수행한다.

① 메뉴 바의 [View]에서 [Analysis Properties...]를 클릭하거나 도구모음의 아이콘을 클릭한다.
② 'Analysis Properties' 대화상자에서 [Output] 탭을 클릭한다.
③ [그림 11.3]과 같이 Standardized estimates, Squared multiple correlations, Indirect, direct & total effects, Critical ratios for differences, Modification indices를 지정한다.

그림 11.3 분석옵션의 지정

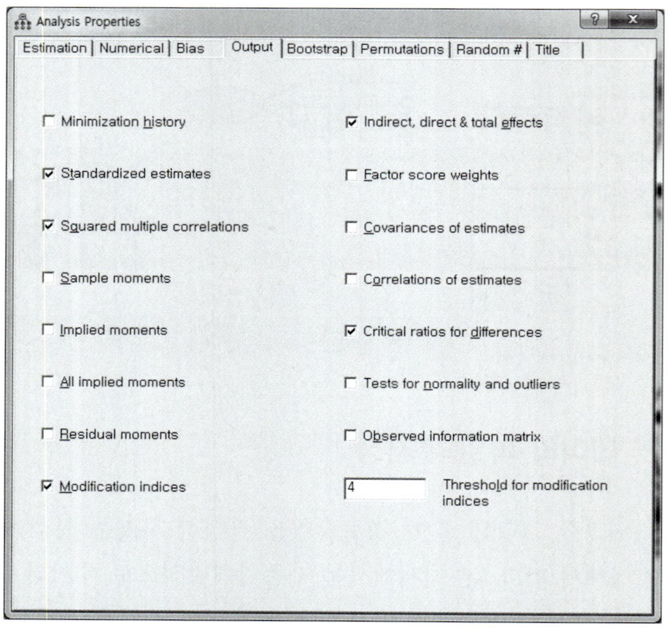

④ 'Analysis Properties' 대화상자의 ☒를 클릭한다.

4. 분석의 실행

경로도형을 작성하고, 데이터 파일과 분석옵션을 지정하고 나면 분석을 실행한다. 분석을 실행하기 위해서는 메뉴 바 [Analyze]의 [Calculate Estimates]를 클릭하거나 도구모음의 아이콘을 클릭한다.

11.2 구조모형 분석결과의 해석

AMOS 22

1. Identification

구조모형의 분석을 실시하면 가장 먼저 **identification** 여부를 확인해야 한다. 모형이 잘못 설정되거나, 추정하고자 하는 모수보다 측정변수들의 수가 적은 경우(즉, d.f.<0인 경우)에는 identification이 되지 않는다. 본 예제의 경우 identification이 되었는데 이는 [그림 11.4]와 같이 AMOS Graphics 창의 상태표시란을 통해 확인할 수 있다. AMOS Graphics 창의 상태표시란에 'Scanning [데

그림 11.4 Identification이 이루어진 모습

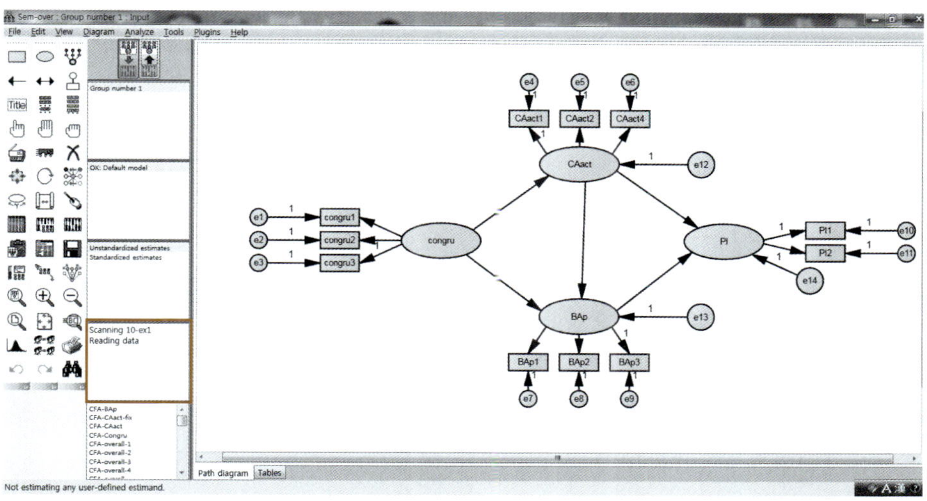

이터파일명],' 'Reading data' 메시지가 제시되면 identification이 된 것으로 볼 수 있다.

본 예제의 경우 identification이 되었지만 AMOS 분석을 실시할 때 identification이 되지 않는 경우가 흔히 있다. Identification이 되지 않는 이유는 대체로 다음과 같다.

(1) 내생 construct에 오차항을 설정하지 않은 경우

내생 construct에는 오차항을 설정해야 하는데, [그림 11.5]와 같이 오차항을 설정하지 않을 수 있다.

그림 11.5 내생 construct에 오차항을 설정하지 않은 경우

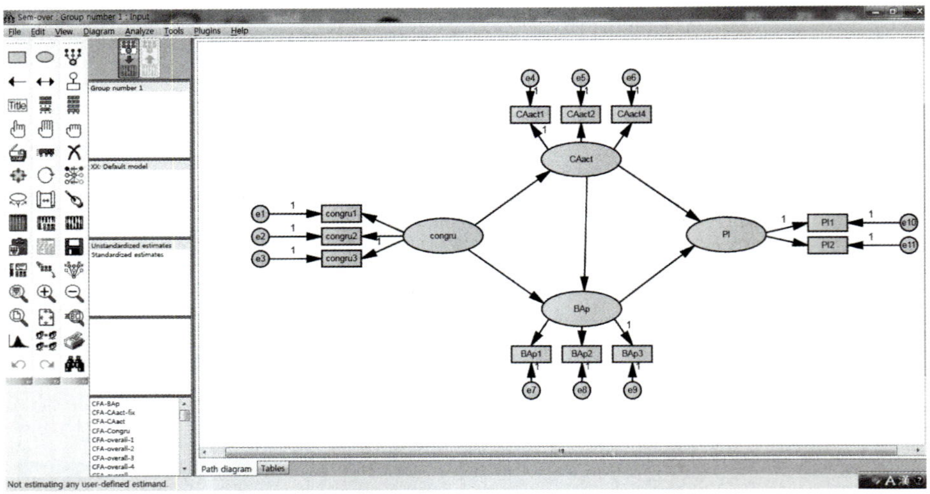

그림 11.6 AMOS Warnings 대화상자

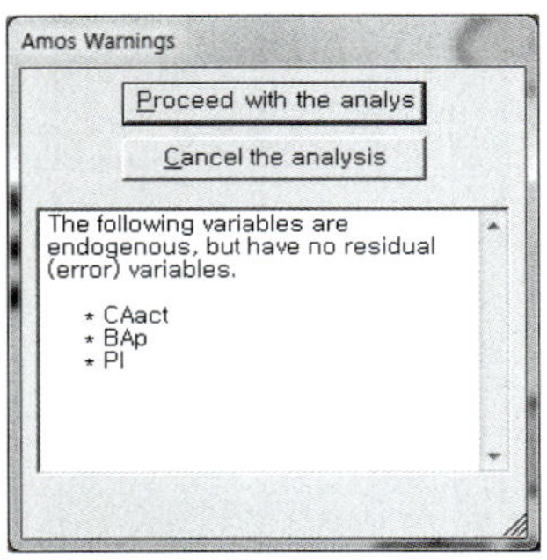

이 경우 모형의 identification이 되지 않으며, 분석실행시 [그림 11.6]과 같은 AMOS Warnings 대화상자가 나타난다. 이에 따라 경로도형을 수정해야 한다.

(2) 측정변수와 오차항 간의 관계에서 계수를 지정하지 않은 경우

모든 측정변수와 오차항 간의 관계에는 계수를 지정하는데, 흔히 '1'을 지정한다. AMOS Graphics의 도구모음 중 아이콘을 이용할 경우에는 측정변수와 오차항 간의 관계에 자동으로 '1'이 주어진다. 경로도형을 직접 작성할 경우 [그림 11.7]과 같이 계수를 지정하지 않는 실수를 할 수 있다.

그림 11.7 측정변수와 오차항 간의 관계에서 계수를 지정하지 않은 경우

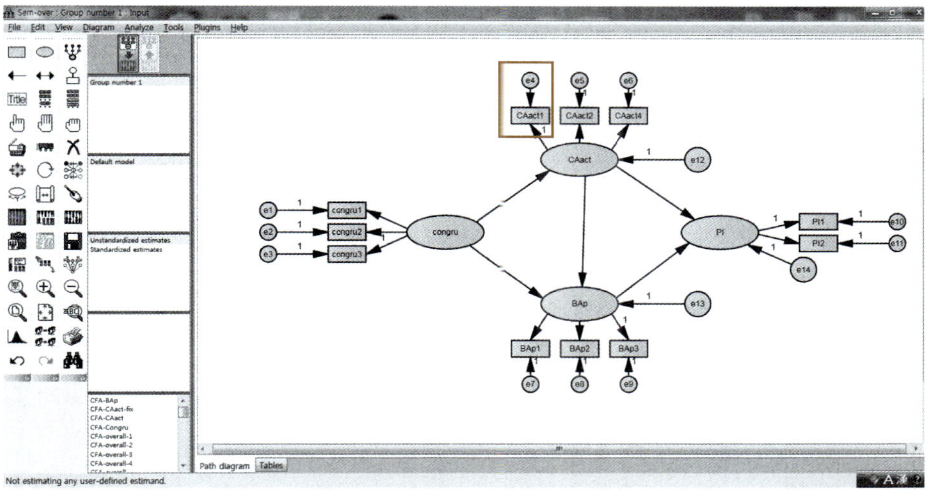

측정변수와 오차항의 관계에서 계수를 지정하지 않으면 AMOS Graphics 상태표시란에 'Scanning [데이터파일명],' 'Reading data' 메시지가 제시되지 않는다. 또한 AMOS Output의 Estimates를 보면 [그림 11-8]과 같이 e4→CAact1의 관계가 unidentified되었음을 나타내는 메시지가 제시된다. 이 경우 메시지에 따라 측정변수와 오차항의 관계에 계수를 지정해야 한다.

그림 11.8 e4→CAact1의 관계가 unidentified되었음을 나타내는 메시지

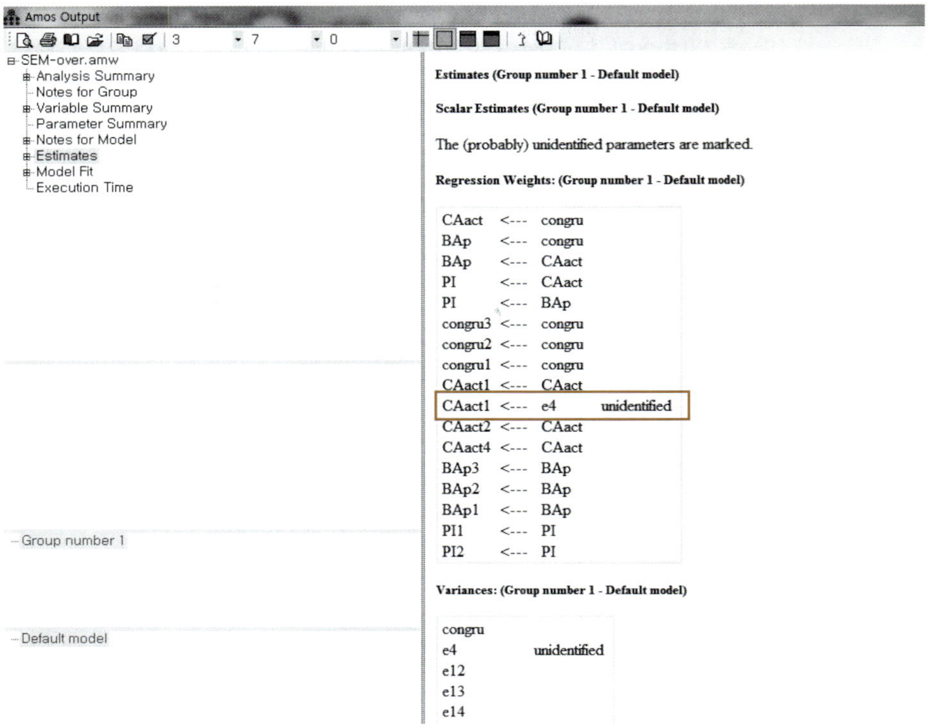

(3) 한 construct의 여러 측정변수들 중 어느 한 변수도 준거지표로 지정하지 않은 경우

한 construct의 여러 측정변수들 중 어느 한 변수의 계수를 지정해야 하는데, 흔히 '1'을 지정한다. 이러한 변수를 **준거지표**라 한다. 준거지표를 지정해야 하는 이유는 모형의 identification을 위해서이며, '1'은 관행적으로 사용하는 값이다. AMOS Graphics의 도구모음 중  아이콘을 이용할 경우에는, construct의 여러 측정변수들 중 어느 하나에 자동으로 '1'이 지정된다. 그러나 경로도형을 직접 작성할 경우 [그림 11.9]와 같이 계수를 지정하지 않는 실수를 할 수 있다.

Construct의 한 측정변수를 준거지표로 지정하지 않으면 AMOS Graphics 상태표시란에 'Scanning [데이터파일명],' 'Reading data' 메시지가 제시되지 않는다. 또한 AMOS Output의 Estimates를 보면 [그림 11.10]과 같이 construct congru가 unidentified되었음을 나타내는 메시지가 제시된다. 이 경우 메시지에 따라 construct의 측정변수들 중 어느 하나를 준거지표로 지정해야 한다.

그림 11.9 Construct의 한 측정변수를 준거지표로 지정하지 않은 경우

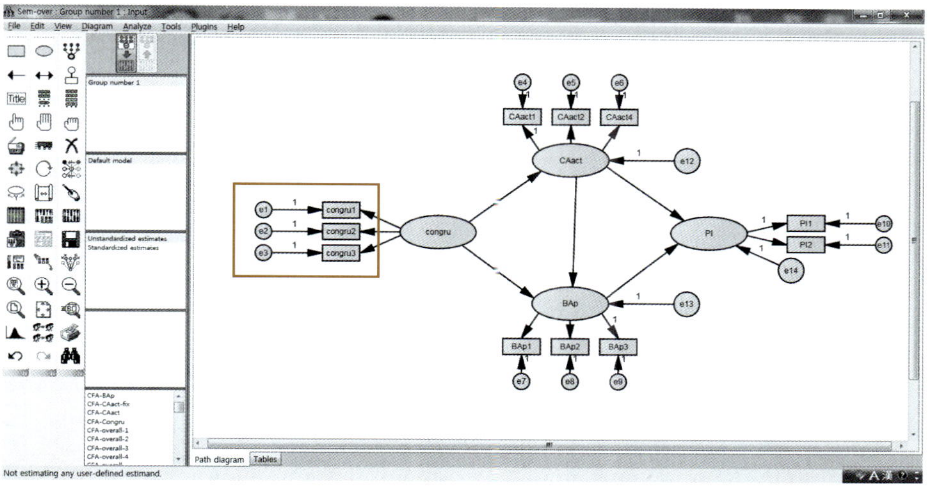

그림 11.10 Construct congru가 unidentified되었음을 나타내는 메시지

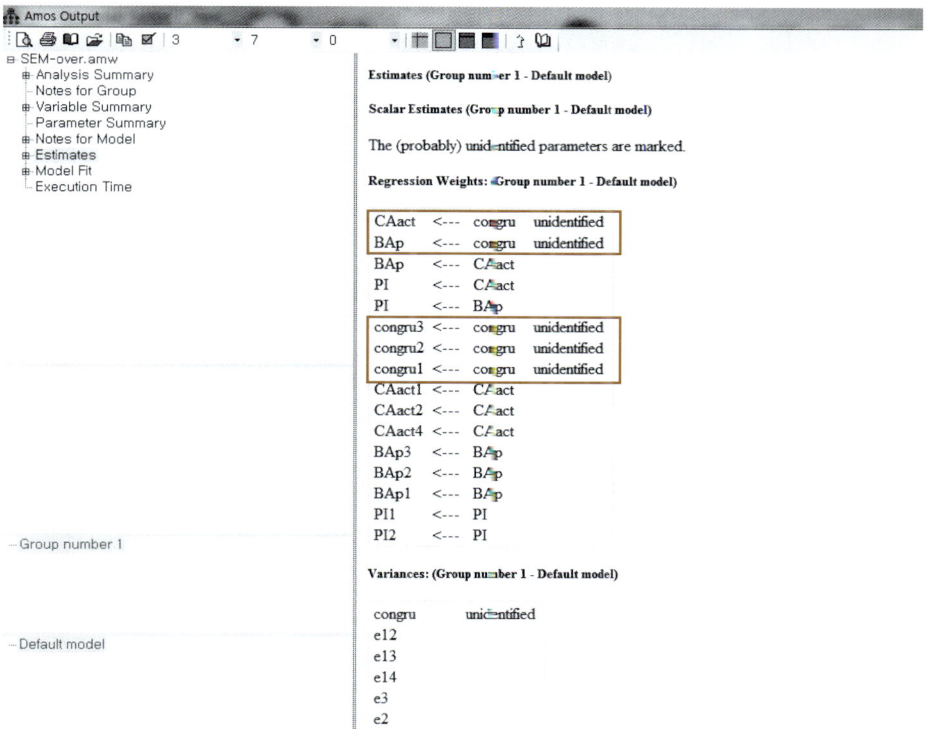

(4) Construct 혹은 측정변수의 이름을 부여하지 않은 경우

경로도형의 모든 constructs와 측정변수에는 명칭이 부여되어야 하는데, [그림 11.11]과 같이 변수명을 입력하지 않으면 모형의 identification이 되지 않는다.

그림 11.11 **변수명이 입력되지 않은 경우**

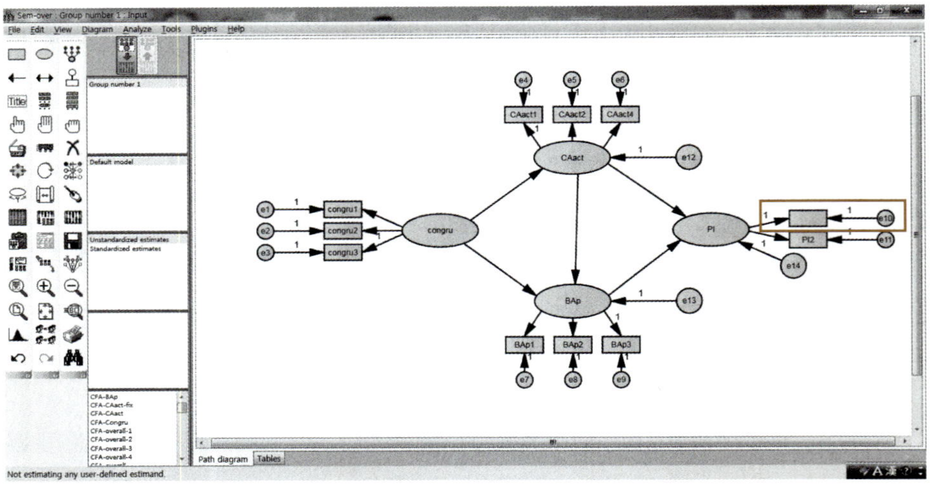

이 경우 분석을 실시하면 [그림 11.12]와 같은 경고메시지가 나타난다. 이에 따라 명칭이 부여되지 않은 변수를 찾아 변수명을 입력해야 한다.

그림 11.12 **경고메시지**

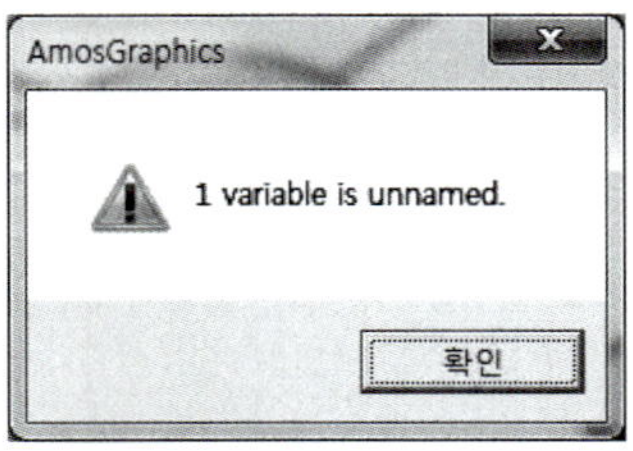

(5) 측정변수명이 데이터 파일에서 사용한 변수명과 다른 경우

AMOS Graphics에서 작성한 경로도형 내의 측정변수명은 데이터 파일에서 사용한 변수명과 일치해야 한다. 그러나 [그림 11.13]과 같이 경로도형의 변수명과 데이터 파일의 변수명이 다른 경우 모형의 identification이 되지 않는다.

그림 11.13 경로도형의 변수명과 데이터 파일의 변수명이 다른 경우

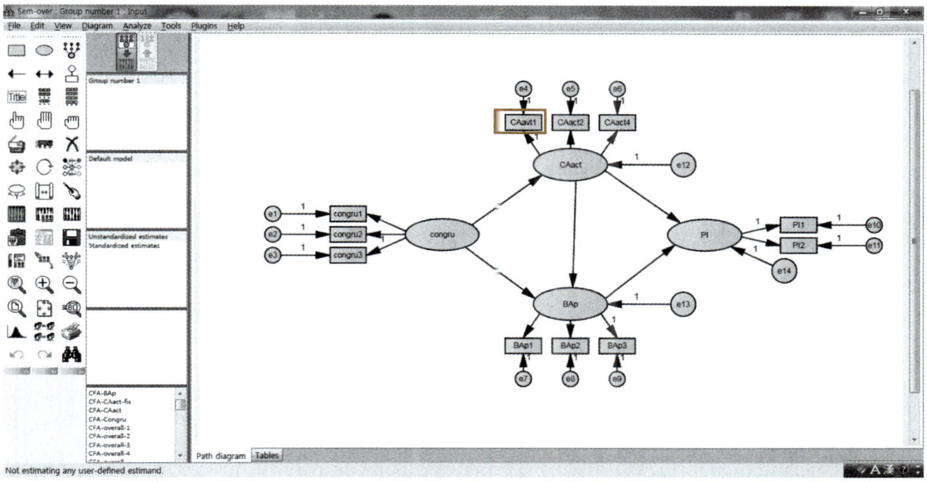

이 경우 분석을 실시하면 [그림 11.14]와 같은 경고메시지가 나타난다. 이에 따라 그 변수명을 찾아 경로도형의 측정변수명과 데이터 파일의 변수명을 일치시켜야 한다.

그림 11.14 경고메시지

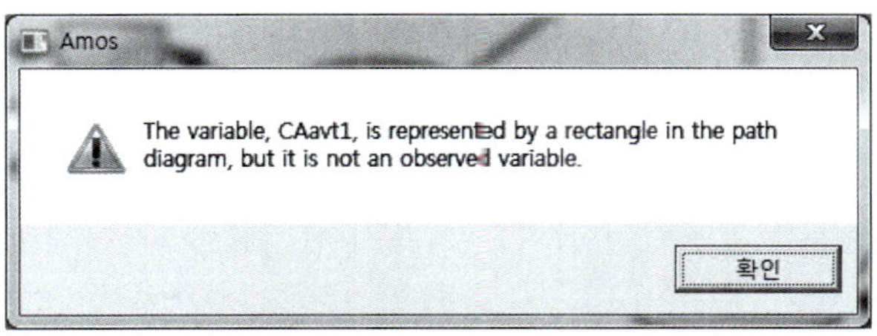

(6) 분석데이터의 자동입력방식에서 결측값이 존재하는 경우

분석데이터의 자동입력방식에서는 기본적으로 결측값이 없는 경우를 가정한다. 만약 자동입력방식에서 결측값이 존재하는 경우는 [그림 11.15]와 같은 경고메시지가 나타난다.

그림 11.15 경고메시지

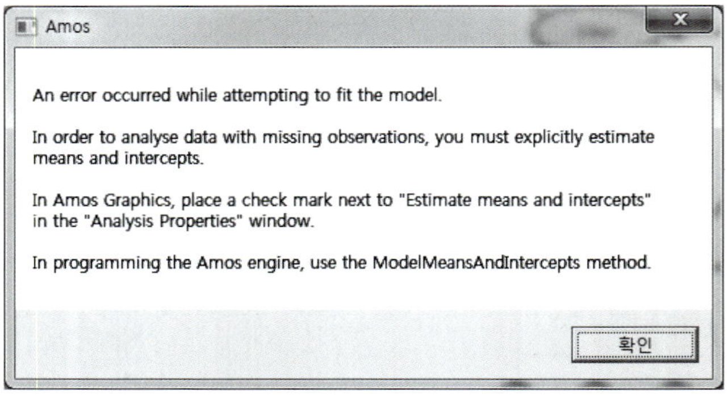

이 경우 분석데이터의 입력을 행렬입력방식으로 하거나 [Analysis Properties ...]의 [Estimation] 탭에서 'Estimates means and intercepts'를 설정하면 된다.

2. 적 합 도

본 예제의 분석결과 모형의 identification이 되었다. 따라서 이후 단계로는 모형의 적합도를 확인해야 한다. 본 모형의 **적합도지수**는 [그림 11.16]에 제시되어 있다.

적합도지수들 중 가장 기본적인 것은 χ^2인데 AMOS에 의한 분석결과는 이를 CMIN으로 나타낸다. [그림 11.16]에 제시된 것과 같이 본 연구모형의 중요 적합도지수는 χ^2=79.751(d.f.=39, p=.000), NFI=.960, CFI=.979, RMSEA=.071(.049~.093)로 나타났다. 비록 χ^2 값이 유의적으로 나타났으나 다른 적합도지수들은 일반적인 적합도 기준치와 비교할 때 대체적으로 수용가능한 것으로 볼 수 있다.

그림 11.16 적합도지수

Amos Output

- SEM-over.amw
  - Analysis Summary
  - Notes for Group
  - Variable Summary
  - Parameter Summary
  - Notes for Model
  - Estimates
  - Modification Indices
  - Model Fit
  - Execution Time

Group number 1

Model Fit Summary

CMIN

Model	NPAR	CMIN	DF	P	CMIN/DF
Default model	27	79.751	39	.000	2.045
Saturated model	66	.000	0		
Independence model	11	2008.334	55	.000	36.515

RMR, GFI

Model	RMR	GFI	AGFI	PGFI
Default model	.055	.938	.894	.554
Saturated model	.000	1.000		
Independence model	.993	.219	.063	.182

Baseline Comparisons

Model	NFI Delta1	RFI rho1	IFI Delta2	TLI rho2	CFI
Default model	.960	.944	.979	.971	.979
Saturated model	1.000		1.000		1.000
Independence model	.000	.000	.000	.000	.000

Parsimony-Adjusted Measures

Model	PRATIO	PNFI	PCFI
Default model	.709	.681	.694
Saturated model	.000	.000	.000
Independence model	1.000	.000	.000

NCP

Model	NCP	LO 90	HI 90
Default model	40.751	19.013	70.257
Saturated model	.000	.000	.000
Independence model	1953.334	1810.551	2103.474

FMIN

Model	FMIN	F0	LO 90	HI 90
Default model	.385	.197	.092	.339
Saturated model	.000	.000	.000	.000
Independence model	9.702	9.436	8.747	10.162

RMSEA

Model	RMSEA	LO 90	HI 90	PCLOSE
Default model	.071	.049	.093	.061
Independence model	.414	.399	.430	.000

AIC

Model	AIC	BCC	BIC	CAIC
Default model	133.751	137.074	223.864	250.864
Saturated model	132.000	140.123	352.278	418.278
Independence model	2030.334	2031.687	2067.046	2078.046

ECVI

Model	ECVI	LO 90	HI 90	MECVI
Default model	.646	.541	.789	.662
Saturated model	.638	.638	.638	.677
Independence model	9.808	9.119	10.534	9.815

HOELTER

Model	HOELTER .05	HOELTER .01
Default model	142	163
Independence model	8	9

3. 경로계수

모형의 적합도가 수용가능한 것으로 판단되면 **경로계수**의 **방향성**과 **유의성**을 확인한다. 이는 경로계수의 방향성과 유의성에 따라 가설의 지지 여부가 결정되기 때문이다. 본 예제의 경로계수는 AMOS Output에 Regression Weights로 제시되며 [그림 11.17]과 같다.

그림 11.17 경로계수

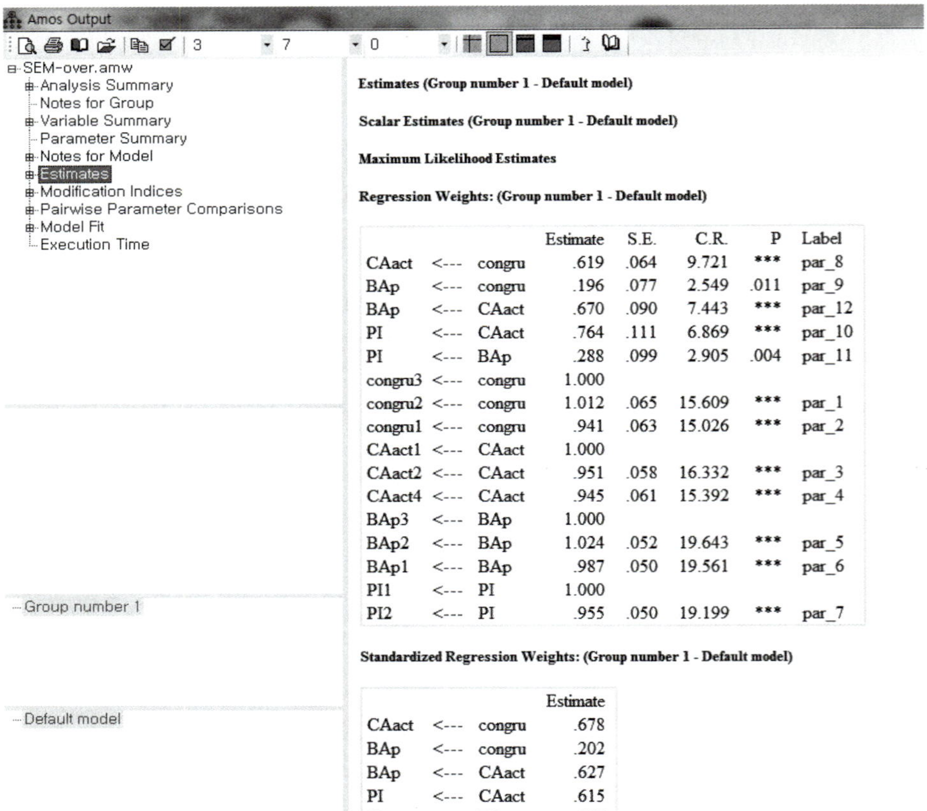

Estimates (Group number 1 - Default model)

Scalar Estimates (Group number 1 - Default model)

Maximum Likelihood Estimates

Regression Weights: (Group number 1 - Default model)

			Estimate	S.E.	C.R.	P	Label
CAact	<---	congru	.619	.064	9.721	***	par_8
BAp	<---	congru	.196	.077	2.549	.011	par_9
BAp	<---	CAact	.670	.090	7.443	***	par_12
PI	<---	CAact	.764	.111	6.869	***	par_10
PI	<---	BAp	.288	.099	2.905	.004	par_11
congru3	<---	congru	1.000				
congru2	<---	congru	1.012	.065	15.609	***	par_1
congru1	<---	congru	.941	.063	15.026	***	par_2
CAact1	<---	CAact	1.000				
CAact2	<---	CAact	.951	.058	16.332	***	par_3
CAact4	<---	CAact	.945	.061	15.392	***	par_4
BAp3	<---	BAp	1.000				
BAp2	<---	BAp	1.024	.052	19.643	***	par_5
BAp1	<---	BAp	.987	.050	19.561	***	par_6
PI1	<---	PI	1.000				
PI2	<---	PI	.955	.050	19.199	***	par_7

Standardized Regression Weights: (Group number 1 - Default model)

			Estimate
CAact	<---	congru	.678
BAp	<---	congru	.202
BAp	<---	CAact	.627
PI	<---	CAact	.615

[그림 11.17]의 경로계수를 보면 모든 constructs 간의 관계가 正(+)의 방향으로 유의적으로 나타났다($p<.05$). 이에 따라 모든 가설이 지지된 것으로 볼 수 있다. 보다 구체적으로는 다음과 같다. 일치성(congru)이 소비자 태도(CAact)에 正(+)의 영향을 미칠 것이라는 가설 H1은 지지되었다(Estimate=.619; C.R.=9.721, $p<.001$). 일치성은 소비자 태도의 매개에 의해서뿐만 아니라 브랜드 태

도(BAp)에 직접적으로 正(+)의 영향을 미칠 것이라는 가설 H2는 지지되었다(Estimate=.196; C.R.=2.549, p=.011). 소비자 태도는 브랜드 태도에 正(+)의 영향을 미칠 것이라는 가설 H3은 지지되었다(Estimate=.670; C.R.=7.443, p<.001). 소비자 태도는 브랜드 태도의 매개에 의해서뿐만 아니라 구매의도(PI)에 직접적으로 正(+)의 영향을 미칠 것이다는 가설 H4는 지지되었다(Estimate=.764; C.R.=6.869, p<.001). 브랜드 태도는 구매의도에 正(+)의 영향을 미칠 것이라는 가설 H5는 지지되었다(Estimate=.288; C.R.=2.905, p=.004).

그런데 [그림 11-17]에 제시된 경로계수는 **비표준화 경로계수**(unstandardized path coefficient)인데, 이에 의해서는 경로의 크기를 비교할 수 없다. 이 경우 **표준화 경로계수**(standardized path coefficient)를 이용하면 경로의 크기를 비교할 수 있다. 표준화 경로계수는 AMOS Output에 Standardized Regression Weights로 제시되며 [그림 11.18]과 같다.

그림 11.18 표준화 경로계수

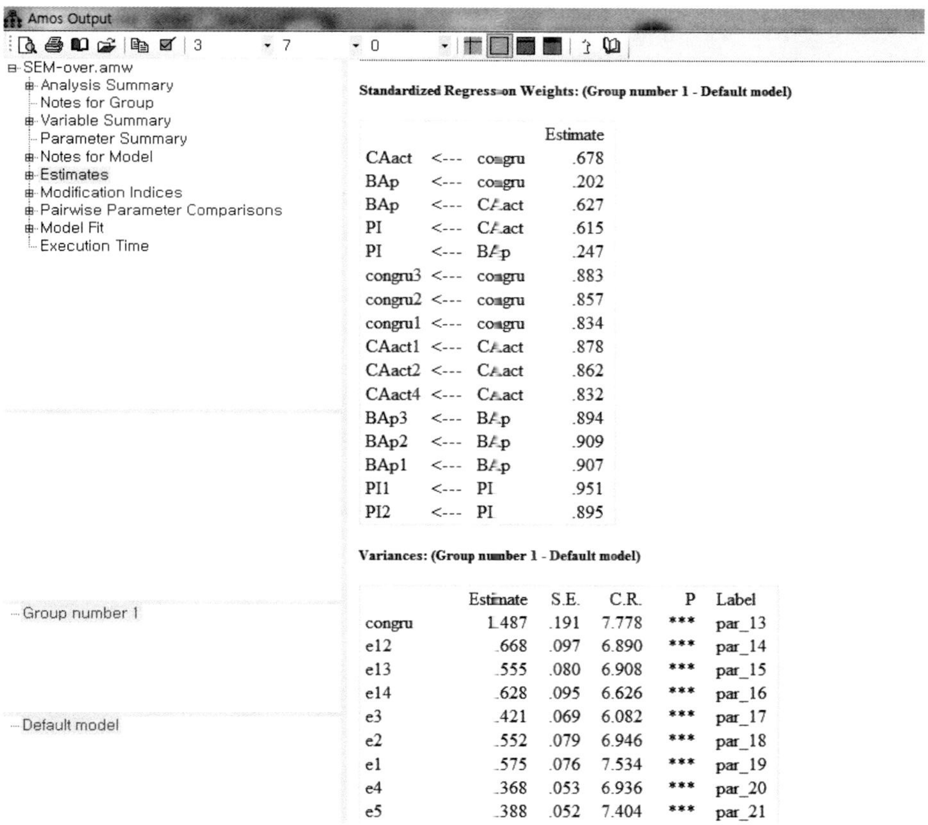

Standardized Regression Weights: (Group number 1 - Default model)

			Estimate
CAact	<---	congru	.678
BAp	<---	congru	.202
BAp	<---	CAact	.627
PI	<---	CAact	.615
PI	<---	BAp	.247
congru3	<---	congru	.883
congru2	<---	congru	.857
congru1	<---	congru	.834
CAact1	<---	CAact	.878
CAact2	<---	CAact	.862
CAact4	<---	CAact	.832
BAp3	<---	BAp	.894
BAp2	<---	BAp	.909
BAp1	<---	BAp	.907
PI1	<---	PI	.951
PI2	<---	PI	.895

Variances: (Group number 1 - Default model)

	Estimate	S.E.	C.R.	P	Label
congru	1.487	.191	7.778	***	par_13
e12	.668	.097	6.890	***	par_14
e13	.555	.080	6.908	***	par_15
e14	.628	.095	6.626	***	par_16
e3	.421	.069	6.082	***	par_17
e2	.552	.079	6.946	***	par_18
e1	.575	.076	7.534	***	par_19
e4	.368	.053	6.936	***	par_20
e5	.388	.052	7.404	***	par_21

예를 들어, [그림 11.17]에서 CAact→PI는 .764로 BAp→PI의 .288보다 크게 나타났지만, 이는 비표준화 경로계수이므로 영향력의 크기를 비교할 수 없다. 그 대신 [그림 11.18]을 보면 CAact→PI는 .615로 BAp→PI의 .247보다 크게 나타났으므로 CAact가 BAp보다 PI에 더 큰 영향력을 미친다고 할 수 있다.

위의 예처럼 표준화 경로계수를 비교하는 경우 그 차이의 유의성은 알 수 없다. 차이의 유의성을 검증하기 위해 다음의 방법을 이용할 수 있다.

(1) Pairwise Parameter Comparisons를 이용하는 방법

AMOS Output의 Pairwise Parameter Comparisons를 이용할 수도 있다. 이는 'View→Analysis Properties' 대화상자의 [Output] 탭에서 'Critical ratios for differences'를 지정할 때에만 이용할 수 있다. 본 예제의 Pairwise Parameter Comparisons는 [그림 11.19]와 같다.

그림 11.19 Pairwise Parameter Comparisons

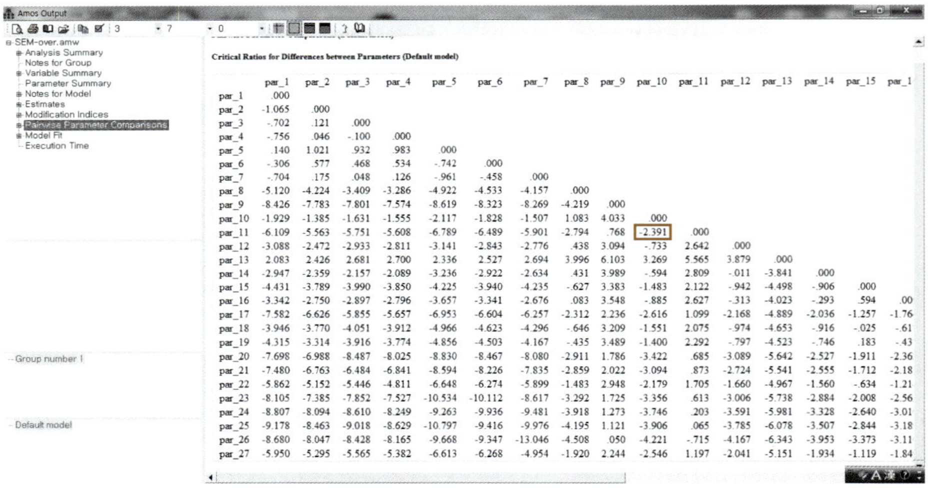

Critical Ratios for Differences between Parameters (Default model)

	par_1	par_2	par_3	par_4	par_5	par_6	par_7	par_8	par_9	par_10	par_11	par_12	par_13	par_14	par_15	par_1
par_1	.000															
par_2	-1.065	.000														
par_3	-.702	.121	.000													
par_4	-.756	.046	-.100	.000												
par_5	.140	1.021	.932	.983	.000											
par_6	-.306	.577	.468	.534	-.742	.000										
par_7	-.704	.175	.048	.126	-.961	-.458	.000									
par_8	-5.120	-4.224	-3.409	-3.286	-4.922	-4.533	-4.157	.000								
par_9	-8.426	-7.783	-7.801	-7.574	-8.619	-8.323	-8.269	-4.219	.000							
par_10	-1.929	-1.385	-1.631	-1.555	-2.117	-1.828	-1.507	1.083	4.033	.000						
par_11	-6.109	-5.563	-5.751	-5.608	-6.789	-6.489	-5.901	-2.794	.768	-2.391	.000					
par_12	-3.088	-2.472	-2.933	-2.811	-3.141	-2.843	-2.776	.438	3.094	-.733	2.642	.000				
par_13	2.083	2.426	2.681	2.700	2.336	2.527	2.694	3.996	6.103	3.269	5.565	3.879	.000			
par_14	-2.947	-2.359	-2.157	-2.089	-3.236	-2.922	-2.634	.431	3.989	-.594	2.809	-.011	-3.841	.000		
par_15	-4.431	-3.789	-3.990	-3.850	-4.225	-3.940	-4.235	-.627	3.383	-1.483	2.122	-.942	-4.498	-.906	.000	
par_16	-3.342	-2.750	-2.897	-2.796	-3.657	-3.341	-2.676	.083	3.548	-.885	2.627	-.313	-4.023	-.293	.594	.00
par_17	-7.582	-6.626	-5.855	-5.657	-6.953	-6.604	-6.257	-2.312	2.236	-2.616	1.099	-2.168	-4.889	-2.036	-1.257	-1.76
par_18	-3.946	-3.770	-4.051	-3.912	-4.966	-4.623	-4.296	-.646	3.209	-1.551	2.075	-.974	-4.653	-.916	-.025	-.61
par_19	-4.315	-3.314	-3.916	-3.774	-4.856	-4.503	-4.167	-.435	3.489	-1.400	2.292	-.797	-4.523	-.746	.183	-.43
par_20	-7.698	-6.988	-8.487	-8.025	-8.830	-8.467	-8.080	-2.911	1.786	-3.422	.685	-3.089	-5.642	-2.527	-1.911	-2.36
par_21	-7.480	-6.763	-6.484	-6.841	-8.594	-8.226	-7.835	-2.859	2.022	-3.094	.873	-2.724	-5.541	-2.555	-1.712	-2.18
par_22	-5.862	-5.152	-5.446	-4.811	-6.648	-6.274	-5.899	-1.483	2.948	-2.179	1.705	-1.660	-4.967	-1.560	-.634	-1.21
par_23	-8.105	-7.385	-7.852	-7.527	-10.534	-10.112	-8.617	-3.292	1.725	-3.356	.613	-3.006	-5.738	-2.884	-2.008	-2.56
par_24	-8.807	-8.094	-8.610	-8.249	-9.263	-9.936	-9.481	-3.918	1.273	-3.746	.203	-3.591	-5.981	-3.328	-2.640	-3.01
par_25	-9.178	-8.463	-9.018	-8.629	-10.797	-9.416	-9.976	-4.195	1.121	-3.906	.065	-3.785	-6.078	-3.507	-2.844	-3.18
par_26	-8.680	-8.047	-8.428	-8.165	-9.668	-9.347	-13.046	-4.508	.050	-4.221	-.715	-4.167	-6.343	-3.953	-3.373	-3.11
par_27	-5.950	-5.295	-5.565	-5.382	-6.613	-6.268	-4.954	-1.920	2.244	-2.546	1.197	-2.041	-5.151	-1.934	-1.119	-1.84

[그림 11.17]을 보면 CAact→PI의 경로는 'par_10'으로, BAp→PI의 경로는 'par_11'로 명시되어 있다. [그림 11.19]에서 par_10과 par_11의 차이검증 결과는 $t=-2.391$로 나타나 유의수준 $\alpha=.05$에서 두 경로계수가 동일하다는 가설을 기각할 수 있다($-2.391<t_{crit}=-1.96$). 따라서 CAact가 BAp보다 PI에 미치는 영향력이 크다고 할 수 있다.

(2) 경로계수가 동일하다는 제약모형과 연구모형을 비교하는 방법

영향력의 크기를 엄격하게 비교하기 위해 CAact→PI의 영향력과 BAp→PI의 영향력의 크기가 동일하다는 제약을 설정한 모형과 연구모형의 비교를 실시할 수도 있다. 제약을 설정한 모형은 연구모형과 비교할 때 χ^2 값이 커질 것이며 자유도가 '1'만큼 커질 것이다. 이때 χ^2 증가분이 3.84($=\chi^2_{.05(1)}$)보다 작으면 **제약모형**이 우수하다. 반대로 그 증가분이 3.84보다 크면 연구모형이 우수한 것으로 볼 수 있는데, **연구모형**은 두 경로를 각각 free로 설정한 것이므로, 결국 두 경로계수값 간에는 차이가 있는 것으로 볼 수 있다. 이러한 분석을 실시하기 위해서는 다음의 절차를 따른다.

① 'SEM-over.amw' 파일을 연다.

② CAact→PI 경로에서 마우스 오른쪽 버튼을 클릭한다. 이후 [Object Properties...]를 클릭하면 'Object Properties' 대화상자가 나타난다. 'Object Properties' 대화상자 [Parameters] 탭의 'Regression weight'에서 [그림 11.20]과 같이 'a'를 입력한다.

그림 11.20 Regression weight에 'a'로 경로계수를 입력한 모습

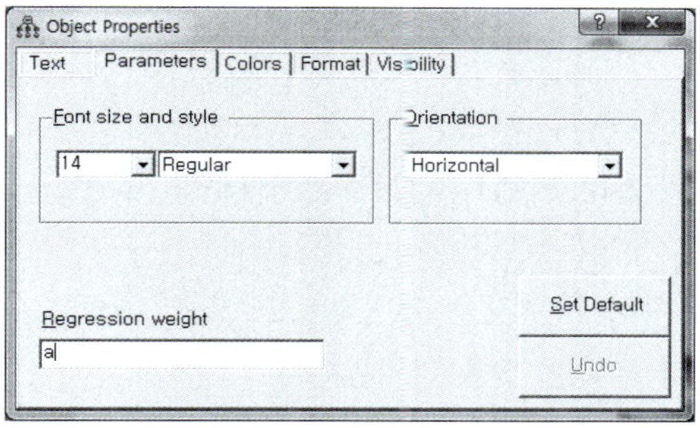

③ BAp→PI 경로에도 동일한 방법으로 'a'를 입력한다. 이는 CAact→PI 경로와 BAp→PI 경로가 'a'라는 동일한 경로계수를 갖는다는 제약을 설정한 것이다. AMOS Graphics 경로도형에 제약을 설정한 모습은 [그림 11.21]과 같다.

그림 11.21 CAact→PI 경로와 BAp→PI 경로가 같다는 제약을 설정한 모습

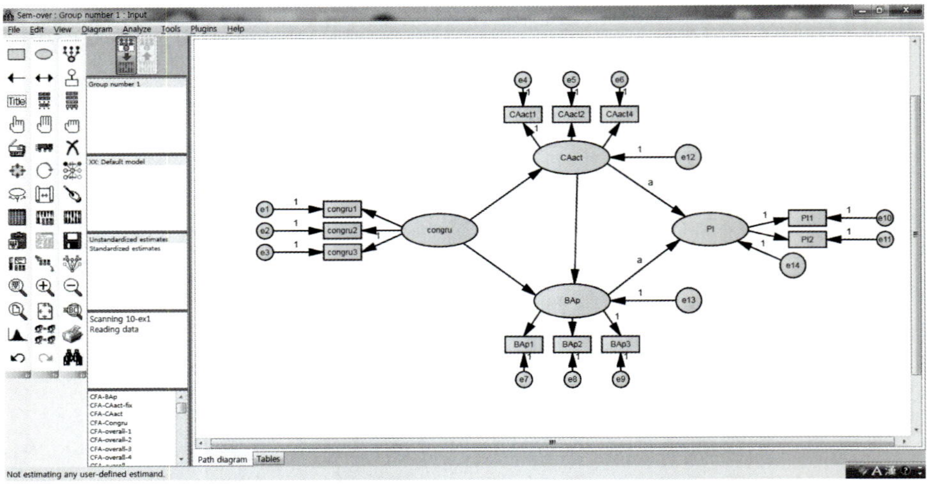

④ 제약을 설정한 경로도형을 'SEM-over1.amw'로 저장한다.

⑤ 아이콘을 클릭하여 분석을 실시한다.

제약모형의 분석결과 [그림 11.22]와 같이 CAact→PI 경로와 BAp→PI 경로가 '.516'이라는 동일한 경로계수를 갖는 것으로 나타났다.

제약모형의 적합도지수 중 $\chi^2=85.330$으로, d.f.=40으로 나타났다. 이를 연구모형의 $\chi^2=79.751$, d.f.=39와 비교할 때, 자유도는 1이 증가하였으나 χ^2 값이 5.579가 증가하였다($\Delta\chi^2=5.579$, Δd.f.=1). 이러한 결과는 연구모형이 제약모형보다 우수하다는 것을 의미하는 것으로, 결국 CAact→PI의 관계가 BAp→PI의 관계보다 크다는 것을 의미한다.

그림 11.22 CAact→PI 경로와 BAp→PI 경로의 계수가 동일하게 나타난 모습

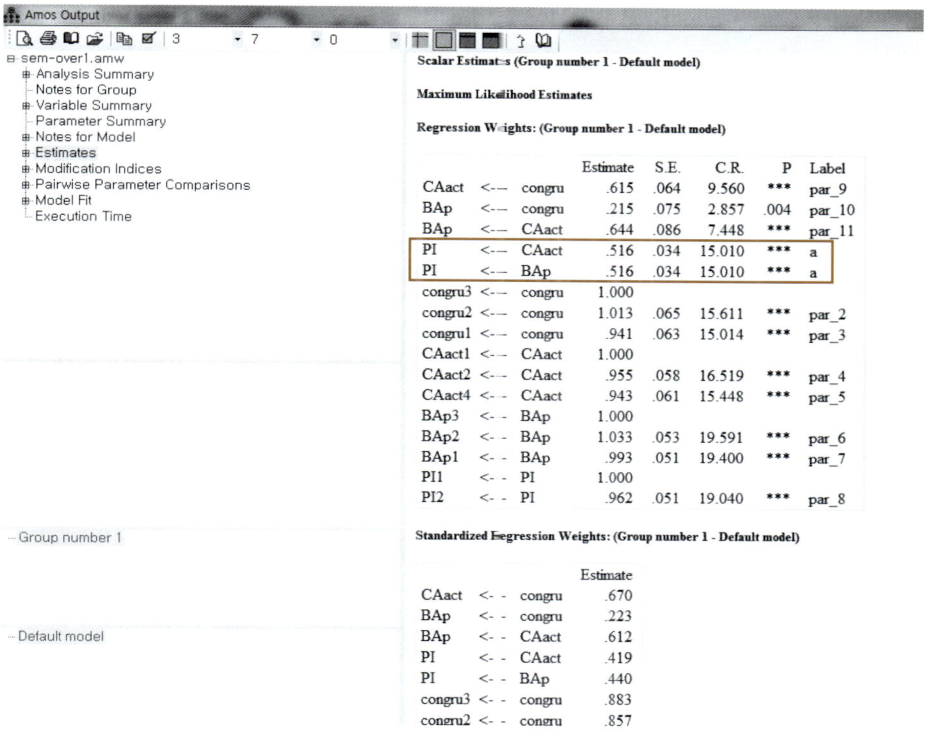

Scalar Estimates (Group number 1 - Default model)

Maximum Likelihood Estimates

Regression Weights: (Group number 1 - Default model)

			Estimate	S.E.	C.R.	P	Label
CAact	<---	congru	.615	.064	9.560	***	par_9
BAp	<---	congru	.215	.075	2.857	.004	par_10
BAp	<---	CAact	.644	.086	7.448	***	par_11
PI	<---	CAact	.516	.034	15.010	***	a
PI	<---	BAp	.516	.034	15.010	***	a
congru3	<---	congru	1.000				
congru2	<---	congru	1.013	.065	15.611	***	par_2
congru1	<---	congru	.941	.063	15.014	***	par_3
CAact1	<---	CAact	1.000				
CAact2	<---	CAact	.955	.058	16.519	***	par_4
CAact4	<---	CAact	.943	.061	15.448	***	par_5
BAp3	<---	BAp	1.000				
BAp2	<---	BAp	1.033	.053	19.591	***	par_6
BAp1	<---	BAp	.993	.051	19.400	***	par_7
PI1	<---	PI	1.000				
PI2	<---	PI	.962	.051	19.040	***	par_8

Standardized Regression Weights: (Group number 1 - Default model)

			Estimate
CAact	<---	congru	.670
BAp	<---	congru	.223
BAp	<---	CAact	.612
PI	<---	CAact	.419
PI	<---	BAp	.440
congru3	<---	congru	.883
congru2	<---	congru	.857

4. 직접효과, 간접효과, 그리고 총효과

직접효과는 한 construct가 어떤 construct를 거치지 않고 다른 construct에 직접적으로 미치는 영향의 크기로 AMOS Output의 Regression Weights에 제시되는 경로계수값을 통해 알 수 있다. **간접효과**는 한 construct가 어떤 construct를 거쳐 다른 construct에 미치는 영향의 크기로 [Analysis Properties...]의 [Output] 탭에서 'Indirect, direct & total effects'를 설정하면 알 수 있다. **총효과**는 직접효과와 간접효과를 합한 것으로 [Analysis Properties...]의 [Output] 탭에서 'Indirect, direct & total effects'를 설정하면 알 수 있다. 본 예제의 직접효과, 간접효과, 총효과는 [그림 11-23]과 같이 AMOS Output의 'Estimates'에 제시되어 있다.

그림 11.23 직접효과, 간접효과, 그리고 총효과

Amos Output

SEM-over.amw
- Analysis Summary
- Notes for Group
- Variable Summary
- Parameter summary
- Notes for Model
- Estimates
- Modification Indices
- Model Fit
- Execution Time

Total Effects (Group number 1 - Default model)

	congru	CAact	BAp	PI
CAact	.619	.000	.000	.000
BAp	.611	.670	.000	.000
PI	.649	.957	.288	.000
PI2	.620	.914	.275	.955
PI1	.649	.957	.288	1.000
BAp1	.603	.661	.987	.000
BAp2	.626	.686	1.024	.000
BAp3	.611	.670	1.000	.000
CAact4	.585	.945	.000	.000
CAact2	.589	.951	.000	.000
CAact1	.619	1.000	.000	.000
congru1	.941	.000	.000	.000
congru2	1.012	.000	.000	.000
congru3	1.000	.000	.000	.000

Standardized Total Effects (Group number 1 - Default model)

	congru	CAact	BAp	PI
CAact	.678	.000	.000	.000
BAp	.628	.627	.000	.000
PI	.572	.770	.247	.000
PI2	.512	.689	.221	.895
PI1	.544	.732	.235	.951
BAp1	.569	.569	.907	.000
BAp2	.570	.570	.909	.000
BAp3	.561	.561	.894	.000
CAact4	.565	.832	.000	.000
CAact2	.585	.862	.000	.000
CAact1	.596	.878	.000	.000
congru1	.834	.000	.000	.000
congru2	.857	.000	.000	.000
congru3	.883	.000	.000	.000

Direct Effects (Group number 1 - Default model)

	congru	CAact	BAp	PI
CAact	.619	.000	.000	.000
BAp	.196	.670	.000	.000
PI	.000	.764	.288	.000
PI2	.000	.000	.000	.955
PI1	.000	.000	.000	1.000
BAp1	.000	.000	.987	.000
BAp2	.000	.000	1.024	.000
BAp3	.000	.000	1.000	.000
CAact4	.000	.945	.000	.000
CAact2	.000	.951	.000	.000
CAact1	.000	1.000	.000	.000
congru1	.941	.000	.000	.000
congru2	1.012	.000	.000	.000
congru3	1.000	.000	.000	.000

Standardized Direct Effects (Group number 1 - Default model)

	congru	CAact	BAp	PI
CAact	.678	.000	.000	.000
BAp	.202	.627	.000	.000
PI	.000	.615	.247	.000
PI2	.000	.000	.000	.895
PI1	.000	.000	.000	.951
BAp1	.000	.000	.907	.000
BAp2	.000	.000	.909	.000
BAp3	.000	.000	.894	.000
CAact4	.000	.832	.000	.000
CAact2	.000	.862	.000	.000
CAact1	.000	.878	.000	.000
congru1	.834	.000	.000	.000
congru2	.857	.000	.000	.000
congru3	.883	.000	.000	.000

Indirect Effects (Group number 1 - Default model)

	congru	CAact	BAp	PI
CAact	.000	.000	.000	.000
BAp	.414	.000	.000	.000
PI	.649	.193	.000	.000
PI2	.620	.914	.275	.000
PI1	.649	.957	.288	.000
BAp1	.603	.661	.000	.000
BAp2	.626	.686	.000	.000
BAp3	.611	.670	.000	.000
CAact4	.585	.000	.000	.000
CAact2	.589	.000	.000	.000
CAact1	.619	.000	.000	.000
congru1	.000	.000	.000	.000
congru2	.000	.000	.000	.000
congru3	.000	.000	.000	.000

Standardized Indirect Effects (Group number 1 - Default model)

	congru	CAact	BAp	PI
CAact	.000	.000	.000	.000
BAp	.426	.000	.000	.000
PI	.572	.155	.000	.000
PI2	.512	.689	.221	.000
PI1	.544	.732	.235	.000
BAp1	.569	.569	.000	.000
BAp2	.570	.570	.000	.000
BAp3	.561	.561	.000	.000
CAact4	.565	.000	.000	.000
CAact2	.585	.000	.000	.000
CAact1	.596	.000	.000	.000
congru1	.000	.000	.000	.000
congru2	.000	.000	.000	.000
congru3	.000	.000	.000	.000

Group number 1

Default model

예를 들어, congru가 BAp에 미치는 직접효과는 .196이며, 간접효과는 .414로 나타났다. 그리고 총효과는 .611로 나타났는데, 이는 직접효과와 간접효과의 합과 같다. [그림 11.23]에는 또한 표준화 직접효과, 간접효과, 총효과도 나타나 있다. 예를 들어, Congru가 BAp에 미치는 표준화 직접효과는 .202이며, 간접효과는 .426, 그리고 총효과는 .628이다. [그림 11.23]의 분석결과에는 효과의 크기만 제시되어 있다. 간접효과의 유의성 검증은 제12장에서 다룬다.

5. Squared Multiple Correlations

Squared Multiple Correlations는 연구모형 내 각 내생 construct 분산의 몇 %가 다른 construct에 의해 설명되는가를 의미하는 것으로, 회귀분석의 R^2에 해당하는 것이다. AMOS 분석에서는 [Analysis Properties...]의 [Output] 탭에서 'Squared Multiple Correlations'를 설정하면 알 수 있다. 본 예제에서 내생 constructs의 Squared Multiple Correlations는 [그림 11.24]와 같다.

그림 11.24 Squared Multiple Correlations

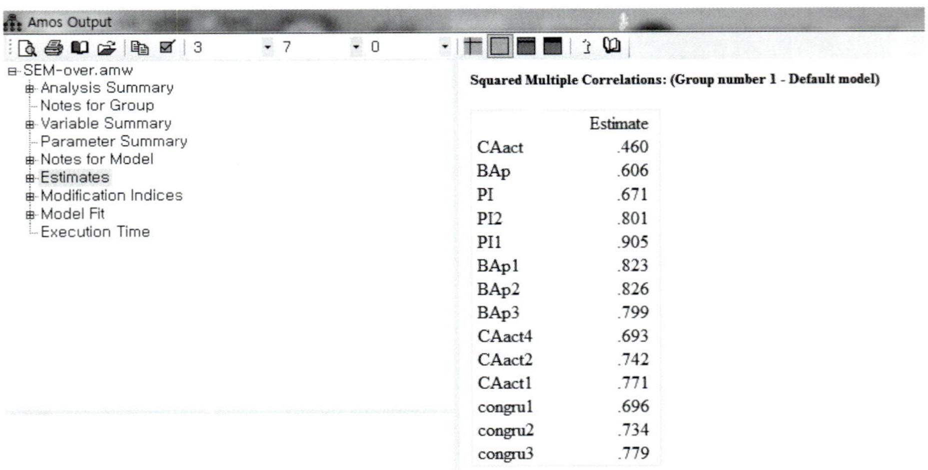

	Estimate
CAact	.460
BAp	.606
PI	.671
PI2	.801
PI1	.905
BAp1	.823
BAp2	.826
BAp3	.799
CAact4	.693
CAact2	.742
CAact1	.771
congru1	.696
congru2	.734
congru3	.779

[그림 11.24]에 나타난 결과에 의하면 내생 construct CAact의 분산 중 46.0%는 congru에 의해 설명되며, BAp의 분산 중 60.6%는 congru와 CAact에 의해 설명된다. 또한 PI의 분산 중 67.1%는 congru, CAact, BAp에 의해 설명된다.

제 12 장

대안모형 분석, 매개효과 분석, 그리고 모형의 발견

- **12.1** 대안모형의 제시
- **12.2** 대안모형의 분석
- **12.3** 대안모형 분석결과의 해석
- **12.4** 매개효과 분석
- **12.5** 모형의 발견

제11장에서는 연구자가 제시하는 연구모형을 구조모형으로 분석하는 방법에 대해 설명하였다. 본 장에서는 먼저 연구모형과 대안관계 혹은 경쟁관계에 있는 모형을 분석하는 방법과 이를 연구모형과 비교하는 방법에 대해서 설명한다. 다음으로 매개효과를 분석하는 방법과 모형을 발견하는 방법에 대해 설명한다.

12.1 대안모형의 제시

대부분의 연구에서 연구자는 자신이 설정한 가설들을 하나의 모형으로 제시한다. 그런데 연구자의 모형이 반드시 최선일 수는 없으며, 연구자의 모형과 경쟁적인 관계에 있는 **대안모형**(alternative model)이 존재할 수 있다. 본 장에서는 제10장에서 분석을 실시했던 연구모형의 대안모형들을 설정하고 분석하며, 아울러 그 결과를 연구모형의 분석결과와 비교한다. [그림 12.1]에는 연구모형과 대안모형들이 제시되어 있다.

[그림 12.1]에 제시된 것과 같이 연구모형과 두 대안모형은 동일한 constructs로 구성되어 있으며, constructs 간의 인과관계에만 차이점이 있다. 대안모형 1은 연구모형에 설정되어 있지 않은 congru→PI 간의 경로만이 설정되어 있고 다른 인과관계는 모두 설정되어 있지 않다. 대안모형 2는 연구모형에 설정된 모든 경로가 설정되어 있고 추가적으로 congru→PI 간의 관계가 설정되어 있다.

모형들 간의 우수성을 통계적으로 검증하기 위해서는 χ^2 차이검증을 실시해야 하는데, 이를 위해서는 모형들이 서로 nested 관계에 있어야 한다. 본 예에서 대안모형 1은 연구모형에 nested되어 있지 않으며, 연구모형은 대안모형 2에 nested되어 있다. 또한 대안모형 1은 대안모형 2에 nested되어 있다. 따라서 연구모형과 대안모형 1은 χ^2 차이검증에 의한 직접적인 비교를 할 수 없으며, 연구모형과 대안모형 2, 대안모형 1과 대안모형 2는 직접적으로 비교할 수 있다.

그림 12.1 연구모형과 대안모형들*

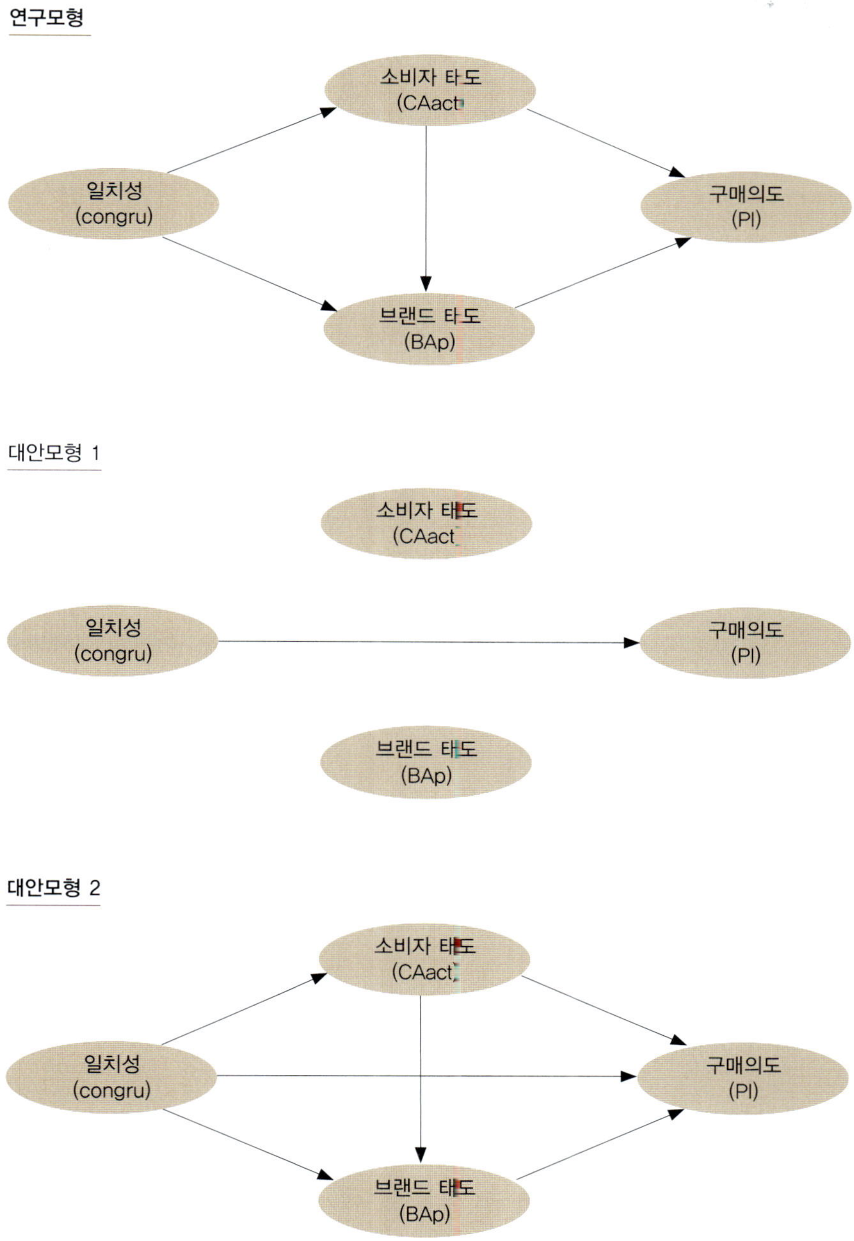

* 연구모형과 대안모형들에서 모든 변수들 간의 인과관계는 正(+)의 방향임.

12.2 대안모형의 분석

연구모형과의 비교를 위해 대안모형을 분석할 때는 대안모형에 대해 추가적인 확인요인분석을 할 필요는 없고 구조모형분석의 차원에서 분석하면 된다.

1. 대안모형 1의 분석

대안모형 1을 분석하기 위해서는 다음의 절차를 따른다.

① 대안모형 1을 분석하기 위해 [그림 12.2]와 같은 경로도형을 작성하고 이를 'SEM-alter1.amw'로 저장한다.

그림 12.2 대안모형 1의 경로도형

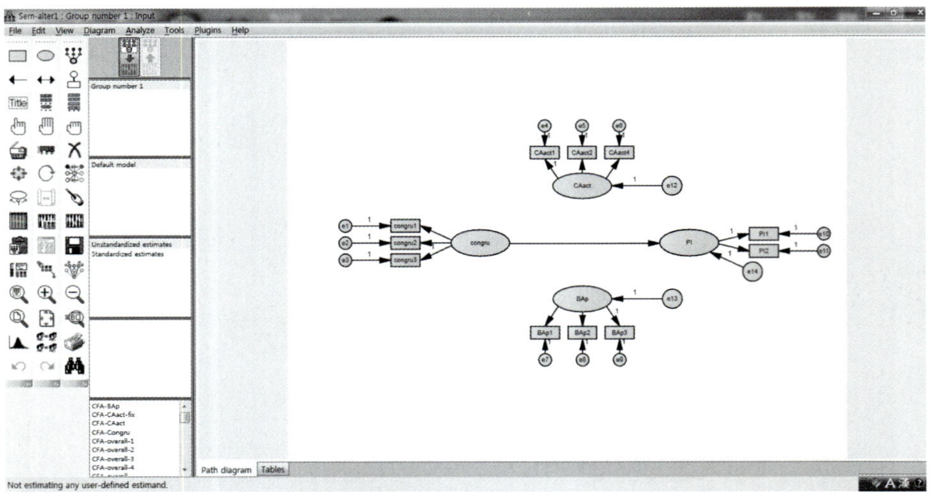

② 분석에 사용할 데이터 파일로 '10-ex1.sav'를 지정한다.

③ 'Analysis Properties' 대화상자의 [Output] 탭에서 Standardized estimates, Squared multiple correlations, Indirect, direct & total effects, Critical ratio for differences, Modification indices를 지정한다.

④ 아이콘을 클릭하여 분석을 실시한다.

2. 대안모형 2의 분석

대안모형 2를 분석하기 위해서는 다음의 절차를 따른다.

① [그림 12.3]과 같은 경로도형을 작성하고 이를 'SEM-alter2.amw'로 저장한다.
② 이후의 절차는 대안모형 1의 분석절차와 동일하다.

그림 12.3 대안모형 2의 경로도형

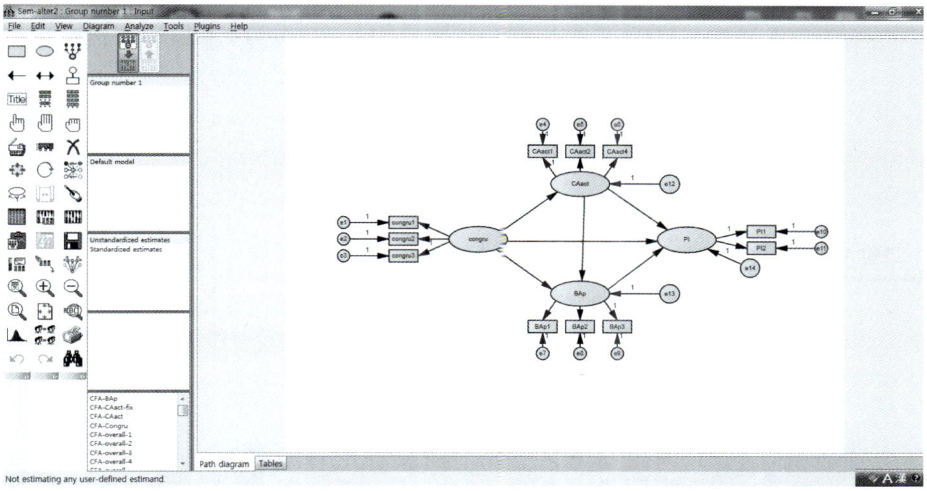

12.3 대안모형 분석결과의 해석

1. Identification

대안모형의 분석결과 대안모형 1과 2는 모두 identification되었다. 이는 [그림 12.4]와 [그림 12.5]의 AMOS Graphics 상태표시란에 'Scanning [데이터파일명],' 'Reading data'가 제시된 것으로 확인할 수 있다.

그림 12.4 대안모형 1이 identification된 모습

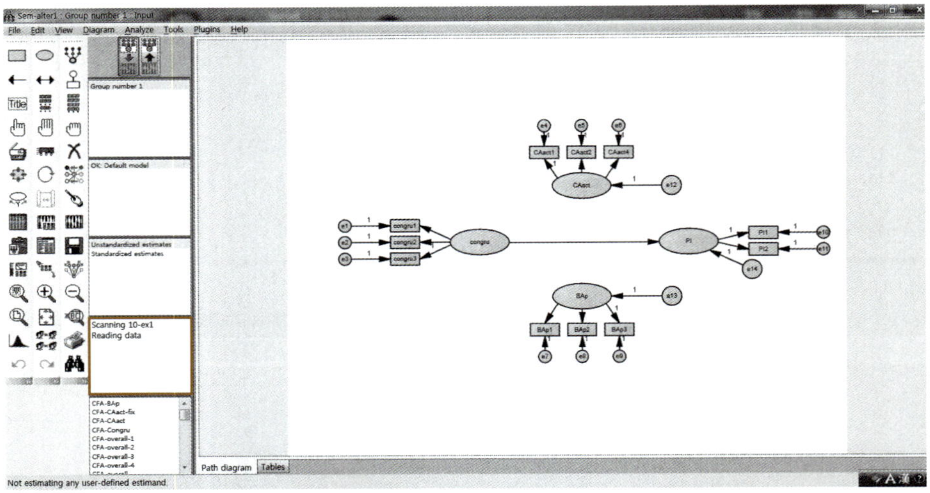

그림 12.5 대안모형 2가 identification된 모습

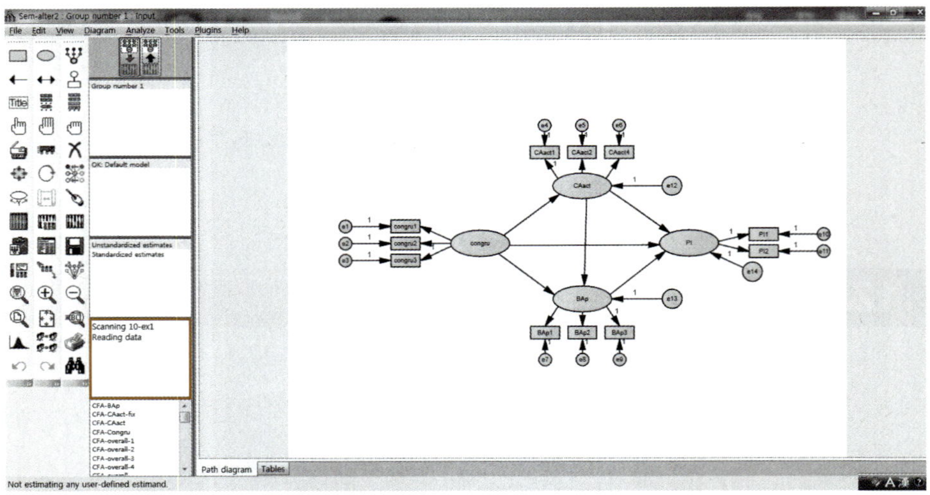

2. 모형 간 적합도 비교

Nested 관계에 있는 모형 간의 우수성 비교는 χ^2 차이검증을 통해 할 수 있다. χ^2 차이검증에서 중요한 원칙은 χ^2 값은 작을수록 좋고, 자유도는 클수록 좋다는 것이다. 그런데 χ^2 값과 자유도는 같은 방향으로 움직이기 때문에 trade-off의 문

제가 발생한다. 따라서 모형의 비교에는 χ^2 값의 감소가 자유도 감소를 만회할 만큼 충분히 큰가를 고려해야 하는 것이다.

(1) 연구모형과 대안모형 1의 비교

대안모형 1의 분석결과 제시되는 χ^2 값과 간결 적합도지수는 [그림 12.6]과 같다.

그림 12.6 대안모형 1의 χ^2 값과 간결 적합도지수

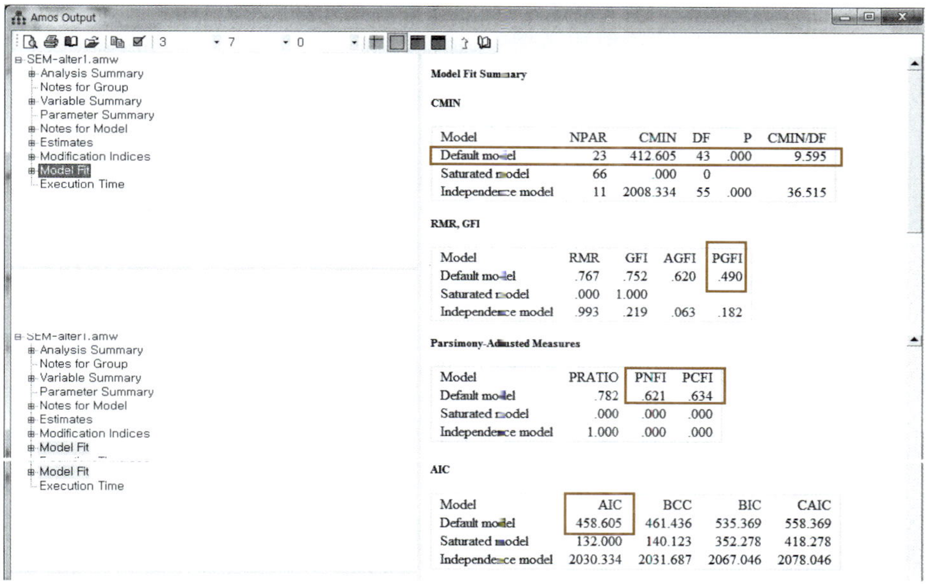

Model Fit Summary

CMIN

Model	NPAR	CMIN	DF	P	CMIN/DF
Default model	23	412.605	43	.000	9.595
Saturated model	66	.000	0		
Independence model	11	2008.334	55	.000	36.515

RMR, GFI

Model	RMR	GFI	AGFI	PGFI
Default model	.767	.752	.620	.490
Saturated model	.000	1.000		
Independence model	.993	.219	.063	.182

Parsimony-Adjusted Measures

Model	PRATIO	PNFI	PCFI
Default model	.782	.621	.634
Saturated model	.000	.000	.000
Independence model	1.000	.000	.000

AIC

Model	AIC	BCC	BIC	CAIC
Default model	458.605	461.436	535.369	558.369
Saturated model	132.000	140.123	352.278	418.278
Independence model	2030.334	2031.687	2067.046	2078.046

대안모형 1의 분석결과 제시된 주요 적합도지수는 χ^2=412.605(d.f.=43, p=.000), PGFI=.490, PNFI=.621, PCFI=.634, AIC=458.605이다. 그런데, 대안모형 1과 연구모형은 nested 관계에 있지 않으므로, χ^2 값 비교를 통한 직접적인 모형의 비교를 실시할 수는 없다. 만약 χ^2 값을 이용하여 적합도를 비교할 경우에는 연구모형과 대안모형 1을 모두 포함하는 모형을 만들어 간접적으로 비교해야만 한다.

대안모형 1과 연구모형과 같이 nested 관계가 아닌 모형의 비교에는 간결 적합도지수를 활용하여 비교할 수 있다. **[그림 11.16]에 제시된 것과 같이 연구모형의 간결 적합도지수인 PGFI=.554, PNFI=.681, PCFI=.694로 대안모형 1보다 높게 나타났으며, AIC=133.751로 대안모형 1보다 낮게 나타나 연구모형이 대안모형 1보다 우수한 것으로 나타났다.** [그림 11.17]에 제시된 연구모형의 경로계수

값을 보면 congru→CAact, congru→BAp, CAact→BAp, CAact→PI, BAp→PI의 경로계수값들이 모두 유의적으로 나타났다. 그런데 대안모형 1은 이런 유의적인 경로계수를 모두 제거한 모형이므로 적합도가 연구모형보다 낮아진 것으로 생각할 수 있다. 연구모형과 대안모형 1의 적합도지수 비교는 〈표 12.1〉과 같다.

표 12.1 연구모형과 대안모형 1의 적합도지수 비교

구분	적합도지수	연구모형	대안모형 1	비교가능 여부
χ^2 적합도	χ^2	79.751	412.605	비교 불가능
	d.f.	39	43	
	p	.000	.000	
간결 적합도지수*	PGFI	**.554**	.490	비교 가능
	PNFI	**.681**	.621	
	PCFI	**.694**	.634	
	AIC	**133.751**	458.605	

(2) 연구모형과 대안모형 2의 비교

대안모형 2의 분석결과 제시되는 χ^2 값과 간결 적합도지수는 [그림 12.7]과 같다.

그림 12.7 대안모형 2의 χ^2 값과 간결 적합도지수

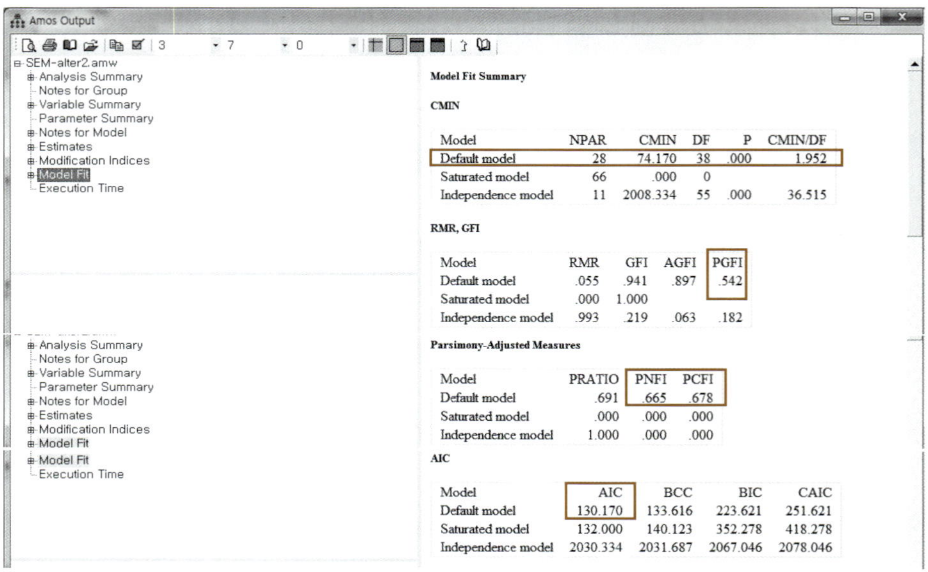

대안모형 2의 분석결과 제시된 주요 적합도지수는 χ^2=74.170(d.f.=38, p=.000), PGFI=.542, PNFI=.665, PCFI=.678, AIC=130.170이다. 대안모형 2와 연구모형은 nested 관계에 있으므로 χ^2 차이검증을 통해 직접적으로 비교할 수 있다. **대안모형 2는 〈표 12.2〉에 제시된 바와 같이 연구모형에 비해 χ^2 값이 5.581 작고, 자유도가 1이 작다. 그런데 유의수준 .05, 자유도 1일 때의 χ^2 값이 3.84이므로, 대안모형 2는 연구모형에 비해 우수하다고 할 수 있다($\Delta\chi^2=5.581 > \chi^2_{.05}(1)=3.84$, Δd.f.=1). 즉, 대안모형 2는 연구모형에 비해 자유도가 1만큼 감소하였으나, χ^2 값의 감소폭이 자유도 감소를 상쇄시킬 만큼 충분했으므로 연구모형보다 우수한 것으로 나타났다.**

표 12.2 연구모형과 대안모형 2의 적합도지수 비교

구분	적합도지수	연구모형	대안모형 2	차이	비교가능 여부
χ^2 적합도	χ^2	79.751	74.170	5.581	비교 가능
	d.f.	39	38	1	
	p	.000	.000	p<.05	

대안모형 2가 연구모형보다 우수한 것으로 나타난 이유는 경로계수와 관련하여 생각할 수 있다. [그림 12.8]에 제시된 대안모형 2의 경로계수값을 보면 연구

그림 12.8 대안모형 2의 경로계수값

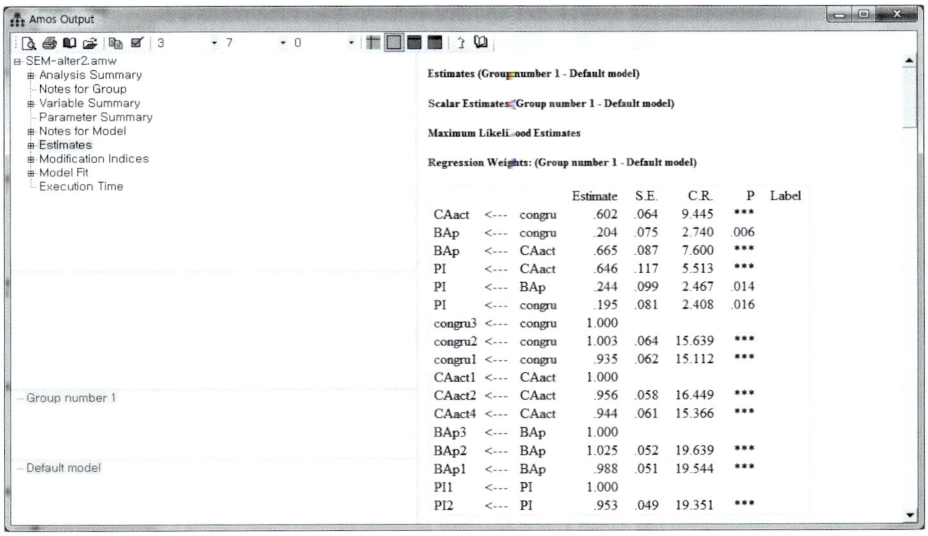

			Estimate	S.E.	C.R.	P	Label
CAact	<---	congru	.602	.064	9.445	***	
BAp	<---	congru	.204	.075	2.740	.006	
BAp	<---	CAact	.665	.087	7.600	***	
PI	<---	CAact	.646	.117	5.513	***	
PI	<---	BAp	.244	.099	2.467	.014	
PI	<---	congru	.195	.081	2.408	.016	
congru3	<---	congru	1.000				
congru2	<---	congru	1.003	.064	15.639	***	
congru1	<---	congru	.935	.062	15.112	***	
CAact1	<---	CAact	1.000				
CAact2	<---	CAact	.956	.058	16.449	***	
CAact4	<---	CAact	.944	.061	15.366	***	
BAp3	<---	BAp	1.000				
BAp2	<---	BAp	1.025	.052	19.639	***	
BAp1	<---	BAp	.988	.051	19.544	***	
PI1	<---	PI	1.000				
PI2	<---	PI	.953	.049	19.351	***	

모형에 포함되지 않은 경로인 congru→PI 경로가 유의적으로 나타났다(Estimate =.195; C.R.=2.408, p=.016). 따라서 유의적인 congru→PI 경로가 포함되지 않은 연구모형보다 이 경로가 포함된 대안모형 2의 적합도가 높아진 것으로 볼 수 있다.

(3) 대안모형 1과 대안모형 2의 비교

대안모형 1과 대안모형 2는 nested 관계에 있으므로 χ^2 차이검증에 의해 직접적으로 비교할 수 있다. **〈표 12.3〉에 제시된 바와 같이 대안모형 2는 대안모형 1에 비해 χ^2 값이 338.435 작고, 자유도가 5가 작다. 그런데 유의수준 .05, 자유도 5일 때의 χ^2 값이 11.070이므로, 대안모형 2는 대안모형 1에 비해 우수하다고 할 수 있다($\Delta\chi^2=338.435>\chi^2_{.05(5)}=11.070$, Δd.f.=5). 즉, 대안모형 2는 대안모형 1에 비해 자유도가 5만큼 감소하였으나, χ^2 값의 감소폭이 자유도 감소를 상쇄시킬 만큼 충분했으므로 대안모형 2는 대안모형 1보다 우수한 것으로 나타났다.**

표 12.3 대안모형 1과 대안모형 2의 적합도지수 비교

구분	적합도지수	대안모형 1	대안모형 2	차이	비교가능 여부
χ^2 적합도	χ^2	412.605	**74.170**	**338.435**	비교 가능
	d.f.	43	38	5	
	p	.000	.000	p<.05	

대안모형 2가 대안모형 1보다 우수한 것으로 나타난 이유는 경로계수와 관련하여 생각할 수 있다. [그림 12.8]에 제시된 대안모형 2의 경로계수값을 보면 대안모형 1에 포함되지 않은 경로인 congru→CAact, congru→BAp, CAact→BAp, CAact→PI, BAp→PI 경로가 모두 유의적으로 나타났다. 따라서 유의적인 이러한 경로들이 포함되지 않은 대안모형 1보다 이러한 경로가 포함된 대안모형 2의 적합도가 높아진 것으로 볼 수 있다.

(4) 결 론

본 장에서 모형 간 비교의 예로 제시한 세 가지 모형의 분석결과를 종합하면 대안모형 2, 연구모형, 대안모형 1의 순서로 우수한 것으로 나타났다. 구체적인 비교결과는 다음과 같다.

① 연구모형 vs. 대안모형 1

연구모형과 대안모형 1은 nested 관계가 아니기 때문에 χ^2 차이검증에 의해 직접적으로 비교할 수 없다. 간결 적합도지수를 통한 비교결과, 연구모형이 대안모형 1보다 우수한 것으로 나타났다.

② 연구모형 vs. 대안모형 2

연구모형과 대안모형 2는 nested 관계이기 때문에 χ^2 차이검증에 의해 직접적으로 비교할 수 있다. χ^2 차이검증 결과 대안모형 2가 연구모형보다 우수한 것으로 나타났다.

③ 대안모형 1 vs. 대안모형 2

대안모형 1과 대안모형 2는 nested 관계이기 때문에 χ^2 차이검증에 의해 직접적으로 비교할 수 있다. χ^2 차이검증 결과 대안모형 2가 대안모형 1보다 우수한 것으로 나타났다.

12.4 매개효과 분석

1. 개 요

(1) 개 념

매개변수(mediating variable, mediator)는 두 변수 X와 Y의 인과관계를 연결하는 변수이다. 즉, 독립변수(X)가 매개변수(M)에 영향을 주고(cause, affect), 그 매개변수가 다시 종속변수(Y)에 영향을 주는 것이다. 이 경우 매개변수는 독립변수가 종속변수에 미치는 영향(effect)을 전달하는(transmit) 역할을 하며, 이러한 관계(X→M→Y)를 매개적 관계라고 한다.[1]

1 매개효과분석은 회귀분석으로도 가능하다. 이를 위해서는 다음 서적의 해당 부분을 참조할 수 있다: 이학식, *사회과학연구를 위한 회귀분석*, 집현재, 2012, pp. 165-178; 이학식·임지훈, *사회과학논문작성을 위한 연구방법론*, 집현재, 2014, pp. 425-431.

(2) 완전매개와 부분매개

두 변수의 인과관계가 다른 변수에 의해 매개되는지를 연구하는 경우 그 결과는 세 가지 중 한 가지로 나타날 수 있다: 완전매개, 부분매개, 매개하지 않음.

[그림 12.9]는 완전매개와 부분매개의 예를 보여준다. [그림 12.9-a]는 X→Y의 관계가 '0'이거나 통계적으로 비유의적인 경우로 **완전매개**(full mediation, complete mediation)에 해당한다. 예를 들어, 소비자가 호텔 서비스의 품질(X)을 높게 평가하면 만족도(M)가 높아질 수 있으며, 이에 따라 그 호텔을 재이용하려는 의도(Y)가 높아질 수 있다. 그러나 서비스품질을 높게 평가하더라도 어떤 이유로(예를 들어, 가격이 너무 높아) 만족도가 높지 않으면 재이용의도는 낮을 것이다. 결국 서비스품질은 만족도를 매개로 해서만 재이용의도에 영향을 줄 수 있다.

[그림 12.9-b]는 X→Y의 관계가 통계적으로 유의적인 경우로 **부분매개**(partial mediation)에 해당한다. 예를 들어, 십대 소년소녀들이 나이(X)가 많아짐에 따라 이성에 관심(Y)을 갖는데 이때 육체적 성장(M)이 매개변수가 될 수 있다. 그러나 육체적 성장 이외에도 다른 요인이 매개를 한다면 X→Y의 관계는 유의적으로 나타날 수 있다. 이러한 결과가 도출되면 연구자는 새로운 매개변수를 생각해볼 수 있다. 즉, 논거를 토대로 당초 완전매개로 설정하였으나 자료분석 결과 부분매개로 나타난다면 또 다른 매개변수가 존재할 가능성이 있으며, 이에 따라 새로운 매개변수를 찾는 시도를 할 수 있는 것이다. 또한 당초 연구자가 생각한 매개변수가 두 변수 간의 관계를 매개하지 않는 것으로 나타난 경우에도(즉, 직접관계만 나타남) 새로운 매개변수를 찾는 시도를 할 수 있다. 결국 그러한 매개변수를 찾을 수 있으면 현상을 보다 구체적으로 이해하고 설명할 수 있다.

그림 12.9 완전매개와 부분매개

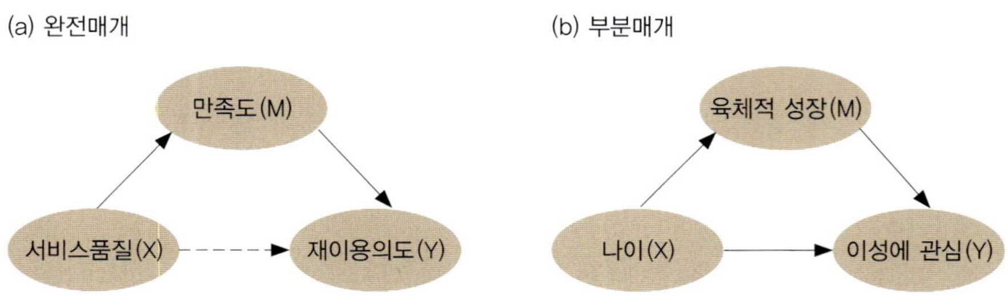

* 실선은 유의적, 그리고 파선은 비유의적 관계를 나타낸다.

(3) 매개변수 모형

본서는 구조모형분석의 개념과 AMOS 이용방법에 관한 서적이지만 매개효과 분석을 하기 위하여 회귀분석을 이용할 수도 있다. 이하에서는 먼저 이를 설명한다. [그림 12.10]은 독립변수 X가 종속변수 Y에 영향을 미치는 것을 나타내는 것이고 [그림 12.11]은 그 두 변수 간을 변수 M이 매개하는 것을 나타낸다. [그림 12.10]에서 c는 X가 Y에 영향을 미치는 **총효과**(total effect)이고 [그림 12.11]에서 a×b는 M에 의한 **매개효과**(mediated effect)이다.

그림 12.10 독립변수와 종속변수의 관계

$$Y = i_1 + cX + e_1 \quad (1)$$

그림 12.11 독립변수, 매개변수, 종속변수의 관계

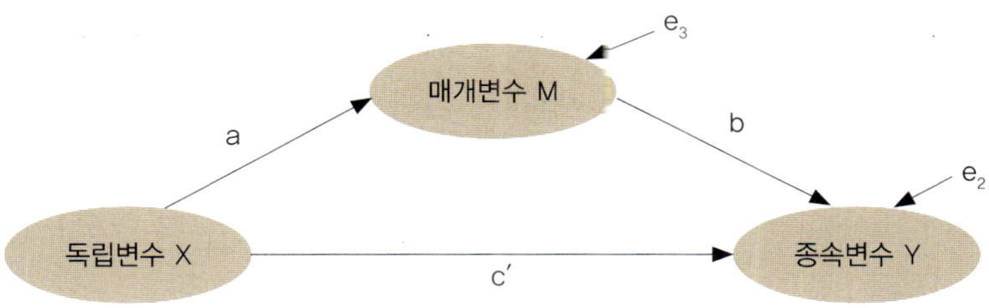

$$Y = i_2 + c'X + bM + e_2 \quad (2)$$

$$M = i_3 + aX + e_3 \quad (3)$$

변수 M이 변수 X와 Y를 매개하는지를 조사하기 위하여 (1), (2), (3) 세 개의 회귀분석을 이용할 수 있다.[2] 세 개의 회귀븐석 결과 c, a, b가 유의적이고, c′이 c

2 Reuben M. Baron and David A. Kenny, "The Moderator-Mediator Variable Distinction in Social Psychological Research: Conceptual, Strategic, and Statistical Considerations," *Journal of Personality and Social Psychology*, 51(6), 1986, pp. 1173-1182.

보다 유의적으로 작으면 M은 X와 Y의 관계를 매개한다. 여기서 c는 X가 Y에 미치는 총효과, 그리고 c′은 M이 통제된 상태에서 X가 Y에 미치는 **직접효과**(direct effect)이다. 이를 보다 구체적으로 기술하면 다음과 같다: ① 독립변수는 종속변수에 유의적으로 영향을 미친다, ② 독립변수는 매개변수에 유의적으로 영향을 미친다, ③ 독립변수가 통제된 상태에서 매개변수는 종속변수에 유의적으로 영향을 미친다, ④ 독립변수의 직접효과(c′)는 총효과(c)보다 유의적으로 작다.[3]

여기서 조건 ④는 c′이 c보다 유의적으로 작아야 한다는 것이며, 이를 c′이 c보다 덜 유의적이라는 것으로 해석해서는 안 된다. 예를 들어, c의 p=.049, c′의 p=.051인 경우 c−c′은 유의적이지 않을 가능성이 높다. 연구자들은 이 점을 유의해야 한다. 그런데 c−c′은 총효과에서 직접효과를 차감한 **간접효과**(indirect effect)이므로 **매개효과**인 a×b와 동일하다. 결국 c−c′의 유의성을 검증하는 것은 a×b의 유의성을 검증하는 것이며, 검증통계량은 다음의 Z이다. 여기서 a×b의 값은 X가 한 단위 변할 때 M을 통하여 Y에 얼마나 간접적으로 영향을 미치는가를 나타낸다. 이 검증을 흔히 **Sobel test**라고 한다(Sobel 1982).[4]

$$Z = \frac{a+b}{\sqrt{a^2 s_b^2 + b^2 s_a^2}}$$

여기서, s_a와 s_b는 각각 a와 b의 표준오차이다.

이 식의 a, b, 그리고 표준오차는 회귀식 (2)와 (3)에서 구할 수 있다. ①, ②, ③의 조건을 충족시키고 Sobel test 결과가 유의적이면 M은 X와 Y의 관계를 매개한다고 결론내릴 수 있다. 특히, c′이 비유의적이면 M은 X와 Y의 관계를 완전매개하며, 유의적이면 부분매개하는 것으로 본다.

2. 구조방정식 모형분석에 의한 매개효과의 예

[그림 12.1]의 연구모형은 congru→PI 관계를 가설로 설정하지 않고 있다. 이는 congru가 PI에 미치는 영향이 CAact와 BAp에 의해 매개될 것을 가정하고 있기 때문이다. 제1장에서 설명한 것과 같이 변수 간의 관계에 직접적인 인과관계를 설정하지 않은 것은 암묵적으로 이들 간의 관계가 '0'이라는 것을 가정하는 것

3 이 네 가지 조건은 Baron and Kenny(1986)가 제시한 원래의 조건을 보완하여 Dawn Iacobucci가 제시한 조건이다. See Dawn Iacobucci, *Mediation Analysis*, Sage Publications, 2008.

4 Michael E. Sobel, "Asymptotic Confidence Intervals for Indirect Effects in Structural Equation Models," *Sociological Methodology*, 13, 1982, pp. 290-312.

이다. 그러나 연구자는 변수들 간의 관계를 가설로 설정하고 엄격하게 검증할 수도 있다. 이 경우 연구모형은 [그림 12.12]와 같이 제시할 수 있으며, 이에 대한 가설은 다음과 같이 기술한다.

H: congru가 PI에 미치는 영향은 CAac와 BAp에 의해 (완전)매개될 것이다.

그림 12.12 congru→PI의 관계가 CAact와 BAp에 의해 매개됨을 나타내는 연구모형

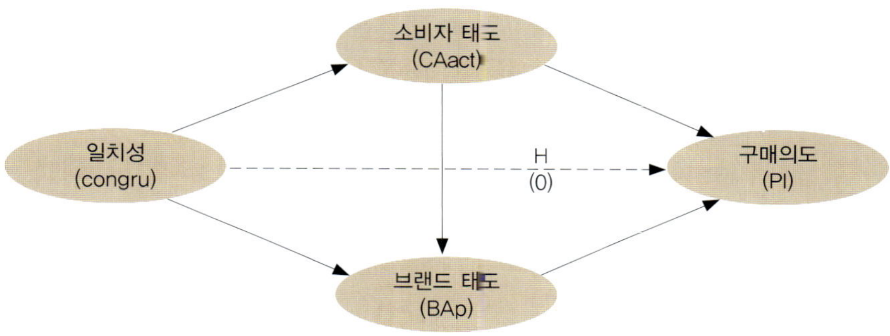

3. 분석방법

전술한 것과 같이 독립변수(X)와 종속변수(Y) 관계에서 하나의 매개변수(M)가 있을 때는 Sobel test에 의해 매개효과를 검증할 수 있다. 그러나 [그림 12.12]와 같이 두 개 이상의 매개변수가 있을 경우에는 AMOS를 이용하여 매개효과를 검증하는 것이 매우 편리하다. 본 예제의 경우 연구모형이 congru→PI 관계를 설정한 경로도형을 작성하고 이에 대한 분석을 실시해야 한다. 그런데 연구모형에 congru→PI 관계를 설정한 경로도형은 본 장의 앞에서 설명한 대안모형 2와 같다. 따라서 [그림 12.12]의 모형을 분석하는 방법은 대안도형 2의 분석방법과 동일하다.

4. 분석결과의 해석

[그림 12.12]의 모형에서 congru→PI 관계가 CAact와 BAp에 의해 매개되는가를 확인하기 위해서는 congru→PI 관계에 주목해야 한다. 만약 congru→PI의 직접적인 관계가 비유의적이고 다른 경로들이 모두 유의적이라면 congru가 PI

에 미치는 영향은 CAact와 BAp에 의해 **(완전)매개**되는 것으로 볼 수 있다. 그러나 congru→PI의 직접적인 관계가 유의적이고 다른 경로들도 모두 유의적이라면, congru는 CAact와 BAp의 매개에 의해서뿐만 아니라 직접적으로도 PI에 영향을 미치는 것이다. 이를 확인하기 위해 **[그림 12.8]의 경로계수값을 확인하면 congru→PI 관계는 유의적으로 나타났으며(Estimate=.195; C.R.=2.408, p=.016), 다른 경로들도 모두 유의적으로 나타났다. 따라서 congru는 CAact와 BAp의 매개를 통해서뿐만 아니라 직접적으로도 PI에 영향을 미치는 것으로 볼 수 있다(부분매개). 이에 따라 가설은 지지되지 않았다.**

매개효과의 보다 엄격한 검증을 위해 [그림 12.1]의 대안모형 1의 분석결과를 참조할 수 있다. 대안모형 1은 congru→PI 간의 직접적인 관계만을 고려한 모형인데, 대안모형 1의 분석결과, congru→PI 관계는 매우 유의적으로 나타났다(Estimate=.728; C.R.=9.800, p<.001). 그러나 [그림 12.12]에 제시된 모형의 분석결과, congru→PI 관계는 유의적이기는 했지만 경로계수값과 그 유의성이 크게 약화되었다(Estimate=.195; C.R.=2.408, p=.016). 따라서 congru가 PI에 미치는 영향은 상당부분 CAact와 BAp에 의해 매개된다고 할 수 있다.

5. 부트스트래핑을 이용한 매개효과의 유의성 검증

부트스트래핑(bootstrapping)은 "혼자 힘으로 해내다(To pull oneself up by one's own bootstrap)"라는 말에서 유래한 것으로 이는 추정치의 정확성을 높이기 위하여 원자료(raw data) 자체를 사용하기 때문이다. 회귀분석은 최소자승법(least squares method)을 그리고 구조모형분석은 최우도추정법(maximum likelihood method)을 기반으로 하는데 이 경우 자료의 정규성(normality) 가정이 요구된다. 또한 1회의 표본추출에 의한 표본의 크기가 작으면 그 계수가 불안정하다(unstable). 여기서 계수가 불안정하다는 것은 다른 표본으로 계수를 다시 추정하면 계수가 매우 달라질 수 있다는 것이다. 부트스트래핑 방법을 이용하면 이러한 한계를 상당 수준 극복할 수 있는 것으로 여겨진다. 이를 위하여 먼저 표본자료로부터 그 표본크기 n과 동일한 크기의 표본자료를 k번 복원추출(sampling with replacement)한다. 따라서 이 경우 원래의 표본자료가 모집단의 역할을 한다고 볼 수 있다. 이후 각 표본으로부터 도출된 통계량의 경험적 분포를 생성한다.

AMOS에서 부트스트래핑의 사용은 주로 매개효과의 유의성 검증을 위해 사용된다. 이하에서는 부트스트래핑을 이용한 매개효과의 유의성 검증을 설명한다.

congru→PI 관계가 CAact와 BAp에 의해 매개되는가를 확인하는 부트스트래핑 분석은 다음의 절차를 따른다.

① [그림 12.13]과 같은 경로도형을 작성하고 이를 'SEM-bootstrap.amw'로 저장한다.

그림 12.13 부트스트래핑 분석을 위한 경로도형

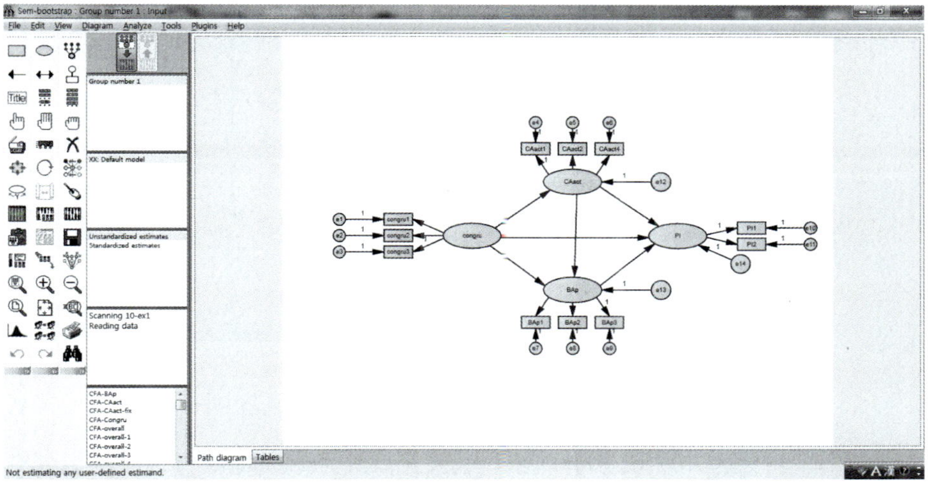

② 분석을 위한 데이터 파일로 '10-ex1.sav'를 지정한다.
③ [그림 12.14]와 같이 'Analysis Properties' 대화상자의 [Bootstrap] 탭에서 Perform bootstrap을 지정한다. Number of bootstrap samples는 기본설정된 '200'을 유지한다. Bias-corrected confidence intervals를 선택하고, BC confidence level을 기본설정된 90에서 '95'로 변경한다. 만약 데이터입력방식을 행렬입력방식으로 할 경우에는 Monte Carlo를 지정한다. [Output] 탭에서는 Standardized estimates와 Indirect, direct & total effects를 지정한다.
④ 아이콘을 클릭하여 분석을 실시한다.

부트스트래핑을 이용한 분석에서도 [그림 12.12]의 congru→PI 관계가 CAact와 BAp에 의해 매개되는가를 확인하기 위해서는 congru→PI 관계에 주목해야 한다. 만약 congru→PI의 직접적인 관계가 비유의적이고 간접효과가 유의적이라면 congru가 PI에 미치는 영향은 CAact와 BAp에 의해 **(완전)매개**되는 것으로 볼

그림 12.14 Bootstrap 탭의 지정

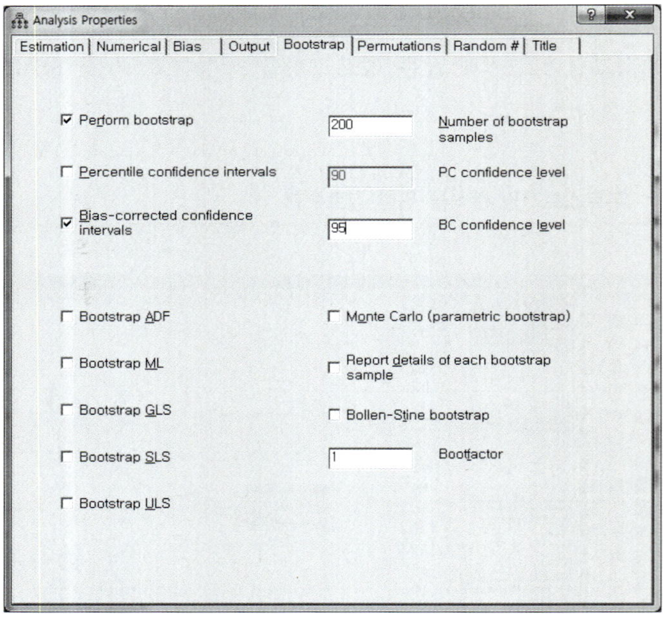

수 있다. 그러나 congru→PI의 직접적인 효과와 간접적인 효과가 모두 유의적이라면, congru는 CAact와 BAp의 매개에 의해서뿐만 아니라 직접적으로도 PI에 영향을 미치는 것이다.

이를 확인하기 위해 Output에서 [Estimates]→[Matrices]의 [Direct Effects]를

그림 12.15 congru→PI의 직접적인 효과

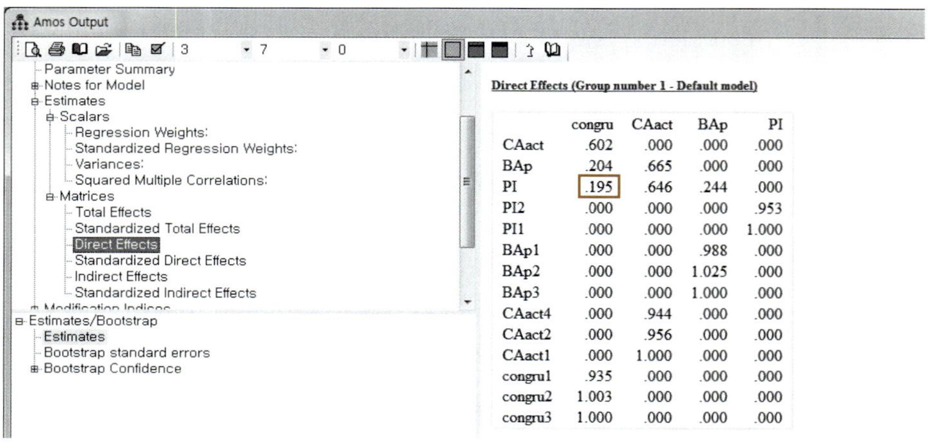

클릭한다. 그러면 [그림 12.15]와 같이 congru→PI의 직접적인 효과가 .195로 나타난 것을 확인할 수 있다.

congru→PI 직접적인 관계의 유의성을 확인하기 위해서는 [Estimates/Bootstrap]→[Bootstrap Confidence]→[Bias-corrected percentile method]→[Two Tailed Significance(BC)]를 클릭한다. 그러면 [그림 12.16]과 같이 congru→PI 직접적인 관계의 유의성을 확인할 수 있다. [그림 12.16]의 결과와 같이 부트스트랩 분석결과 congru→PI 직접적인 관계는 유의적으로 나타났다(p=.034). 부트스트랩에 의한 결과를 앞에서 설명한 일반적 방식에 의한 분석결과와 비교해보면 계수는 .195로 동일하나 유의성은 보다 약하게 나타났다(.016→.034; '3. 분석결과의 해석' 참고).

그림 12.16 congru→PI의 직접효과 유의성

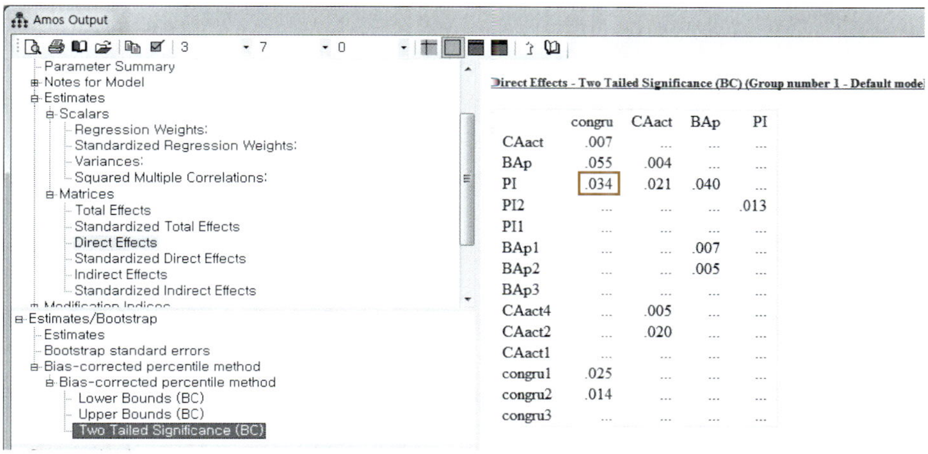

	congru	CAact	BAp	PI
CAact	.007	...	...	...
BAp	.055	.004	...	...
PI	.034	.021	.040	...
PI2	...	...	...	.013
PI1	...	...	...	...
BAp1	...	...	.007	...
BAp2	...	...	.005	...
BAp3	...	...	...	...
CAact4	...	.005	...	...
CAact2	...	.020	...	...
CAact1	...	...	...	...
congru1	.025	...	...	...
congru2	.014	...	...	...
congru3	...	...	...	...

동일한 방법으로 congru→PI의 간접적인 효과[5]를 확인한 결과 [그림 12.17]과 같이 .537로 나타났다.

5 congru가 PI에 미치는 간접적인 효과는 congru→CAact→PI, congru→BAp→PI, congru→CAact→BAp→PI의 경로로 나누어질 수 있다. 이렇게 특정경로를 통한 간접효과를 특정간접효과(specific indirect effect)라 한다. 그런데 AMOS는 특정간접효과별로 간접효과의 크기와 유의성을 보고하지 않고 전체 간접효과의 크기와 유의성을 보고한다. AMOS에서도 팬텀변수(phantom variable)를 이용할 경우 특정간접효과의 크기와 유의성을 확인할 수 있으나 본서에서는 다루지 않는다.

그림 12.17 congru→PI의 간접적인 효과

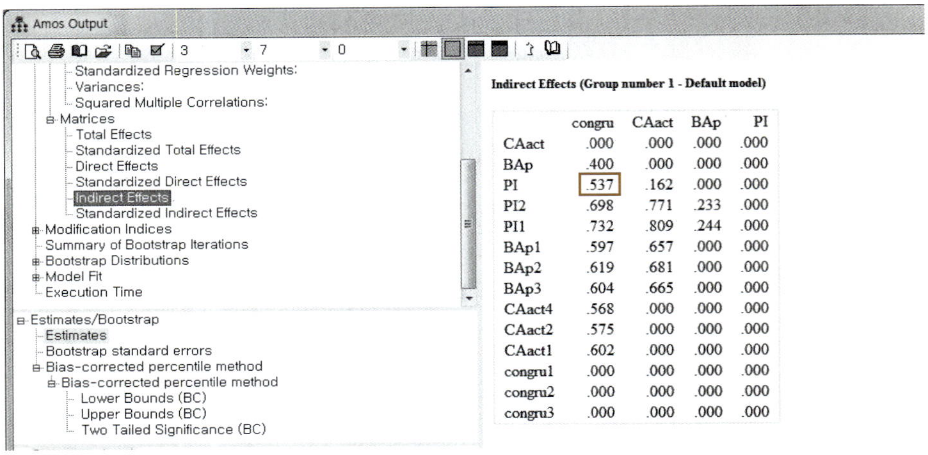

Indirect Effects (Group number 1 - Default model)

	congru	CAact	BAp	PI
CAact	.000	.000	.000	.000
BAp	.400	.000	.000	.000
PI	.537	.162	.000	.000
PI2	.698	.771	.233	.000
PI1	.732	.809	.244	.000
BAp1	.597	.657	.000	.000
BAp2	.619	.681	.000	.000
BAp3	.604	.665	.000	.000
CAact4	.568	.000	.000	.000
CAact2	.575	.000	.000	.000
CAact1	.602	.000	.000	.000
congru1	.000	.000	.000	.000
congru2	.000	.000	.000	.000
congru3	.000	.000	.000	.000

congru→PI의 간접효과 유의성을 확인한 결과 [그림 12.18]과 같이 유의적으로 나타났다(p=.012).

그림 12.18 congru→PI의 간접효과 유의성

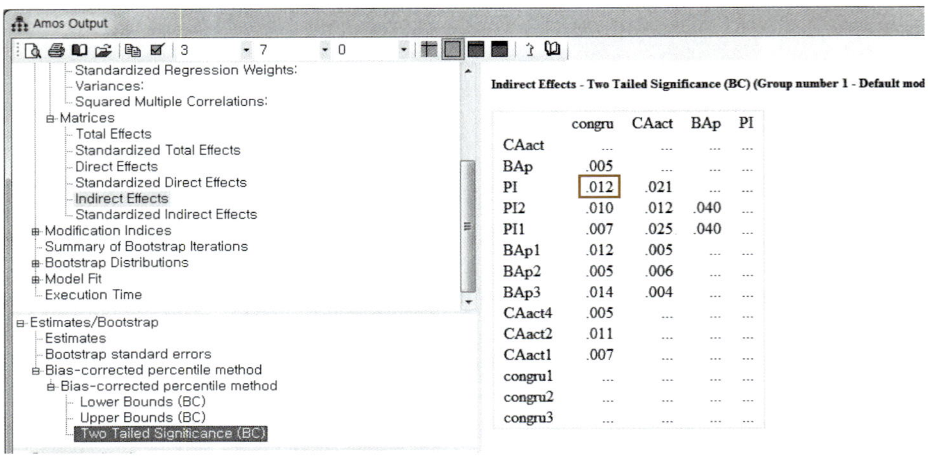

Indirect Effects - Two Tailed Significance (BC) (Group number 1 - Default mod

	congru	CAact	BAp	PI
CAact	...	...	...	...
BAp	.005	...	...	...
PI	.012	.021	...	...
PI2	.010	.012	.040	...
PI1	.007	.025	.040	...
BAp1	.012	.005	...	...
BAp2	.005	.006	...	...
BAp3	.014	.004	...	...
CAact4	.005	...	...	...
CAact2	.011	...	...	...
CAact1	.007	...	...	...
congru1	...	...	...	...
congru2	...	...	...	...
congru3	...	...	...	...

부트스트래핑 분석결과를 종합해보면, congru는 CAact와 BAp의 매개를 통해서뿐만 아니라 직접적으로도 PI에 영향을 미치는 것으로 볼 수 있다**(부분매개)**. 이에 따라 가설은 지지되지 않았다.

12.5 모형의 발견

구조모형의 분석에서는 일반적으로 연구자가 여러 constructs 간의 관계를 엄격한 논리를 토대로 설정한다. 그러나 경우에 따라서는 여러 constructs 간의 구조적 관계를 엄격한 논리를 토대로 설정하지 못하고 수집한 자료를 이용하여 최적의 모형을 찾아가는 방식을 따를 수 있다. 이러한 모형의 발견 과정은 탐험적(exploratory) 성격을 갖는다. 이하에서는 탐험적 방식으로 최적모형을 발견하는 것과 관련된 분석방법에 대해 설명한다.

1. 초기모형의 설정, 분석, 그리고 해석

(1) 초기모형의 설정과 분석

연구자가 탐험적 방식으로 최적의 모형을 찾고자 하는 경우에도 기존 연구성과와 어느 정도의 추론을 토대로 제안모형을 구성할 수는 있어야 한다. 예를 들어, 연구자가 congru, CAact, BAp, 그리고 PI의 constructs로 구성된 초기모형으로 [그림 12.19]를 고려한다고 가정하자.

그림 12.19 초기모형

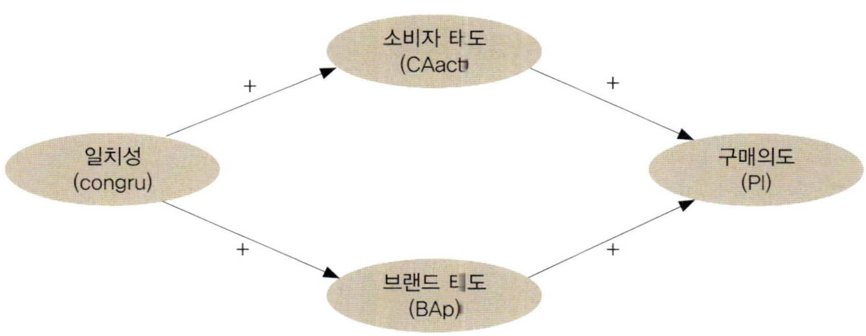

그림의 초기모형을 분석하기 위한 절차는 다음과 같다.

① [그림 12.20]과 같은 경로도형을 작성하고, 'finding-1.amw'로 저장한다.

그림 12.20 초기모형의 경로도형

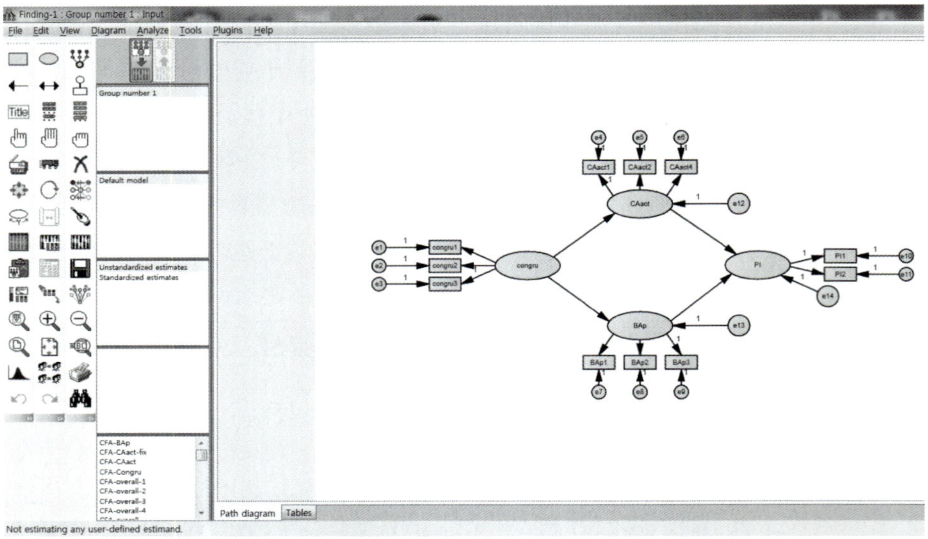

② 메뉴 바의 [File]에서 [Data Files...]를 클릭하고, '10-ex1.sav' 파일을 데이터 파일로 지정한다.

③ [Analysis Properties...]의 [Output] 탭에서 'Modification indices'를 선택한다.

④ 아이콘을 클릭하여 분석을 실시한다.

(2) 초기모형의 분석결과 해석

초기모형의 분석결과, [그림 12.21]과 같이 모든 경로계수값이 매우 유의적으로 나타났다.

그림 12.21 초기모형의 경로계수값

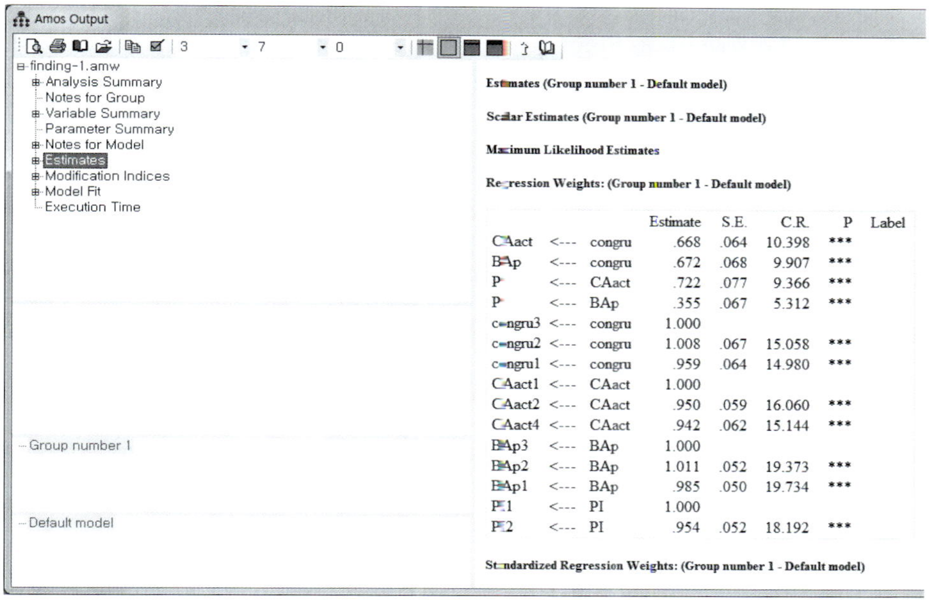

			Estimate	S.E.	C.R.	P	Label
CAact	<---	congru	.668	.064	10.398	***	
BAp	<---	congru	.672	.068	9.907	***	
PI	<---	CAact	.722	.077	9.366	***	
PI	<---	BAp	.355	.067	5.312	***	
congru3	<---	congru	1.000				
congru2	<---	congru	1.008	.067	15.058	***	
congru1	<---	congru	.959	.064	14.980	***	
CAact1	<---	CAact	1.000				
CAact2	<---	CAact	.950	.059	16.060	***	
CAact4	<---	CAact	.942	.062	15.144	***	
BAp3	<---	BAp	1.000				
BAp2	<---	BAp	1.011	.052	19.373	***	
BAp1	<---	BAp	.985	.050	19.734	***	
PI1	<---	PI	1.000				
PI2	<---	PI	.954	.052	18.192	***	

또한 초기모형의 적합도는 [그림 12.22]와 같이 $\chi^2=134.273$(d.f.=40, p=.000), NFI=.933, CFI=.952, RMSEA=.107(.087~.127)로 나타났다.

초기모형의 적합도는 어느 정도 수용가능한 것으로 볼 수 있으나 [그림 12.23]의 수정지수표의 Covariances를 보면 e12↔e13(48.411), e4↔e10(16.118), e8↔e12(14.412) 간에 높은 수정지수를 갖는 것으로 제시되어 있다. 그런데 공분산 설정을 통한 모형수정의 경우에는 다음과 같은 조건을 고려해야 한다.[6] 첫째, 외생 construct와 내생 construct 오차 간에는 공분산을 설정할 수 없다. 둘째, 외생 측정변수 오차와 내생 측정변수 오차 간에는 공분산을 설정할 수 없다. 셋째, 측정변수 오차와 construct 오차 간에는 공분산을 설정할 수 없다. 끝으로, construct 오차 간에는 공분산을 설정할 수 있다. 이러한 조건을 고려할 때, 모형수정에 반영할 수 있는 공분산 설정은 e12↔e13과 e4↔e10이다.

6 배병렬, *구조방정식 모델링 원리와 실제*, 청람, 2011, pp. 289-291.

그림 12.22 초기모형의 적합도

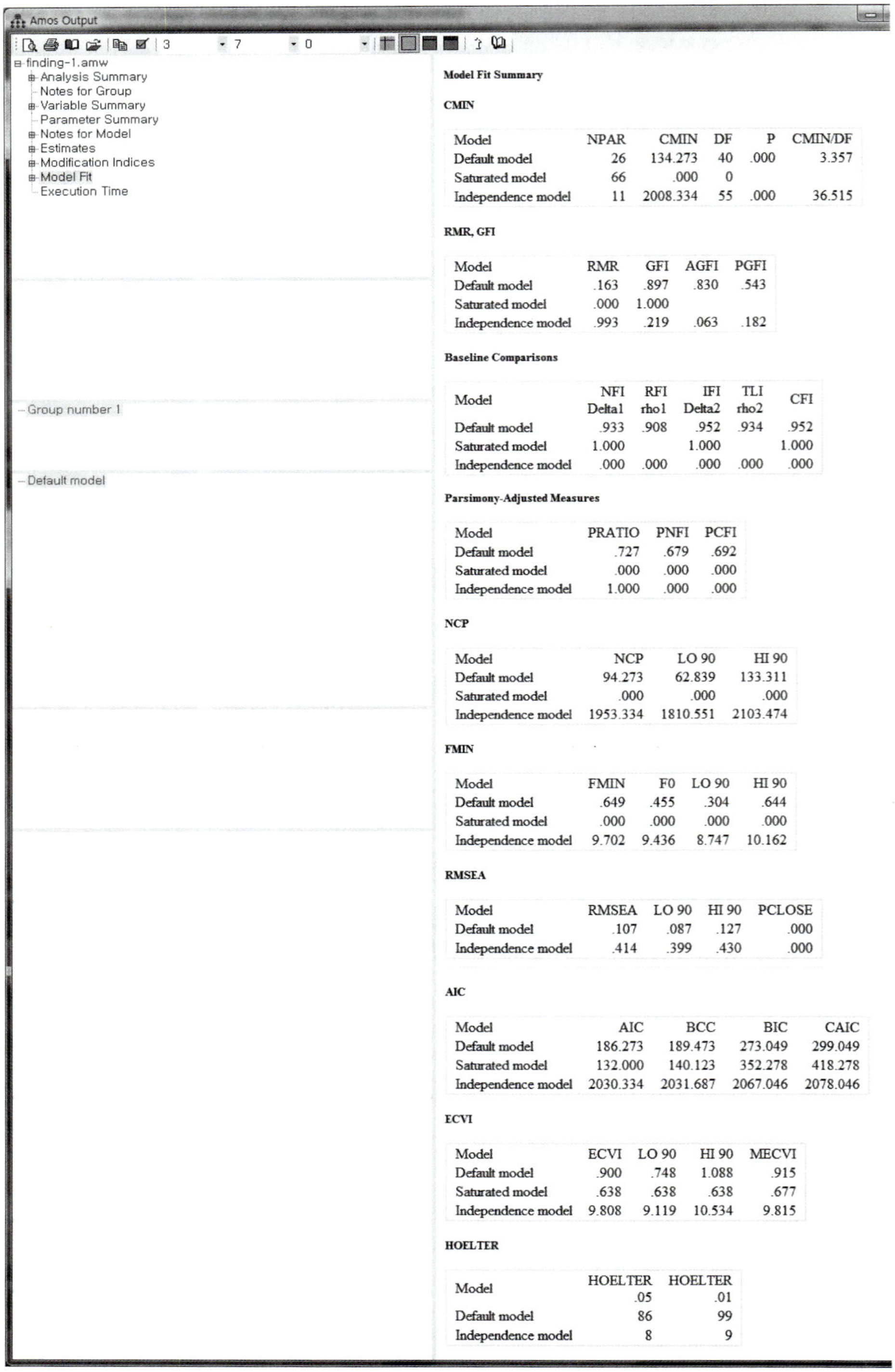

Model Fit Summary

CMIN

Model	NPAR	CMIN	DF	P	CMIN/DF
Default model	26	134.273	40	.000	3.357
Saturated model	66	.000	0		
Independence model	11	2008.334	55	.000	36.515

RMR, GFI

Model	RMR	GFI	AGFI	PGFI
Default model	.163	.897	.830	.543
Saturated model	.000	1.000		
Independence model	.993	.219	.063	.182

Baseline Comparisons

Model	NFI Delta1	RFI rho1	IFI Delta2	TLI rho2	CFI
Default model	.933	.908	.952	.934	.952
Saturated model	1.000		1.000		1.000
Independence model	.000	.000	.000	.000	.000

Parsimony-Adjusted Measures

Model	PRATIO	PNFI	PCFI
Default model	.727	.679	.692
Saturated model	.000	.000	.000
Independence model	1.000	.000	.000

NCP

Model	NCP	LO 90	HI 90
Default model	94.273	62.839	133.311
Saturated model	.000	.000	.000
Independence model	1953.334	1810.551	2103.474

FMIN

Model	FMIN	F0	LO 90	HI 90
Default model	.649	.455	.304	.644
Saturated model	.000	.000	.000	.000
Independence model	9.702	9.436	8.747	10.162

RMSEA

Model	RMSEA	LO 90	HI 90	PCLOSE
Default model	.107	.087	.127	.000
Independence model	.414	.399	.430	.000

AIC

Model	AIC	BCC	BIC	CAIC
Default model	186.273	189.473	273.049	299.049
Saturated model	132.000	140.123	352.278	418.278
Independence model	2030.334	2031.687	2067.046	2078.046

ECVI

Model	ECVI	LO 90	HI 90	MECVI
Default model	.900	.748	1.088	.915
Saturated model	.638	.638	.638	.677
Independence model	9.808	9.119	10.534	9.815

HOELTER

Model	HOELTER .05	HOELTER .01
Default model	86	99
Independence model	8	9

그림 12.23 **초기모형의 수정지수**

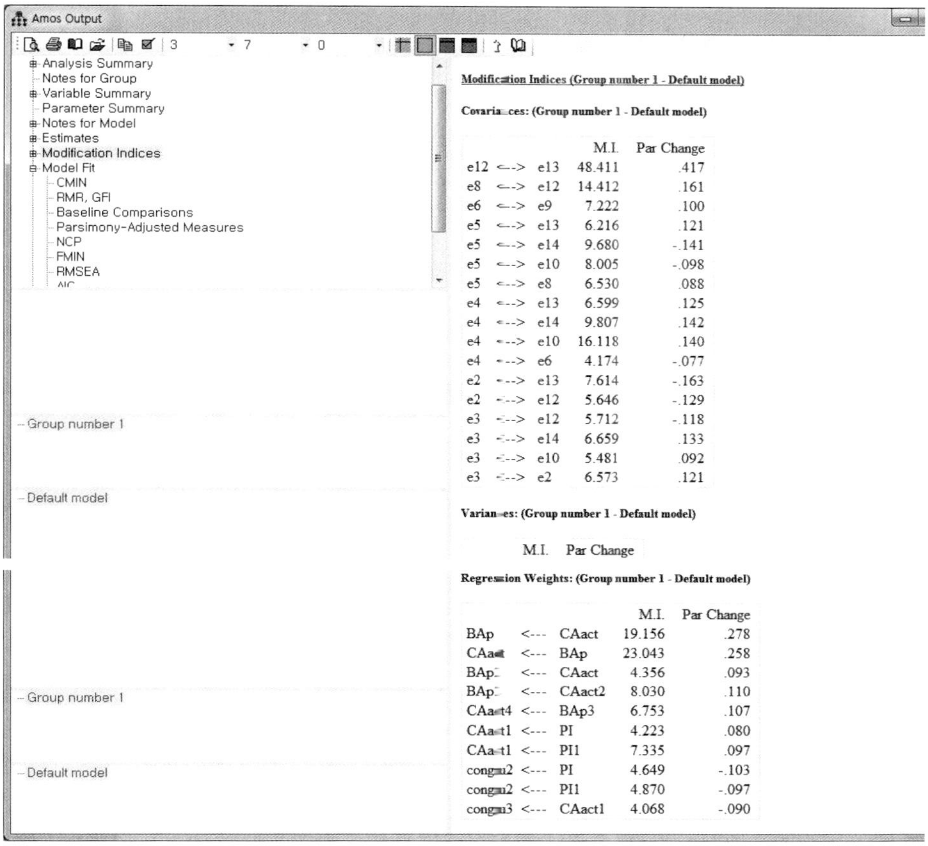

Modification Indices (Group number 1 - Default model)

Covariances: (Group number 1 - Default model)

			M.I.	Par Change
e12	<-->	e13	48.411	.417
e8	<-->	e12	14.412	.161
e6	<-->	e9	7.222	.100
e5	<-->	e13	6.216	.121
e5	<-->	e14	9.680	-.141
e5	<-->	e10	8.005	-.098
e5	<-->	e8	6.530	.088
e4	<-->	e13	6.599	.125
e4	<-->	e14	9.807	.142
e4	<-->	e10	16.118	.140
e4	<-->	e6	4.174	-.077
e2	<-->	e13	7.614	-.163
e2	<-->	e12	5.646	-.129
e3	<-->	e12	5.712	-.118
e3	<-->	e14	6.659	.133
e3	<-->	e10	5.481	.092
e3	<-->	e2	6.573	.121

Variances: (Group number 1 - Default model)

M.I.	Par Change

Regression Weights: (Group number 1 - Default model)

			M.I.	Par Change
BAp	<---	CAact	19.156	.278
CAact	<---	BAp	23.043	.258
BAp[illegible]	<---	CAact	4.356	.093
BAp[illegible]	<---	CAact2	8.030	.110
CAact4	<---	BAp3	6.753	.107
CAact1	<---	PI	4.223	.080
CAact1	<---	PI1	7.335	.097
cong[illegible]u2	<---	PI	4.649	-.103
cong[illegible]u2	<---	PI1	4.870	-.097
cong[illegible]u3	<---	CAact1	4.068	-.090

[그림 12.23]의 Regression weights를 보면 BAp→CAact가 23.043, CAact→BAp가 19.156의 높은 **수정지수**를 갖는 것으로 제시되어 있다. 그러므로 모형의 적합도를 높일 수 있을 것으로 보인다. 그런데 비록 BAp→CAact의 수정지수값이 CAact→BAp보다 높다고 하더라도 연구자가 논리적으로 생각할 때 (즉, 이론적 근거를 제시할 수 있을 때) 후자의 경로를 추가하는 것이 보다 타당하다고 생각한다면 그 경로를 추가하여 새로운 분석을 실시할 수 있다. 본 예제의 경우 BAp→CAact의 경로를 추가하는 것보다 CAact→BAp를 추가하는 것이 더 적절한 것으로 생각된다. 그런데 CAact→BAp가 추가된 모형은 곧 [그림 11.1]에 제시된 연구모형이다. 그러므로 여기서 다시 분석하지 않는다.

이후에서는 Covariances와 Regression weights 수정지수 중 수정지수값이 가장 큰 e12와 e13 간에 공분산을 설정한 1차 수정모형을 작성하여 분석을 실시한다.

2. 1차 수정모형의 설정, 분석, 그리고 해석

(1) 1차 수정모형의 설정과 분석

초기모형의 수정지수를 토대로 e12과 e13 간에 공분산을 추가한 1차 수정모형을 설정한다. 1차 수정모형을 분석하기 위한 절차는 다음과 같다.

① [그림 12.24]와 같은 경로도형을 작성하고, 'finding-2.amw'로 저장한다.

그림 12.24 1차 수정모형의 경로도형

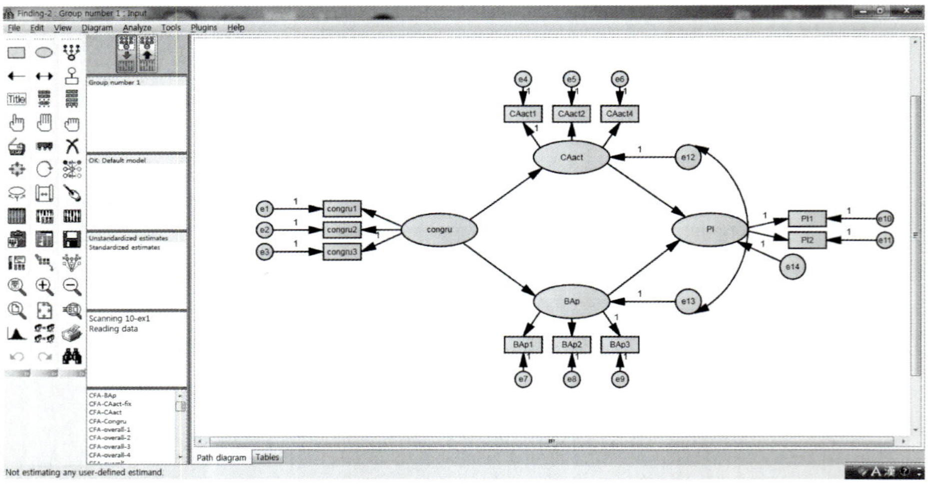

② 이후의 분석절차는 초기모형의 분석절차와 동일하다.

(2) 1차 수정모형의 분석결과 해석

1차 수정모형의 분석결과, [그림 12.25]와 같이 모든 경로계수값이 유의적으로 나타났으며, 초기모형에 추가한 e12와 e13 간의 공분산은 매우 유의적으로 나타났다(Estimate=.447; C.R.=5.768, $p<.001$).

그림 12.25 1차 수정모형의 경로계수값과 e12와 e13 간의 공분산 계수값

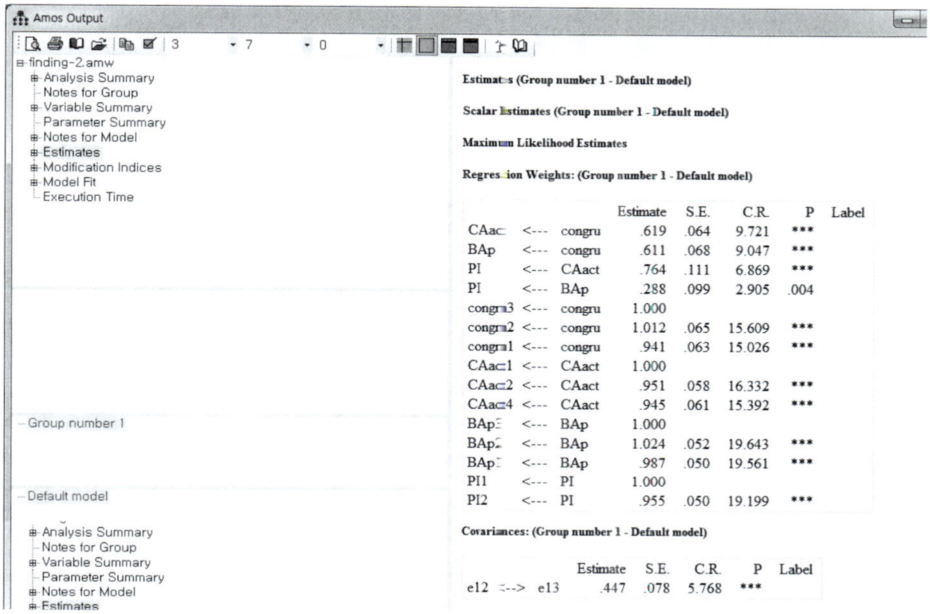

Estimates (Group number 1 - Default model)

Scalar Estimates (Group number 1 - Default model)

Maximum Likelihood Estimates

Regression Weights: (Group number 1 - Default model)

			Estimate	S.E.	C.R.	P	Label
CAact	<---	congru	.619	.064	9.721	***	
BAp	<---	congru	.611	.068	9.047	***	
PI	<---	CAact	.764	.111	6.869	***	
PI	<---	BAp	.288	.099	2.905	.004	
congru3	<---	congru	1.000				
congru2	<---	congru	1.012	.065	15.609	***	
congru1	<---	congru	.941	.063	15.026	***	
CAact1	<---	CAact	1.000				
CAact2	<---	CAact	.951	.058	16.332	***	
CAact4	<---	CAact	.945	.061	15.392	***	
BAp[illegible]	<---	BAp	1.000				
BAp[illegible]	<---	BAp	1.024	.052	19.643	***	
BAp[illegible]	<---	BAp	.987	.050	19.561	***	
PI1	<---	PI	1.000				
PI2	<---	PI	.955	.050	19.199	***	

Covariances: (Group number 1 - Default model)

			Estimate	S.E.	C.R.	P	Label
e12	<-->	e13	.447	.078	5.768	***	

또한 1차 수정모형의 적합도는 [그림 12.26]과 같이 χ^2=79.751(d.f.=39, p=.000), NFI=.960, CFI=.979, RMSEA=.071(.049~.093)로 나타났다. 초기모형과 1차 수정모형에 대한 χ^2 차이검증을 실시한 결과, 1차 수정모형은 초기모형보다 자유도는 1이 작았으나 χ^2 값은 매우 큰 폭으로 감소하였다($\Delta\chi^2=54.522 > \chi^2_{.05}(1)=3.84$, Δd.f.=1). 추가적으로, 1차 수정모형의 NFI와 CFI는 각각 초기모형의 해당지수보다 높고, RMSEA는 초기모형의 해당지수보다 낮다. 따라서 1차 수정모형은 초기모형보다 우수한 모형이라고 할 수 있다.

그림 12.26 1차 수정모형의 적합도

Model Fit Summary

CMIN

Model	NPAR	CMIN	DF	P	CMIN/DF
Default model	27	79.751	39	.000	2.045
Saturated model	66	.000	0		
Independence model	11	2008.334	55	.000	36.515

RMR, GFI

Model	RMR	GFI	AGFI	PGFI
Default model	.065	.938	.894	.554
Saturated model	.000	1.000		
Independence model	.993	.219	.063	.182

Baseline Comparisons

Model	NFI Delta1	RFI rho1	IFI Delta2	TLI rho2	CFI
Default model	.960	.944	.979	.971	.979
Saturated model	1.000		1.000		1.000
Independence model	.000	.000	.000	.000	.000

Parsimony-Adjusted Measures

Model	PRATIO	PNFI	PCFI
Default model	.709	.681	.694
Saturated model	.000	.000	.000
Independence model	1.000	.000	.000

NCP

Model	NCP	LO 90	HI 90
Default model	40.751	19.013	70.257
Saturated model	.000	.000	.000
Independence model	1953.334	1810.551	2103.474

FMIN

Model	FMIN	F0	LO 90	HI 90
Default model	.385	.197	.092	.339
Saturated model	.000	.000	.000	.000
Independence model	9.702	9.436	8.747	10.162

RMSEA

Model	RMSEA	LO 90	HI 90	PCLOSE
Default model	.071	.049	.093	.061
Independence model	.414	.399	.430	.000

AIC

Model	AIC	BCC	BIC	CAIC
Default model	133.751	137.074	223.864	250.864
Saturated model	132.000	140.123	352.278	418.278
Independence model	2030.334	2031.687	2067.046	2078.046

ECVI

Model	ECVI	LO 90	HI 90	MECVI
Default model	.646	.541	.789	.662
Saturated model	.638	.638	.638	.677
Independence model	9.808	9.119	10.534	9.815

HOELTER

Model	HOELTER .05	HOELTER .01
Default model	142	163
Independence model	8	9

그림 12.27 1차 수정모형의 수정지수

Amos Output

finding-2.amw
- Analysis Summary
- Notes for Group
- Variable Summary
- Parameter summary
- Notes for Model
- Estimates
- Modification Indices
- Model Fit
- Execution Time

Group number 1

Default model

Modification Indices (Group number 1 - Default model)

Covariances: (Group number 1 - Default model)

			M.I.	Par Change
e6	<-->	e9	5.704	.0[illegible]9
e5	<-->	e14	9.330	-.1[illegible]8
e5	<-->	e10	7.025	-.0[illegible]1
e5	<-->	e8	4.053	.0[illegible]6
e5	<-->	e9	4.163	-.0[illegible]0
e4	<-->	e14	9.573	.1[illegible]9
e4	<-->	e10	16.693	.1[illegible]1
e4	<-->	e6	4.226	-.0[illegible]6
e1	<-->	e12	5.224	.1[illegible]4
e3	<-->	e14	7.205	.1[illegible]7
e3	<-->	e10	5.762	.0[illegible]3

Variances: (Group number 1 - Default model)

	M.I.	Par Change

Regression Weights: (Group number 1 - Default model)

			M.I.	Par Change
CAact2	<---	PI1	4.056	-.069
CAact1	<---	PI1	4.925	.076

또한 [그림 12.27]에 제시된 1차 수정모형의 수정지수를 보면 공분산 설정을 통한 추가적인 모형수정 가능성은 존재하지만 constructs 간의 인과관계와 관련된 수정지수는 존재하지 않는다. 따라서 가장 큰 수정지수를 갖는 e4와 e10 간에 공분산을 설정한 2차 수정모형을 분석한다.

3. 2차 수정모형의 설정, 분석, 그리그 해석

(1) 2차 수정모형의 설정과 분석

1차 수정모형에서 수정지수를 토대로 e4와 e10 간에 공분산을 추가한 2차 수정모형을 설정할 수 있다. 2차 수정모형을 분석하기 위한 절차는 다음과 같다.

① [그림 12.28]과 같은 경로도형을 작성하고, 'finding-3.amw'로 저장한다.

그림 12.28 2차 수정모형의 경로도형

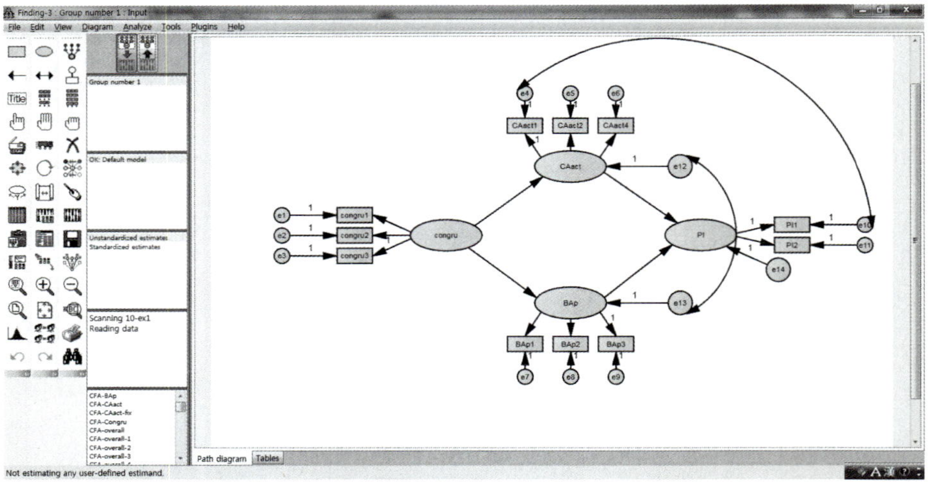

② 이후의 분석절차는 1차 수정모형의 분석절차와 동일하다.

(2) 2차 수정모형의 분석결과 해석

2차 수정모형의 분석결과, [그림 12.29]와 같이 모든 경로계수값이 유의적으로

그림 12.29 2차 수정모형의 경로계수값과 e4와 e10 간의 공분산 계수값

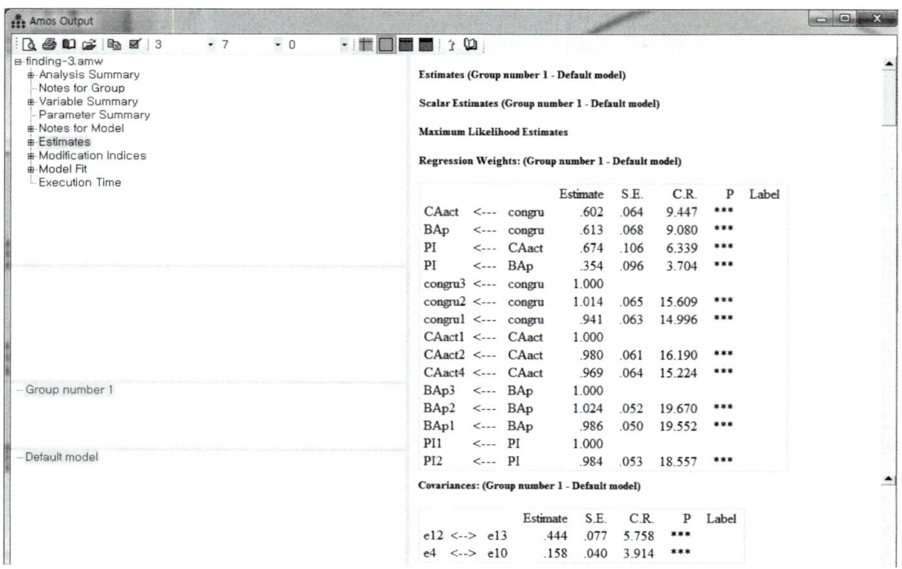

Estimates (Group number 1 - Default model)

Scalar Estimates (Group number 1 - Default model)

Maximum Likelihood Estimates

Regression Weights: (Group number 1 - Default model)

			Estimate	S.E.	C.R.	P	Label
CAact	<---	congru	.602	.064	9.447	***	
BAp	<---	congru	.613	.068	9.080	***	
PI	<---	CAact	.674	.106	6.339	***	
PI	<---	BAp	.354	.096	3.704	***	
congru3	<---	congru	1.000				
congru2	<---	congru	1.014	.065	15.609	***	
congru1	<---	congru	.941	.063	14.996	***	
CAact1	<---	CAact	1.000				
CAact2	<---	CAact	.980	.061	16.190	***	
CAact4	<---	CAact	.969	.064	15.224	***	
BAp3	<---	BAp	1.000				
BAp2	<---	BAp	1.024	.052	19.670	***	
BAp1	<---	BAp	.986	.050	19.552	***	
PI1	<---	PI	1.000				
PI2	<---	PI	.984	.053	18.557	***	

Covariances: (Group number 1 - Default model)

			Estimate	S.E.	C.R.	P	Label
e12	<-->	e13	.444	.077	5.758	***	
e4	<-->	e10	.158	.040	3.914	***	

그림 12.30 2차 수정모형의 적합도

Amos Output

finding-3.amw
- Analysis Summary
- Notes for Group
- Variable Summary
- Parameter Summary
- Notes for Model
- Estimates
- Modification Indices
- Model Fit
- Execution Time

Group number 1

Default model

Model Fit Summary

CMIN

Model	NPAR	CMIN	DF	P	CMIN/DF
Default model	28	61.111	38	.010	1.608
Saturated model	66	.000	0		
Independence model	11	2008.334	55	.000	36.515

RMR, GFI

Model	RMR	GFI	AGFI	PGFI
Default model	.067	.950	.912	.547
Saturated model	.000	1.000		
Independence model	.993	.219	.063	.182

Baseline Comparisons

Model	NFI Delta1	RFI rho1	IFI Delta2	TLI rho2	CFI
Default model	.970	.956	.988	.983	.988
Saturated model	1.000		1.000		1.000
Independence model	.000	.000	.000	.000	.000

Parsimony-Adjusted Measures

Model	PRATIO	PNFI	PCFI
Default model	.691	.670	.683
Saturated model	.000	.000	.000
Independence model	1.000	.000	.000

NCP

Model	NCP	LO 90	HI 90
Default model	23.111	5.620	48.507
Saturated model	.000	.000	.000
Independence model	1953.334	1810.551	2103.474

FMIN

Model	FMIN	F0	LO 90	HI 90
Default model	.295	.112	.027	.234
Saturated model	.000	.000	.000	.000
Independence model	9.702	9.436	8.747	10.162

RMSEA

Model	RMSEA	LO 90	HI 90	PCLOSE
Default model	.054	.027	.079	.367
Independence model	.414	.399	.430	.000

AIC

Model	AIC	BCC	BIC	CAIC
Default model	117.111	120.557	210.562	238.562
Saturated model	132.000	140.123	352.278	418.278
Independence model	2030.334	2031.687	2067.046	2078.046

ECVI

Model	ECVI	LO 90	HI 90	MECVI
Default model	.566	.481	.688	.582
Saturated model	.638	.638	.638	.677
Independence model	9.808	9.119	10.534	9.815

HOELTER

Model	HOELTER .05	HOELTER .01
Default model	181	208
Independence model	8	9

나타났으며, 1차 수정모형에 추가한 e4와 e10 간의 공분산은 매우 유의적으로 나타났다(Estimate=.158; C.R.=3.914, p<.001).

또한 2차 수정모형의 적합도는 [그림 12.30]과 같이 χ^2=61.111(d.f.=38, p=.000), NFI=.970, CFI=.988, RMSEA=.054(.027~.079)로 나타났다. 1차 수정모형과 2차 수정모형에 대한 χ^2 차이검증을 실시한 결과, 2차 수정모형은 1차 수정모형보다 자유도는 1이 작았으나 χ^2 값은 매우 큰 폭으로 감소하였다($\Delta\chi^2=18.64 > \chi^2_{.05}(1)=3.84$, Δd.f.=1). 추가적으로, 수정모형의 NFI=.970, CFI=.988로 각각의 지수는 초기모형의 해당지수보다 높고, RMSEA=.054로 낮다. 따라서 2차 수정모형은 1차 수정모형보다 우수한 모형이라고 할 수 있다.

[그림 12.31]에 제시된 2차 수정모형의 수정지수를 보면 공분산 설정을 통한 추가적인 적합도 개선이 가능하다. [그림 12.31]의 수정지수표에서 공분산 설정조건을 고려할 때, e6↔e9, e5↔e9만이 공분산 설정이 가능한데 이 중 수정지수값이 보다 큰 e6와 e9 간에 공분산을 설정하여 3차 수정모형 분석을 실시한다.

그림 12.31 2차 수정모형의 수정지수

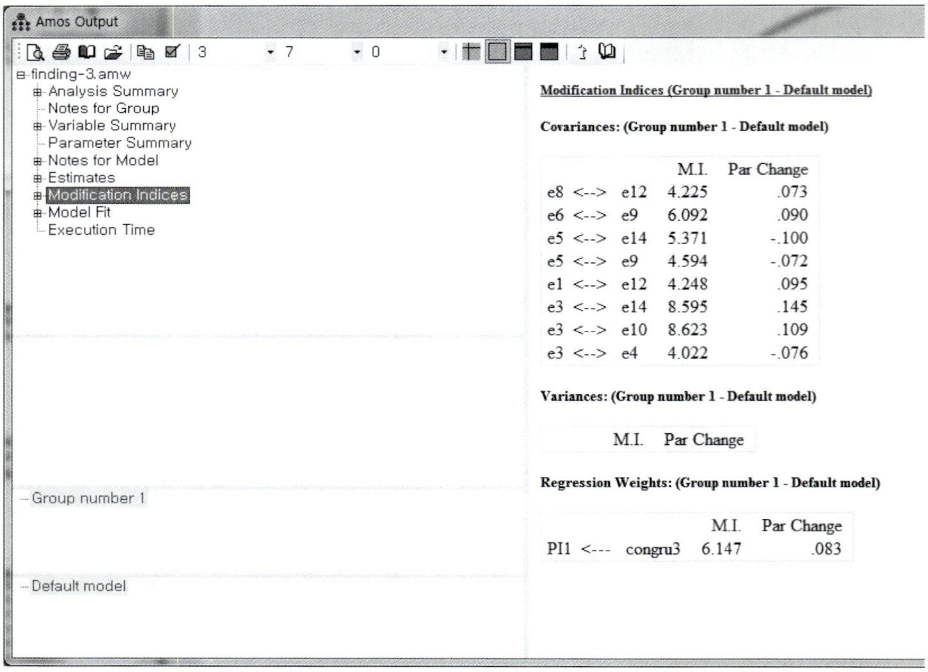

4. 3차 수정모형의 설정, 분석, 그리고 해석

(1) 3차 수정모형의 설정과 분석

2차 수정모형에서 수정지수를 토대로 e6와 e9 간에 공분산을 추가한 3차 수정모형을 설정할 수 있다. 3차 수정모형을 분석하기 위한 절차는 다음과 같다.

① [그림 12.32]와 같은 경로도형을 작성하고 'finding-4.amw'로 저장한다.

그림 12.32 3차 수정모형의 경로도형

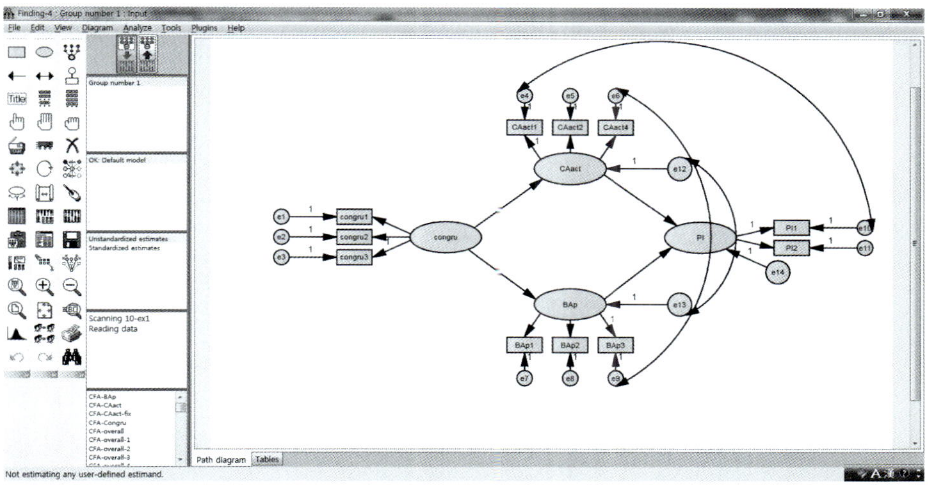

② 이후의 분석절차는 2차 수정모형의 분석절차와 동일하다.

(2) 3차 수정모형의 분석결과 해석

3차 수정모형의 분석결과, [그림 12.33]과 같이 모든 경로계수값이 유의적으로 나타났으며, 2차 수정모형에 추가한 e6와 e9 간의 공분산은 유의적으로 나타났다 (Estimate = .093; C.R. = 2.446, p = .014).

그림 12.33　3차 수정모형의 경로계수값과 e6와 e9 간의 공분산 계수값

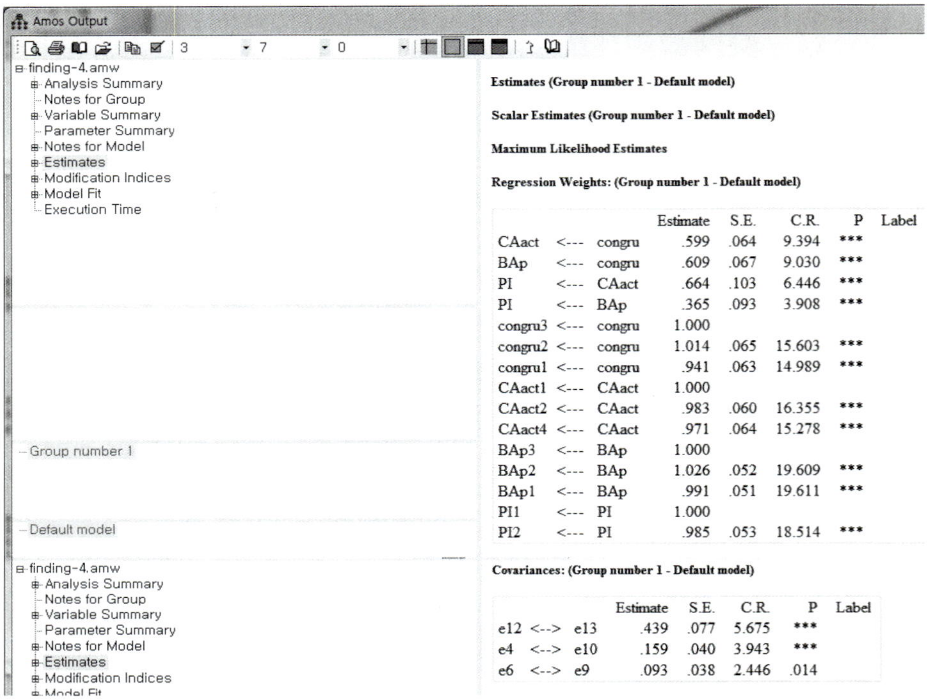

Estimates (Group number 1 - Default model)

Scalar Estimates (Group number 1 - Default model)

Maximum Likelihood Estimates

Regression Weights: (Group number 1 - Default model)

			Estimate	S.E.	C.R.	P	Label
CAact	<---	congru	.599	.064	9.394	***	
BAp	<---	congru	.609	.067	9.030	***	
PI	<---	CAact	.664	.103	6.446	***	
PI	<---	BAp	.365	.093	3.908	***	
congru3	<---	congru	1.000				
congru2	<---	congru	1.014	.065	15.603	***	
congru1	<---	congru	.941	.063	14.989	***	
CAact1	<---	CAact	1.000				
CAact2	<---	CAact	.983	.060	16.355	***	
CAact4	<---	CAact	.971	.064	15.278	***	
BAp3	<---	BAp	1.000				
BAp2	<---	BAp	1.026	.052	19.609	***	
BAp1	<---	BAp	.991	.051	19.611	***	
PI1	<---	PI	1.000				
PI2	<---	PI	.985	.053	18.514	***	

Covariances: (Group number 1 - Default model)

			Estimate	S.E.	C.R.	P	Label
e12	<-->	e13	.439	.077	5.675	***	
e4	<-->	e10	.159	.040	3.943	***	
e6	<-->	e9	.093	.038	2.446	.014	

또한 3차 수정모형의 적합도는 [그림 12.34]와 같이 $\chi^2=54.823$(d.f.=37, p =.030), NFI=.973, CFI=.991, RMSEA=.048(.016~.074)로 나타났다. 2차 수정모형과 3차 수정모형에 대한 χ^2 차이검증을 실시한 결과, 3차 수정모형은 2차 수정모형보다 자유도는 1이 작았으나 χ^2 값은 큰 폭으로 감소하였다($\Delta\chi^2=6.288 > \chi^2_{.05}(1)=3.84$, Δd.f.=1). 추가적으로, 수정모형의 NFI=.973, CFI=.991로 각각의 지수는 초기모형의 해당지수보다 높고, RMSEA=.048로 낮다. 따라서 3차 수정모형은 2차 수정모형보다 우수한 모형이라고 할 수 있다.

[그림 12.35]에 제시된 3차 수정모형의 수정지수를 보면 공분산 설정을 통한 적합도 개선이 가능하다. 그러나 공분산 설정조건을 고려하면 추가적인 공분산 설정이 불가능하다. 따라서 3차 수정모형은 congru, CAact, BAp, 그리고 PI의 잠재요인으로 구성된 최적모형이라고 할 수 있다.[7]

7 본서는 AMOS 매뉴얼로서 '기술적으로(technically)' 최적모형을 찾는 방법의 한 가지로 공분산을 설정하는 방법을 예시하였다. 이러한 방법은 IBM社의 AMOS 공식 매뉴얼(IBM SPSS AMOS User's Guide)에도 소개되어 있다. 그러나 constructs 간의 인과관계를 설정할 때 그 이론적 근거가 있어야 하듯이 오차항들 간에 공분산을 설정할 때도 이론적 근거가 있어야 한다. 적절한 근거 없이 공분산을

그림 12.34 3차 수정모형의 적합도

Amos Output

finding-4.amw
- Analysis Summary
- Notes for Group
- Variable Summary
- Parameter Summary
- Notes for Model
- Estimates
- Modification Indices
- Model Fit
- Execution Time

Group number 1

Model Fit Summary

CMIN

Model	NPAR	CMIN	DF	P	CMIN/DF
Default model	29	54.823	37	.030	1.482
Saturated model	66	.000	0		
Independence model	11	2008.334	55	.000	36.515

RMR, GFI

Model	RMR	GFI	AGFI	PGFI
Default model	.068	.955	.919	.535
Saturated model	.000	1.000		
Independence model	.993	.219	.063	.182

Baseline Comparisons

Model	NFI Delta1	RFI rho1	IFI Delta2	TLI rho2	CFI
Default model	.973	.959	.991	.986	.991
Saturated model	1.000		1.000		1.000
Independence model	.000	.000	.000	.000	.000

Parsimony-Adjusted Measures

Model	PRATIO	PNFI	PCFI
Default model	.673	.654	.667
Saturated model	.000	.000	.000
Independence model	1.000	.000	.000

NCP

Model	NCP	LO 90	HI 90
Default model	17.823	1.880	41.733
Saturated model	.000	.000	.000
Independence model	1953.334	1810.551	2103.474

FMIN

Model	FMIN	F0	LO 90	HI 90
Default model	.265	.086	.009	.202
Saturated model	.000	.000	.000	.000
Independence model	9.702	9.436	8.747	10.162

RMSEA

Model	RMSEA	LO 90	HI 90	PCLOSE
Default model	.048	.016	.074	.516
Independence model	.414	.399	.430	.000

AIC

Model	AIC	BCC	BIC	CAIC
Default model	112.823	116.392	209.611	238.611
Saturated model	132.000	140.123	352.278	418.278
Independence model	2030.334	2031.687	2067.046	2078.046

ECVI

Model	ECVI	LO 90	HI 90	MECVI
Default model	.545	.468	.661	.562
Saturated model	.638	.638	.638	.677
Independence model	9.808	9.119	10.534	9.815

HOELTER

Model	HOELTER .05	HOELTER .01
Default model	198	227
Independence model	8	9

그림 12.35 3차 수정모형의 수정지수

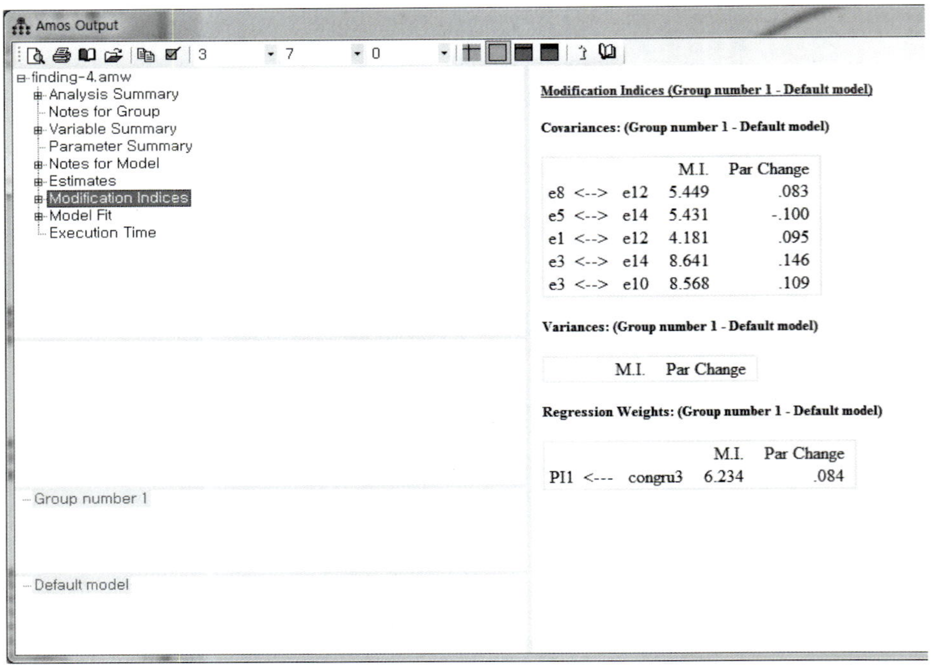

설정하여 적합도를 높이는 것은 결코 바람직하지 않다. 모형은 현실을 설명하는 데 목적이 있으며 적합도를 높이는 데 목적이 있지 않기 때문이다.

제 13 장

조절효과 분석 – 집단 간 비교

- **13.1** 조절효과의 예제
- **13.2** 조절효과의 분석
- **13.3** 조절효과 분석결과으 해석

두 변수 간의 인과관계의 크기가 제 3의 변수의 크기 혹은 특성 등에 의해 달라질 때 그 제 3의 변수는 두 변수 간의 관계를 조절한다고 하고, 이를 **조절변수**(moderating variable; moderator)라고 한다. 조절효과를 검증하는 방법에는 여러 가지가 있는데, 구조모형 분석에서는 집단 간 비교방법을 흔히 사용한다. **집단 간 비교**는 여러 집단 간 비교도 가능하지만 본 장에서는 두 집단 간 비교방법을 설명한다. 여러 집단 간 비교의 경우에도 본 장에서 설명하는 방법을 응용하면 된다. 또한 본 장에서는 한 개 경로에 대한 집단 간 비교를 설명하는데, 두 개 이상의 경로에 대한 집단 간 비교의 경우는 한 개 경로에 대한 집단 간 비교를 응용하여 각각의 경로에 대해 동일한 방법을 사용하면 된다.

13.1 조절효과의 예제

[그림 11.1]의 연구모형에서는 CAact가 BAp에 正(+)의 영향을 미치는 것으로 제시되어 있다. 그런데 연구자는 논리적 근거를 토대로, CAact가 BAp에 미치는 영향력은 브랜드 지식수준이 높을수록 더 클 것으로 생각한다. 따라서 다음과 같이 가설을 설정한다.

H: CAact가 BAp에 미치는 영향력은 브랜드 지식수준이 높을수록 클 것이다.

이러한 가설을 연구모형에 제시한 것은 [그림 13.1]과 같다.

그림 13.1 CAact → BAp 관계에서 브랜드 지식수준의 조절역할에 관한 연구모형

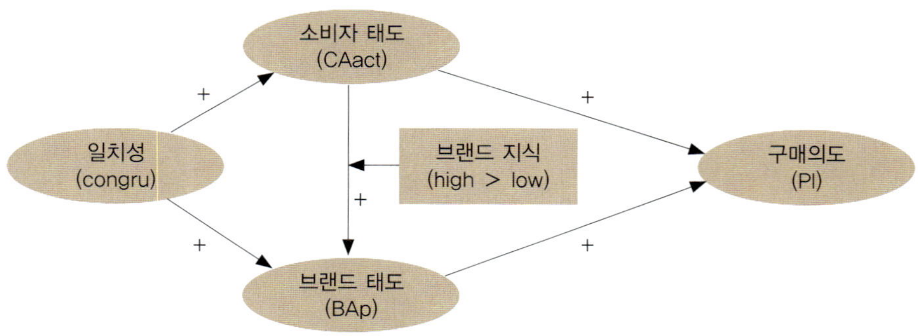

13.2 조절효과의 분석

1. 집단분류

집단 간 비교를 통해 constructs 간 관계에서 조절효과를 검증하기 위해서는 먼저 조절변수값을 기준으로 집단을 분류해야 한다. 본 예제에서는 CAact → BAp 관계에서 브랜드 지식의 조절변수 역할을 검증하고자 하므로 브랜드 지식이 높은 집단과 낮은 집단으로 분류한다. 브랜드 지식은 다음과 같이 7점 척도로 측정하였다.

"귀하는 ○○○ 브랜드에 대해 어느 정도 알고 계십니까?"
– 잘 알지 못한다(0) / 잘 안다(6)

집단분류를 위해서는 조절변수의 **평균**(mean), **중앙값**(median) 등을 사용할 수 있는데 본 예제에서는 평균을 사용한다. 브랜드 지식의 평균을 사용하여 집단을 분류하는 방법은 다음과 같다.

① '10-ex1.sav' 파일에서 〈표 13.1〉과 같이 브랜드 지식에 대한 평균값을 구한다.

표 13.1 브랜드 지식에 대한 평균값

	N	최소값	최대값	평균	표준편차
bk	208	.00	6.00	3.1298	1.44379
유효수(목록별)	208				

② '10-ex1.sav'파일을 브랜드 지식에 대한 평균값을 기준으로 브랜드 지식이 높은 집단과 낮은 집단으로 나눈다. 각 집단의 파일명을 'highbk.sav'와 'lowbk.sav'로 하여 저장한다.

2. 분석방법

Constructs 간의 관계에서 **조절변수의 효과**를 분석하기 위해서는 이론적으로 두 번의 구조모형 분석을 실시해야 한다. 하나는 해당 constructs 간의 관계를 free로 한 모형(**Free 모형**)의 분석이며, 다른 하나는 그 constructs 간 관계의 크기가 동일하다는 제약을 설정한 모형이다(**제약모형**). 그러나 AMOS에서는 Free 모형과 제약모형을 한 번에 분석하여 모델비교(model comparisons)를 통해 조절효과를 검증할 수 있다. 이하에서는 이에 대해 설명한다.

조절효과 검증을 위해서는 다음의 분석절차를 따른다.

(1) 분석집단의 지정

① 먼저 'SEM-over.amw' 파일을 불러온다.

② 메뉴 바 [File]의 [Save As...]에서 'moderating-bk.amw'라는 다른 이름으로 저장하면 [그림 13.2]와 같이 된다.

그림 13.2 브랜드 지식의 조절효과를 분석하기 위한 모형

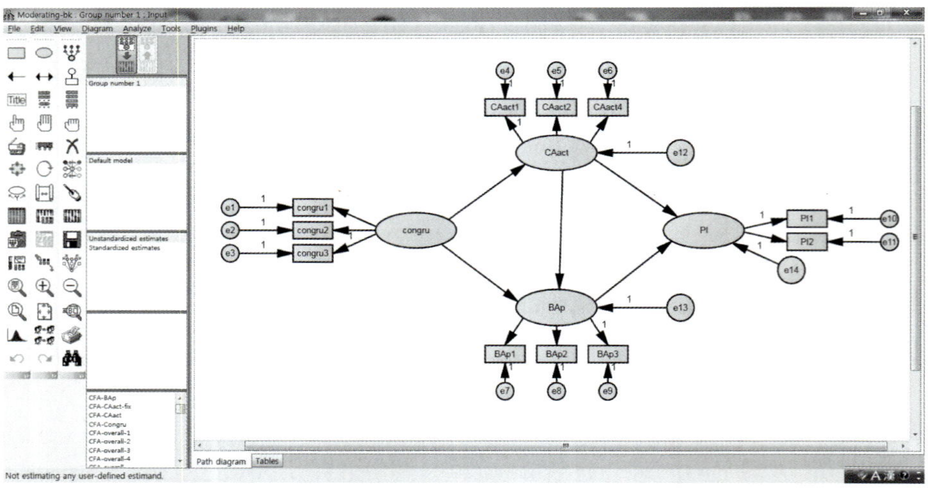

③ 상태표시란에서 'Group number 1' 부분을 클릭하면, [그림 13.3]과 같은 그룹관리 대화상자가 나타난다.

그림 13.3 **그룹관리 대화상자**

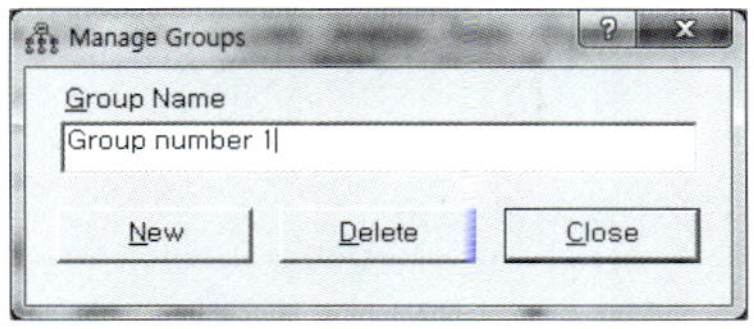

④ 그룹관리 대화상자에서 [New]를 클릭한다. 그러면 [그림 13.4]와 같이 그룹관리 대화상자에 'Group number 2'가 나타나며, 상태표시란에는 두 개의 그룹이 만들어진 상태가 표시된다. 이어서 그룹관리 대화상자를 닫는다.

그림 13.4 **두 개의 그룹이 만들어진 모습**

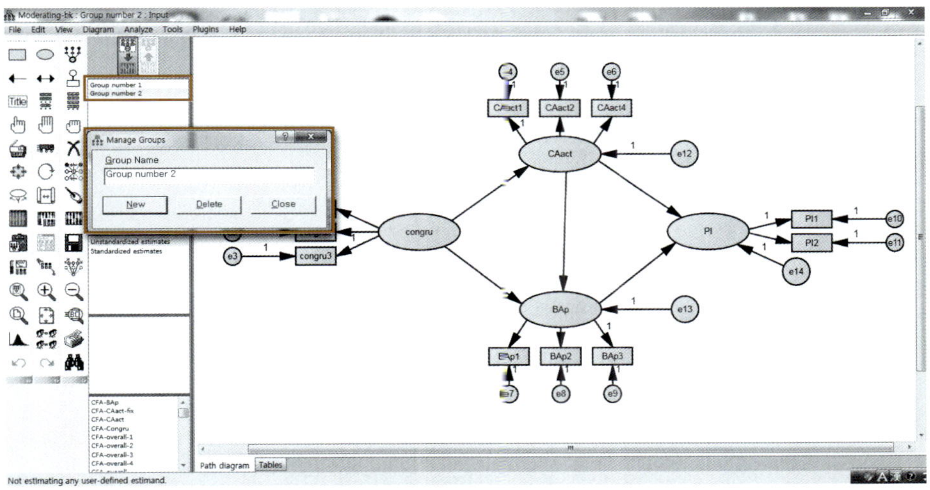

⑤ 상태표시란의 'Group number 1'을 클릭하면 다시 그룹관리 대화상자가 나타나는데, 'Group number 1'이라고 표시된 곳에 [그림 13.5]와 같이 'high bk'를 입

그림 13.5 **그룹명칭 부여**

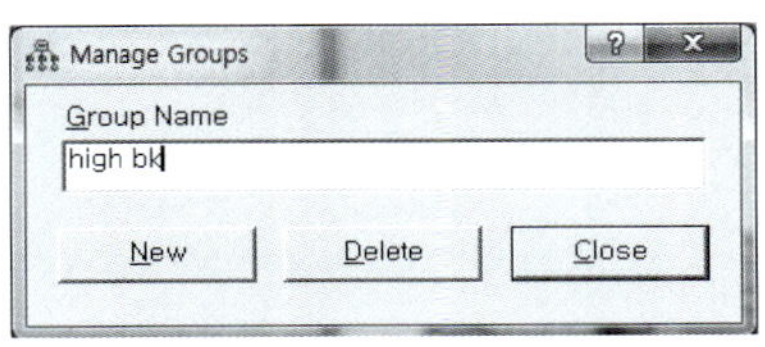

력한다.

⑥ 동일한 방법으로 'Group number 2'에는 'low bk'를 입력한다. 이에 따라 [그림 13.6]과 같이 상태표시란에 각 집단의 명칭이 표시된다.

그림 13.6 각 집단의 명칭이 제시된 모습

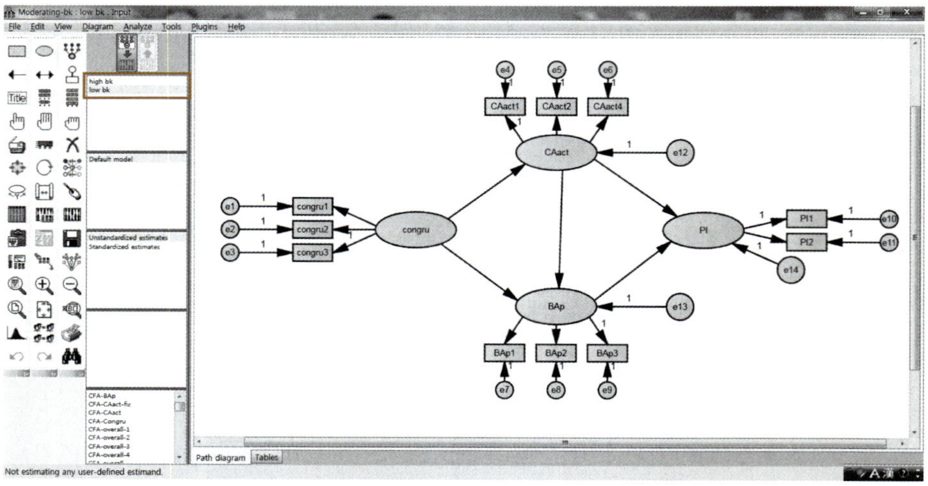

⑦ 메뉴 바 [File]의 [Data Files...]를 클릭하면 'Data Files' 대화상자가 나타난다. 'Data Files' 대화상자에서 'high bk'에 'highbk.sav'파일을, 'low bk'에 'lowbk.sav'파일을 입력하면 [그림 13.7]과 같이 된다. 이후 'Data Files' 대화상자의 [OK]를 클릭한다.

그림 13.7 Data Files 대화상자에서 분석파일을 지정한 모습

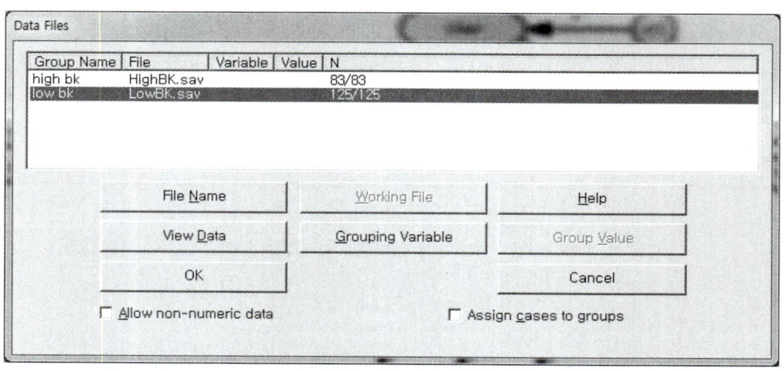

(2) 경로의 설정

① [그림 13.6]에서 [그림 13.8]과 같이 'high bk'를 선택한다.

그림 13.8 'high bk' 집단의 선택

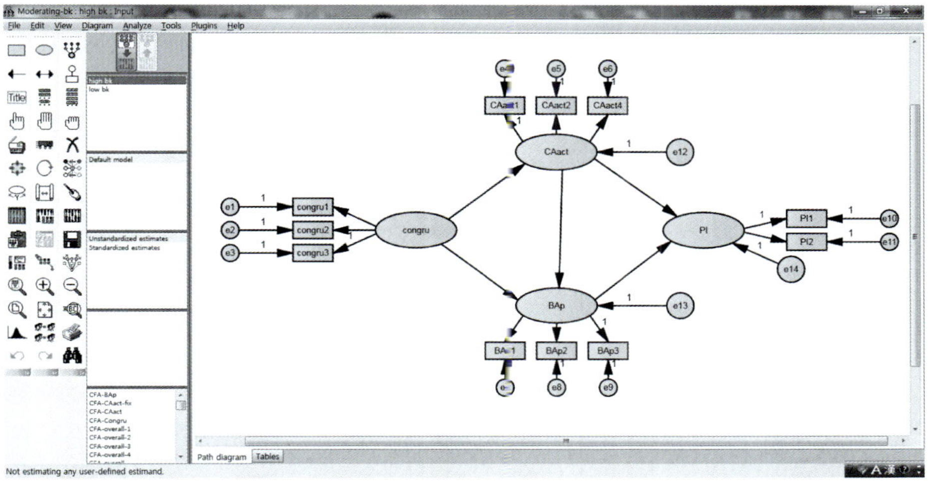

② [그림 13.8]의 CAact → BAp 경로 위에서 마우스 오른쪽을 클릭한 후(이때 클릭하면 선택한 경로가 빨간색으로 표시됨) [Object Properties...]를 선택한다. 'Object Properties' 대화상자의 [Parameters] 탭에서 'Regression weight'에 임의의 문자를 입력하는데, 본 예에서는 [그림 13.9]와 같이 'a'를 입력한다.

그림 13.9 'high bk' 집단의 CAact→BAp 경로계수에 임의의 문자를 입력한 모습

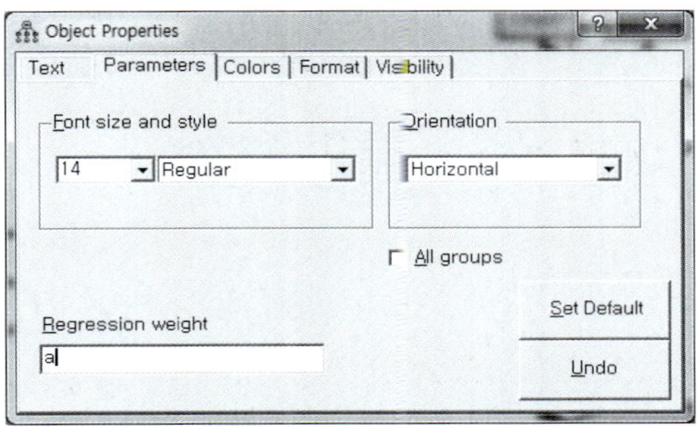

③ 이에 따라 [그림 13.10]과 같이 경로도형 상에 경로계수가 지정된 모습이 나타난다.

그림 13.10　'high bk' 집단의 경로도형 상에 경로계수가 지정된 모습

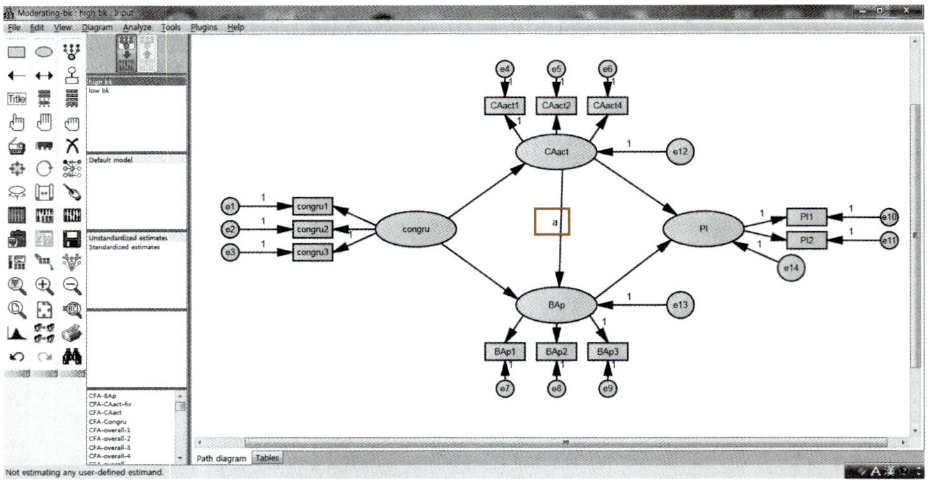

④ [그림 13.10]의 상태표시란에서 'low bk'를 클릭하면, [그림 13.11]과 같은 경로도형이 나타난다.

그림 13.11　'low bk' 집단의 경로도형

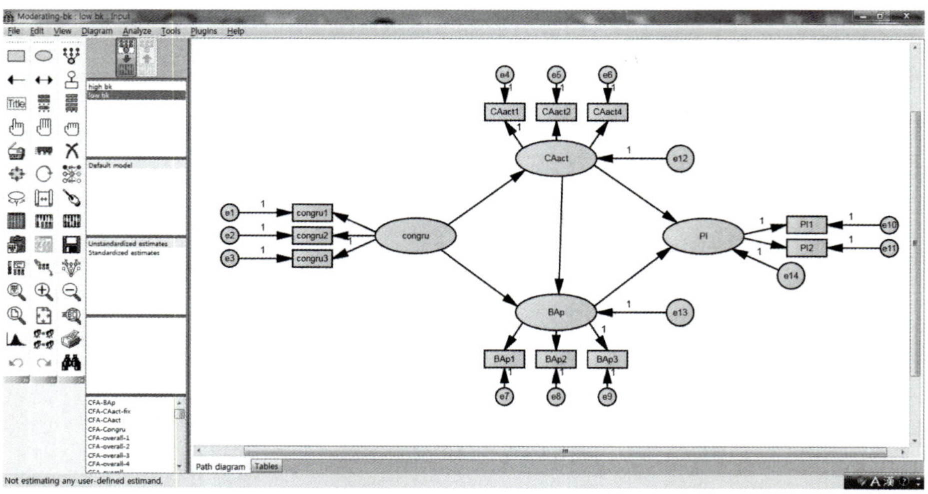

⑤ [그림 13.11]의 low bk 집단 경로도형 상에는 CAact → BAp 경로에 값이 지정되지 않았다. 따라서 위의 ②~③ 절차와 같이 경로계수값을 지정한다. 그런데 **low bk 집단의 경로계수값을 지정할 때에는 반드시 high bk 집단의 경로계수값과는 다른 값을 지정해야만 한다.** 본 예에서는 [그림 13.12]와 같이 'b'로 지정한다.

그림 13.12 'low bk' 집단 경로도형에 경로계수가 지정된 모습

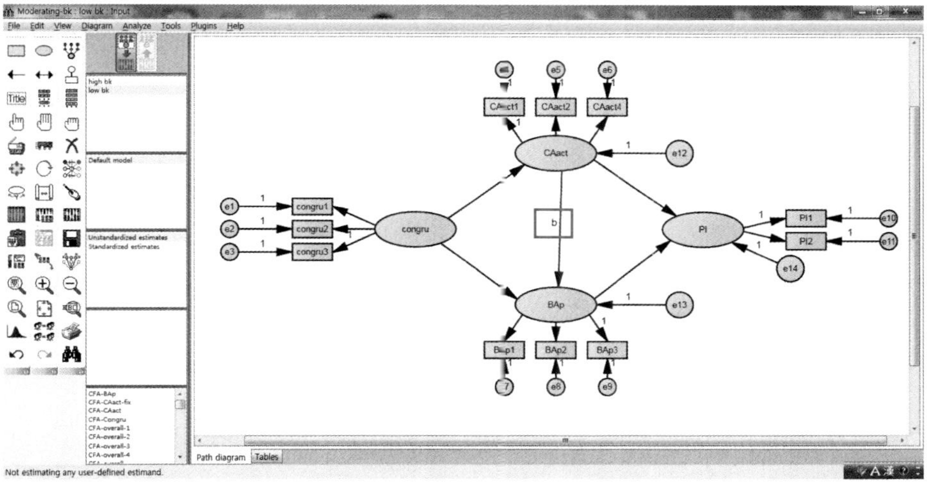

(3) Free 모형과 제약모형의 설정

① [그림 13.12]의 상태표시란에서 'Defau t model'을 더블 클릭하면 Manage Models 대화상자가 나타난다. Manage Models 대화상자에서 [그림 13.13]과 같이 [Model Name]에 'free 모형'을 입력한다.

그림 13.13 Free 모형의 설정

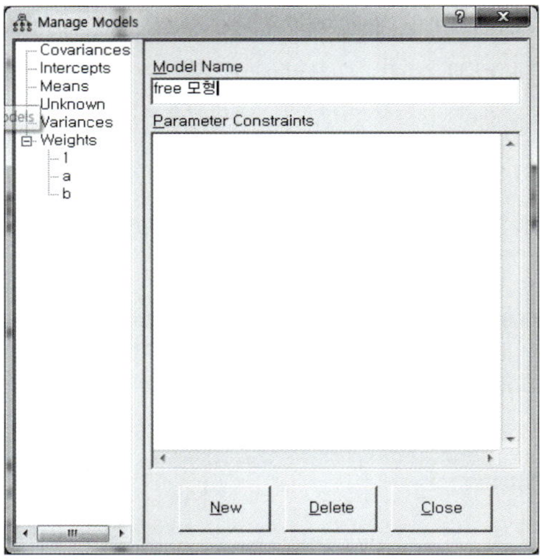

② [그림 13.13]에서 'New'를 클릭하면 'Model Number 2'가 생성된다. [Model Name]에 [그림 13.14]와 같이 제약모형을 입력한다.

그림 13.14 제약모형의 설정

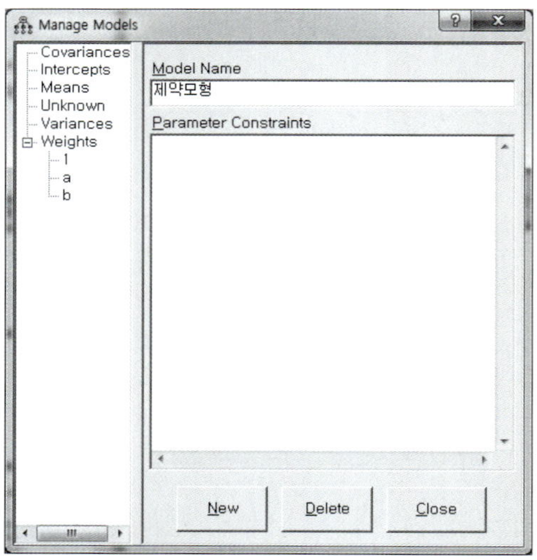

③ [그림 13.14]의 'Parameter Constraints'에 [그림 13.15]와 같이 경로계수 'a'와 'b'가 동일하다는 제약을 입력한다.

그림 13.15 경로계수의 제약

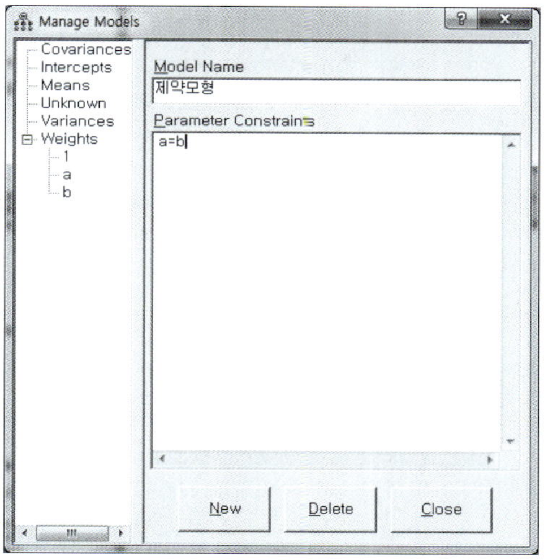

④ [그림 13.15]에서 Close를 클릭한다.

⑤ 아이콘을 클릭하여 분석을 실시한다.

13.3 조절효과 분석결과의 해석

CAact → BAp 경로에서 브랜드 지식의 조절효과를 확인하기 위해서는 다음의 내용들을 고려한다.

1. 조절효과의 방향성

본 예제의 가설에서는 CAact가 BAp에 미치는 영향력의 크기가 브랜드 지식수준이 높을수록 더 클 것으로 설정되어 있다. 따라서 high bk 집단에서의 CAact→BAp 경로계수가 low bk 집단의 경로계수보다 커야 한다. **Free 모형**의 분석결과, [그림 13.16]과 같이 high bk 집단에서의 CAact→BAp 경로계수값(Estimate=.697; C.R.=4.560, $p<.001$)이 low bk 집단의 그 경로계수값(Estimate=.616; C.R.=5.618, $p<.001$)보다 크게 나타났다.

그림 13.16 Free 모형에서 high bk 집단과 low bk 집단의 CAact→BAp 경로계수값

high bk 집단

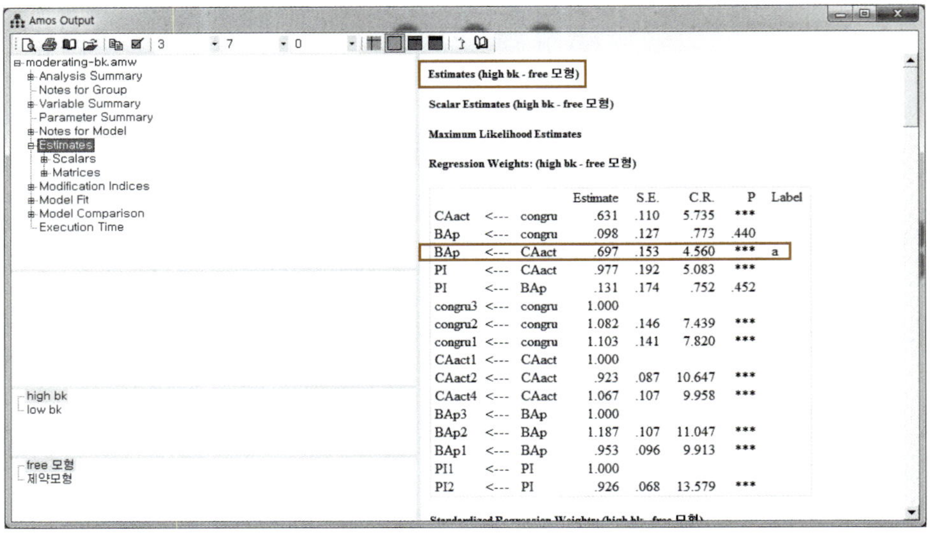

			Estimate	S.E.	C.R.	P	Label
CAact	<---	congru	.631	.110	5.735	***	
BAp	<---	congru	.098	.127	.773	.440	
BAp	<---	CAact	.697	.153	4.560	***	a
PI	<---	CAact	.977	.192	5.083	***	
PI	<---	BAp	.131	.174	.752	.452	
congru3	<---	congru	1.000				
congru2	<---	congru	1.082	.146	7.439	***	
congru1	<---	congru	1.103	.141	7.820	***	
CAact1	<---	CAact	1.000				
CAact2	<---	CAact	.923	.087	10.647	***	
CAact4	<---	CAact	1.067	.107	9.958	***	
BAp3	<---	BAp	1.000				
BAp2	<---	BAp	1.187	.107	11.047	***	
BAp1	<---	BAp	.953	.096	9.913	***	
PI1	<---	PI	1.000				
PI2	<---	PI	.926	.068	13.579	***	

low bk 집단

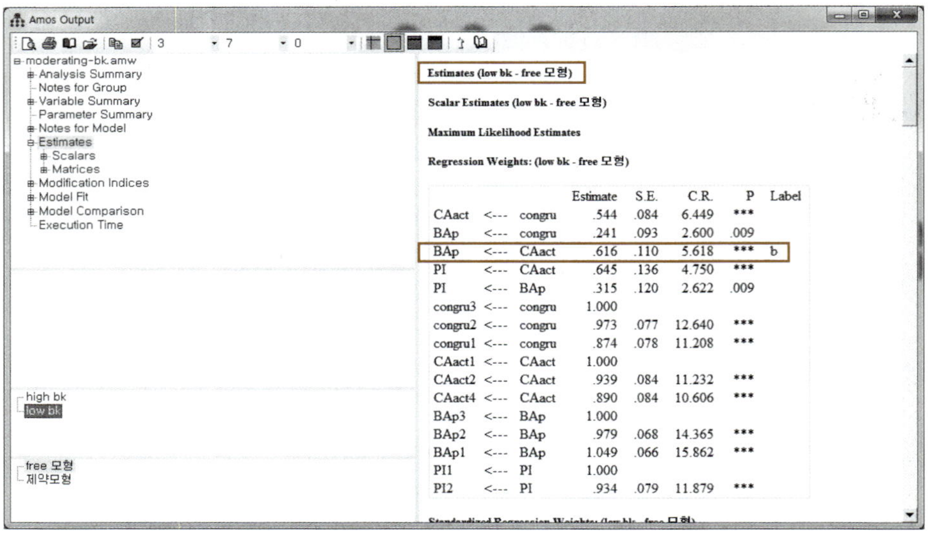

			Estimate	S.E.	C.R.	P	Label
CAact	<---	congru	.544	.084	6.449	***	
BAp	<---	congru	.241	.093	2.600	.009	
BAp	<---	CAact	.616	.110	5.618	***	b
PI	<---	CAact	.645	.136	4.750	***	
PI	<---	BAp	.315	.120	2.622	.009	
congru3	<---	congru	1.000				
congru2	<---	congru	.973	.077	12.640	***	
congru1	<---	congru	.874	.078	11.208	***	
CAact1	<---	CAact	1.000				
CAact2	<---	CAact	.939	.084	11.232	***	
CAact4	<---	CAact	.890	.084	10.606	***	
BAp3	<---	BAp	1.000				
BAp2	<---	BAp	.979	.068	14.365	***	
BAp1	<---	BAp	1.049	.066	15.862	***	
PI1	<---	PI	1.000				
PI2	<---	PI	.934	.079	11.879	***	

[그림 13.16]에 제시된 것과 같이 브랜드 지식이 높은 집단이 낮은 집단보다 해당 경로계수가 크게 나타나(high bk: .697 > low bk: .616) 가설과 방향적으로 일치하였다.

2. Free 모형과 제약모형의 χ^2 차이검증

본 예제의 가설이 지지되기 위해서는 먼저 조절효과의 방향성이 가설과 같아야 하는데, 분석결과 조절효과의 방향성은 가설과 일치하였다. 다음으로는 Free 모형과 제약모형에 대해 χ^2 차이검증을 실시해야 한다. 가설이 지지되기 위해서는 Free 모형이 제약모형보다 우수한 것으로 나타나야 한다. 본 예제의 분석결과 Free 모형과 제약모형의 χ^2 적합도는 [그림 13.17]과 같다.

그림 13.17 Free 모형과 제약모형의 χ^2 적합도

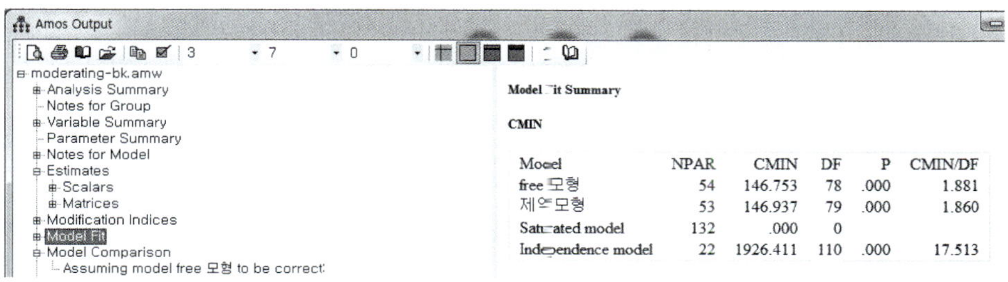

Model	NPAR	CMIN	DF	P	CMIN/DF
free 모형	54	146.753	78	.000	1.881
제약모형	53	146.937	79	.000	1.860
Saturated model	132	.000	0		
Independence model	22	1926.411	110	.000	17.513

조절효과 확인을 위한 집단 간 비교분석에서는 분석을 위한 데이터로 두 집단의 파일이 입력된다. 따라서 constructs 간 경로계수값은 [그림 13.16]에서와 같이 집단별로 각각 계산이 된다. 그러나 적합도는 [그림 13.17]과 같이 하나의 값만이 제시된다는 점이 중요한 특징이다. Free 모형의 분석결과, χ^2=146.753, d.f.=78, p=.000으로 나타났으며, 제약모형의 분석결과, χ^2=146.937, d.f.=79, p=.000으로 나타났다. 제약모형의 경우 Free 모형에 비해 자유도가 1이 큰데 이는 high bk 집단과 low bk 집단의 CAact → BAp 경로가 동일하다는 제약을 설정하여 추정모수가 한 개 줄었기 때문이다.

Free 모형과 제약모형을 비교하여 보면, Free 모형의 경우 제약모형보다 χ^2 값이 .184 작지만 자유도가 1이 작다. 이는 [그림 13.18]과 같이 AMOS Output의 Model Comparison에서 확인할 수 있다. 그러나 Free 모형의 경우 자유도 감소를 만회할 만큼 χ^2 값이 충분히 감소하지 않았기 때문에 Free 모형보다는 제약모형이 보다 우수한 것으로 볼 수 있다($\Delta\chi^2=.184 < \chi^2_{.05}(1)=3.84$). 따라서 CAact→BAp 경로에서 브랜드 지식의 조절효과는 유의적이지 않았다.

그림 13.18 Model Comparison

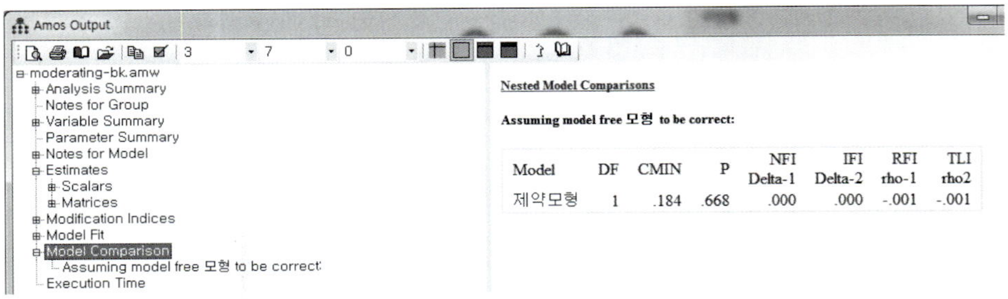

3. 조절효과에 대한 결론

두 constructs 간의 관계에서 특정 변수가 조절하는 것으로 결론내리기 위해서는 (1) 조절효과의 방향성이 가설과 일치하여야 하고, (2) Free 모형과 제약모형과의 χ^2 적합도 비교에서 Free 모형이 우수한 것으로 나타나야 한다. 본 예제에서는 CAact → BAp 관계에서 브랜드 지식의 조절효과를 분석하였다. 집단 간 비교방법을 통해 조절효과를 확인한 결과, (1) 조절효과의 방향성은 가설과 일치하였으나, (2) Free 모형보다 제약모형이 우수한 것으로 나타났다. 따라서 그 경로의 계수는 다르다고 할 수 없으며 "CAact가 BAp에 미치는 영향력은 브랜드 지식수준이 높을수록 클 것이다"라는 가설은 지지되지 않았다.

제 14 장

형성적 지표와 단일항목값의 분석

- **14.1** 형성적 지표모형의 분석
- **14.2** Heywood case의 처리
- **14.3** 단일항목값의 분석

구조모형 분석에서 전형적인 측정변수는 반영적 지표이지만 경우에 따라서는 형성적 지표를 사용하기도 한다. 형성적 지표를 사용하는 경우, 구조모형이 identification되기 위해서는 여러 가지 요건이 필요하다. 본 장에서는 형성적 지표를 사용하는 경우와 단일항목을 사용하는 경우의 구조모형 분석에 대해 설명한다.

14.1 형성적 지표모형의 분석

구조모형 분석에서 전형적 측정변수인 **반영적 지표**(reflective indicators)는 측정변수가 construct의 실제 값을 반영한다는 의미를 가지며, [그림 5.1]과 같이 경로를 construct에서 측정변수의 방향으로 그린다. 이에 비해 **형성적 지표**(formative indicators)는 측정변수가 construct의 값을 결정한다는 의미를 가지며, 경로를 측정변수에서 construct의 방향으로 그린다. 형성적 지표의 construct가 포함된 구조모형을 분석하는 경우, 모형의 **identification**이 매우 중요한데 제 5 장에서 설명한 것과 같이 다음의 조건이 필요하다.

① 형성적 지표 construct로부터는 두 개의 경로(화살표)가 나가야 한다(emit).
② 만약 한 개의 경로만 나가면 해당 construct의 오차항의 분산을 '0'으로 지정한다.
③ 반영적 지표와는 달리 형성적 지표에는 오차항을 설정하지 않는다. 그 대신 형성적 지표 construct에 오차항을 설정한다.
④ 모든 construct의 형성적 지표들 간에 공분산을 설정한다.
⑤ 반영적 지표 construct와 마찬가지로 형성적 지표 construct의 지표들 중 한 개의 계수에 대해 '1'을 지정한다.
⑥ 모든 constructs와 오차항 간의 관계에 계수 '1'을 지정한다.

이하에서는 형성적 지표를 사용한 여러 가지 예시와 이의 분석에 대해 설명한다. 특히 형성적 지표를 사용한 구조모형을 분석하는 경우, 모형의 identification이 매우 중요하므로 이를 중심으로 설명하며, 제시되는 예의 모형적합도, 경로계수 등은 설명하지 않는다.

1. MIMIC 모형

한 construct가 복수의 형성적 지표와 복수의 반영적 지표를 갖는 모형을 **MIMIC 모형**(multiple indicators and multiple causes model)이라 한다. 예를 들어, 세 개의 형성지표(F1, F2, F3)와 두 개의 반영지표(R1, R2)로 구성된 construct를 측정모형 수준에서 분석하기 위해서는 다음의 절차를 따른다.

① [그림 14.1]과 같은 경로도형을 작성하고, formative-1.amw'라는 파일명으로 저장한다.

그림 14.1 MIMIC 모형의 경로도형

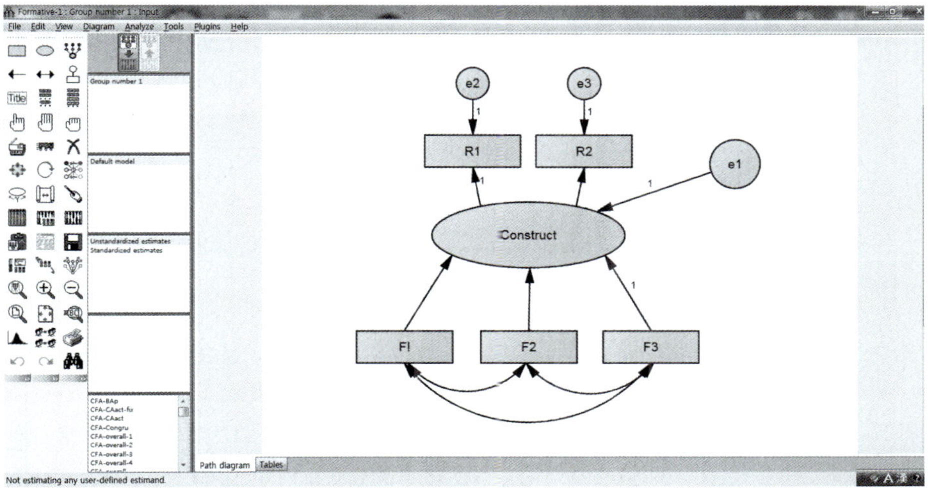

☞ 이 모형은 단일 construct 모형이기 때문에 다른 construct로 경로가 나갈 수 없다. 그러나 **두 개의 반영적 지표**를 설정하여 모형 identification의 중요한 요건을 충족시켰다. 반영적 지표들에는 오차항이 설정되었지만 형성적 지표들에는 오차항이 설정되지 않았다. 그 대신 construct에 오차항 e1이 설정되었는데, 이는 F1, F2, F3가 construct를 설명하지 못하는 부분이다. Construct의 형성적 지표 세 개와 반영적 지표 두 개 중 각각 한 개의 계수에 '1'을 지정하고, 또한 반영적 지표와 오차항 간의 관계에 모두 계수 '1'을 지정하였다. 끝으로, 모든 형성적 지표들 간에 공분산이 설정되었다.

② 분석에 사용할 데이터 파일로 '14-ex1.sav'를 지정한다.

③ 분석을 실시한다.

이에 따라 [그림 14.2]와 같이 모형의 identification이 된다.

그림 14.2 MIMIC 모형의 identification이 된 모습

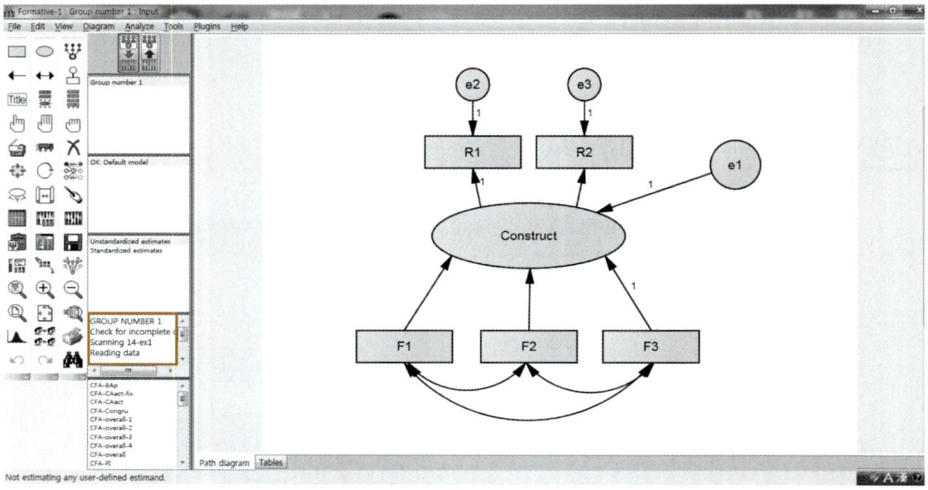

2. 형성적 지표 construct에서 한 개의 경로만 나가는 경우

형성적 지표 construct에서 하나의 경로만 나가는 경우도 분석할 수 있다. 예를 들어, 세 개의 형성지표(F1, F2, F3)와 하나의 반영지표(R1)로 구성된 construct를 측정모형 수준에서 분석하기 위해서는 다음의 절차를 따른다.

① [그림 14.3]과 같은 경로도형을 작성하고, 'formative-2.amw'라는 파일명으로 저장한다.

☞ 이 모형은 형성적 지표 construct로부터 한 개의 경로가 반영적 지표로 나가는 것으로 설정되어 있다. 이 경우 모형의 identification을 위해 **오차항 e1의 분산을 '0'으로 지정한다.**

그림 14.3 형성적 지표 construct에서 한 개의 경로만 나가는 경우의 경로도형

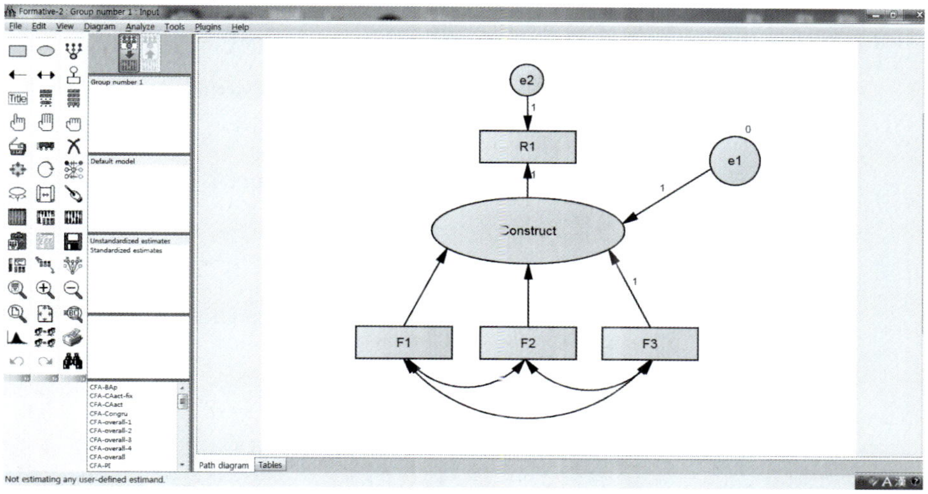

② 분석에 사용할 데이터 파일로 '14-ex1.sav'를 지정한다.

③ 분석을 실시한다.

이에 따라 [그림 14.4]와 같이 모형의 identification이 된다.

그림 14.4 한 개의 경로만 나가는 경우의 분석에서 identification이 된 모습

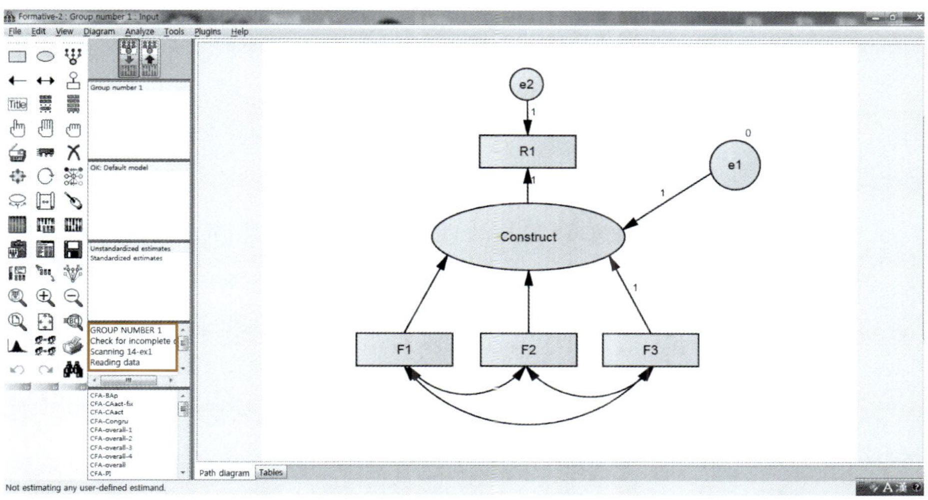

3. 형성지표 construct(한 개)와 반영지표 construct(한 개)로 구성된 모형

다음은 형성지표 construct와 반영지표 construct로 구성된 모형을 분석하는 것을 예시한다. 예를 들어, 세 개의 형성지표(AF1, AF2, AF3)를 갖는 construct A와 두 개의 반영지표(BR1, BR2)를 갖는 construct B의 인과관계를 분석하기 위해서는 다음의 절차를 따른다.

① [그림 14.5]와 같은 경로도형을 작성하고, 'formative-3.amw'라는 파일명으로 저장한다.

그림 14.5 형성지표 construct와 반영지표 construct로 구성된 모형의 경로도형

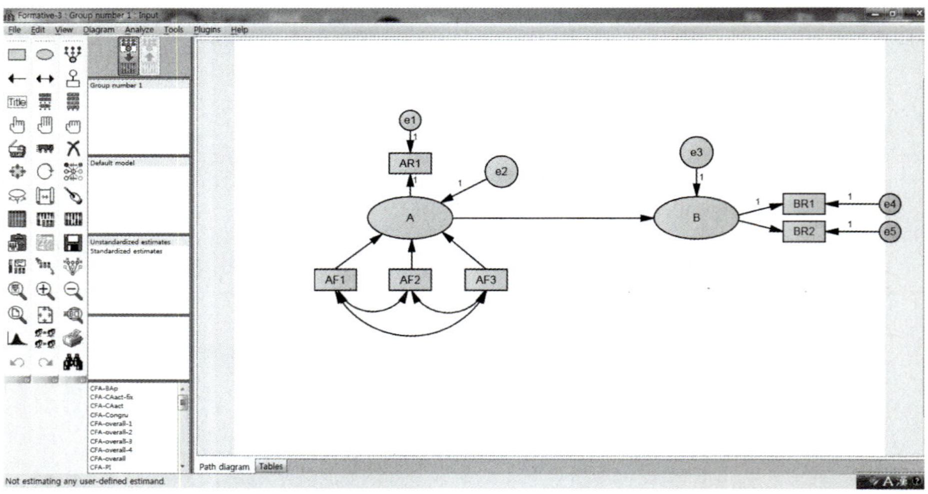

☞ 이 모형은 형성적 지표의 construct와 반영적 지표의 construct로 구성되었다. 이 경우 construct A에서 반영적 지표 AR1과 construct B로 각각 한 개씩, 두 개의 경로가 나가므로 오차항 e2의 분산을 '0'으로 설정하지 않았다.

② 분석에 사용할 데이터 파일로 '14-ex2.sav'를 지정한다.

③ 분석을 실시한다.

이에 따라 [그림 14.6]과 같이 모형의 identification이 된다.

그림 14.6 형성지표 construct와 반영지표 construct로 구성된 모형에서 identification이 된 모습

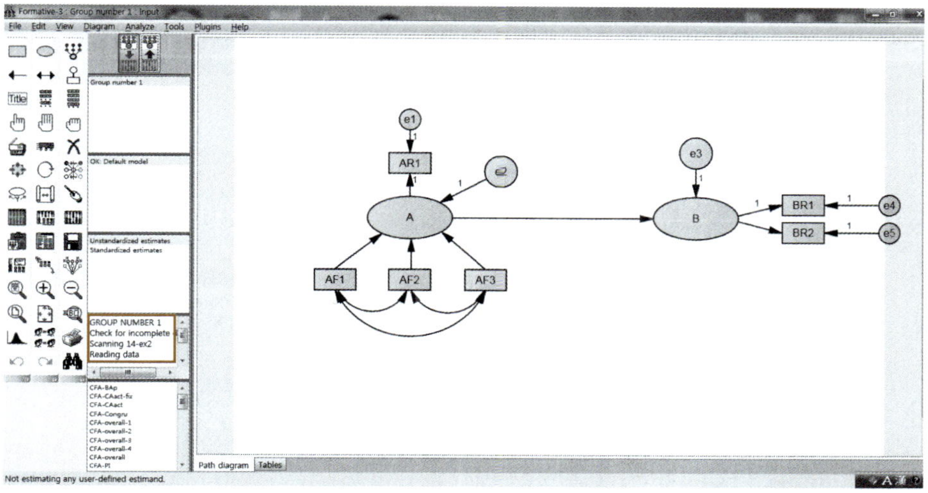

4. 형성지표 constructs(두 개 이상)과 반영지표 constructs(두 개 이상)로 구성된 모형

다음은 형성지표 constructs가 두 개 ㅇ 상이고 반영지표 constructs가 두 개 이상인 모형을 분석하는 것을 예시한다. 예를 들어, [그림 14.7]과 같은 연구모형을 분석한다고 가정하자.

그림 14.7 복수의 형성지표 constructs와 복수의 반영지표 constructs로 구성된 연구모형

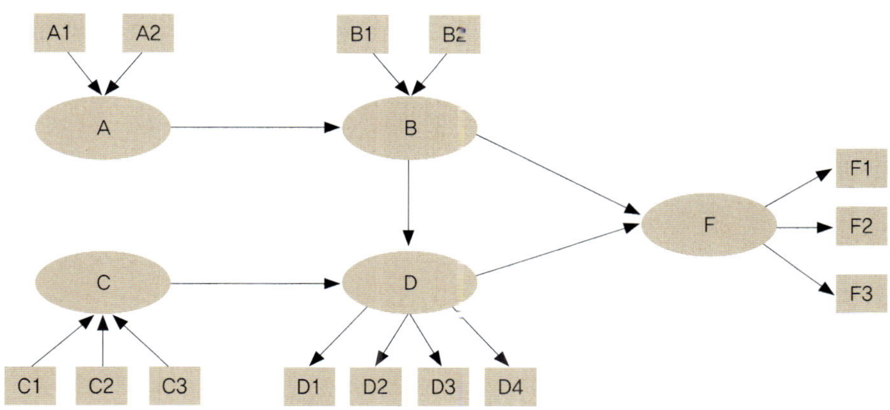

이 모형 중 A, B, C는 형성지표 constructs이며, D와 F는 반영지표 constructs이다. 이 모형을 분석하기 위해서는 다음의 절차를 따른다.

① [그림 14.8]과 같은 경로도형을 작성하고, 'formative-4.amw'라는 파일명으로 저장한다.

그림 14.8　복수의 형성지표 constructs와 복수의 반영지표 constructs로 구성된 모형의 경로도형

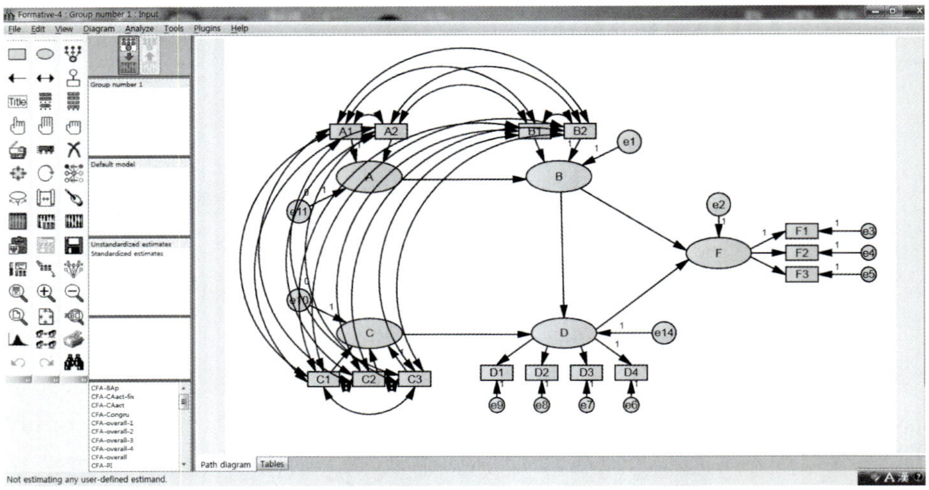

☞ 이 모형에서 A와 C는 외생 construct이지만 형성적 지표들로 측정되므로 오차항을 설정하였다.

☞ Construct B로부터는 두 개의 경로가 나가지만 A와 C로부터는 각각 한 개의 경로만 나간다. 이러한 이유로 e10과 e11의 분산을 '0'으로 지정하였다.

☞ 일반적인 구조방정식 모형의 경우에 외생 constructs 간에 공분산을 설정하는 것처럼 이 모형의 경우 형성적 지표들인 A1, A2, B1, B2, C1, C2, C3 간에 모두 공분산을 설정하였다. 그런데 연구자가 직접 공분산을 설정할 경우 누락할 가능성이 있으므로 모든 형성지표들을 선택한 후 메뉴 바의 [Plugins]에 있는 [Draw Covariances]를 이용하여 공분산을 설정하는 것이 바람직하다.

② 분석에 사용할 데이터 파일로 '14-ex3.sav'를 지정한다.

③ 분석을 실시한다.

이에 따라 [그림 14.9]와 같이 모형의 identification이 된다.

그림 14.9 **복수의 형성지표 constructs와 복수의 반영지표 constructs로 구성된 모형이 identification된 모습**

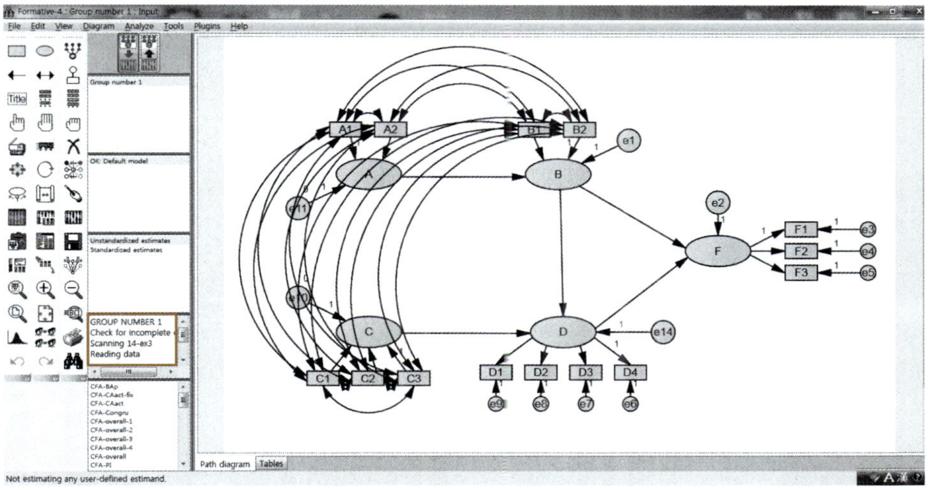

14.2 Heywood case의 처리

앞에서 제시한 바와 같이 [그림 14.9]의 모형 분석결과 identification이 되었다. 그런데 분석결과 Output의 Estimates를 보면 [그림 14.10]에서와 같이 e1의 분산이 음수로 나타났다. 이와 같이 오차분산이 음수로 나타나는 경우를 **Heywood case**라고 한다.

Heywood case는 측정변수의 오류가 0보다 작다는 의미로서 통계적 상식에 맞지 않으며, 이 경우 구조모형 분석결과는 부적절한 solution을 산출할 수 있다. Heywood case 문제를 해결하는 방법은 그 오차분산을 '0'에 가까운 매우 작은 값으로 고정하거나 그 문제와 관련된 항목을 제거하는 것이다. 본 예에서는 오차분산을 '0'에 가까운 값으로 고정하는 방법을 사용하여 문제를 해결하는데 그 절차는 다음과 같다.

① 'formative-4.amw'를 불러와서 이를 'heywood.amw'라는 이름으로 저장한다.
② 경로도형의 e1 위치에서 마우스 오른쪽을 클릭한 후 'Object Properties'를 선택

그림 14.10 e1의 분산이 음수로 나타난 모습

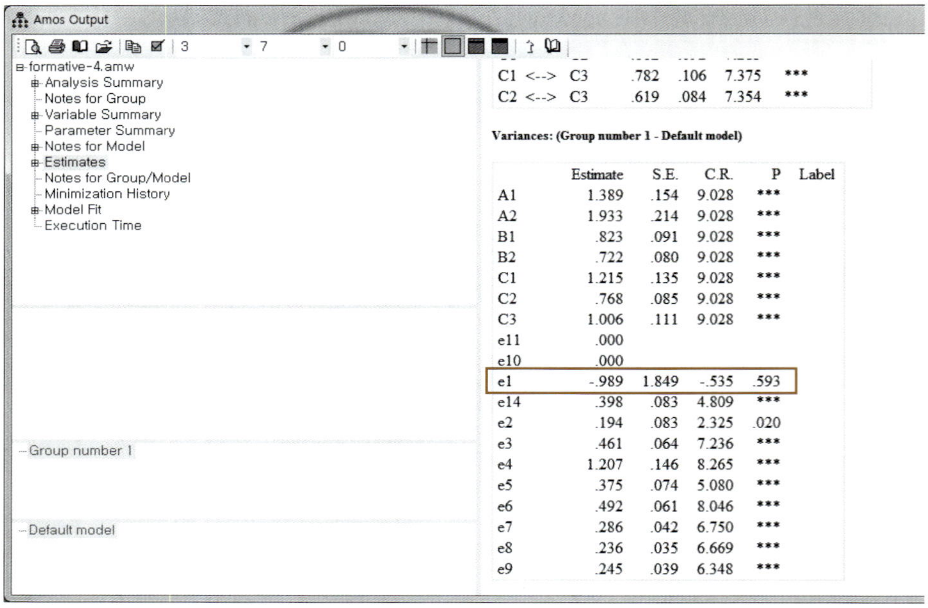

C1 <--> C3	.782	.106	7.375	***	
C2 <--> C3	.619	.084	7.354	***	

Variances: (Group number 1 - Default model)

	Estimate	S.E.	C.R.	P	Label
A1	1.389	.154	9.028	***	
A2	1.933	.214	9.028	***	
B1	.823	.091	9.028	***	
B2	.722	.080	9.028	***	
C1	1.215	.135	9.028	***	
C2	.768	.085	9.028	***	
C3	1.006	.111	9.028	***	
e11	.000				
e10	.000				
e1	-.989	1.849	-.535	.593	
e14	.398	.083	4.809	***	
e2	.194	.083	2.325	.020	
e3	.461	.064	7.236	***	
e4	1.207	.146	8.265	***	
e5	.375	.074	5.080	***	
e6	.492	.061	8.046	***	
e7	.286	.042	6.750	***	
e8	.236	.035	6.669	***	
e9	.245	.039	6.348	***	

한다.

③ 'Object Properties' 대화상자 [Parameters] 탭의 [Variances]에 .005를 입력하면 [그림 14.11]과 같이 된다.

그림 14.11 Heywood case의 처리 – e1의 분산값을 고정한 모습

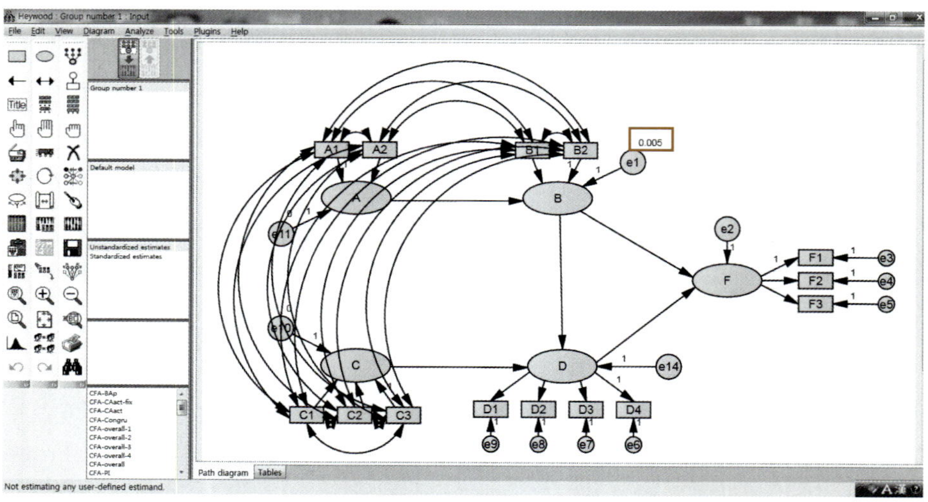

④ 분석에 사용할 데이터 파일로 '14-ex3.sav'를 지정한다.
⑤ 분석을 실시한다.

이후 Output의 Estimates를 확인하면 [그림 14.12]와 같이 e1의 분산이 .005로 고정되어 Heywood case가 해결된 것을 알 수 있다.

그림 14.12 Heywood case가 해결된 모습

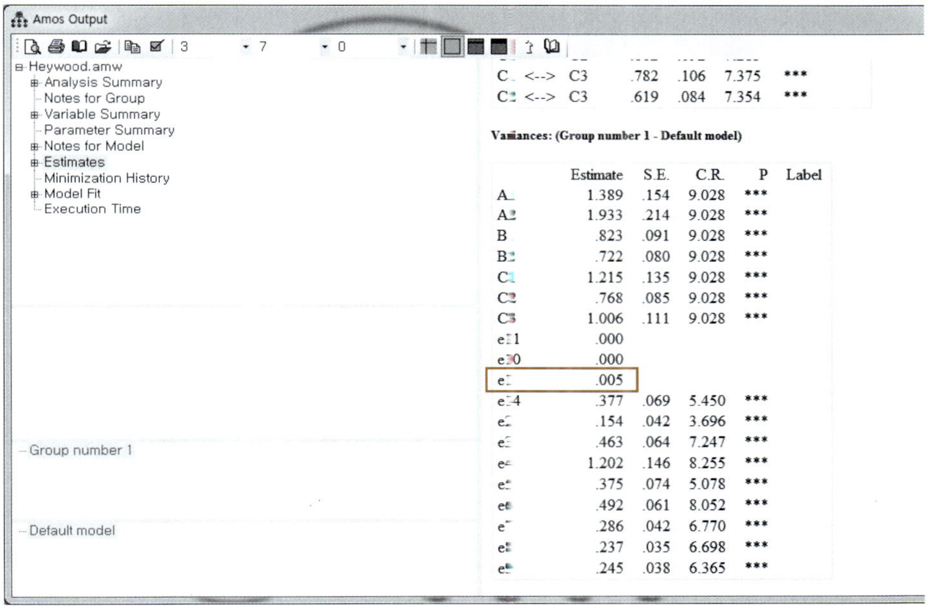

	Estimate	S.E.	C.R.	P	Label
A1	1.389	.154	9.028	***	
A2	1.933	.214	9.028	***	
B	.823	.091	9.028	***	
B2	.722	.080	9.028	***	
C1	1.215	.135	9.028	***	
C2	.768	.085	9.028	***	
C3	1.006	.111	9.028	***	
e11	.000				
e10	.000				
e1	.005				
e14	.377	.069	5.450	***	
e2	.154	.042	3.696	***	
e3	.463	.064	7.247	***	
e4	1.202	.146	8.255	***	
e5	.375	.074	5.078	***	
e6	.492	.061	8.052	***	
e7	.286	.042	6.770	***	
e8	.237	.035	6.698	***	
e9	.245	.038	6.365	***	

14.3 단일항목값의 분석

구조모형의 분석에서는 대개의 경우 각 construct를 다항목으로 측정하여 그 값들을 그대로 사용한다. 그러나 다항목으로 측정한 값을 단일항목값으로 변환하거나 원래 단일항목으로 측정하는 경우도 있다. 이하에서는 단일항목값을 사용하여 분석하는 경우를 설명한다.

1. 다항목을 단일항목으로 변환

표본의 크기가 작은 경우 측정변수의 수를 줄이기 위한 방법으로 각 construct별로 다항목으로 측정한 값들을 통합하거나 평균하여 사용할 수 있다. 제11장에서는 [그림 11.1]의 연구모형을 분석하기 위해 다항목으로 측정한 값을 사용하였다. 이하에서는 다항목으로 측정한 값을 단일항목으로 변환하여 분석하는 절차에 대해 설명한다. **단일항목**으로 변환하여 분석을 실시하기 위해서는 다음의 절차를 따른다.

① '10-ex1.sav' 파일을 열고, '14-ex4.sav'라는 이름으로 저장한다.

② [그림 14.13]과 같이 각 construct별로 분석에 사용한 측정변수들의 평균값을 새로운 변수로 만든다. 여기서 mcongru는 congru1, congru2, congru3의 평균이며, mCAact는 CAact1, CAact2, CAact4의 평균이다. 또한 mBAp는 BAp1, BAp2, BAp3의 평균이며, mPI는 PI1, PI2의 평균이다.

그림 14.13 Construct별 측정변수의 평균값을 계산한 모습

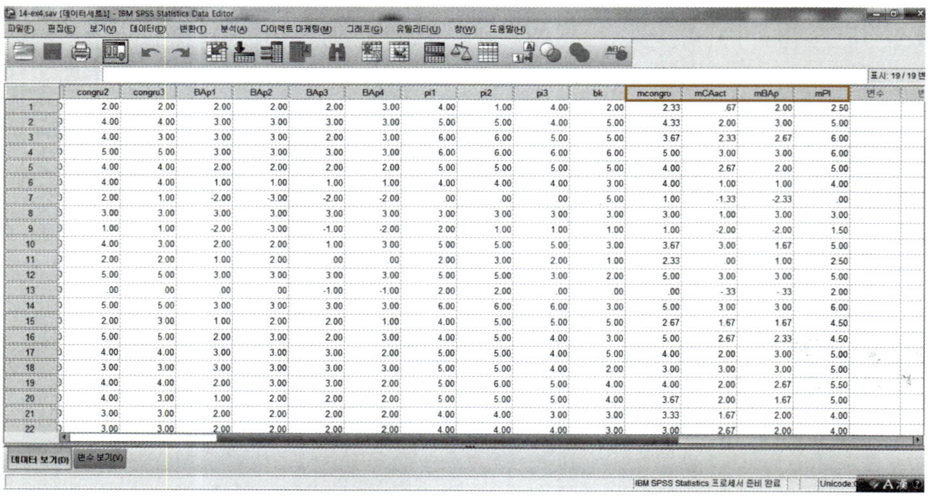

	congru2	congru3	BAp1	BAp2	BAp3	BAp4	pi1	pi2	pi3	bk	mcongru	mCAact	mBAp	mPI
1	2.00	2.00	2.00	2.00	2.00	3.00	4.00	1.00	4.00	2.00	2.33	.67	2.00	2.50
2	4.00	4.00	3.00	3.00	3.00	3.00	5.00	5.00	4.00	5.00	4.33	2.00	3.00	5.00
3	4.00	3.00	3.00	3.00	2.00	3.00	6.00	6.00	5.00	5.00	3.67	2.33	2.67	6.00
4	5.00	5.00	3.00	3.00	3.00	3.00	6.00	6.00	6.00	6.00	5.00	3.00	3.00	6.00
5	4.00	4.00	2.00	2.00	2.00	2.00	5.00	5.00	5.00	5.00	4.00	2.67	2.00	5.00
6	4.00	4.00	1.00	1.00	1.00	1.00	4.00	4.00	4.00	3.00	4.00	1.00	1.00	4.00
7	2.00	1.00	-2.00	-3.00	-2.00	-2.00	.00	.00	.00	5.00	1.00	-1.33	-2.33	.00
8	3.00	3.00	3.00	3.00	3.00	3.00	3.00	3.00	3.00	3.00	3.00	1.00	3.00	3.00
9	1.00	1.00	-2.00	-3.00	-1.00	-2.00	2.00	1.00	1.00	1.00	1.00	-2.00	-2.00	1.50
10	4.00	3.00	2.00	2.00	1.00	3.00	5.00	5.00	5.00	3.00	3.67	3.00	1.67	5.00
11	2.00	2.00	1.00	2.00	.00	.00	2.00	3.00	2.00	1.00	2.33	.00	1.00	2.50
12	5.00	5.00	3.00	3.00	3.00	3.00	5.00	5.00	3.00	2.00	5.00	3.00	3.00	5.00
13	.00	.00	.00	.00	-1.00	-1.00	2.00	2.00	.00	.00	.00	-.33	-.33	2.00
14	5.00	5.00	3.00	3.00	3.00	3.00	6.00	6.00	6.00	3.00	5.00	3.00	3.00	6.00
15	2.00	3.00	1.00	2.00	2.00	1.00	4.00	5.00	5.00	5.00	2.67	1.67	1.67	4.50
16	5.00	5.00	2.00	3.00	2.00	3.00	4.00	5.00	4.00	3.00	5.00	2.67	2.33	4.50
17	4.00	4.00	3.00	3.00	3.00	2.00	5.00	5.00	4.00	5.00	4.00	2.00	3.00	5.00
18	3.00	3.00	3.00	3.00	3.00	3.00	5.00	5.00	4.00	2.00	3.00	3.00	3.00	5.00
19	4.00	4.00	2.00	3.00	3.00	2.00	5.00	6.00	5.00	4.00	4.00	2.00	2.67	5.50
20	4.00	3.00	1.00	2.00	2.00	2.00	5.00	5.00	5.00	4.00	3.67	2.00	1.67	5.00
21	3.00	3.00	2.00	2.00	2.00	2.00	4.00	4.00	3.00	3.00	3.33	1.67	2.00	4.00
22	3.00	3.00	2.00	2.00	2.00	2.00	4.00	4.00	4.00	3.00	3.00	2.67	2.00	4.00

③ 각 construct별로 분석에 사용한 측정변수의 **Cronbach's α**를 계산하며, 그 결과는 〈표 14.1〉과 같다.

표 14.1 각 construct별로 분석에 사용한 측정변수의 Cronbach's α

construct	분석에 사용된 변수	Cronbach's α
congru	congru1, congru2, congru3	.892
CAact	CAact1, CAact2, CAact4	.894
BAp	BAp1, BAp2, BAp3	.930
PI	PI1, PI2	.920

④ 측정변수의 Cronbach's α값을 이용하여 〈표 14.2〉와 같이 신뢰도의 제곱근 값과 '1－신뢰도'를 계산한다.

표 14.2 신뢰도의 제곱근 값과 '1-신뢰도'

construct	단일항목 변수	신뢰도의 제곱근 값	1-신뢰도
congru	mcongru	.944	.108
CAact	mCAact	.945	.106
BAp	mBAp	.964	.070
PI	mPI	.959	.080

⑤ [그림 14.14]와 같이 경로도형을 그리고, 'single-1.amw'로 저장한다.

그림 14.14 평균 단일항목값 분석을 위한 경로도형

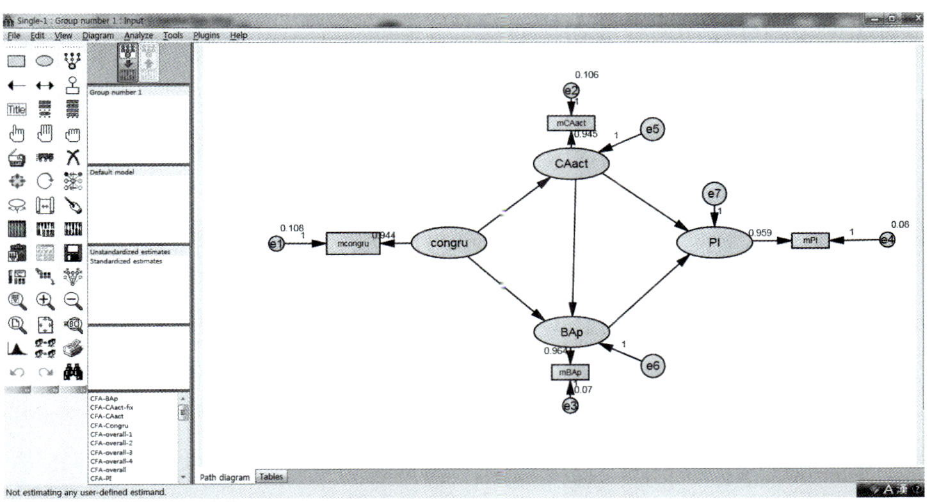

☞ [그림 14.14]의 경로도형에서는 〈표 14.2〉의 자료를 활용하여, construct와 측정변수 간의 관계에는 **신뢰도의 제곱근 값**을 지정하였으며, 해당 오차항의 분산에는 '1−**신뢰도**'를 지정하였다.

⑥ 분석에 사용할 데이터 파일로 '14-ex4.sav'를 지정한다.
⑦ 분석을 실시한다.

이에 따라 [그림 14.15]와 같이 모형의 identification이 되고, 적합도지수와 경로계수가 계산된다.

그림 14.15 **평균 단일항목값을 이용한 분석이 identification된 모습**

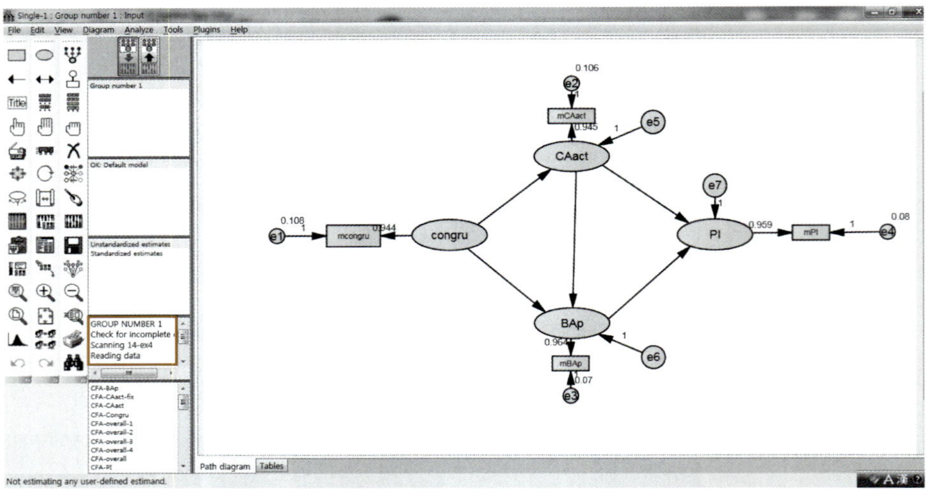

2. 단일값으로 측정한 경우

연구자가 구조모형 분석을 계획하고 construct의 측정변수를 개발할 때 경우에 따라서는 다항목을 개발하는 것이 불가능하여 **단일항목**을 사용할 수도 있다. 그러나 이 경우 Cronbach's α 혹은 construct reliability를 계산할 수 없으므로 신뢰도값은 추정치를 사용할 수밖에 없다. 이하에서는 construct를 단일항목으로 측정하여 분석하는 절차에 대해 설명한다.

[그림 11.1]의 연구모형에서 PI를 단일항목으로 측정하였다고 가정하자. 그리고 다른 construct인 congru는 세 개 항목(congru1, congru2, congru3), CAact는

세 개 항목(CAact1, CAact2, CAact4), BAp는 세 개 항목(BAp1, BAp2, BAp3)으로 측정하였다고 가정하자. 이와 같이 construct를 단일항목으로 측정하여 분석하는 과정은 다음과 같다.

① [그림 14.16]과 같은 경로도형을 작성하고 'single-2.amw'로 저장한다.

그림 14.16 **단일 측정항목 분석을 위한 경로도형**

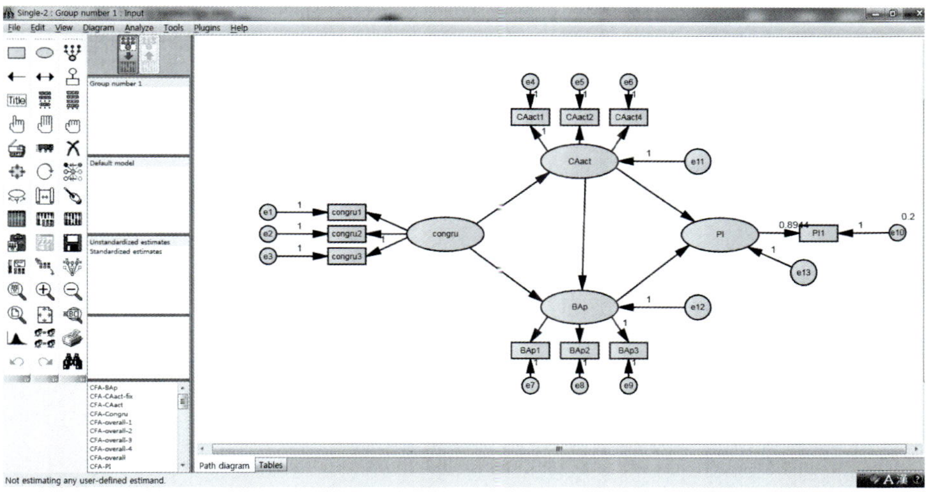

☞ [그림 14.16]의 연구모형에서 construct PI는 단일항목으로 측정하였기 때문에 신뢰도값을 계산할 수 없으며, 이의 추정치로 .8을 사용하였다. 따라서 construct PI와 측정항목 간의 관계에 신뢰도 추정치의 제곱근 값인 .8944를 지정하고, 오차항의 분산에 .2를 지정하였다.

② 분석에 사용할 데이터 파일로 '10-ex1.sav' 파일을 지정한다.
③ 분석을 실시한다.

이에 따라 [그림 14.17]과 같이 모형의 identification이 되고, 적합도지수와 경로계수가 계산된다.

그림 14.17 단일 측정항목을 이용한 분석이 identification된 모습

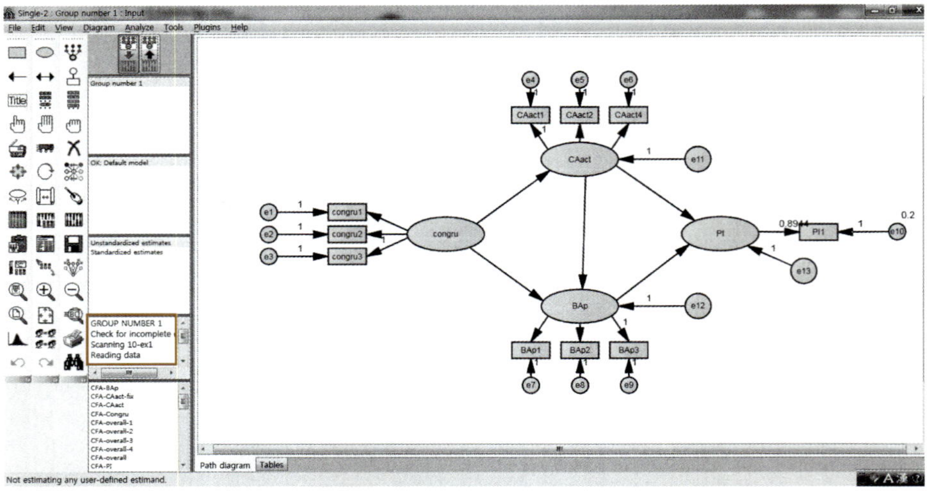

3. 신뢰도를 반영하지 않는 경우

어떤 construct를 다항목으로 측정하여 통합 혹은 평균하거나 단일항목으로 측정하였을 때, 연구자가 신뢰도를 추정할 수 없거나 신뢰도를 반영할 필요가 없다고 생각한다면 경로도형 작성시 해당 construct를 타원으로 설정하는 대신 사

그림 14.18 신뢰도를 반영하지 않는 경우의 경로도형

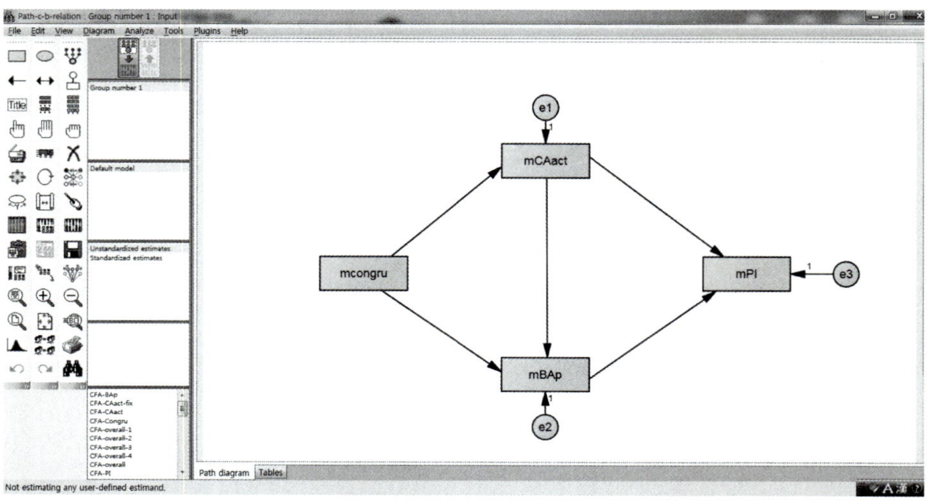

각형으로 설정할 수 있다. 이는 측정변수가 construct의 값을 완벽하게 측정하는 것으로 가정하는 것이다. 예를 들어, [그림 14.14]에서 분석한 모형에서 모든 constructs를 단일항목으로 처리한다면 [그림 14.18]과 같이 모형을 설정하면 된다. 이 경우 각 construct를 단일항목으로 측정하고 측정오류를 고려하지 않으므로 전형적인 경로분석과 동일하다. 이를 위한 분석절차는 다음과 같다.

① [그림 14.18]과 같이 경로도형을 작성하고, 'path-c-b-relation.amw'로 저장한다.
② 데이터 파일로 '14-ex4.sav'를 지정한다.
③ 분석을 실시한다.

분석결과 모형은 identification되었으며, 적합도와 경로계수는 [그림 14.14]에 제시된 모형의 분석결과와 비교할 때 적합도는 조금 낮으며, 경로계수 값은 조금 변화되었지만 큰 차이는 없는 것으로 나타났다. 두 모형의 분석결과는 〈표 14.3〉과 같다.

표 14.3 두 모형의 분석결과

		[그림 14.14]의 분석결과	[그림 14.18]의 분석결과
적합도	χ^2	5.509	8.971
	d.f.	1	1
	p	.019	.003
	NFI	.987	.979
	CFI	.989	.981
	RMSEA	.148(.048~.277)	.196(.094~.323)
경로계수	congru→CAact	.587	.541
	congru→BAp	.194	.228
	CAact→BAp	.665	.604
	CAact→PI	.703	.610
	BAp→PI	.313	.367

제 15 장 Nonrecursive 모형, 종단적 모형 및 Higher-order construct 모형의 분석

- **15.1** Nonrecursive 모형의 분석
- **15.2** 종단적 모형의 분석
- **15.3** Higher-order construct 모형의 분석

구조모형 분석에서는 일반적으로 인과관계의 흐름이 일방향적인 모형(recursive model)을 설정한다. 그러나 현실에서는 인과관계의 흐름이 상호적인 경우가 많이 있다. 본 장에서는 먼저 이와 같이 constructs 간에 서로 영향을 주는 nonrecursive 모형의 분석을 설명하고, 다음으로 서로 다른 시점에서 수집한 자료를 한 모형에서 처리하는 종단적 자료(longitudinal data)의 분석에 대해 설명한다. 끝으로, higher-order construct를 포함하는 구조모형의 분석을 설명한다.

15.1 Nonrecursive 모형의 분석

구조방정식 모형은 recursive 모형과 nonrecursive 모형으로 나눌 수 있다. 일반적인 모형은 **recursive 모형**인데 이는 인과관계(causal effects) 혹은 영향관계가 일방향적인 것이다. 이에 비해 **nonrecursive 모형**은 영향관계가 상호적인 경로가 포함된 것이다.

1. Nonrecursive 모형의 제시

대부분의 연구에서 연구자는 일방향적인 인과관계의 흐름으로 가설을 설정하고 이를 모형화한다. 제11장에서 설정한 연구모형은 이러한 예에 해당한다. 그러나 실제 세계에서는 두 constructs 간에 서로 영향을 주는 상황이 드물지 않으며 필요에 따라 이를 모형화할 수 있다. 이하에서는 nonrecursive 모형의 제시와 이에 대한 분석 및 결과해석에 대해 설명한다. [그림 15.1]에는 recursive 모형과 nonrecursive 모형들이 제시되어 있다.

Recursive 모형은 [그림 15.1]에 제시된 것과 같이 한 construct에서 시작된 경로가 진행하다가 다시 그 construct으로 되돌아오지 않는다. 이에 비해 nonrecursive 모형 1의 경우 CAact와 PI는 서로 직접 영향을 주는 관계로 설정되어 있으며, nonrecursive 모형 2는 CAact→BAp→PI→CAact의 관계로 설정되었는데 이때 CAact는 BAp에 영향을 미치지만 그 영향력은 PI를 거쳐 결국 다시 CAact로 돌아오는 것으로 설정되어 있다. 이처럼 한 construct가 영향을 주는 construct으로부터 간접적으로 영향을 받는 것도 nonrecursive 모형이다.

그림 15.1 Recursive 모형과 Nonrecursive 모형들*

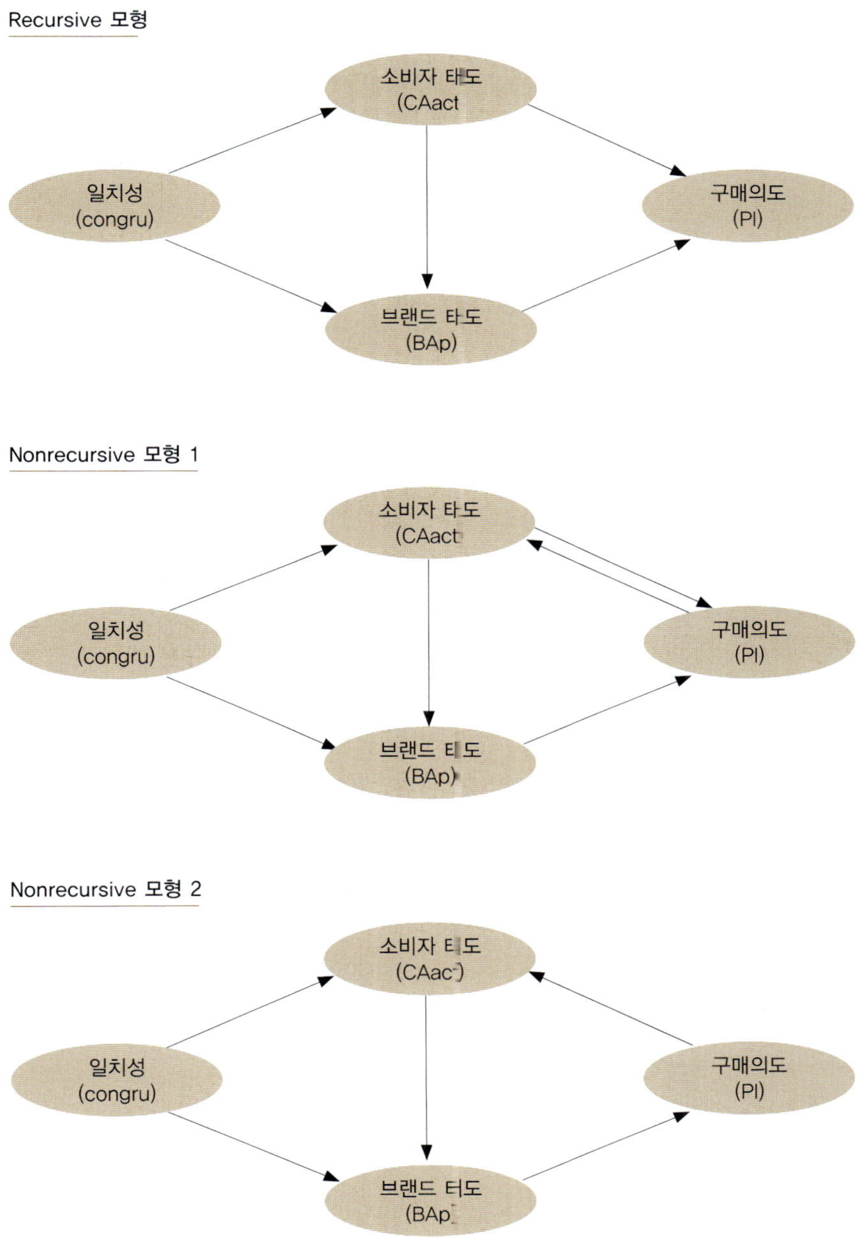

* Recursive 모형과 nonrecursive 모형들에서 모든 constructs 간의 인과관계는 正(+)의 방향임.

2. Nonrecursive 모형의 분석

(1) Nonrecursive 모형 1의 분석

Nonrecursive 모형 1을 분석하기 위해서는 다음의 절차를 따른다.

① Nonrecursive 모형 1을 분석하기 위해 [그림 15.2]와 같은 경로도형을 작성하고 이를 'nonrecursive-1.amw'로 저장한다.

그림 15.2 Nonrecursive 모형 1의 경로도형

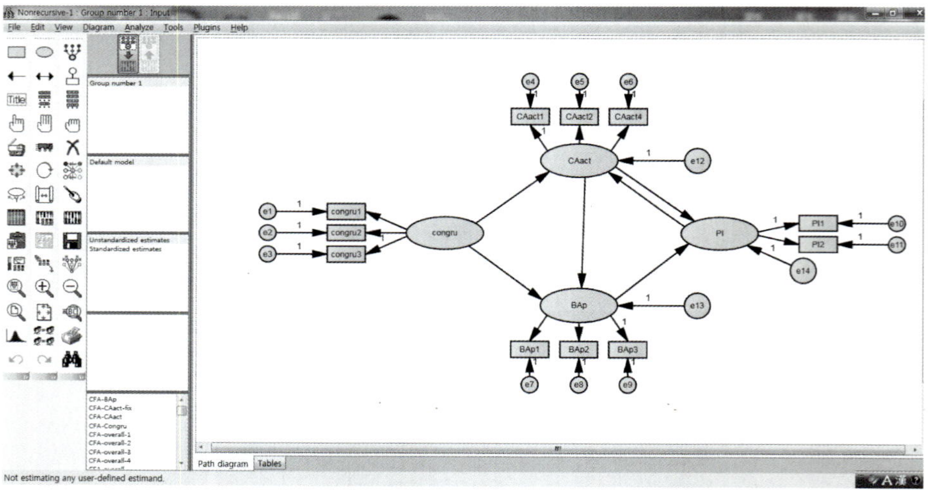

② 분석에 사용할 데이터 파일로 '10-ex1.sav'를 지정한다.
③ 분석을 실시한다.

(2) Nonrecursive 모형 2의 분석

Nonrecursive 모형 2를 분석하기 위해서는 다음의 절차를 따른다.

① 먼저 [그림 15.3]과 같은 경로도형을 작성하고 이를 'nonrecursive-2.amw'로 저장한다.

그림 15.3 Nonrecursive 모형 2의 경로도형

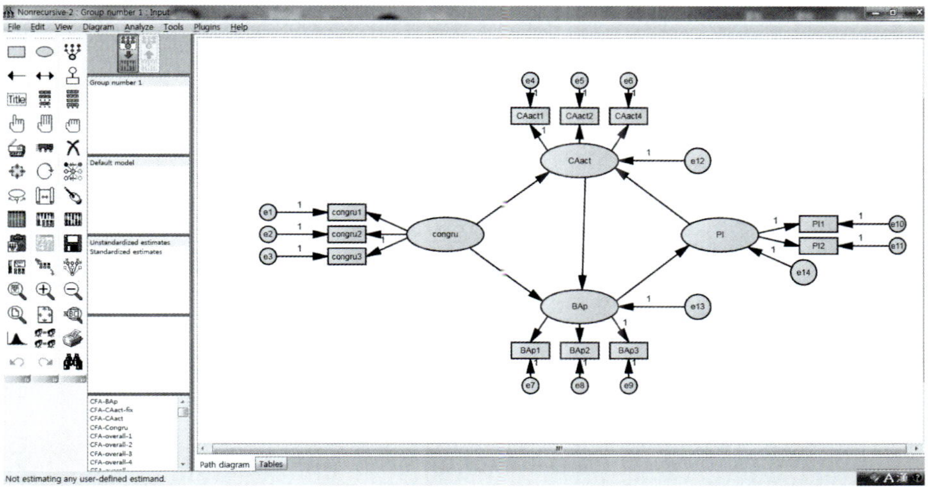

② 분석에 사용할 데이터 파일로 '10-ex1.sav'를 지정한다.

③ 분석을 실시한다.

3. Nonrecursive 모형 분석결과의 해석

(1) Identification

Nonrecursive 모형의 분석결과 nonrecursive 모형 1과 2는 모두 identification되었다. 이는 [그림 15.4], [그림 15.5]의 AMOS Graphics 상태표시란에 'Scanning [데이터파일명]'과 'Reading data' 메시지가 제시된 것에 의해 확인할 수 있다.

그림 15.4 Nonrecursive 모형 1이 identification된 모습

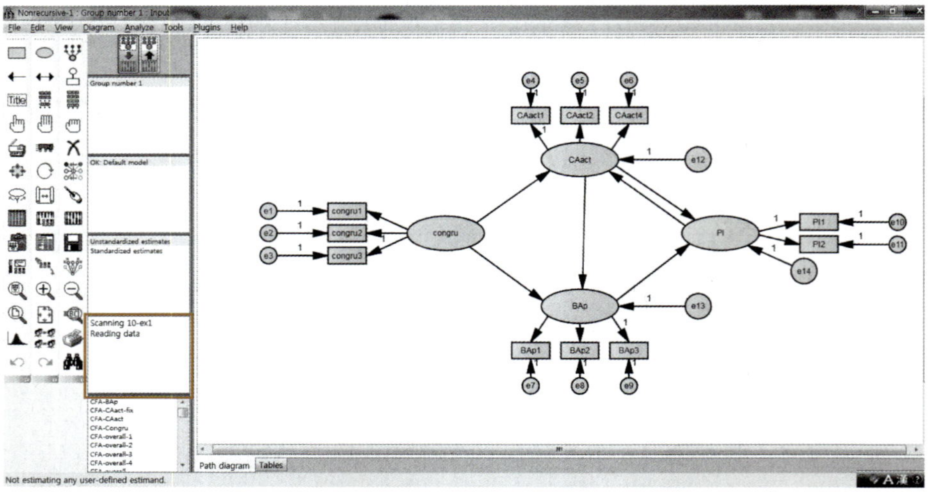

그림 15.5 Nonrecursive 모형 2가 identification된 모습

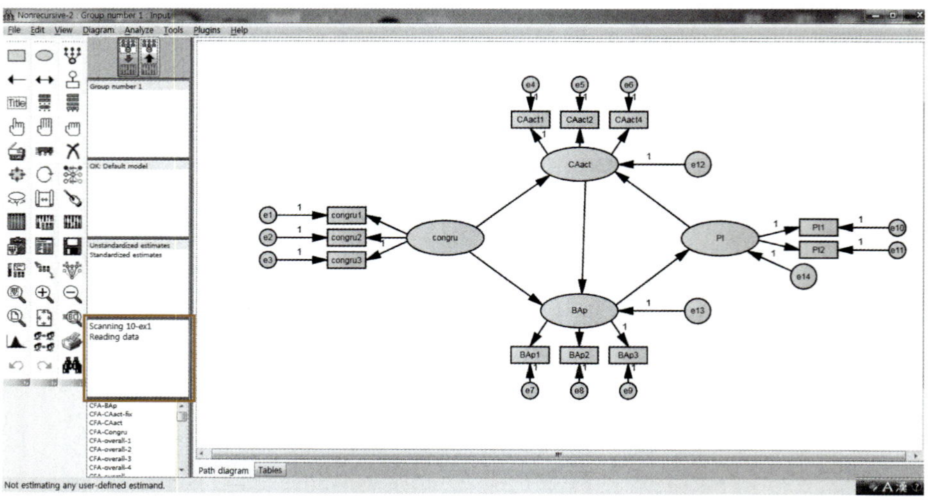

(2) 모형설명과 안정지수

AMOS Output의 [Notes for Group]에는 모형의 특징이 제시된다. [그림 15.6]에는 nonrecursive 모형 1과 2 모두 nonrecursive 모형임이 제시되어 있다.

그림 15.6 Notes for Group의 모형 특징제시

Nonrecursive 모형 1

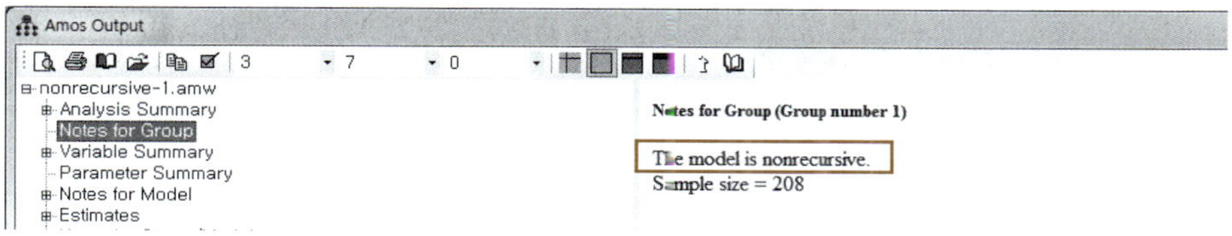

Nonrecursive 모형 2

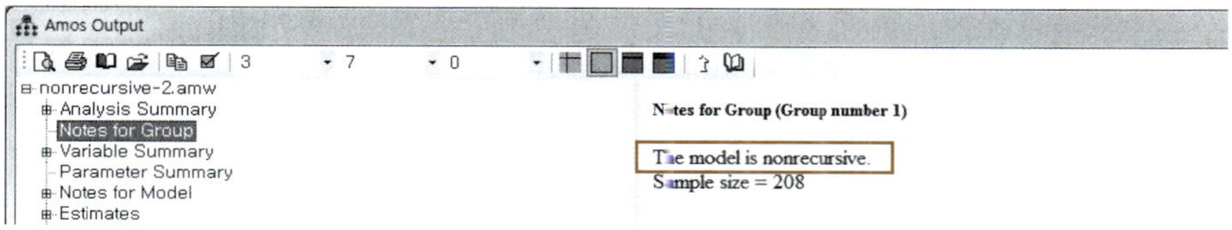

Nonrecursive 모형의 경우 두 constructs 간의 선형적 관계가 안정적 관계로 수렴할 수도 있고 그렇지 않을 수도 있다. 그러므로 nonrecursive 모형에서 선형적 관계는 안정적(stable) 관계와 불안정적(unstable) 관계로 나눌 수 있다.

그림 15.7 Nonrecursive 모형 1과 2의 안정지수

Nonrecursive 모형 1

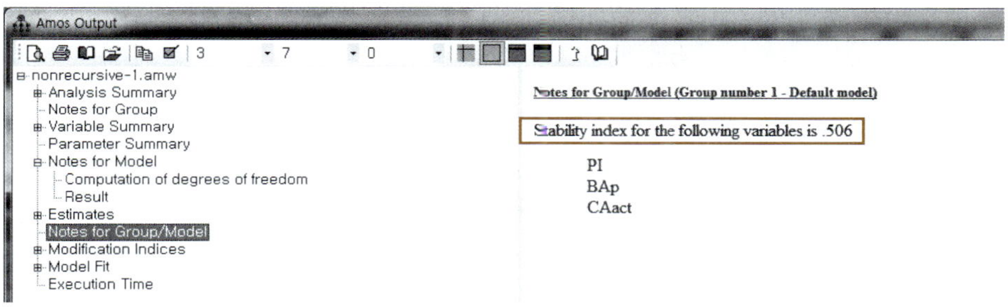

Nonrecursive 모형 2

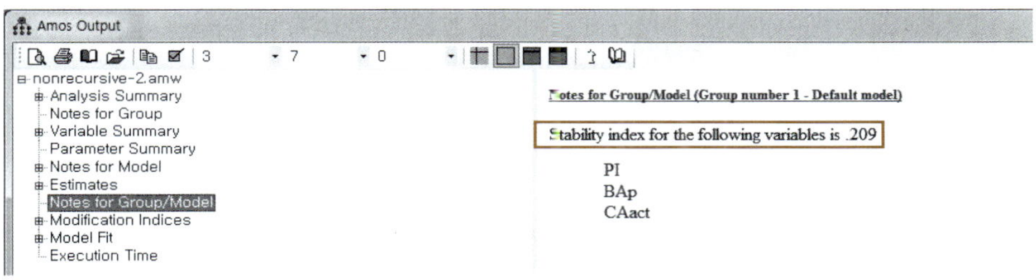

AMOS Output의 Notes for Group/Model에는 **안정지수**(stability index)가 산출되는데, [그림 15.7]에는 nonrecursive 모형 1과 2의 안정지수가 제시되어 있다. Nonrecursive 모형 1과 2는 각각 그 값이 .506과 .209로 1보다 작게 나타나 선형적 관계는 안정적이다.

(3) 적합도

Nonrecursive 모형 1의 분석결과 적합도지수는 χ^2=74.170(d.f.=38, p=.000), NFI=.963, CFI=.981, RMSEA=.068(.044~.091)로 나타났으며, nonrecursive 모형 2의 분석결과 적합도지수는 χ^2=107.959(d.f.=39, p=.000), NFI=.946, CFI=.965, RMSEA=.092(.072~.113)로 나타났다.

(4) 경로계수

Nonrecursive 모형 1의 분석결과 [그림 15.8]과 같이 **PI→CAact(Estimate=−.496; C.R.=−1.577, p=.115)를 제외한 모든 경로가 유의적으로 나타났다. 이러한 결과를 고려할 때, PI가 CAact에 영향을 미친다기보다, CAact가 PI에 영향을 미치는 것으로 볼 수 있는 것이다.**

그림 15.8 Nonrecursive 모형 1의 경로계수

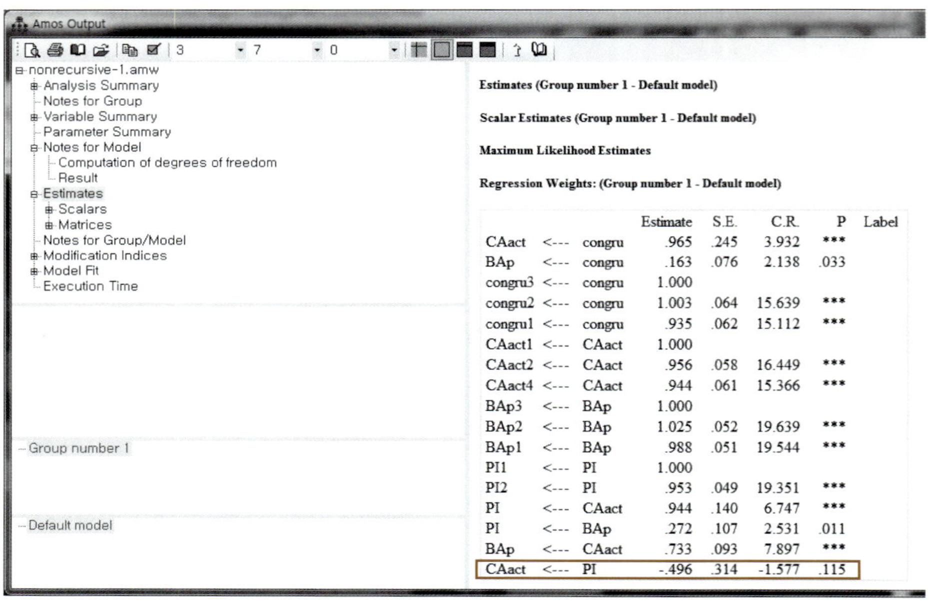

Estimates (Group number 1 - Default model)

Scalar Estimates (Group number 1 - Default model)

Maximum Likelihood Estimates

Regression Weights: (Group number 1 - Default model)

			Estimate	S.E.	C.R.	P	Label
CAact	<---	congru	.965	.245	3.932	***	
BAp	<---	congru	.163	.076	2.138	.033	
congru3	<---	congru	1.000				
congru2	<---	congru	1.003	.064	15.639	***	
congru1	<---	congru	.935	.062	15.112	***	
CAact1	<---	CAact	1.000				
CAact2	<---	CAact	.956	.058	16.449	***	
CAact4	<---	CAact	.944	.061	15.366	***	
BAp3	<---	BAp	1.000				
BAp2	<---	BAp	1.025	.052	19.639	***	
BAp1	<---	BAp	.988	.051	19.544	***	
PI1	<---	PI	1.000				
PI2	<---	PI	.953	.049	19.351	***	
PI	<---	CAact	.944	.140	6.747	***	
PI	<---	BAp	.272	.107	2.531	.011	
BAp	<---	CAact	.733	.093	7.897	***	
CAact	<---	PI	-.496	.314	-1.577	.115	

Nonrecursive 모형 2의 분석결과, [그림 15.9]와 같이 CAact→BAp 관계(Estimate=.301; C.R.=2.746, p=.006)와 PI→CAact(Estimate=.410; C.R.=6.929, p<.001) 관계가 모두 유의적으로 나타났다. 이는 CAact가 BAp에 영향을 미치면서, 간접적으로 BAp로부터 영향을 받는다는 것을 의미한다.

그림 15.9 Nonrecursive 모형 2의 경로계수

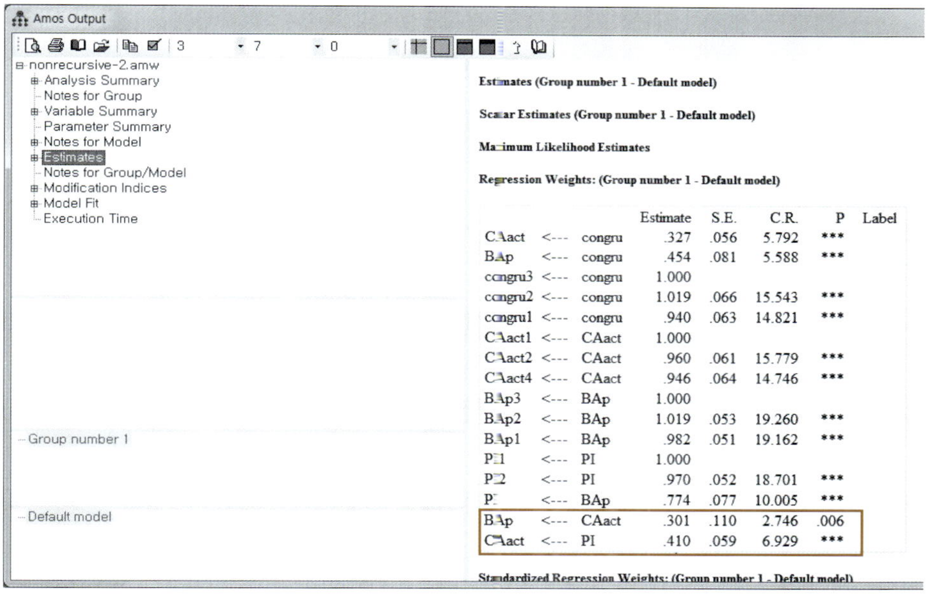

Estimates (Group number 1 - Default model)

Scalar Estimates (Group number 1 - Default model)

Maximum Likelihood Estimates

Regression Weights: (Group number 1 - Default model)

			Estimate	S.E.	C.R.	P	Label
CAact	<---	congru	.327	.056	5.792	***	
BAp	<---	congru	.454	.081	5.588	***	
congru3	<---	congru	1.000				
congru2	<---	congru	1.019	.066	15.543	***	
congru1	<---	congru	.940	.063	14.821	***	
CAact1	<---	CAact	1.000				
CAact2	<---	CAact	.960	.061	15.779	***	
CAact4	<---	CAact	.946	.064	14.746	***	
BAp3	<---	BAp	1.000				
BAp2	<---	BAp	1.019	.053	19.260	***	
BAp1	<---	BAp	.982	.051	19.162	***	
PI1	<---	PI	1.000				
PI2	<---	PI	.970	.052	18.701	***	
P[illegible]	<---	BAp	.774	.077	10.005	***	
BAp	<---	CAact	.301	.110	2.746	.006	
CAact	<---	PI	.410	.059	6.929	***	

Standardized Regression Weights: (Group number 1 - Default model)

15.2 종단적 모형의 분석

구조모형을 사용하여 **종단적 자료**(longitudinal data)를 분석할 수 있다. 즉, 어떤 constructs 간의 관계가 시간의 흐름에 따라 어떻게 변했는지 알고자 하는 경우 서로 다른 시점에서 수집한 자료를 한 모형으로 분석하는 것이다. 예를 들어, 사원만족→서비스품질→고객만족 간의 관계를 두 개의 시점 t1과 t2에 걸쳐 별개의 모형으로 구성하여 분석함으로써 constructs 간의 관계를 비교할 수도 있지만, 이 경우 t2의 한 construct는 t1의 동일한 construct로부터 영향을 받을 수 있음을 나타낼 수 없다. 이하에서는 종단적 자료의 분석 예를 제시하고 이에 대한

분석과 해석을 설명한다.

1. 종단적 모형의 예

어느 호텔에서는 사원만족→서비스품질→고객만족 간의 관계를 t1과 t2 시점에서 종단적으로 조사하였다. 사원만족, 서비스품질, 고객만족은 각각 세 개, 두 개, 세 개의 항목으로 측정하였는데 t1과 t2 시점에서 사용한 항목들은 동일하였다. t1과 t2 시점에 조사한 자료들은 [그림 15.10]과 같이 하나의 데이터 파일로 저장하였으며, 파일명은 '15-ex1.sav'로 하였다. 데이터 파일의 변수명에서 es는 사원만족을, sq는 서비스품질을, cs는 고객만족을 의미하며 t1, t2는 조사시점을 의미한다.

그림 15.10 종단적 자료의 데이터 파일

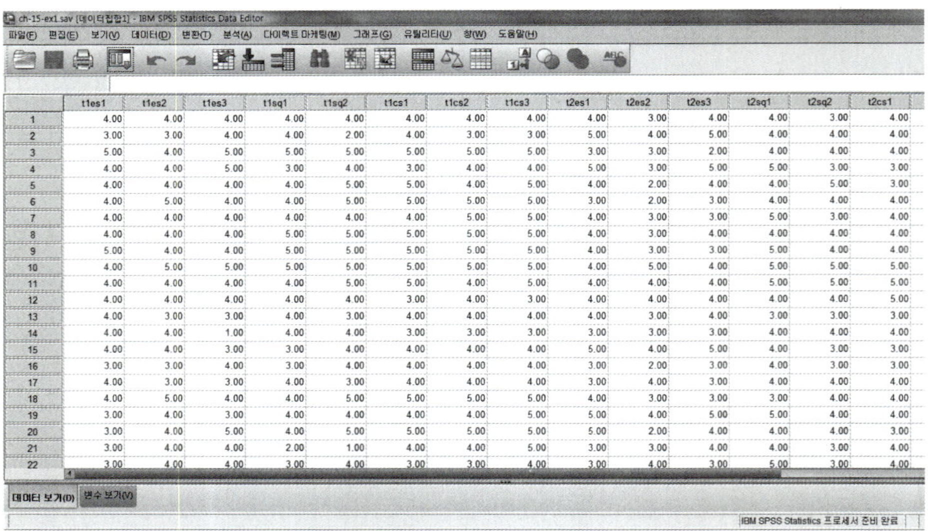

	t1es1	t1es2	t1es3	t1sq1	t1sq2	t1cs1	t1cs2	t1cs3	t2es1	t2es2	t2es3	t2sq1	t2sq2	t2cs1
1	4.00	4.00	4.00	4.00	4.00	4.00	4.00	4.00	4.00	3.00	4.00	4.00	3.00	4.00
2	3.00	3.00	4.00	4.00	2.00	4.00	3.00	3.00	5.00	4.00	5.00	4.00	4.00	4.00
3	5.00	4.00	5.00	5.00	5.00	5.00	5.00	5.00	3.00	3.00	2.00	4.00	4.00	4.00
4	4.00	4.00	5.00	3.00	4.00	3.00	4.00	4.00	5.00	3.00	5.00	5.00	3.00	3.00
5	4.00	4.00	4.00	4.00	5.00	5.00	4.00	5.00	4.00	2.00	4.00	4.00	5.00	3.00
6	4.00	5.00	4.00	4.00	5.00	5.00	5.00	5.00	3.00	2.00	3.00	4.00	4.00	4.00
7	4.00	4.00	4.00	4.00	4.00	4.00	5.00	5.00	4.00	3.00	3.00	5.00	3.00	4.00
8	4.00	4.00	4.00	5.00	5.00	5.00	5.00	5.00	4.00	3.00	4.00	4.00	4.00	4.00
9	5.00	4.00	4.00	5.00	5.00	5.00	5.00	5.00	4.00	3.00	3.00	5.00	4.00	4.00
10	4.00	5.00	5.00	5.00	5.00	5.00	5.00	5.00	4.00	5.00	4.00	5.00	5.00	5.00
11	4.00	4.00	4.00	4.00	5.00	5.00	4.00	5.00	4.00	4.00	4.00	5.00	5.00	5.00
12	4.00	4.00	4.00	4.00	4.00	3.00	4.00	3.00	4.00	4.00	4.00	4.00	4.00	5.00
13	4.00	3.00	3.00	4.00	3.00	4.00	4.00	4.00	4.00	3.00	4.00	3.00	3.00	3.00
14	4.00	4.00	1.00	4.00	4.00	3.00	3.00	3.00	3.00	3.00	3.00	4.00	4.00	4.00
15	4.00	4.00	3.00	3.00	4.00	4.00	4.00	4.00	5.00	4.00	5.00	4.00	3.00	3.00
16	3.00	3.00	4.00	3.00	4.00	4.00	4.00	4.00	3.00	2.00	3.00	4.00	3.00	3.00
17	4.00	3.00	3.00	4.00	3.00	4.00	4.00	4.00	3.00	4.00	3.00	4.00	4.00	4.00
18	4.00	5.00	4.00	4.00	5.00	5.00	5.00	5.00	4.00	3.00	3.00	3.00	4.00	4.00
19	3.00	4.00	3.00	4.00	4.00	4.00	4.00	5.00	5.00	4.00	5.00	5.00	4.00	4.00
20	3.00	4.00	5.00	4.00	5.00	5.00	5.00	5.00	5.00	2.00	4.00	4.00	4.00	3.00
21	3.00	4.00	4.00	2.00	1.00	4.00	4.00	5.00	3.00	3.00	4.00	4.00	3.00	4.00
22	3.00	4.00	4.00	3.00	4.00	3.00	3.00	4.00	3.00	4.00	3.00	5.00	3.00	4.00

2. 종단적 모형의 분석

종단적 모형을 분석하기 위해서는 다음의 절차를 따른다.

① [그림 15.11]과 같은 경로도형을 작성하고 이를 'Longitudinal.amw'로 저장한다. 여기서 t1과 t2의 동일 측정변수의 오차항들 간에(예를 들어, e1과 e21) 공

분산이 설정되어 있다. 이는 동일한 항목들 간에 상관관계가 높을 수 있음을 반영하기 위한 것이다.

그림 15.11 **종단적 모형의 분석을 위한 경로도형**

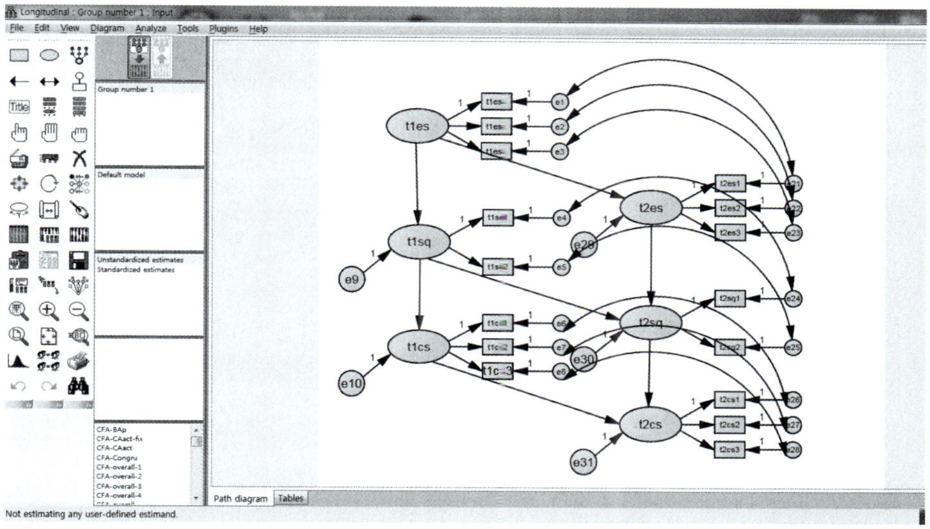

② 분석에 사용할 데이터 파일로 '15-ex1.sav'를 지정한다.

③ 분석을 실시한다.

3. 분석결과의 해석

(1) Identification

종단적 모형의 분석결과 identification이 되었다. 이는 [그림 15.12]와 같이 AMOS Graphics 상태표시란에 'Scanning [데이터파일명]'과 'Reading data' 메시지가 제시된 것으로 확인할 수 있다.

그림 15.12 종단적 모형이 identification된 모습

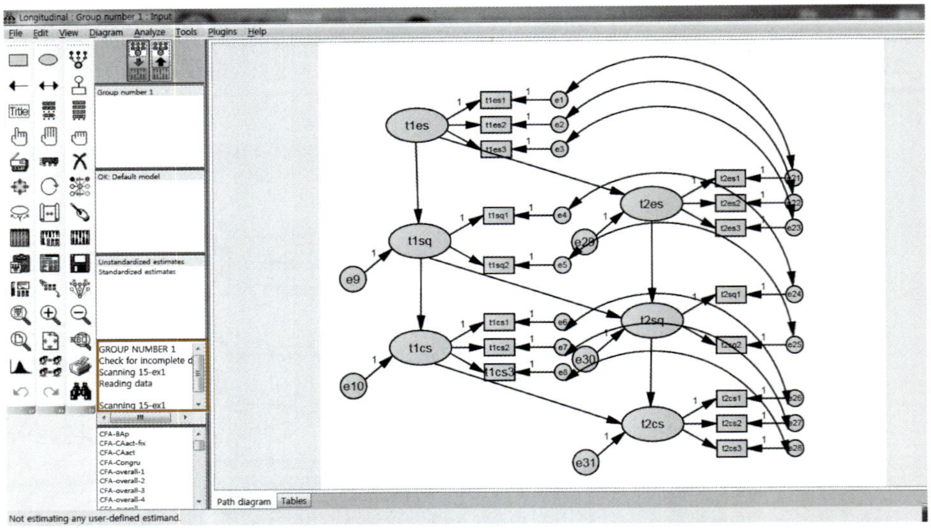

(2) 적합도

종단적 모형의 분석결과 중요 적합도지수는 χ^2=173.788(d.f.=89, p=.000), NFI=.815, CFI=.897, RMSEA=.100(.078~.122)으로 나타났다. 적합도지수들이 일반적인 적합도 기준치와 비교할 때 다소 낮다.

(3) 경로계수

종단적 모형의 분석결과, [그림 15.13]과 같이 **동일 시점에서의 인과관계는 모두 유의적으로 나타났다. 그러나 t1시점의 사원만족→t2시점의 사원만족 관계(Estimate=−.026; C.R.=−.199, p=.843)와 t1시점의 고객만족→t2시점의 고객만족 관계(Estimate=−.148; C.R.=−1.801, p=.072)는 관계의 방향이 기대와 다르게 나타났으며, 통계적으로 유의적이지 않았다.** 적합도가 낮은 이유는 주로 이 두 개의 경로가 비유의적인 것에 기인하는 것으로 볼 수 있다.

그림 15.13 종단적 모형의 경로계수값

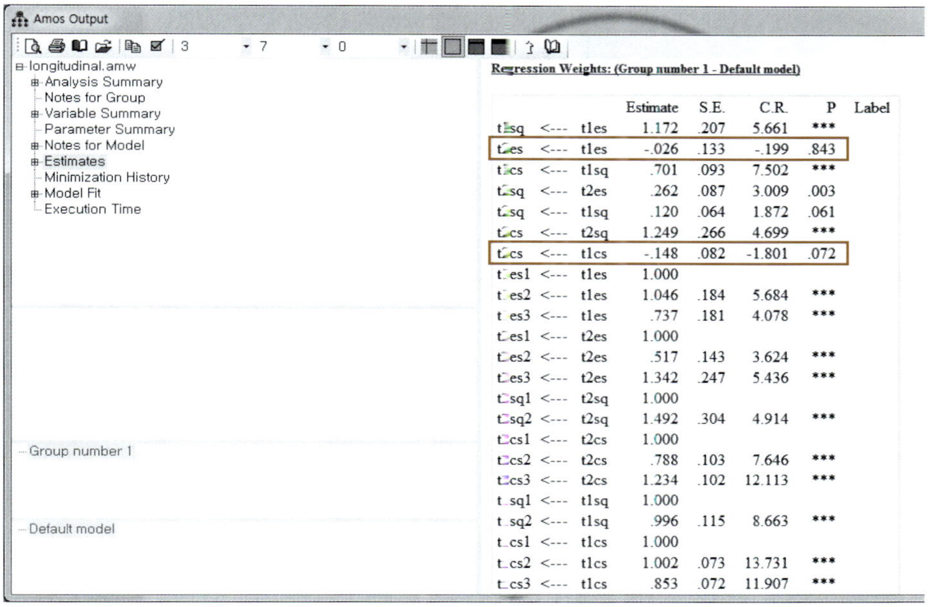

Regression Weights: (Group number 1 - Default model)

			Estimate	S.E.	C.R.	P	Label
t1sq	<---	t1es	1.172	.207	5.661	***	
t2es	<---	t1es	-.026	.133	-.199	.843	
t1cs	<---	t1sq	.701	.093	7.502	***	
t2sq	<---	t2es	.262	.087	3.009	.003	
t2sq	<---	t1sq	.120	.064	1.872	.061	
t2cs	<---	t2sq	1.249	.266	4.699	***	
t2cs	<---	t1cs	-.148	.082	-1.801	.072	
t1es1	<---	t1es	1.000				
t1es2	<---	t1es	1.046	.184	5.684	***	
t1es3	<---	t1es	.737	.181	4.078	***	
t2es1	<---	t2es	1.000				
t2es2	<---	t2es	.517	.143	3.624	***	
t2es3	<---	t2es	1.342	.247	5.436	***	
t2sq1	<---	t2sq	1.000				
t2sq2	<---	t2sq	1.492	.304	4.914	***	
t2cs1	<---	t2cs	1.000				
t2cs2	<---	t2cs	.788	.103	7.646	***	
t2cs3	<---	t2cs	1.234	.102	12.113	***	
t1sq1	<---	t1sq	1.000				
t1sq2	<---	t1sq	.996	.115	8.663	***	
t1cs1	<---	t1cs	1.000				
t1cs2	<---	t1cs	1.002	.073	13.731	***	
t1cs3	<---	t1cs	.853	.072	11.907	***	

4. Constructs 간 관계의 시점 간 비교

Constructs 간의 관계를 종단적으로 조사하면 그 관계는 어느 정도 변화하겠지만 과연 그 변화에 의미를 부여할 수 있는가를 판단해야 한다. Constructs 간의 관계가 시점에 따라 차이가 있는가를 비교하기 위해서는 사원만족→서비스품질 간의 관계와 서비스품질→고객만족 관계가 두 시점에서 동일하다는 제약을 설정한 제약모형과 원래의 모형을 비교하면 된다. 이에 대한 분석은 다음의 절차를 따른다.

① [그림 15.14]와 같은 경로도형을 작성하고 'Longitudinal-constraint.amw'로 저장한다.

그림 15.14 두 시점의 경로계수가 동일하다는 제약을 설정한 경로도형

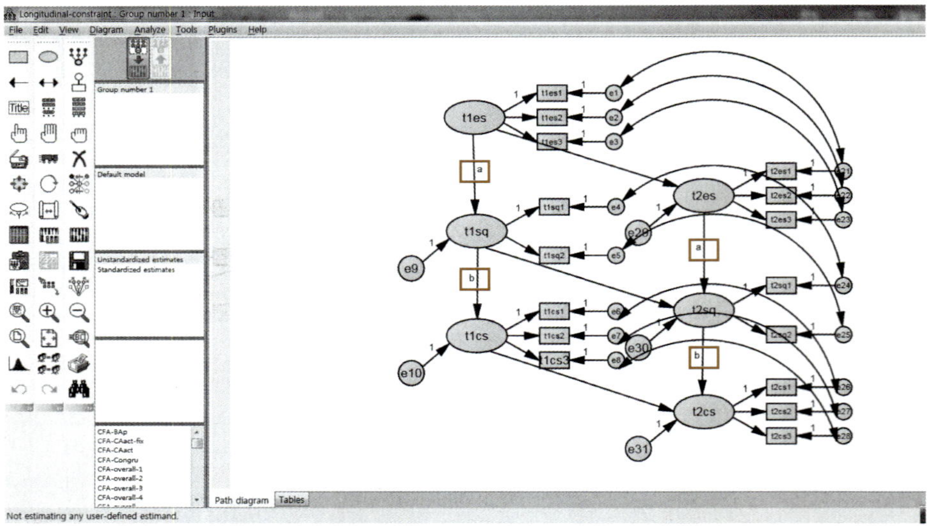

☞ [그림 15.14]의 모형은 t1 시점의 사원만족→서비스품질 관계와 t2 시점의 사원만족→서비스품질 관계는 'a'라는 동일한 경로계수를 갖는 것으로 제약한 것이다. 또한 t1 시점의 서비스품질→고객만족 관계와 t2 시점의 서비스품질→고객만족 관계는 'b'라는 동일한 경로계수를 갖는 것으로 제약한 것이다.

② 분석에 사용할 데이터 파일로 '15-ex1.sav'를 지정한다.
③ 분석을 실시한다.

분석결과 두 시점의 경로계수가 동일하다는 제약을 설정한 모형은 [그림 15.15]와 같이 identification되었으며, 중요 적합도지수는 $\chi^2=192.782$(d.f.=91, p=.000), NFI=.795, CFI=.876, RMSEA=.109(.087~.130)로 나타났다. 경로계수는 [그림 15.16]과 같이 t1 시점의 사원만족→서비스품질과 t2 시점의 사원만족→서비스품질이 동일하게 나타났으며(Estimate=.624; C.R.=6.297, p<.001), t1 시점의 서비스품질→고객만족과 t2 시점의 서비스품질→고객만족도 동일하게 나타났다(Estimate=.847; C.R.=8.818, p<.001).

제약모형과 원래모형의 χ^2 차이검증 결과, 원래모형은 제약모형에 비해 자유도는 2가 작지만 χ^2 값이 훨씬 작다($\Delta\chi^2=18.994>\chi^2_{.05}(2)=5.991$, Δd.f.=2). 따라서 제약모형보다 원래모형이 우수하며, 이에 따라 constructs 간의 관계는 시점에 따라 차이가 있다고 할 수 있다.

그림 15.15 두 시점의 경로계수가 동일하다는 제약을 설정한 모형이 identification된 모습

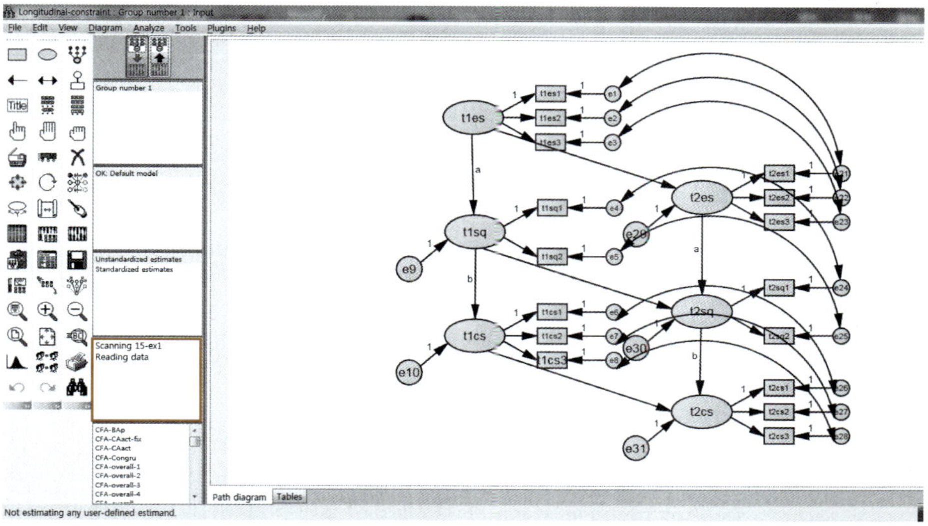

그림 15.16 제약모형의 경로계수값

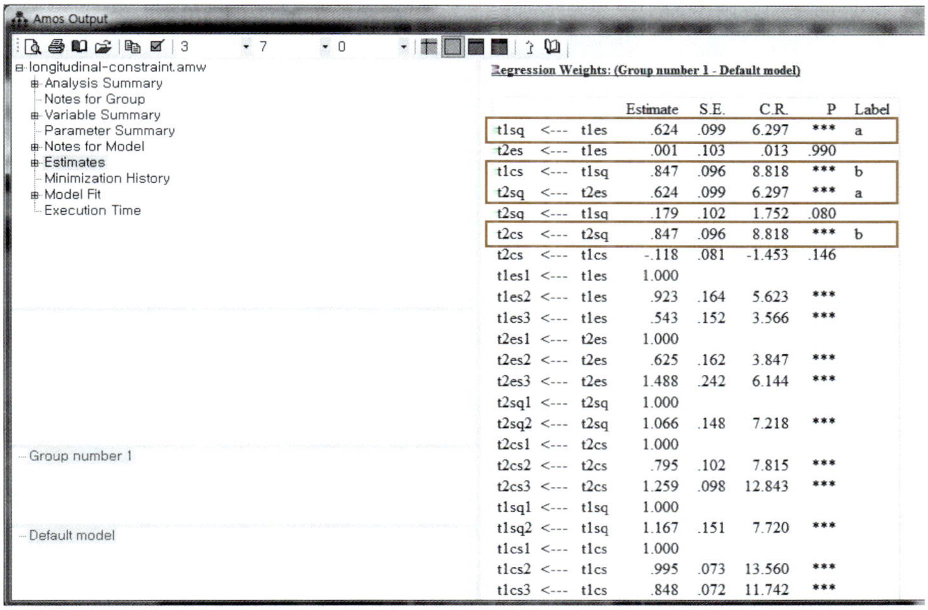

Regression Weights: (Group number 1 - Default model)

			Estimate	S.E.	C.R.	P	Label
t1sq	<---	t1es	.624	.099	6.297	***	a
t2es	<---	t1es	.001	.103	.013	.990	
t1cs	<---	t1sq	.847	.096	8.818	***	b
t2sq	<---	t2es	.624	.099	6.297	***	a
t2sq	<---	t1sq	.179	.102	1.752	.080	
t2cs	<---	t2sq	.847	.096	8.818	***	b
t2cs	<---	t1cs	-.118	.081	-1.453	.146	
t1es1	<---	t1es	1.000				
t1es2	<---	t1es	.923	.164	5.623	***	
t1es3	<---	t1es	.543	.152	3.566	***	
t2es1	<---	t2es	1.000				
t2es2	<---	t2es	.625	.162	3.847	***	
t2es3	<---	t2es	1.488	.242	6.144	***	
t2sq1	<---	t2sq	1.000				
t2sq2	<---	t2sq	1.066	.148	7.218	***	
t2cs1	<---	t2cs	1.000				
t2cs2	<---	t2cs	.795	.102	7.815	***	
t2cs3	<---	t2cs	1.259	.098	12.843	***	
t1sq1	<---	t1sq	1.000				
t1sq2	<---	t1sq	1.167	.151	7.720	***	
t1cs1	<---	t1cs	1.000				
t1cs2	<---	t1cs	.995	.073	13.560	***	
t1cs3	<---	t1cs	.848	.072	11.742	***	

15.3 Higher-order construct 모형의 분석

구조방정식 모형은 first-order construct 모형과 higher-order construct 모형으로 나눌 수 있다. First-order construct 모형은 지금까지 예시된 모형들처럼 각 construct는 그 construct와 측정변수들로 구성되는 모형이다. 이에 비해 higher-order construct 모형은 일부 construct가 하위 constructs(subconstructs)와 측정변수들로 구성되는 모형이다. 이하에서는 higher-order construct 모형을 측정모형과 구조모형 수준에서 분석하는 방법에 대해 설명한다.

1. Higher-order construct의 측정모형 분석

Higher-order construct 모형은 이론적으로 여러 단계로 이루어질 수 있지만 현실적으로는 두 단계를 넘는 경우는 매우 드물다. 따라서 본 장에서는 higher-order construct 모형으로 second-order construct를 다룬다. 제5장에서 설명한 것과 같이 higher-order construct 모형은 first-order와 second-order 간의 관계에 따라 〈표 15.1〉과 같이 네 개의 유형으로 나눌 수 있다. 본 장에서는 이 중 반영적 first-order, 반영적 second-order의 유형만을 다룬다.

표 15.1 Higher-order construct 모형의 네 가지 유형

First-order 하위 constructs – 측정변수	Second-order construct – 하위 constructs	유형
반영적	반영적	반영적 first-order 반영적 second-order
반영적	형성적	반영적 first-order 형성적 second-order
형성적	반영적	형성적 first-order 반영적 second-order
형성적	형성적	형성적 first-order 형성적 second-order

(1) Higher-order construct의 측정모형 예제와 분석

A라는 construct가 있다. A의 하위 constructs로는 AA, AB, AC가 있으며, AA의 측정은 AA1, AA2로, AB의 측정은 AB1, AB2, AB3로, AC의 측정은 AC1, AC2로 하였다고 가정하자. 이때 construct와 하위 constructs 간의 관계, 하위 constructs와 측정변수 간의 관계는 모두 반영적이다. AA1~AC2까지의 측정변수를 사용하여 얻은 데이터는 [그림 15.17]과 같으며 '15-ex2.sav'로 저장하였다.

그림 15.17 Higher-order construct의 측정모형 분석을 위한 데이터

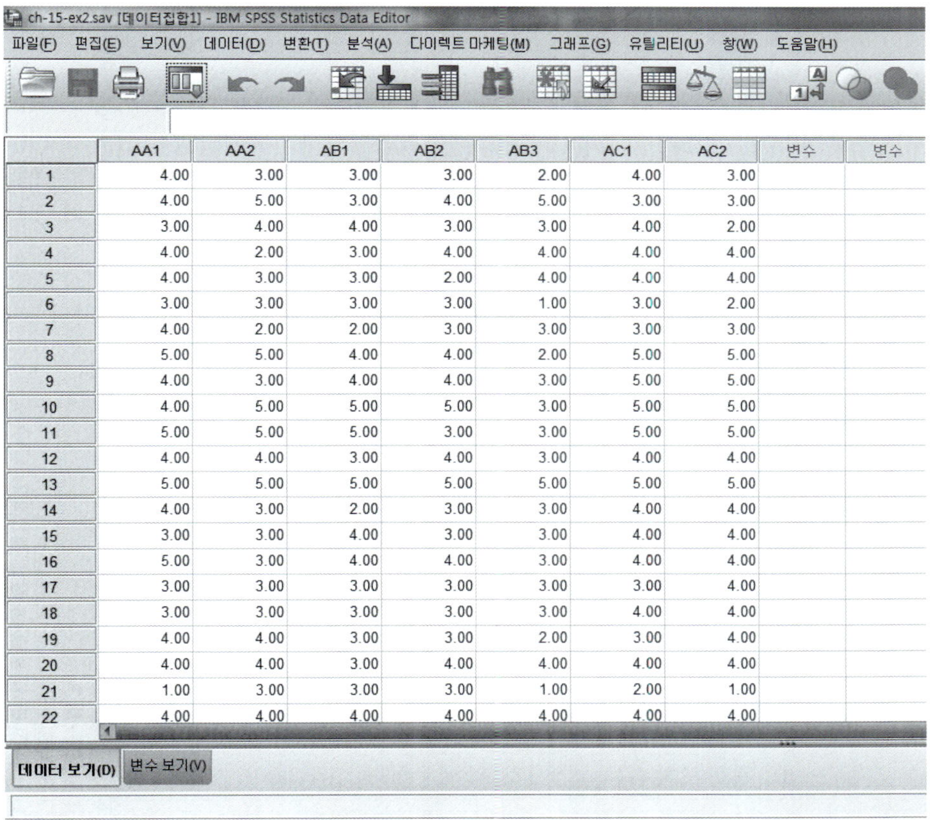

	AA1	AA2	AB1	AB2	AB3	AC1	AC2	변수	변수
1	4.00	3.00	3.00	3.00	2.00	4.00	3.00		
2	4.00	5.00	3.00	4.00	5.00	3.00	3.00		
3	3.00	4.00	4.00	3.00	3.00	4.00	2.00		
4	4.00	2.00	3.00	4.00	4.00	4.00	4.00		
5	4.00	3.00	3.00	2.00	4.00	4.00	4.00		
6	3.00	3.00	3.00	3.00	1.00	3.00	2.00		
7	4.00	2.00	2.00	3.00	3.00	3.00	3.00		
8	5.00	5.00	4.00	4.00	2.00	5.00	5.00		
9	4.00	3.00	4.00	4.00	3.00	5.00	5.00		
10	4.00	5.00	5.00	5.00	3.00	5.00	5.00		
11	5.00	5.00	5.00	3.00	3.00	5.00	5.00		
12	4.00	4.00	3.00	4.00	3.00	4.00	4.00		
13	5.00	5.00	5.00	5.00	5.00	5.00	5.00		
14	4.00	3.00	2.00	3.00	3.00	4.00	4.00		
15	3.00	3.00	4.00	3.00	3.00	4.00	4.00		
16	5.00	3.00	4.00	4.00	3.00	4.00	4.00		
17	3.00	3.00	3.00	3.00	3.00	3.00	4.00		
18	3.00	3.00	3.00	3.00	3.00	4.00	4.00		
19	4.00	4.00	3.00	3.00	2.00	3.00	4.00		
20	4.00	4.00	3.00	4.00	4.00	4.00	4.00		
21	1.00	3.00	3.00	3.00	1.00	2.00	1.00		
22	4.00	4.00	4.00	4.00	4.00	4.00	4.00		

이러한 construct, 하위 constructs, 측정변수 간의 관계를 측정모형 수준에서 분석하기 위해서는 다음의 절차를 따른다.

① [그림 15.18]과 같은 경로도형을 작성하고, 'Higher-order-1.amw'로 저장한다.

그림 15.18 Higher-order construct의 측정모형 분석을 위한 경로도형

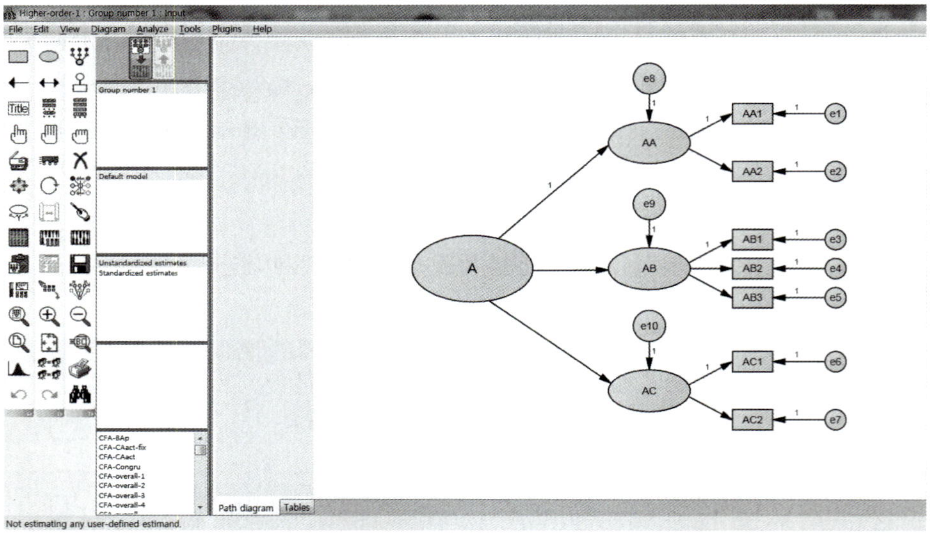

☞ [그림 15.18]의 모형에서 하위 constructs AA, AB, AC는 construct A의 측정변수와 같은 역할을 한다. 따라서 A에서 나가는 경로계수 중 하나인 A→AA 경로를 '1'로 지정하였다.

☞ 하위 constructs는 A에 의해 설명되지 못하는 부분이 존재하므로 오차항(e8, e9, e10)을 설정하였다.

② 분석에 사용할 데이터 파일로 '15-ex2.sav'를 지정한다.

③ 분석을 실시한다.

(2) 분석결과의 해석

모형의 분석결과, [그림 15.19]와 같이 identification되었다. 또한 모형의 중요 적합도지수는 χ^2=47.239(d.f.=11, p=.000), NFI=.933, CFI=.947, RMSEA=.131(.094~.171)로 나타났는데, 일반적인 적합도 기준치와 비교할 때 수용가능한 수준인 것으로 볼 수 있다.

이 모형의 경로계수를 보면 [그림 15.20]과 같이 모든 경로계수가 매우 유의적으로 나타났다(C.R.>6, p<.001).

그림 15.19 Higher–order construct의 측정모형이 identification된 모습

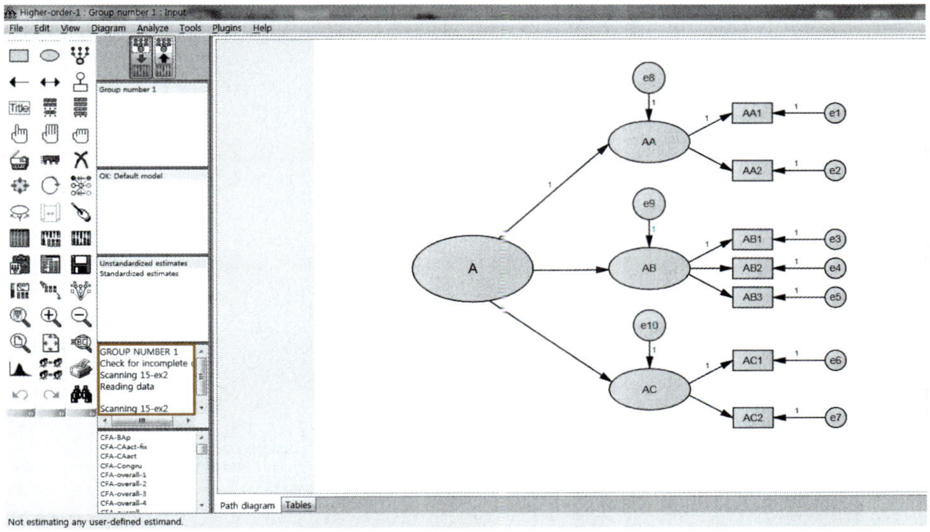

그림 15.20 경로계수

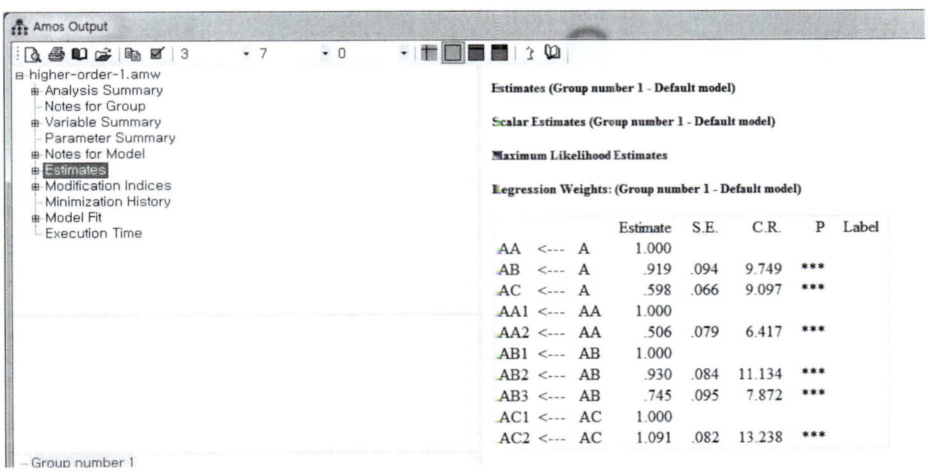

Estimates (Group number 1 - Default model)

Scalar Estimates (Group number 1 - Default model)

Maximum Likelihood Estimates

Regression Weights: (Group number 1 - Default model)

			Estimate	S.E.	C.R.	P	Label
AA	<---	A	1.000				
AB	<---	A	.919	.094	9.749	***	
AC	<---	A	.598	.066	9.097	***	
AA1	<---	AA	1.000				
AA2	<---	AA	.506	.079	6.417	***	
AB1	<---	AB	1.000				
AB2	<---	AB	.930	.084	11.134	***	
AB3	<---	AB	.745	.095	7.872	***	
AC1	<---	AC	1.000				
AC2	<---	AC	1.091	.082	13.238	***	

2. Higher–order construct의 구조모형 분석

Higher-order construct는 측정모형에서뿐만 아니라 구조모형에서도 분석이 가능하다. 이하에서는 이에 대한 예제를 제시하고, 분석방법과 결과의 해석에 대해 설명한다.

(1) Higher-order construct의 구조모형 예제와 분석

A, B, C, D라는 네 개의 constructs가 있다. 네 constructs 간의 인과관계는 [그림 15.21]과 같다.

그림 15.21 Construct A, B, C, D 간의 인과관계

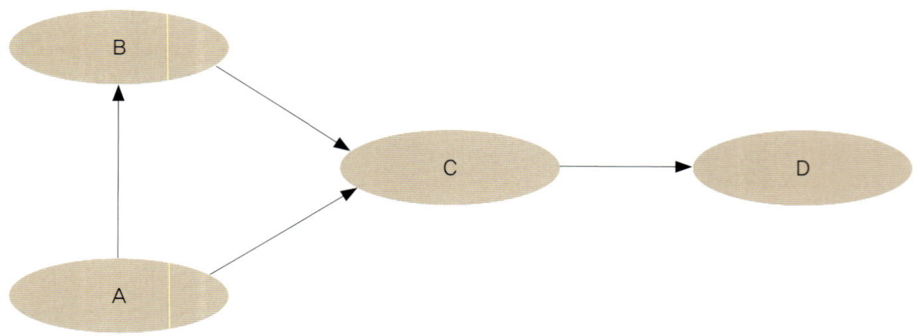

* 모든 인과관계는 正(+)의 방향임.

이 모형에 제시된 constructs 간 인과관계와 방향성을 가설로 나타내면 다음과 같다.

H1: A는 B에 正(+)의 영향을 미칠 것이다.
H2: A는 B의 매개에 의해서뿐만 아니라 직접적으로 C에 正(+)의 영향을 미칠 것이다.
H3: B는 C에 正(+)의 영향을 미칠 것이다.
H4: C는 D에 正(+)의 영향을 미칠 것이다.

그런데 네 개의 constructs 중 C를 제외한 세 개의 constructs는 higher-order construct이다. 각 construct의 성격은 〈표 15.2〉와 같다. 여기서 유의할 점은 하위 constructs로 명시된 AB와 DB는 각각 단일 측정변수 AB1과 DB1으로 측정된다는 것이다. 이러한 이유로 [그림 15.23]에서 AB는 AB1, 그리고 DB는 DB1으로 제시되었다.

표 15.2 각 construct의 성격

construct	하위 constructs	측정변수
A	AA	AA1, AA2
	AB	AB1
B	BA	BA1, BA2
	BB	BB1, BB2, BB3
	BC	BC1, BC2
C	–	C1, C2
D	DA	DA1, DA2
	DB	DB1

각 측정변수를 사용하여 얻은 데이터는 [그림 15.22]와 같으며 '15-ex3.sav'로 저장하였다.

그림 15.22 Higher-order construct의 구조모형 분석을 위한 데이터

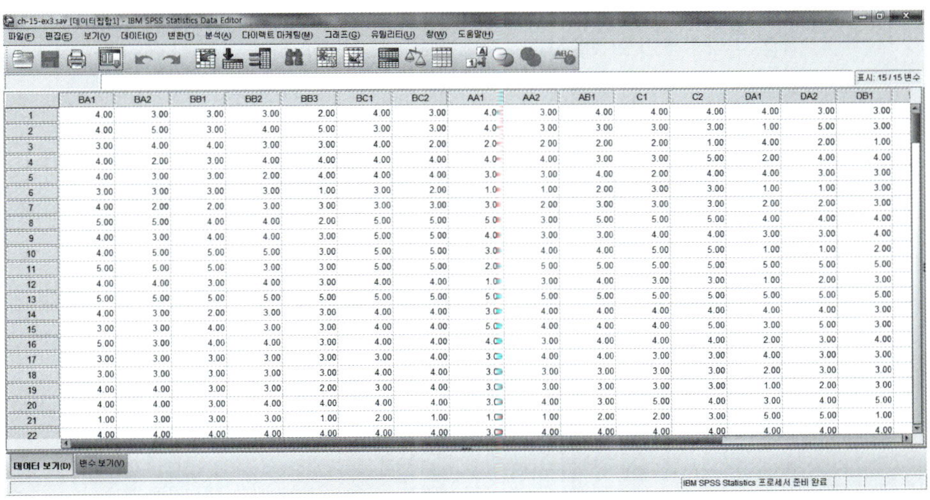

	BA1	BA2	BB1	BB2	BB3	BC1	BC2	AA1	AA2	AB1	C1	C2	DA1	DA2	DB1
1	4.00	3.00	3.00	3.00	2.00	4.00	3.00	4.0	3.00	4.00	4.00	4.00	4.00	3.00	3.00
2	4.00	5.00	3.00	4.00	5.00	3.00	3.00	4.0	3.00	3.00	3.00	3.00	1.00	5.00	3.00
3	3.00	4.00	4.00	3.00	3.00	4.00	2.00	2.0	2.00	2.00	2.00	1.00	4.00	2.00	1.00
4	4.00	2.00	3.00	4.00	4.00	4.00	4.00	4.0	4.00	3.00	3.00	5.00	2.00	4.00	4.00
5	4.00	3.00	3.00	2.00	4.00	4.00	4.00	3.0	3.00	4.00	2.00	4.00	4.00	3.00	3.00
6	3.00	3.00	3.00	3.00	1.00	3.00	2.00	1.0	1.00	2.00	3.00	3.00	1.00	1.00	3.00
7	4.00	2.00	2.00	3.00	3.00	3.00	3.00	3.0	2.00	3.00	3.00	3.00	2.00	2.00	3.00
8	5.00	5.00	4.00	4.00	2.00	5.00	5.00	5.0	3.00	5.00	5.00	5.00	4.00	4.00	4.00
9	4.00	3.00	4.00	4.00	3.00	5.00	5.00	4.0	3.00	3.00	4.00	4.00	3.00	3.00	4.00
10	4.00	5.00	5.00	5.00	3.00	5.00	5.00	3.0	4.00	4.00	5.00	5.00	1.00	1.00	2.00
11	5.00	5.00	5.00	3.00	3.00	5.00	5.00	2.0	5.00	5.00	5.00	5.00	5.00	5.00	5.00
12	4.00	4.00	3.00	4.00	3.00	4.00	4.00	1.0	3.00	4.00	3.00	3.00	1.00	2.00	3.00
13	5.00	5.00	5.00	5.00	5.00	5.00	5.00	5.0	5.00	5.00	5.00	5.00	5.00	5.00	5.00
14	4.00	3.00	2.00	3.00	3.00	4.00	4.00	3.0	4.00	4.00	4.00	4.00	4.00	4.00	3.00
15	3.00	3.00	4.00	3.00	3.00	4.00	4.00	5.0	4.00	4.00	4.00	5.00	3.00	5.00	3.00
16	5.00	3.00	4.00	4.00	3.00	4.00	4.00	4.0	3.00	4.00	4.00	4.00	2.00	3.00	4.00
17	3.00	3.00	3.00	3.00	3.00	3.00	4.00	3.0	4.00	4.00	3.00	3.00	4.00	3.00	3.00
18	3.00	3.00	3.00	3.00	3.00	4.00	4.00	3.0	3.00	3.00	3.00	3.00	2.00	3.00	3.00
19	4.00	4.00	3.00	3.00	2.00	3.00	4.00	3.0	3.00	3.00	3.00	3.00	1.00	2.00	3.00
20	4.00	4.00	3.00	4.00	4.00	4.00	4.00	3.0	4.00	3.00	5.00	4.00	3.00	4.00	5.00
21	1.00	3.00	3.00	3.00	1.00	2.00	1.00	1.0	1.00	2.00	2.00	3.00	5.00	5.00	1.00
22	4.00	4.00	4.00	4.00	4.00	4.00	4.00	3.0	4.00	4.00	4.00	4.00	4.00	4.00	4.00

[그림 15.21]의 연구모형을 검증하기 위해서는 다음의 절차를 따른다.

① [그림 15.23]과 같은 경로도형을 작성하고, 이를 'Higher-order-2.amw'로 저장한다.

② 분석에 사용할 데이터 파일로 '15-ex3.sav'를 지정한다.

그림 15.23 Higher-order construct의 구조모형 분석을 위한 경로도형

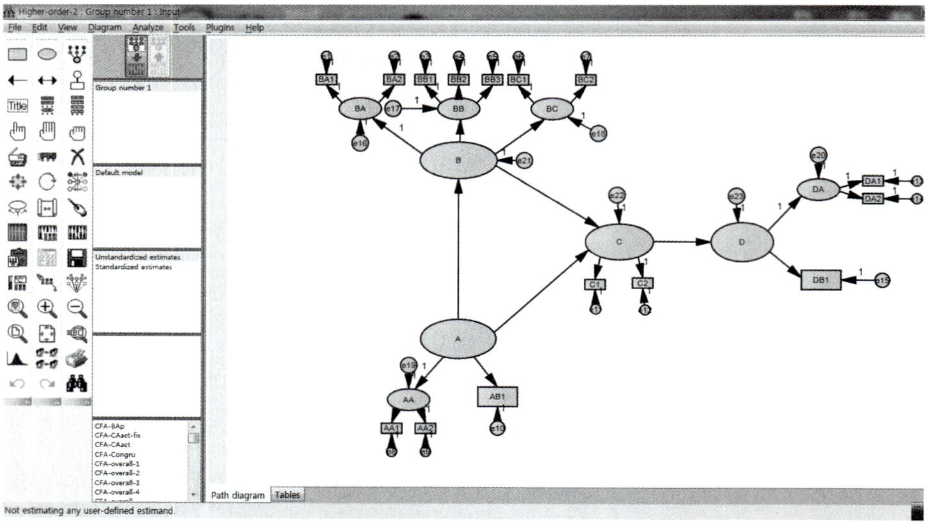

③ 분석을 실시한다.

(2) 분석결과의 해석

모형의 분석결과, [그림 15.24]와 같이 identification되었다. 또한 모형의 중요 적합도지수는 χ^2=194.333(d.f.=81, p=.000), NFI=.898, CFI=.937, RMSEA =.086(.070~.101)으로 나타났는데, 일반적인 적합도 기준치와 비교할 때 수용가능한 수준인 것으로 볼 수 있다.

이 모형의 경로계수는 [그림 15.25]에 제시되어 있다. 경로계수값을 보면 모든 측정변수는 하위 constructs에, 모든 하위 constructs는 construct에 正(+)의 방향으로 유의적으로 적재되었다. **가설의 검증을 위해 constructs 간의 경로계수를 보면 A→B 관계는 正(+)의 방향으로 유의적으로 나타나 가설 H1은 지지되었으며(Estimate=.897; C.R.=9.384, p<.001), A→C 관계도 正(+)의 방향으로 유의적으로 나타나 가설 H2는 지지되었다(Estimate=.621; C.R.=2.458, p=.014). 또한 C→D 관계도 正(+)의 방향으로 유의적으로 나타나 가설 H4는 지지되었다(Estimate=.948; C.R.=8.975, p<.001). 그러나 B→C 관계는 正(+)의 방향으로 나타났으나 유의적이지 않아 가설 H3은 지지되지 않았다(Estimate=.256; C.R.=1.092, p=.275).** 위에서 제시한 바와 같이 적합도가 다소 낮은 것은 주로 B→C 관계가 유의적이지 않은 데 기인한다고 할 수 있다.

그림 15.24 Higher-order construct의 구조모형이 identification된 모습

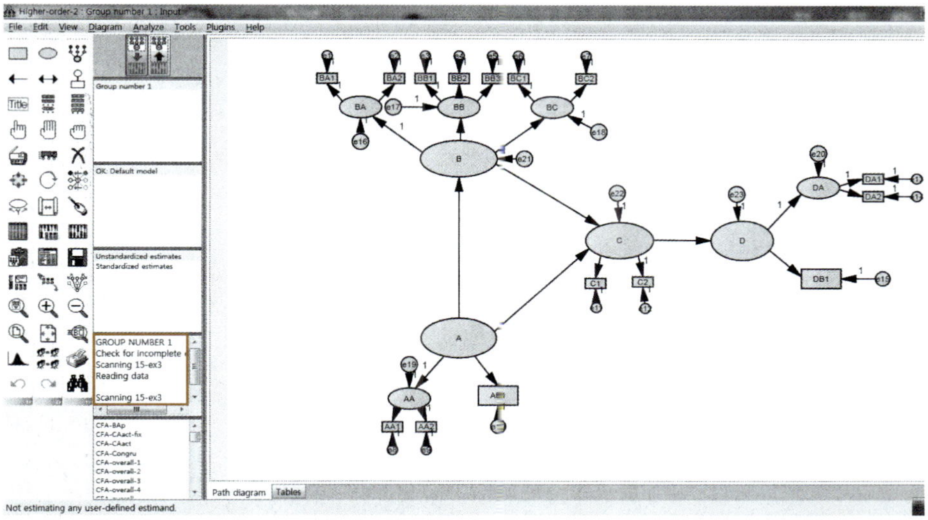

그림 15.25 경로계수

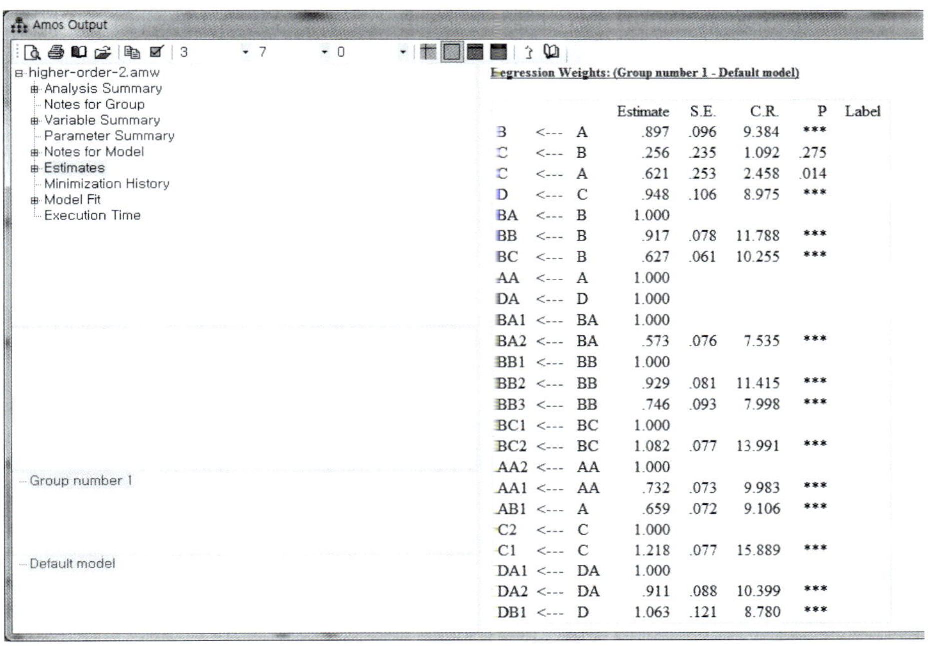

Regression Weights: (Group number 1 - Default model)

			Estimate	S.E.	C.R.	P	Label
B	<---	A	.897	.096	9.384	***	
C	<---	B	.256	.235	1.092	.275	
C	<---	A	.621	.253	2.458	.014	
D	<---	C	.948	.106	8.975	***	
BA	<---	B	1.000				
BB	<---	B	.917	.078	11.788	***	
BC	<---	B	.627	.061	10.255	***	
AA	<---	A	1.000				
DA	<---	D	1.000				
BA1	<---	BA	1.000				
BA2	<---	BA	.573	.076	7.535	***	
BB1	<---	BB	1.000				
BB2	<---	BB	.929	.081	11.415	***	
BB3	<---	BB	.746	.093	7.998	***	
BC1	<---	BC	1.000				
BC2	<---	BC	1.082	.077	13.991	***	
AA2	<---	AA	1.000				
AA1	<---	AA	.732	.073	9.983	***	
AB1	<---	A	.659	.072	9.106	***	
C2	<---	C	1.000				
C1	<---	C	1.218	.077	15.889	***	
DA1	<---	DA	1.000				
DA2	<---	DA	.911	.088	10.399	***	
DB1	<---	D	1.063	.121	8.780	***	

부 록

- **부록 1** 용어설명
- **부록 2** 구조방정식 모형분석을 이용한 논문의 예
- **부록 3** 통계표

부록 1 용어설명

간결 적합도지수(parsimony fit indices) 여러 개의 경쟁 모형들(competing models)이 있는 경우 적합도와 간결성을 고려하여 더 나은 모형을 결정하는 데 사용되는 지수인데, PGFI, PNFI, PCFI, AIC 등이 있다.

간결비율(parsimony ratio; PR) 연구모형의 자유도를 null 모형의 자유도로 나눈 값.

간접효과(indirect effect) 한 construct가 어떤 construct를 거쳐 다른 construct에 미치는 영향의 크기.

경로계수(path coefficient) constructs 간의 관계를 나타내는 계수로 회귀분석의 회귀계수에 비유될 수 있다.

경로도형(path diagram) 연구모형 내 변수들 간의 관계를 시각적 표현으로 나타낸 것.

경로분석(path analysis) 경로도형 내의 변수들 간의 관계를 추정하는 데 있어서 단순이변량 상관관계를 이용하는 분석방법.

공분산행렬(covariance matrix) 측정변수들 간의 분산 및 공분산 값들로 구성되는 행렬로 전형적인 구조방정식 모형분석에서 입력자료가 된다.

교차검증(cross-validation) 새로운 자료로써 모형을 검증하는 것.

구조모형(structural model) constructs 간의 관계를 나타내는 것.

구조방정식 모형분석(structural equation modeling) 요인분석과 회귀분석을 이용하여 발전시킨 분석방법. 일련의 방정식들로 표현되는 constructs 간의 상호관계 구조를 조사하는 기법으로, 측정변수들 간의 공분산을 이용하여 분석하므로 공분산구조분석(covariance structure analysis)이라고도 한다.

내생 construct(endogenous construct) 모형 내의 다른 construct(s)로부터 결정되는 construct.

내생 construct의 오차 한 construct의 분산 중 다른 construct(s)에 의해 설명되지 못하는 부분.

매개변수(mediating variable; mediator) 두 변수 A와 C 간의 인과관계 혹은 영향관계가 변수 B에 의해 매개될 때 B를 매개변수라고 한다.

반영적 지표(reflective indicators) construct의 실제 값을 반영한다는 의미의 측정변수.

법칙타당성(nomological validity, lawlike validity) 한 construct의 측정도구와 다른 construct의 측정도구의 상관관계와 관련된다. 예를 들어, construct A와 construct B 간에 正(+)의 상관관계가 있는 것으로 기존 연구에서 밝혀지거나 논리적으로 수용되는 경우, 각 construct의 측정도구들 간의 상관관계가 正(+)으로 나타난다면 그 측정도구들은 법칙타당성을 갖는다. 구조방정식 모형분석의 경우 constructs 간의 상관행렬에 의해 평가할 수 있다.

분석의 단위(unit of analysis) 가설 혹은 연구모형이 제안하는 행동의 주체.

비체계적 오류(nonsystematic error) 면접자나 응답자의 실수 혹은 불성실 등에 의해 발생하는 오류.

수정지수(modification index) 어떤 두 항목들 혹은 두 constructs를 연결시키는 경우 χ^2 값이 적어도 얼마나 작아질 것인가를 나타내는 것.

안정지수(stability index) nonrecursive 모형에서 선형적 관계의 안정성을 나타내는 지수.

연구가설(research hypothesis) 연구자가 어떤 현상과 관련하여 자신이 생각하는 것을 나타낸 진술.

연구모형(research model) 서로 연계성을 갖는 가설들을 하나의 모형으로 나타낸 것으로, 여러 개의 constructs와 그러한 constructs 간의 인과관계를 나타내는 경로(화살표)들로 구성된다.

오차(error) 어떤 변수의 분산 중 설명변수(들)에 의해 설명되지 못하는 부분.

외생 construct(exogenous construct) 모형 내의 다른 construct(s)로부터 영향을 받지 않는 construct.

요인부하량(factor loading) 구조방정식모형에서 construct와 측정변수의 관계를 나타내는 계수로 탐색적 요인분석의 요인부하량과 같은 것이다.

자동입력방식 사용자가 일반적인 데이터 코딩방식에 따라 작성한 데이터를 AMOS 분석을 위한 자료로 사용하는 방식.

자유도(degrees of freedom) 모수 추정을 위해 사용할 수 있는 수리적 정보의 양으로서, 구조방정식 모형분석의 경우 주어진 정보의 수에서 추정할 고수의 수를 차감한 것.

적합도(fit, goodness-of-fit) 추정 공분산행렬이 입력 공눈산행렬과 얼마나 유사한가를 나타내는 정도.

제약모형(constrained model) 한 모형에서 두 개 이상의 경로계수를 동일하게 제약하거나, 집단 간 비교에서 한 경로의 계수를 두 집단에 동일하게 제약한 모형.

절대 적합도지수(absolute fit indices) 연구모형이 입력자료를 얼마나 잘 반영하는가를 나타내는 지수인데, χ^2 통계량, GFI, AGFI, RMSR(RMR), SRMR, RMSEA 등이 있다.

조작화(operationalization) 측정변수, 즉 측정도구를 결정하는 것.

조절변수(moderating variable; moderator) 두 변수 A와 B 간의 인과관계의 크기가 변수 C의 크기 혹은 특성 등에 의해 달라질 때 C는 A와 B 간의 관계를 조절한다고 하고 이를 조절변수라고 한다.

증분 적합도지수(incremental fit indices) 연구모형이 null 모형에 비해 얼마나 적합도가 높은가를 평가하는 지수인데, NFI, DFI, TFI 등이 있다.

직접효과(direct effect) 한 construct가 어떤 construct를 거치지 않고 다른 construct에 직접적으로 미치는 영향의 크기.

집단 간 비교 한 개의 모형을 두 개 이상의 집단에 적용시켜 그 집단들 간에 경로계수 등이 다르게 나타나는지를 비교하는 것.

집중타당성(convergent validity) 하나의 construct에 대한 두 개의 측정도구가 상관관계를 갖는 정도에 관한 것으로 상관관계 값이 클수록 집중타당성이 높다.

체계적 오류(systematic error) 부적절한 측정도구를 이용함으로써 발생하는 오류.

총효과(total effect) 한 construct가 다른 construct에 미치는 직접효과와 간접효과를 합한 것.

측정모형(measurement model) 구조방정식모형의 하위모형(submodel)으로서 각 construct와 indicators 간의 관계를 설정하는 모형.

측정변수(measured variable) constructs를 측정하는 변수. manifest variable 혹은 indicator라고도 한다.

측정오류(measurement errors) 측정변수가 측정하고자 하는 construct의 값을 측정하지 못하는 부분으로 산술적으로는 실제값과 측정값의 차이를 가리킨다.

측정변수의 오차 한 측정변수의 분산 중 해당 construct에 의해 설명되지 못하는 부분.

탐색적 요인분석(exploratory factor analysis) 여러 변수들 간의 상관관계를 분석하여 그 변수들의 바탕을 이루는 공통차원들(요인들)을 추출하는 기법.

판별타당성(discriminant validity) 한 construct를 측정하는 척도와 다른 construct를 측정하는 척도와의 상관관계와 관련된 것으로 상관관계 값이 작을수록 판별타당성이 높다.

평균분산추출(average variance extracted; AVE) 표준화 요인부하량을 제곱한 값들의 평균.

표준화된 경로계수(standardized path coefficient) constructs 간의 관계를 나타내는 표준화 계수로 회귀분석의 표준화된 회귀계수에 비유될 수 있다.

표준화 residual(standardized residual) residual 값을 그 표준오차(standard error)로 나눈 값.

행렬입력방식 사용자가 직접 AMOS 분석에 사용할 공분산(혹은 상관관계) 자료를 계산하여 분석자료로 지정하는 방식.

형성적 지표(formative indicators) construct의 값을 형성(혹은 결정)한다는 의미의 측정변수.

확인적 요인분석(confirmatory factor analysis) 연구자가 사전에 각각의 construct에 대해 결정한 측정변수들이 타당한지를 확인하기 위한 분석방법.

AIC(Akaike information criterion) χ^2 통계량과 추정모수의 수에 의해 결정되는 지수로 구체적으로 다음과 같다: AIC $=\chi^2$ 값 $+2\times$(추정모수의 수).

AVE(average variance extracted) 평균분산추출 참조.

χ^2 통계량 (χ^2 statistic) 가장 대표적인 절대 적합도지수로서 다음과 같이 계산된다:

$\chi^2=(N-1)$(입력 공분산행렬 $-$ 추정 공분산행렬)

CFI(Comparative Fit Index) NFI에 표본크기를 적용하여 발전시킨 지수로 표본크기에 영향을 적게 받기 때문에 근래 폭넓게 사용되는 지수들 중의 하나이다. 0과 1 사이의 값을 가지며 그 크기가 과거 .90 이상이면 수용할 수 있었지만 근래에 들어 .95 이상의 보다 엄격한 기준이 적용되기도 한다.

Communality 한 construct의 측정변수들의 분산 중에서 측정모형에 의해 설명되는 분산의 비율의 평균으로, 표준화 요인부하량(standardized factor loading)의 제곱의 평균이다.

Constraint 두 개 이상의 모수 추정과 관련하여 제약을 설정하는 것으로, 예를 들어 동일한 모형에 대해 두 집단별로 각각 분석을 하여 특정 경로를 집단 간에 비교할 때, 그 경로가 집단 간에 동일한 것으로 제약하는 것(cross-group equality constraint)이 이에 해당한다.

Construct 연구자의 연구대상이 되는 개념이면서 추상적이고 직접 관찰될 수 없는 개념으로, 구조방정식모형에서는 흔히 latent construct 혹은 잠재요인이라고도 한다.

Construct 타당성(construct validity) construct와 측정변수 간의 일치성(correspondence) 정도에 관한 것으로, 어떤 측정도구가 측정하고자 하는 construct의 값을 정확히 측정하는 정도에 관한 것이다. 집중타당성, 판별타당성, 법칙타당성에 의해 평가된다.

Cronbach's α 다항목으로 측정한 값들의 내적일관성을 나타내는 지표.

Construct reliability 한 construct의 측정변수들 간의 공유분산(shared variance)을 가리키며, composite reliability라고도 한다.

Default model 연구모형을 의미한다.

First-order construct 모형 각 construct가 그 construct의 측정변수들로 구성되는 모형.

Fix 두 constructs 간의 관계에 대한 모수를 명시적 혹은 묵시적으로 일정한 값을 지정하는 것.

Free 두 constructs 간의 관계에 대한 모수가 어떤 값이든지 될 수 있다는 뜻으로, 연구자가 분석을 통해 그 모수를 추정하겠다는 의미를 갖는다.

GFI(Goodness-of-Fit Index) 입력 공분산행렬 내의 분산/공분산이 추정 공분산행렬에 의해 설명되는 정도를 나타내는 지수.

Heywood case 오차분산(error variances)이 음수(negative)로 나타나는 것.

Higher-order construct 모형 일부 constructs가 subconstructs와 측정변수들로 구성되는 모형.

Identification 분석이 제대로 되어 적합도가 구해지고 solution이 얻어지는 것.

Independence model 일반적으로 null 모형으로 표현하며, 모든 측정변수들이 서로 상관관계가 없는 것을 가정하는 모형.

Just-Identified 주어진 정보의 수가 모수의 수와 같은 경우로 자유도가 0이며, 적합도가 완벽한 것으로 나타남.

MIMIC 모형(multiple indicators and multiple causes model) 한 construct가 복수의 형성적 지표와 복수의 반영적 지표를 갖는 모형.

Nested 모형(nested models) 두 개의 모형이 동일한 constructs와 동일한 측정변수로 구성되고 한 모형에서 설정된 모든 경로가 다른 모형에도 설정되어 있으며 추가적인 경로가 설정되어 있으면 두 모형은 nested 관계에 있다고 한다.

NFI(Normed Fit Index) 연구모형의 χ^2 값과 null 모형의 χ^2 값 간의 차이를 null 모형의 χ^2 값으로 나눈 비율.

Nonrecursive 모형 영향관계가 상호적인(reciprocal) 경로가 포함된 모형.

Normed χ^2 χ^2 값을 자유도로 나눈 비율.

Overidentified 주어진 정보의 수가 모수의 수보다 많은 경우로 자유도가 0보다 크며, solution이 구해진다.

PCFI(Parsimony Comparative Fit Index) CFI에 PR을 곱한 값.

PGFI(Parsimony Goodness-of-Fit Index) GFI에 PR을 곱한 값.

PNFI(Parsimony Normed Fit Index) NFI에 PR을 곱한 값.

Recursive 모형 인과관계(causal effects) 혹은 영향관계가 일방향적인 모형.

Residual 입력 공분산행렬과 추정 공분산행렬의 두 가지 공분산행렬에서 서로 상응하는 공분산 값에서 차이가 나는 경우 그 차이값.

RMSEA(Root Mean Square Error of Approximation) χ^2 값을 자유도와 표본의 크기로 조정한 값.

RMSR(Root Mean Square Residual) 입력 분산·공분산 값들과 추정 분산·공분산 값들 간의 차이(residuals)를 제곱한 값들의 평균의 제곱근 값.

Saturated model 모든 측정변수들 간의 관계를 추정하는 모형.

Second-order construct 모형 두 단계로 구성된 higher-order construct 모형.

Squared Multiple Correlations 회귀분석의 R^2처럼 각 내생 construct 분산의 몇 %가 다른 constructs에 의해 설명되는가를 나타내는 값.

SRMR(Standardized Root Mean Square Residual) RMSR을 표준화시킨 값.

Unidentified 주어진 정보의 수가 추정하고자 하는 정보의 수(즉, 모수)보다 적은 경우로서 자유도가 0보다 작으며, 분석이 되지 않는다.

부록 2 구조방정식 모형분석을 이용한 논문의 예

이하에서는 구조방정식 모형분석을 이용한 논문의 예로서 한국마케팅학회에서 발행하는 마케팅연구의 2007년 6월호의 한 논문을 수록한다. 단 지면의 절약을 위해 서론, 가설의 논거, 결론 부분을 생략하고 가설, 모형, 연구디자인, 그리고 분석 결과만을 수록한다.

소비자 만족/불만족 판단과정에서 인지적 반응과 감성적 반응의 효과: 제품성과에 대한 기능적 편익과 심리적 편익의 구분에 따른 연구

The Effects of Cognitive and Emotional Responses on Consumer Satisfaction Judgment: Distinguishing Perceived Performance into Functional and Psychological Benefits.

이 학식(홍익대학교 경영대학 마케팅교수)
최 영진(홍익대학교 대학원 경영학석사)
전 선규(성균관대학교 경영학부 마케팅 부교수)

III. 가 설

가설 1: 기능적 편익에 대한 평가는 사전 기대수준과 비교한 긍정적 불일치 평가에 정(+)의 영향을 미친다.

가설 2-1: 심리적 편익에 대한 평가가 호의적일수록 긍정적 감정이 유발된다.

가설 2-2: 심리적 편익에 대한 평가는 사전 기대수준과 비교한 일치/불일치 평가에 직접 영향을 미치지 않는다.

가설 3-1: 기능적 편익과 사전 기대수준 간의 긍정적 불일치는 긍정적 감정 경험에 정(+)의 영향을 미친다.

가설 3-2: 기능적 편익에 대한 평가가 감정경험에 미치는 효과는 불일치 평가에 의해 매개된다. 즉 기능적 편익에 대한 평가와 감정경험 간에 불일치 평가를 매개변수로 설정하면 기능적 편익이 감정경험에 미치는 직접효과는 사라질 것이다.

가설 4-1: 기능적 편익에 대한 평가와 사전 기대수준 간의 긍정적 불일치는 만족에 정(+)의 영향을 미친다.

가설 4-2: 기능적 편익에 대한 평가가 만족/불만족에 미치는 효과는 불일치 평가에 의해 매개된다.

가설 4-3: 긍정적 감정경험은 만족에 정(+)의 영향을 미친다.

가설 4-4: 심리적 편익에 대한 평가가 만족/불만족에 미치는 효과는 감정경험에 의해 매개된다.

위의 가설들은 [그림 1]과 같이 요약될 수 있다.

그림 1 A Model of Satisfaction Judgment

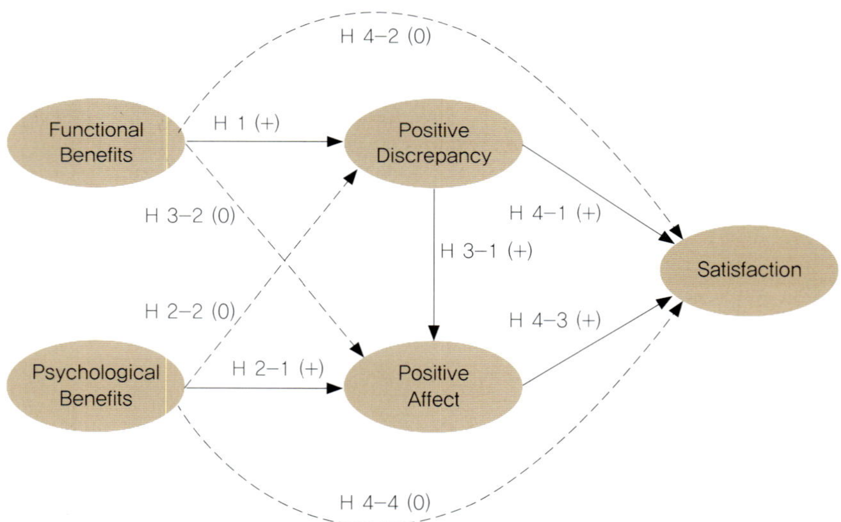

※ Solid lines indicate a significant relationship and dashed lines indicate an insignificant relationship.

IV. 연구 디자인

4.1 자료수집 대상과 방법

가설검증을 위해 서울시에 소재하는 한 사립대학교의 학생들을 대상으로 가장 최근에 구입한 운동화의 사용경험에 다하여 설문조사를 실시했다. 대상제품을 선정할 때에는 본 연구의 목적이 기능적 편익과 심리적 편익의 차별적 효과에 초점을 두고 있다는 점을 고려하였다. 즉, 사전조사에서 대학생들이 주로 구입하는 제품 가운데 운동화, 휴대폰, 노트북, 청바지 등을 선정하여 실용적 가치에 대한 관여도와 상징적 가치에 대한 관여도를 7점 척도로 질문하여 비교했는데, 운동화의 경우 두 유형의 관여도 평균점이 3.4와 4.0으로 가장 고르게 적절한 수준을 유지하는 것으로 나타났다. 기존 연구에서도 실용적 가치 판단과 쾌락적 가치 판단의 효과를 동시에 확인하기 위해 연구 대상 제품으로 운동화를 사용한 바 있다(Yeung and Wyer 2004). 본조사는 180명을 대상으로 실시했는데 불성실한 응답자 16명을 제외하고 164명의 응답을 분석에 포함하였다.

4.2 측정도구

기능적 편익, 심리적 편익, 그리고 감정경험을 측정하는 척도를 만들기 위해 15명을 대상으로 심층면접을 수행하였다. 운동화에 대한 만족/불만족 판단과 관련된 속성 및 결과를 알아내기 위해서 면접 대상자들이 운동화를 사용하는 과정에서 생각하고 느낀 점 등에 대한 이야기를 유도했다. 면접결과에 대한 연구자들의 논의를 통해 기능적 편익, 심리적 편익, 그리고 감정경험에 해당하는 항목들을 각각 결정하였다.

기능적 편익을 측정하는 척도로 일곱 개의 5점 의미차별화척도(semantic differential scale)를 사용하였다('오래 신을 수 있다 – 없다' '발이 편하다 – 편하지 않다' '잘 미끄러진다 – 잘 미끄러지지 않는다' '외부충격으로부터 발을 보호할 수 있다 – 보호할 수 없다' '세탁후 형태와 색상을 유지할 수 있다 – 없다' '운동화에 냄새가 밴다 – 배지 않는다' '방수가 된다 – 되지 않는다'). 심리적 편익은 네 개의 5점 Likert 척도로 측정하였다('그 운동화를 신었을 때 나의 스타일이 완성된다고 생각한다' '그 운동화는 나에게 잘 어울린다' '그 운동화는 나의 옷에 잘 어울린다' '그 운동화는 유행에 뒤떨어지지 않는다). 여기서 응답값이 높을수록 기능적 편익 및 심리적 편익에 대한 평가가 호의적임을 의미하도록 표현하였다.

긍정적/부정적 불일치의 측정을 위해 구매 전의 예상에 비교한 평가와 구매

전의 바람에 비교한 평가를 각각 5점 의미차별화척도를 사용해 응답하도록 하였다('더 좋다': 5점, '더 못하다': 1점). 따라서 응답값이 높을수록 긍정적 불일치를 의미한다. 불일치 평가를 측정할 때 각 편익별로 세부적인 평가를 요구하는 것보다 이와 같이 포괄적 평가를 요구한 것은 본 연구에서 주장한 것처럼 불일치에 대한 인지적 평가가 포괄적인 평가(appraisal)의 성격을 지닌다는 점에 토대를 둔다. 또, 구매 전의 예상과 구매 전의 바람에 대해 모두 질문한 것은 소비자들이 만족/불만족을 판단할 때 복수의 비교기준을 사용하게 된다는 점과 맥락을 같이 한다(Fournier and Mick 1999; Spreng, MacKenzie, and Olshavsky 1996).

감정경험은 여섯 개의 긍정적 감정에 대한 경험 정도를 5점 Likert 척도로 질문하였다(내가 구매한 운동화를 신었을 때, '즐겁다' '행복하다' '신난다' '자유롭게 느껴진다' '쾌활해진다' '자신감이 든다'). 감정경험의 척도로서 긍정적 감정경험과 부정적 감정경험이 함께 포함되는 것이 논리적으로 타당하지만, 앞서 운동화를 대상으로 실시한 사전조사에서 부정적인 감정경험이 언급되는 빈도가 매우 낮았기 때문에 포함하지 않았다. 제품에 대한 만족도는 기존연구(이학식, 임지훈, 구민정 2005; Oliver 1980)에서 사용한 척도를 본 연구 상황에 맞게 수정한 네 개의 5점 Likert 척도로 측정하였다(이 운동화에 만족한다, 다시 구매해도 이 운동화를 살 것이다, 이 운동화는 나를 유쾌하게 했다, 이 운동화를 선택한 나의 결정은 현명했다). 여기서 사용된 모든 Likert 척도의 경우, 질문에 대한 응답자의 동의 정도가 높을수록 높은 점수를 부여하였다.

V. 분석결과

5.1 측정모형의 타당성 평가

측정모형의 타당성 평가에 앞서 먼저 각 construct의 척도들에 대한 내적일관성을 조사하였다. 그런데 다섯 개의 constructs 가운데 기능적 편익을 측정하는 척도와 불일치를 측정하는 척도들은 형성척도(formative measures)로서 내적일관성(internal consistency)을 기대할 수 없는 것들이다(cf. Jarvis, MacKenzie, and Podsakoff 2003). 예를 들어 소비자는 그 운동화에 대해 오래 신을 수는 있으나 발은 편하지 않다고 생각할 수 있다. 또한 운동화가 예상에 비해 더 좋을 수는 있으나 바람에 비해 더 못하다고 생각할 수 있다. 따라서 이 경우 Cronbach's α를 계산하고 더욱이 그 값을 향상시키기 위해 어떤 항목(들)을 제거하는 것은 옳지 않다(Hair et al., 2006, p. 788). 이에 비해 다른 세 constructs의 경우는 측정항목들 간에 내적일관성이 기대되는 것들이므로 Cronbach's α를 계산하고 필요에 따라 항목을 제거하였다. 이 과정에서 심리적 편익을 측정하는 항목들 중 한 항목이 제거되었다('그 운동화는 유행에 뒤떨어지지 않는다'). 그 결과 심리적 편익, 감정경험, 그리고 만족도의 Cronbach's α는 각각 .87, .92, .82로서 일반적인 기준을 상회하였다.

다음으로 심리적 편익, 감정경험, 그리고 만족도 각각에 대해 AMOS 6.0을 이용하여 확인요인분석(confirmatory factor analysis)을 실시하였다. 이 과정에서 감정경험의 경우 항목 6－항목 5 간의 수정지수, 그리고 항목 6－항목 1 간의 수정지수는 각각 13.27과 7.06으로 나타났다. 이 경우 항목들 간을 상관시키면(correlate) 적합도가 향상될 수 있겠지만 모형의 간결성을 위해 항목 6을 제거하였다('자신감이 든다'). 확인요인분석 결과 감정경험(χ^2＝16.24, d.f.＝5, p＝.01, GFI＝.96), 심리적 편익(세 항목으로 perfect), 만족도(χ^2＝2.11, d.f.＝2, p＝.35, GFI＝.99)의 항목들은 각각 해당 construct에 대해 적합도가 높게 나타났다.

이어서 다섯 개의 constructs가 모두 포함되는 측정모형(measurement model)에 대해 공분산행렬(covariance matrix)을 이용한 확인요인분석을 실시하였다. Hair et al.(2006, pp. 752-753)은 모형 적합도(model fit) 값으로 absolute fit index, incremental fit index, 그리고 badness-of-fit index를 모두 보고할 필요가 있다는 점을 주장하면서 χ^2(d.f.), CFI, RMSEA를 대표적인 지수(index)로 각각 제안하였을 뿐 아니라 표본의 크기와 측정변수의 수에 따른 적합도 기준을 제시하였다. 본 측정모형의 경우 χ^2＝117.01(d.f.＝69, p＝.00), CFI＝.97, RMSEA＝.07로 나타났는데, 이는 Hair et al.(2006)이 제시한 적합도 기준을 대체로 충족시키는 것이다(CFI＞.95, RMSEA＜.08, χ^2의 p-value는 표본의 크기와 측정변수의 수에 민감).

또한 반영척도(reflective measures)에 의해 측정된 세 개의 constructs에 대한 측정항목들의 요인부하량(factor loading)은 〈표 1〉에 나타난 바와 같이 모두 통계적으로 유의하였다(t > 6.00). 그리고 집중타당성(convergent validity)을 조사하기 위해 신뢰도(construct reliability)와 평균분산추출값(average variance extracted)을 계산하였다. 그 결과 심리적 편익, 감정경험, 만족의 신뢰도는 각각 .88, .91, .76, 그리고 평균분산추출값은 각각 .70, .69, .58이었다. 모든 값들은 일반적 기준(신뢰도 .70, 평균분산추출값 .50)을 충족시켜 각 construct에 해당하는 항목들은 대체로 집중타당성을 갖는다고 할 수 있다(cf. Hair et al. 2006, pp. 776-778).

표 1 Results of Confirmatory Factor Analysis

Construct	Items	Factor loadings	t	Construct Reliability	Average Variance Extracted
Psychological Benefits	item 1	.83	–	.88	.70
	item 2	.83	11.84		
	item 3	.85	12.07		
Positive Affect	item 1	.87	–	.91	.69
	item 2	.87	15.23		
	item 3	.87	14.96		
	item 4	.78	12.30		
	item 5	.76	11.87		
Satisfaction	item 1	.75	–	.76	.58
	item 2	.55	6.87		
	item 3	.84	10.73		
	item 4	.87	11.06		

끝으로, 판별타당성과 관련하여 Fornell and Larcker(1981)는 어느 두 constructs를 대상으로 각 construct에 대한 평균분산추출값이 두 constructs의 상관계수의 제곱값보다 크면 두 constructs 간에는 판별타당성(discriminant validity)이 있다고 제안하였다. 〈표 2〉는 다섯 개 constructs 간의 상관관계값을 나타낸다. 이에 따라 심리적 편익, 감정경험, 만족도 간의 상관관계값으로부터 제곱값을 계산하였는데, 상관관계의 제곱값들 중 가장 큰 값은 .52로서(감정경험–만족) 이는 가장 작은 평균추출분산값 .58(만족)보다 작다. 따라서 본 연구에서 사용한 척도들은 판별타당성을 갖는다.

표 2 Correlation Coefficients between Constructs

	Functional Benefits	Psychological Benefits	Positive Discrepancy	Positive Affect	Satisfaction
Functional Benefits					
Psychological Benefits	.17*				
Positive Discrepancy	.36**	.20*			
Positive Affect	.19*	.69**	.33**		
Satisfaction	.34**	.55**	.55**	.72**	

*p<.05, **p<.01.

5.2 가설검증

본 논문의 가설들 중 constructs 간의 관계가 유의적인 것으로 설정한 가설 1, 2-1, 3-1, 4-1, 4-3을 검증하기 위해 [그림 2]와 같은 구조방정식 모형(structural equation model)을 AMOS 6.0을 이용하여 분석하였다. 구조방정식 모형 분석을 위해 심리적 편익, 긍정적 감정경험, 그리고 만족의 경우는 반영척도(reflective measures)로 측정되었기 때문에 측정모형의 타당성 평가를 거친 측정변수들을 이용하였다(각각 3개, 5개, 4개). 이에 비해 기능적 편익과 긍정적 불일치는 각각 형성척도(formative measures)로 측정되었기 때문에 각각 측정변수들을 통합한 단일 값들을 사용하였다(cf. Jarvis, MacKenzie, and Podsakoff 2003). 이와 같이 구조방정식 모형 분석에서 한 construct의 측정변수들이 형성척도(formative measures)인 경우 그 값들을 통합한 단일 값을 사용한 것은 Spreng, MacKenzie, and Olshavsky(1996)가 사용한 방법과 같은 방법이다.

분석 결과 $\chi^2=125.67$(d.f.=73, $p<.01$), CFI=.96, RMSEA=.07로 나타났는데 이는 앞에서 언급한 Hair et al.(2006)이 제시한 적합도 판단 기준을 대체로 충족시켰다. 수정지수를 검토한 결과, 일부 오차항목들 간을 상관시키면(correlate) 적합도를 어느 정도 향상시킬 여지는 있었다. 그러나 그 경우 해당 항목들의 판별타당성(discriminant validity)과 단일차원성(unidimensionality)을 저해시키게 되므로 모형을 변경하지 않았다(cf. Hair et al. 2006, p. 782).

가설 1은 기능적 편익에 대한 평가는 긍정적 불일치 평가에 정(+)의 영향을 미치는 것으로 예측하는데, 두 변수 간의 표준화 경로계수(이하 경로계수로 표현

그림 2 Results of Analysis

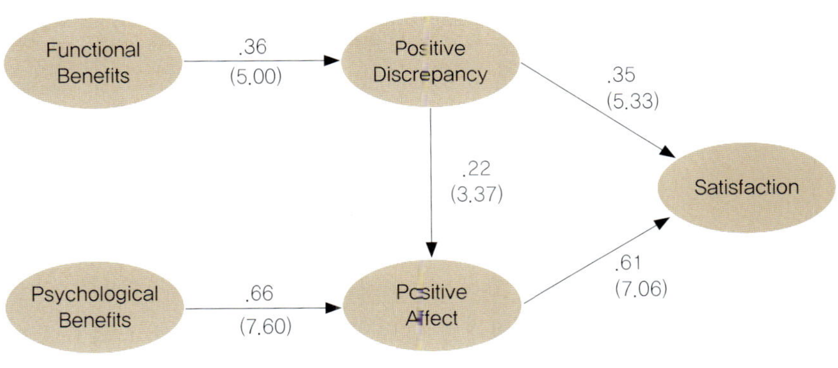

※Coefficients are standardized value and the numbers in the parentheses are t-value.

함)가 .36(t=5.00, p<.01)으로 나타나 가설을 지지하였다(이하 그림 2 참조). 가설 2-1은 심리적 편익에 대한 호의적 평가는 긍정적 감정경험을 유발한다는 것으로 설정하였는데, 두 변수 간의 경로계수는 .66(t=7.60, p<.01)으로 나타나 가설이 지지되었다. 가설 3-1은 긍정적 불일치 평가에 의한 긍정적 감정경험의 유발효과를 예측하는데, 두 변수 간의 경로계수는 .22(t=3.37, p<.01)로서 가설이 지지되었다. 가설 4-1은 긍정적 불일치 평가는 만족도에 정(+)의 영향을 미치는 것으로 예측하는데, 두 변수 간의 경로계수는 .35(t=5.33, p<.01)로 나타나 가설을 지지하였다. 가설 4-3은 긍정적 감정경험은 만족도에 정(+)의 영향을 미치는 것으로 예측하는데, 두 변수 간의 경로계수는 .61(t=7.06, p<.01)로서 가설이 지지되었다.

한편, 변수 간 유의적 관련성이 없을 것으로 예측한 가설 2-2와 매개효과를 예측한 가설 3-2, 가설 4-2, 그리고 가설 4-4의 검증을 위해 앞서 [그림 1]에서 파선으로 표시한 경로를 포함하는 구조모형들을 분석하였다. 먼저 네 개의 경로 중 각각 한 개씩을 포함하는 구조모형 네 가지를 분석한 결과 〈표 3〉과 같이 나타났다. 〈표 3〉에 나타난 바와 같이 적합도는 약간씩 개선되었으나 간결성의 가치(parsimonious value)라는 측면에서 볼 때 [그림 2]에서 제시된 연구모형은 어느 대안모형보다도 더 우수하다고 할 수 있다.

표 3 Alternative Model

Path added	χ^2	d.f.	χ^2 Changes	Significance
Functional benefits → Satisfaction	121.88	72	3.79	p>.05
Functional benefits → Positive affect	125.64	72	.02	p>.05
Psychological benefits → Satisfaction	123.55	72	2.12	p>.05
Psychological benefits → Positive discrepancy	122.52	72	3.15	p>.05
Above four paths	117.01	69	8.66	p>.05

다음으로 네 개의 경로 모두를 포함하는 구조모형을 분석하였다(표 3 참조). 분석 결과 모형 적합도는 χ^2=117.01(d.f.=69, p=.00), CFI=.97, RMSEA=.07로 나타났다. 이 대안모형과 앞에서 검증한 연구모형은 nested 관계에 있는데, 두 모형 간 χ^2값의 차이는 8.66(Δ d.f.=4)으로서 통계적으로 유의하지 않았다(p>.05). 따라서 간결성의 가치 측면에서 연구모형이 대안모형보다 더 우수하다고 할 수 있다. 또한 모형의 적합도와 간결성을 동시에 고려하는 간결 적합도지수(parsimony fit index)는 다음과 같이 모두 연구모형에서 높게 나타났다: PGFI

.63 vs. .60; PNFI .73 vs. .69; PCFI .77 vs. .73; AIC 189.66 vs. 189.00. 이러한 지수는 연구모형이 대안모형보다 우수함을 더욱 확고하게 보여주는 것이다.

가설 2−2는 심리적 편익에 대한 평가는 불일치 평가에 영향을 미치지 않는다는 것으로 설정되었는데, 두 변수 간 경로계수는 .14로서 통계적으로 유의한 수준에 이르지 않았다($t=1.78$, $p>.05$). 가설 3−2는 '기능적 편익에 대한 평가가 감정경험에 미치는 효과는 불일치 평가에 의해 매거된다' 즉 기능적 편익에 대한 평가는 감정경험에 직접 영향을 미치지 않는다는 것으로 설정되었는데, 두 변수 간 경로계수는 .00으로서 통계적으로 유의하지 않았다($t=.06$, $p>0.05$). 따라서 가설 2−2와 가설 3−2는 지지되었다.

가설 4−2는 기능적 편익의 평가가 만족도에 미치는 효과는 불일치 평가의 효과에 의해 매개되는 것으로 설정되었다. 분석결과, 기능적 편익과 만족도 간 직접경로의 계수는 .11로서 통계적으로 유의하지 않았다 ($t=1.84$, $p>.05$). 이 결과를 앞서 가설 1의 검증에서 밝혀진 기능적 편익과 긍정적 불일치 간 정(+)의 관계 및 가설 4−1의 검증에서 밝혀진 긍정적 불일치와 만족도 간 정(+)의 관계와 함께 해석하면, 기능적 편익이 만족도에 미치는 효과는 불일치 평가의 효과에 의해 모두 혹은 거의 매개된다는 결론에 이르게 된다. 따라서 가설 4−2는 지지되었다.

가설 4−4는 심리적 편익의 평가가 만족도에 미치는 효과는 감정경험의 효과에 의해 매개되는 것으로 설정되었다. 분석결과, 심리적 편익과 만족도 간 직접경로의 계수는 .12로서 통계적으로 유의하지 않았다($t=1.32$, $p>.05$). 이 결과를 앞서 2−1의 검증에서 밝혀진 심리적 편익과 긍정적 감정경험 간 정(+)의 관계 및 가설 4−3의 검증에서 밝혀진 긍정적 감정경험과 만족도 간 정(+)의 관계와 함께 해석하면, 심리적 편익이 만족도에 미치는 효과는 긍정적 감정경험의 효과에 의해 모두 혹은 거의 매개된다는 결론을 얻게 된다. 따라서 가설 4−4는 지지되었다.

끝으로, 연구모형의 분석결과에 따른 가설 검증을 넘어 두 가지를 논의하고자 한다. 먼저, 2.2에서 논의하였듯이 이 분야의 연구들은 제품사용 후 소비자의 감정경험은 실용적 가치에 대한 평가보다는 상징적 혹은 쾌락적 가치에 대한 평가와 더 밀접한 관계가 있는 것으로 보고하였다(Mano and Oliver 1993; Oliver 1993; Westbrook 1987). [그림 2]에 제시된 결과를 보면 심리적 편익이 감정경험에 미치는 영향(표준화 계수 .66)은 기능적 편익이 감정경험에 미치는 영향($.36\times.22=.08$)보다 훨씬 큰 것으로 나타났는데 이는 기존의 연구결과와 일치한다. 다음으로, [그림 2]에 제시된 결과로부터 기능적 편익과 심리적 편익이 만족에 미치는 표준화된 총효과(standardized total effect)를 보면, 각각 .18과 .41이 된다. 본 연구의 경우 대학생들을 대상으로 운동화를 조사 제품으로 설문조사를 하였는데, 이 경우 심리적 편익이 기능적 편익보다 만족에 훨씬 크게 영향을 미치는 것으로 나타났다. 물론 두 가지 편익 중 어느 것의 영향력이 더 클 것인가는 경우에 따라 다를 것이지만, 이 결과는 심리적 편익에 대한 평가가 만족에 상당한 영향을 미칠 수 있다는 본 연구의 주요 제안(proposition)을 지지하는 결과라고 할 수 있다. 이와 관련된 논의는 미래 연구방향에서 추가된다.

부록 3 통계표

표 1 t-분포표

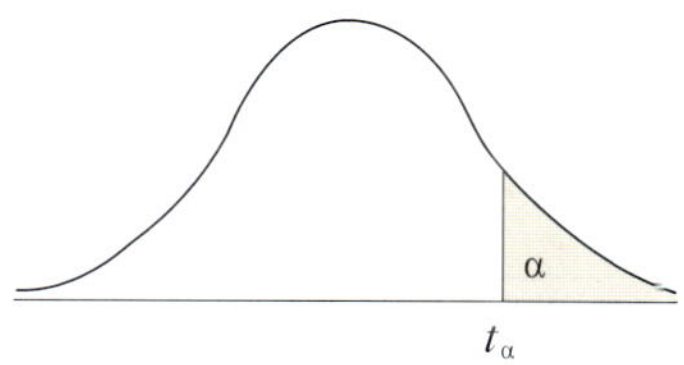

d.f.	$t_{.100}$	$t_{.050}$	$t_{.025}$	$t_{.010}$	$t_{.005}$	d.f.
1	3.078	6.314	12.706	31.821	63.657	1
2	1.886	2.920	4.303	6.965	9.925	2
3	1.638	2.353	3.182	4.541	5.841	3
4	1.533	2.132	2.776	3.747	4.604	4
5	1.476	2.015	2.571	3.365	4.032	5
6	1.440	1.943	2.447	3.143	3.707	6
7	1.415	1.895	2.365	2.998	3.499	7
8	1.397	1.860	2.306	2.896	3.355	8
9	1.383	1.833	2.262	2.821	3.250	9
10	1.372	1.812	2.228	2.764	3.169	10
11	1.363	1.796	2.201	2.718	3.106	11
12	1.356	1.782	2.179	2.681	3.055	12
13	1.350	1.771	2.160	2.650	3.012	13
14	1.345	1.761	2.145	2.624	2.977	14
15	1.341	1.753	2.131	2.602	2.947	15
16	1.337	1.746	2.120	2.583	2.921	16
17	1.333	1.740	2.110	2.567	2.898	17
18	1.330	1.734	2.101	2.552	2.878	18
19	1.328	1.729	2.093	2.539	2.861	19
20	1.325	1.725	2.086	2.528	2.845	20
21	1.323	1.721	2.080	2.518	2.831	21
22	1.321	1.717	2.074	2.508	2.819	22
23	1.319	1.714	2.069	2.500	2.807	23
24	1.318	1.711	2.064	2.492	2.797	24
25	1.316	1.708	2.060	2.485	2.787	25
26	1.315	1.706	2.056	2.479	2.779	26
27	1.314	1.703	2.052	2.473	2.771	27
28	1.313	1.701	2.048	2.467	2.763	28
29	1.311	1.699	2.045	2.462	2.756	29
30	1.310	1.697	2.042	2.457	2.750	30
40	1.303	1.684	2.021	2.423	2.704	40
60	1.296	1.671	2.000	2.390	2.660	60
inf.	1.282	1.645	1.960	2.326	2.576	inf.

From "Table of Percentage Points of the t-Distribution," *Biometrika*, Vol. 32(1941), p. 300.

표 2 χ^2-분포표

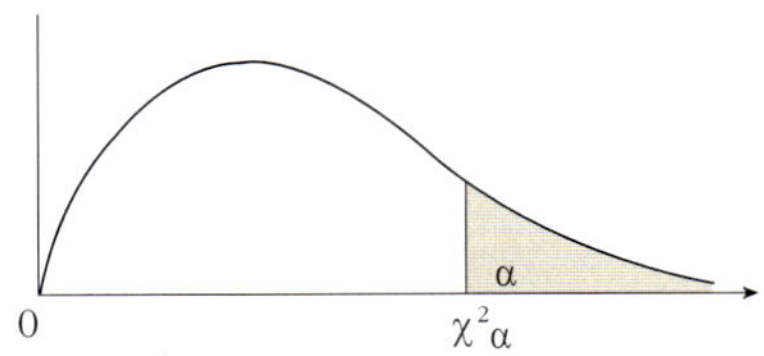

d.f.	$\chi^2_{0.995}$	$\chi^2_{0.990}$	$\chi^2_{0.975}$	$\chi^2_{0.950}$	$\chi^2_{0.900}$
1	0.0000393	0.0001571	0.0009821	0.0039321	0.0157908
2	0.0100251	0.0201007	0.0506356	0.102587	0.210720
3	0.0717212	0.114832	0.215795	0.351846	0.584375
4	0.206990	0.297110	0.484419	0.710721	1.063623
5	0.411740	0.554300	0.831211	1.145476	1.61031
6	0.675727	0.872085	1.237347	1.63539	2.20413
7	0.989265	1.239043	1.68987	2.16735	2.83311
8	1.344419	1.646482	2.17973	2.73264	3.48954
9	1.734926	2.087912	2.70039	3.32511	4.16816
10	2.15585	2.55821	3.24697	3.94030	4.86518
11	2.60321	3.05347	3.81575	4.57481	5.57779
12	3.07382	3.57056	4.40379	5.22603	6.30380
13	3.56503	4.10691	5.00874	5.89186	7.04150
14	4.07468	4.66043	5.62872	6.57063	7.78953
15	4.60094	5.22935	6.26214	7.26094	8.54675
16	5.14224	5.81221	6.90766	7.96164	9.31223
17	5.69724	6.40776	7.56418	8.67176	10.0852
18	6.26481	7.01491	8.23075	9.39046	10.8649
19	6.84398	7.63273	8.90655	10.1170	11.6509
20	7.43386	8.26040	9.59083	10.8508	12.4426
21	8.03366	8.89720	10.28293	11.5913	13.2396
22	8.64272	9.54249	10.9823	12.3380	14.0415
23	9.26042	10.19567	11.6885	13.0905	14.8479
24	9.88623	10.8564	12.4011	13.8484	15.6587
25	10.5179	11.5240	13.1197	14.6114	16.4734
26	11.1603	12.1981	13.8439	15.3791	17.2919
27	11.8076	12.8786	14.5733	16.1513	18.1138
28	12.4613	13.5648	15.3079	16.9279	18.9392
29	13.1211	14.2565	16.0471	17.7083	19.7677
30	13.7867	14.9535	16.7908	18.4926	20.5992
40	20.7065	22.1643	24.4331	26.5093	29.0505
50	27.9907	29.7067	32.3574	34.7642	37.6886
60	35.5346	37.4848	40.4817	43.1879	46.4589
70	43.2752	45.4418	48.7576	51.7393	55.3290
80	51.1720	53.5400	57.1532	60.3915	64.2778
90	59.1963	61.7541	65.6466	69.1260	73.2912
100	67.3276	70.0648	74.2219	77.9295	82.3581

d.f.	$\chi^2_{0.100}$	$\chi^2_{0.050}$	$\chi^2_{0.025}$	$\chi^2_{0.010}$	$\chi^2_{0.005}$
1	2.70554	3.84146	5.02389	6.63490	7.87944
2	4.60517	5.99147	7.37776	9.21034	10.5966
3	6.25139	7.81473	9.34840	11.3449	12.8381
4	7.77944	9.48773	11.1433	13.2767	14.8602
5	9.23635	11.0705	12.8325	15.0863	16.7496
6	10.6446	12.5916	14.4494	16.8119	18.5476
7	12.0170	14.0671	16.0128	18.4753	20.2777
8	13.3616	15.5073	17.5346	20.0902	21.9550
9	14.6837	16.9190	19.0228	21.6660	23.5893
10	15.9871	18.3070	20.4831	23.2093	25.1882
11	17.2750	19.6751	21.9200	24.7250	26.7569
12	18.5494	21.0261	23.3367	26.2170	28.2995
13	19.8119	22.3621	24.7356	27.6883	29.8194
14	21.0642	23.6848	26.1190	29.1413	31.3193
15	22.3072	24.9958	27.4884	30.5779	32.8013
16	23.5418	26.2962	28.8454	31.9999	34.2672
17	24.7690	27.5871	30.1910	33.4087	35.7185
18	25.9894	28.8693	31.5264	34.8053	37.1564
19	27.2036	30.1435	32.8523	36.1908	38.5822
20	28.4120	31.4104	34.1696	37.5662	39.9968
21	29.6151	32.6705	35.4789	38.9321	41.4010
22	30.8133	33.9244	36.7807	40.2894	42.7956
23	32.0069	35.1725	38.0757	41.6384	44.1813
24	33.1963	36.4151	39.3641	42.9798	45.5585
25	34.3816	37.6525	40.6465	44.3141	46.9278
26	35.5631	38.8852	41.9232	45.6417	48.2899
27	36.7412	40.1133	43.1944	46.9630	49.6449
28	37.9159	41.3372	44.4607	48.2782	50.9933
29	39.0875	42.5569	45.7222	49.5879	52.3356
30	40.2560	43.7729	46.9792	50.8922	53.6720
40	51.8050	55.7585	59.3417	63.6907	66.7659
50	63.1671	67.5048	71.4202	76.1539	79.4900
60	74.3970	79.0819	83.2976	88.3794	91.9517
70	85.5271	90.5312	95.0231	100.425	104.215
80	96.5782	101.879	106.629	112.329	116.321
90	107.565	113.145	118.136	124.116	128.299
100	118.498	124.342	129.561	135.807	140.169

From "Tables of the Percentage Points of the χ^2-Distribution," *Biometrika Tables for Statisticians*, Vol. 1, 3rd ed. (1966).

| 국문색인 |

[ㄱ]

간결 적합도지수 47, 223
간결성의 가치 54
간결한 모형 68
간접효과 11, 213, 230
결과물 창 157
경로계수 16, 49, 54, 208
경로도형 125, 150, 196
경로분석 125, 144
경쟁모형 47
공분산 129
공분산구조분석 5
공분산행렬 15, 17, 150
교차검증 66
구조모형 12, 13, 44
구조모형 분석 196
구조방정식모형 7, 135
구조방정식 모형분석 5

[ㄴ]

내생 construct 9, 10
내생변수 128
내적일관성 25, 173
nonrecursive 모형 78, 286
null 모형 35
nested 모형 53
논리경험주의 2

[ㄷ]

다변량 정규분포 18
다변량 통계분석 5
Diagram 메뉴 98
다항목 76
단계입력방식 63
단일차원성 38
단일항목 76, 278, 280
대안모형 52, 218
도구모음 95, 100
동시입력방식 63
동시추정 6

[ㄹ]

Language 창 92
recursive 모형 77, 286
Likert 척도 23

[ㅁ]

매개변수 60, 227
매개적 작용 60
매개효과 229
메뉴 바 95, 116
모형 발견 63
MIMIC 모형 73, 269

[ㅂ]

반영적 지표 70, 268
법칙타당성 41, 193
부분매개 3, 61, 228
부트스트래핑 232
분석의 단위 4, 76
View Data 창 94
View 메뉴 97
비체계적 오류 7
비표준화 경로계수 209

[ㅅ]

사회계층 72
상관행렬 14, 150
상태표시 95
상태표시줄 114
상호의존관계 5
second-order construct 모형 82
수정모형 242
수정지수 27, 37, 65, 183, 241
신뢰도 값 76
신뢰성 24
Seed Manager 창 93

[ㅇ]

Output 내용 창 104
Output 옵션설정 아이콘 103
Output 제목 창 104
안정지수 79, 292
Analyze 메뉴 98
Edit 메뉴 97
AMOS Graphics 창 91, 94, 116
AMOS Output 파일 113
연구가설 2
연구모형 2

오차 12
오차항 131
완전매개 4, 62, 228
외생 construct 9, 10
외생변수 127
요인부하량 27, 29, 37, 39, 176, 186, 187
의미차별화척도 23
의존관계 5
1차 자료 24
2차 자료 24

[ㅈ]

자동입력방식 151
자유도 30, 47
작업시트 95
적합도 15, 18, 32, 53
적합도지수 27, 29, 32, 47, 176, 183, 206
절대 적합도지수 33
정규분포성 18
제약모형 58, 211, 256
조작화 23
조절변수 57, 254
조절효과 57, 59, 254
종단적 모형 293
종단적 자료 80, 293
주메뉴 96
주효과 59
준거지표 177, 202
준거지표법 177
증분 적합도지수 35
지표 70
직접효과 11, 213, 230
집단 간 비교 254
집중타당성 39, 186

[ㅊ]

체계적 오류 7
총효과 11, 213, 229
최우도추정법 5, 19
측정모형 12, 13, 120
측정모형의 타당성 평가 172
측정변수 10, 120
측정오류 6

[ㅋ]

χ^2 차이검증 265
χ^2 통계량 33
construct 분산 고정법 177
construct 신뢰도 188
construct 타당성 39, 186

[ㅌ]

타당성 24
탐색적 요인분석 13
Text Output 창 93
Tools 메뉴 99

[ㅍ]

File Manager 창 91
File 메뉴 96
판별타당성 40, 191
팬텀변수 235
first-order construct 모형 81, 300
평균분산추출 39
평균분산추출값 187
표준화 경로계수 49, 209
표준화 residual 27, 37, 65
표준화 요인부하량 27, 37, 177, 186, 187
표준화 추정치 87
Program Editor 창 92
Free 모형 256
Plugins 메뉴 99

[ㅎ]

higher-order construct 모형 81, 300
행렬입력방식 151
Help 메뉴 99
형성적 지표 71, 268
확인요인분석 13, 26, 28, 173, 180

| 영문색인 |

[A]

absolute fit index 33
AGFI 34
AIC 48
alternative model 218
alternative, competing, rival models 52
AMOS 90
Amos Graphics 91, 94
Amos Output 113
Analysis Summary 158
AVE 39, 187
average variance extracted 39, 187

[B]

bootstrapping 232

[C]

CFA 26, 174
CFI 35
χ^2 statistic 33
communality 19
competing model 47
complete mediation 228
confirmatory factor analysis 13, 26, 173
constraint 11
constraint model 58
construct 2, 9, 23, 120
construct reliability 40, 138
construct validity 39, 186
convergent validity 39, 136
correlation matrix 150
covariance 129
covariance matrix 150
covariance structure analysis 5
Cronbach's α 7, 25, 173, 278
cross-loading 38, 184
cross-validation 66
CVI 35

[D]

default model 35
degrees of freedom 30
dependence relationship 5
direct effect 11, 230
discriminant validity 40, 191

[E]

ECVI 35
endogenous construct 10
endogenous variable 128
enter 63
EQS 90
error 12
error variance 39, 86
Estimates 162
Execution Time 166
exogenous construct 10
exogenous variable 127
exploratory factor analysis 13

[F]

factor loading 27, 29, 37, 187
File Manager 91
first-order construct 81
fit 10, 18, 32, 53
fit index 27, 29, 32
Fix 10
formative indicator 71, 268
Free 10
full mediation 62, 228

[G]

Gamma Hat 35
GFI 33

[H]

Heywood case 86, 275
higher-order construct 81

[I]

identification 26, 28, 30, 46, 175, 183, 199, 221
incremental fit index 35
independence model 35
indicator 10, 70, 120
indirect effect 11, 230
interdependence relationship 5

internal consistency 25, 173

[J]

just-identified 31

[L]

Language 92
latent construct 7
lawlike validity 41
LISREL 90
logical empiricism 2
longitudinal data 80, 293

[M]

main effect 59
main menu 96
manifest variable 10
maximum likelihood estimation 6, 19
measured variable 10
measurement error 6
measurement model 12, 13, 120
mediated effect 229
mediating variable 60, 227
mediator 60, 227
menu bar 95
Model Fit 165
moderating effect 59
moderating variable 57, 254
moderator 57, 254
modification index 27, 37, 65, 182, 183
multi-item 76
multiple indicators and multiple causes model 73, 269
multivariate normal distribution 18
multivariate statistical analysis 5

[N]

nested 53, 218
NFI 35
nomological validity 41, 193
nonsystematic error 7
normed χ^2 34
Notes for Group 158
Notes for Model 161

[O]

operationalization 23
overidentified 32

[P]

Pairwise Parameter Comparisons 210
Par Change 183
Parameter Summary 160
parsimonious model 68
parsimony fit index 47
parsimony ratio 48
partial mediation 61, 228
path analysis 125, 144
path coefficient 54
path diagram 125
PCFI 48
PGFI 48
phantom variable 235
PNFI 48
primary data 24
Program Editor 92

[R]

reference indicator 177, 268
reflective indicator 70, 268
Regression Weights 176, 183
reliability 24, 76
research hypothesis 2
research model 2
residual 15, 18, 27
RFI 36
RMSEA 34
RMSR 34
RNI 36

[S]

saturated model 35
secondary data 24
second-order construct 82
Seed Manager 93
semantic differential scale 23
SERVPERF 79
SERVQUAL 79
simultaneous estimation 6
single item 76
Sobel test 230
social class 72
stepwise 63
Squared Multiple Correlations 216
SRMR 34
stability index 79, 292
standardized factor loading 187
standardized path coefficient 49, 209
structural equation model 135

structural equation modeling 5
structural model 12, 13, 44
systematic error 7

[T]

Text Output 93
TLI 36
tool bar 95
total effect 11, 229

[U]

underidentified 30
unidimensionality 38
unit of analysis 4, 76
unstandardized path coefficient 209

[V]

validity 24
Variable Summary 159
View Data 94

[W]

WYSIWYG 100

| 저자 소개 |

李學湜

홍익대학교 경영대학 마케팅 교수
Michigan State University, Ph.D.(마케팅)
한국마케팅학회 마케팅연구 편집위원장 역임

[최근 논문]

가격-품질 관계에 대한 심리적 거리와 제품지식의 조절적 영향, *마케팅연구*, 29(1), 2014. 2.
광고노출시 태도 및 태도자신감 형성과정에서 사고자신감의 역할, *경영학연구*, 40(6), 2011. 12.
사회연결망이 구전과 고객 추천가치에 미치는 영향, *소비자학연구*, 22(4), 2011. 12.
모 브랜드의 적합도와 품질이 확장 브랜드 평가에 미치는 영향: 선발 대 후발 진입의 맥락에서, *상품학연구*, 28(5), 2010. 9.
공평성 지각이 소비자 감정과 만족에 미치는 영향: 성별의 조절적 역할, *마케팅연구*, 24(2), 2009. 6.
소비자의 사회심리적 성, 그리고 소비자-브랜드 성 일치성과 브랜드 태도의 관계, *소비자학연구*, 20(1), 2009. 3.

[저 서]

소비자행동, 6판, 집현재, 2015.
SPSS 22 매뉴얼, 집현재, 2015.
마케팅, 4판, 집현재, 2015.
사회과학 논문작성을 위한 연구방법론 - SPSS 활용방법, 집현재, 2014.
사회과학연구를 위한 회귀분석, 집현재, 2012.
마케팅조사, 3판, 집현재, 2012.
Basic SPSS 매뉴얼, 집현재, 2012.

[학술상]

한국마케팅학회, 마케팅연구 최우수논문상 수상, 2010.
한국경영학회, 경영학연구 최우수논문상 수상, 2005.
한국조사연구학회, 최우수논문상(한국갤럽상) 수상, 2003.
한국소비자학회, 소비자학연구 최우수논문상 수상, 1999.

林志勳

NICE R&C 컨설팅실 수석실장
백석문화대학교 경상학부 교수 역임
홍익대학교 경영학과 학부, 석·박사 통합과정 졸업, 경영학 박사

[논 문]

영업사원에 대한 통제유형, 반응, 그리고 직무만족 간의 구조적 관계: 역할명확성과 자기효능감의 매개효과, *마케팅과학연구*, 17(4), 2007. 12.
브랜드 명품성 측정도구의 개발, *광고연구*, 73, 2006. 12.
고객만족도측정: NCSI와 KCSI의 평가와 새로운 지수개발 방안, *마케팅연구*, 20(3), 2005. 9.
기대-불일치 패러다임에서 예상의 영향력에 관한 연구: 브랜드 경험유무와 측정시점 시간간격의 조정적 역할, *광고연구*, 68, 2005. 9.
신문기사에서 유발된 감정이 광고효과에 미치는 영향: 부정적 감정성향과 감정주지의 조절적 효과, *마케팅연구*, 20(2), 2005. 6.
브랜드 카리스마, 형성요인, 그리고 효과: 상징적/기능적 관여도의 조정적 작용, *마케팅연구*, 19(3), 2004. 9.

[저 서]

SPSS 22 매뉴얼, 집현재, 2015.
마케팅, 4판, 집현재, 2015.
사회과학 논문작성을 위한 연구방법론 - SPSS 활용방법, 집현재, 2014.
Basic SPSS 매뉴얼, 집현재, 2012.

[수상 경력]

SPSS 우수파트너상 수상, 2008.
한국마케팅학회 최우수박사논문상 수상, 2004.
한국조사연구학회 최우수논문상(한국갤럽상) 수상, 2003.

구조방정식 모형분석과 AMOS 22

2015년 7월 2일 초판인쇄
2015년 7월 6일 초판발행

저 자 이학식 · 임지훈

발행인 위호준

발행처 도서출판 **집현재**

121-130 서울시 마포구 토정로 198번지 204호
전화 (02)332-4922 Fax (02)3142-4922
홈페이지: www.jhjbook.co.kr
e-mail: jyp4922@naver.com

출판등록 2010년 10월 25일
등록번호 제105-91-57581호

정가 29,000원 ISBN 978-89-97304-46-2

이 도서의 국립중앙도서관 출판예정도서목록(CIP)은 서지정보유통지원시스템 홈페이지(http://seoji.nl.go.kr)와 국가자료공동목록시스템(http://www.nl.go.kr/kolisnet)에서 이용하실 수 있습니다.
(CIP제어번호: CIP2015016931)